荣获第三届中华优秀出版物奖

"十一五"国家重点图书 航天科学与工程丛书

# 激光器动力学

# LASER KINETICS

王骐 赵永蓬 著

哈爾濱工業大學出版社
HARBIN INSTITUTE OF TECHNOLOGY PRESS

## 内 容 简 介

本书以具体激光介质的研究为例，系统地介绍了不同激励方式下，气体激光器动力学模型的建立方法，以及根据动力学模型对各种气体激光产生机理的深入理解。主要内容包括在相干光、激光等离子体软 X 射线、飞秒激光、一般气体放电、射频放电、毛细管放电、电子束等激励方式下，新型气体激光介质中动力学过程及研究结果。

本书可作为高等学校物理电子学研究生专业课教材，也可供气体激光器、新型气体激光介质、软 X 射线激光等研究领域的人员参考。

## Abstract

In this book, many examples for the study on specific laser medium are given to systematically introduce the kinetics model building of gas laser pumped by different ways. According to the model of laser kinetics, the production mechanisms of different gas lasers are described. The main contents of this book include the kinetics processes and research results of new gas laser media pumped by coherent light, soft X-ray from laser produced plasma, femtosecond laser, gas discharge, radio-frequency discharge, capillary discharge or electron beam.

The book is a teaching material for postgraduate of physical electronics. Furthermore, the book is also a reference for science research workers, who are engaged in gas laser, new gas laser medium, soft X-ray laser and so on.

**图书在版编目(CIP)数据**

激光器动力学/王骐，赵永蓬著. —哈尔滨：
哈尔滨工业大学出版社，2008.6(2014.1 重印)
(航天科学与工程丛书)
ISBN 978-7-5603-2678-8

Ⅰ.激… Ⅱ.①王…②赵… Ⅲ.激光器-动力学
Ⅳ.TN248

中国版本图书馆 CIP 数据核字(2008)第 048533 号

责任编辑 杜 燕
出版发行 哈尔滨工业大学出版社
社 址 哈尔滨市南岗区复华四道街 10 号 邮编 150006
传 真 0451-86414749
网 址 http://hitpress.hit.edu.cn
印 刷 哈尔滨市工大节能印刷厂
开 本 787 mm×960 mm 1/16 印张 18.625 字数 400 千字
版 次 2008 年 6 月第 1 版 2014 年 1 月第 2 次印刷
书 号 ISBN 978-7-5603-2678-8
定 价 48.00 元

# 航天科学与工程丛书编写委员会

# 序

航天科技是20世纪人类最伟大的科技成果之一,也是我国和世界各国的重要发展领域。我国已跻身于世界航天大国之列,航天精神也铸造了中华民族宝贵的精神财富。

航天使人类活动范围从陆地、海洋、大气层到宇宙空间,航天科技的发展,不仅带动了诸多科学和技术的跃升,同时也推动了我国经济和社会事业的跨越发展。

我国航天事业与其他事业一样,将贯彻落实科学发展观,坚持“自主创新、重点跨越、支撑发展、引领未来”的科技发展指导方针,重点实施载人航天与空间站、月球探测、大型运载火箭等航天工程,使航天技术达到世界先进水平,更好地为我国经济建设、社会发展和国防现代化建设服务。

这些工程的开展,既对航天科技发展提供了机遇,同时又提出了新的挑战,这就迫切需要提高基础研究的水平,在空间通信、高精度制导与控制、新材料、先进发动机技术等领域,有的放矢地进行新理论、新方法和关键技术的研究,瞄准国际航天先进技术,突破制约航天发展的技术瓶颈。在这一背景下,把航天工作者多年的科研成果进行概括和总结,以期为未来的航天发展奠定坚实的技术基础,就显得尤为重要。

由哈尔滨工业大学出版社组织编纂的“航天科学与工程”丛书,将是我国航天领域中一套内容丰富、学科门类齐全、学术水平高和工程应用性较强的系列丛书。本套丛书被评为“十一五”国家重点图书,主要反映近20年来我国航天事业的最新进展,将这些理论和工程应用成果进行汇集、总结和提炼,以满足航天工作者对航天技术的需求。

该丛书充分结合民用和国防航天这一高新技术领域，在总体架构及内容的选择上进行了长期准备和精心安排。首先，突破了以往大而全的做法，重点瞄准航天领域所出现的新原理、新方法、新装备、新工艺，突出一个“新”字。这些新技术是现在和未来航天领域所关心的一些重要方向，是汇集了航天专家们所承担的国家自然科学基金、国家“973”、国家“863”、预先研究、航天创新基金和大量航天工程项目的科研成果而成的，是对科研和教学工作的总结和提升，反映了目前航天领域的最新进展。该丛书的另一个突出特点是注重科学性和工程性。作者们特别注意从大量的科研工作中提炼出一些具有普遍意义的科学原理和方法，并将其融入到书中，大大提高了丛书的学术价值；大量的学术研究是结合工程背景而开展的，有些理论和设备已经在实际工程中得到应用，具有很强的工程实用性，对从事航天技术的科研工作者将具有重要的参考价值。

本丛书体系清晰、内容较完整，涵盖了航天飞行器设计、研制和飞行中所涉及的材料科学与工程、航天力学、控制科学与工程、动力工程等诸多领域。本丛书在写作上重视创新，密切结合实际，学术水平高，工程应用性强。

综上所述，“航天科学与工程”丛书将是一套在航天领域的具有较高学术价值和工程应用价值的科技图书，特予以推荐。

**哈尔滨工业大学教授**

**中国工程院院士**

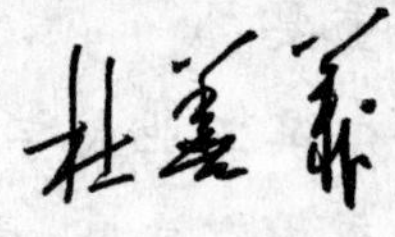

# 前　　言

自1960年激光被发明以来，激光技术已经在工业、农业、航天、国防、医疗等众多领域得到了广泛的应用，并推动了科学技术的发展。为了使激光技术发挥更大的作用，广大科研工作者一直将提高成熟激光器的性能和探索新型激光介质，实现新波长的激光输出作为重要的研究方向，这一目标的实现离不开对激光器动力学的深入研究。

自20世纪80年代马祖光院士在德国首次实现了金属蒸气二聚物 $Na_2$ 双原子分子新型近红外激光介质辐射跃迁以来，在他的带领下，我们一直在开展新型气体激光介质及其激光器动力学的研究工作，至今已经坚持了近30年。这些年来，根据马祖光院士的创新思想和国际研究热点，我们已经采用多种泵浦方式激励气体，获得了许多新波长的激光跃迁，同时深入研究了其动力学过程，这些研究成果都已经在国内外重要期刊上发表。我们将这些理论和实验成果进行归纳和总结，并补充相应的基础知识，形成了这本较全面地介绍激光器动力学的书籍。

本书主要介绍了在不同的泵浦方式下，激光介质中通过各种反应和途径获得激光上能级粒子数布居的机理。第1章介绍了激光器动力学的研究对象和研究方法。在第2章光泵浦部分，分别介绍了选择性光泵浦、激光等离子体软X射线激励和光场感生电离及其激励的X光激光三方面内容。在选择性光泵浦部分，以He－Ne激光泵浦 $Na_2$ 双原子分子获得 $A-X$ 能级近红外激光跃迁为例，介绍了激光上能级的确认和粒子数积累的途径；在激光等离子体软X射线激励部分，以激光打靶产生软X射线辐射作为激励源，获得的稀有气体卤化物离子准分子真空紫外(VUV)辐射输出为例，介绍了其动力学过程和实验研究结果；在光场感生电离及其激励的X光激光部分，介绍了飞秒激光产生的强场激励气体介质，获得软X光波段激光输出的理论研究结果和软X光波段高次谐波的实验研究结果。在第3章气体放电泵浦部分，第1节以已经发展成熟的激光器为例，介绍了常用的气体放电泵浦方式；第2节介绍了射频气体放电泵浦的波导 $CO_2$ 激光器动力学，特别介绍了发展的六温度模型对调Q波导 $CO_2$ 激光器动力学过程的分析；在毛细管放电泵浦X光激光一节，对其实验装置的原理和结构、Z箍缩的原理、46.9 nm软X射线激光产生的机理、动力学过程和实验研究结果都给予了较全面的介绍。最后一章，以氩离子准分子的动力学研究为例，介绍了采用电子束泵浦时激光器动力学的分析过程和方法。

本书具有如下特点：

**1.以研究成果为实例，理论联系实际。**书中对每一种泵浦方式进行介绍时，都以我们取得的研究成果作为实例，利于读者对各种泵浦方式下激光器动力学分析方法的理解。另外，与具体科研实例相结合，利于读者理解各种泵浦方式的特点，掌握如何将激光器动力学的理论研究结果应用于实际的科研工作中。

本书介绍每一种泵浦方式时，都以具体的激光器作为实例，便于理解和应用，对从事探索新型激光介质、选择最佳泵浦方式以及提高激光输出性能等方面研究的科研人员有一定的参考价值；同时对从事高功率脉冲技术及应用、强场物理、气体放电等离子体等方面研究的科研人员也有一定的参考价值。

**2.以泵浦方式为主线，梳理知识体系。**根据泵浦方式的不同，分别介绍了在光泵浦、放电泵浦和电子束泵浦下，激光介质中通过各种反应和途径获得激光上能级粒子数布居的机理。由于不同的泵浦方式所涉及的基础知识、研究方法和研究内容都明显不同，因此综合各种泵浦方式，分别介绍分子光谱、等离子体物理、强场物理、原子物理、激光原理、X射线激光、气体放电、高功率脉冲技术等多方面的知识。为了便于读者更好地理解相关内容，书中每一节对涉及的基础知识进行了适当的介绍，对理论研究和实验结果进行了归纳和总结。此外，在对作者科研成果的描述中，配有大量的理论和实验结果的图表，同时引用了作者发表的学术论文作为参考文献。

本书撰写分工如下：第1章和第2章中选择性光泵浦和激光等离子体软X射线激励由王骐和赵永蓬撰写；第2章中光场感生电离及其激励的X光激光由陈建新撰写；第3章中一般的气体放电泵浦一节由赵永蓬撰写，射频气体放电泵浦一节由田兆硕撰写，毛细管放电泵浦X光激光一节由赵永蓬和程元丽撰写；第4章由赵永蓬撰写。全书由王骐统稿。

本书在撰写和出版过程中，哈尔滨工业大学光电子信息科学与技术系的许多教师和研究生给予了帮助，在此表示感谢。本书涉及的科研课题，是在国家自然科学基金委和高技术863资助下完成的，在此深表谢意。

鉴于作者水平有限，疏漏之处在所难免，恳请读者和专家们给予指正。

**王骐　赵永蓬**

**2007年11月于哈尔滨**

# 目　录

# 第1章　绪　　论

自20世纪60年代激光被发明以来,它已经取得了迅速的发展,并在众多的领域中得到广泛的应用。按照工作介质的形态,激光器可被分为固体激光器、液体激光器、气体激光器和半导体激光器等。相比之下,气体激光器中涉及的动力学过程更为复杂,因此本书针对各种新型的气体激光器,介绍了其动力学研究的方法和成果。根据不同种类激光的产生要求,已经发展了多种泵浦方式,如相干光泵浦、非相干光泵浦、放电泵浦、电子束泵浦等。因为对不同的泵浦方式的激光器研究其动力学的方法和过程明显不同,所以本书以泵浦方式的不同划分章节。在不同的泵浦方式下,涉及的知识领域不同,这使得本书的知识体系比较复杂,其中要涉及分子光谱、等离子体物理、强场物理、原子物理、光电子原理、X射线激光原理、气体放电、高功率脉冲技术等多方面的知识。为了方便理解书中的内容,我们将在涉及这些知识的章节,对相关的知识给予必要的介绍。

激光器的发展一方面要提高激光输出性能,另一方面要探索新型的激光介质以及新的泵浦方式,在这两方面激光器动力学都起到了至关重要的作用。激光器动力学的深入研究有助于选择合适的泵浦方式,也有助于将更多的粒子泵浦到激光上能级实现高效、高能量的激光输出。同时新型激光介质的研究更是离不开动力学的研究。动力学的深入研究,会为新型介质通过泵浦能否实现激光输出提供判据。从以上分析可以看出,研究激光器动力学具有重要的意义。本章将分别介绍激光器动力学研究的主要对象、研究意义和研究方法。

## 1.1　主要研究对象

激光器动力学是研究在激光介质中如何通过各种反应和途径获得激光上能级粒子数布居的课程。其主要研究对象包括两个方面。

1.介质中激发态粒子数集聚的途径

研究激发态是如何获得粒子数布居和实现粒子数反转的。也就是说研究原子和分子各种可能的激发机理,受激粒子的激发机理。

激光器动力学课程与激光物理课程研究内容的重点不同。激光物理这门课主要是描述在具备了产生激光的条件后(或者说实现了粒子数反转后),形成激光的属性的基本理论,描述输出功率、能量、饱和参量、空间分布、时间分布等激光属性。激光物理中讨论粒子数反转时通常是研究在稳态分布情况下粒子数的分布。而激光器动力学,是研究粒子数反转的形成过程,研究获得粒子数布居的手段,也就是说它研究的是非平衡态的问题。平衡态即是在没有外界作用下,热力学系统的性质永远保持不变的状态,除此之外都是非平衡态。

2.研究处于激发态的粒子的流向

从时间上去追踪激发态粒子的运动规律,也就是研究处于激发态粒子的物理运动学过程,粒子分布的时间演变的过程。

第1项研究内容即是研究各种可能的激发机理,寻找最有效的激发途径。本书主要介绍该项研究内容。第2项研究内容即是用弛豫理论描述非平衡态过程,研究粒子分布的时间演变。对于该研究内容本书不予介绍。

## 1.2 激光器动力学在激光科学发展中的作用

在激光器的研究中,研究其动力学过程和激发机理是非常有意义的。在激光科学的发展中,每一激光的发现、发展及成熟的历史,都是由于对其激发机理及动力学过程的认识不断探索、不断深化、不断寻找到新的规律的历史。下面我们分别以 $CO_2$ 激光器和 $Na_2$ 第一三重态跃迁为例,说明激光器动力学在激光发展中的重要作用。

例一:$CO_2$ 激光器发展

1964 年 Patel 等人首先报道了用 $CO_2$ 气体,观察到大约 10.6 $\mu m$ 的连续激光作用,但由于其发表时,对离子及分子的新激光跃迁研究正处于高潮,所以这种新的激光与当时已报道过的数百种其他激光跃迁相比,并未引起人们的更多注意,几个月后 Patel 使 $CO_2$ 连续波输出达到毫瓦量级。尔后两年中由于激光器动力学的深入研究,特别是找到了共振能量转移的动力学途径,使 $CO_2$ 激光器研究取得了一些重大进展。第一项是利用 $N_2$ 和 $CO_2$ 混合气体作为激活介质。由于 $N_2$ 被激励后,从 $N_2$ 的亚稳态($v=1$)振动能级向 $CO_2$ 激光上能级($00^01$)共振转移,这种转移效率之高,使 $CO_2$ 激光上能级粒子数集聚增加了几个数量级,从而使 $CO_2$ 激光器输出从毫瓦级迅速增加到 10 W 左右,增加了 4 个量级。随后又发现了 He 具有与 $N_2$ 气相同的作用,利用流动的 $CO_2-N_2-He$ 混合气体使 $CO_2$ 激光获得了大于 100 W 的非常惊人的连续波输出,从而使 $CO_2$ 激光器发展极为迅速。至今 $CO_2$激光器已经成为最具有应用价值的几种激光器之一,特别在工业、医疗、国防等领域都有了重大的应用。

例二:$Na_2$ 第一三重态跃迁

1.准分子特性、准分子跃迁

准分子是指在通常情况下这种分子是不存在的,只有当组成分子的一个原子被激发,处于激发态时,它与一个基态的另一原子组成一个分子,这种分子处于激发态。当它通过跃迁回到基态时,由于处于基态的这类分子是不存在的,这类分子便迅速分解成各自的原子。因此,这种分子与通常存在的分子是不同的,其不同就在于,它只存在于激发态中,基态中不存在。为了区别这类分子,称其为准分子(excimer)。所谓存在不存在,是用寿命来衡量的,“存在”意味着有可观的寿命,"不存在"即寿命非常之短。上述定义只适用于两个原子组成的准分子。除此之外还有多原子组成的准分子,如 $Xe_2F$ 三原子准分子和四原子准分子等。可以将准分子定义成具有结合的激发态、离解的基态的复合物。

这种分子能级间的跃迁主要特征是束缚 - 自由跃迁。由于基态是自由态,不存在粒子数的集聚,也就不存在瓶颈问题,所以准分子跃迁的激光系统,应该有最大的量子效率,不存在瓶颈,因而就可以获得最大的能量输出。

依据准分子这样的特点,将束缚 - 自由跃迁的结构,称为准分子跃迁,这类系统也就是准分子系统,如 $Na_2$ 的第一对三重态间跃迁(简称第一三重态跃迁)。

20 世纪 70 年代人们首先发现了准分子激光系统,在稀有气体氟化物中实现了准分子跃迁,如今 KrF、XeCl、ArF 等很多准分子激光器已经得到了广泛的应用,准分子激光已成为目前紫外大能量激光系统的代表之一。这之后人们就致力于寻找各种准分子激光系统,发展各种波长的新型准分子激光,拓展激光器的覆盖波长范围,因而也就带动了激光器动力学、激光光谱学等新兴学科的发展。

准分子激光系统上能级通常是高位电子态,与基态间的能量间隔比较大,当产生准分子跃迁时,辐射的光子能量很大,因而准分子激光大都是高效的紫外激光系统。

在 70 年代末至 80 年代初,美国 Konowalow 通过 ab initio 计算,预言了钠双原子分子第一三重态跃迁[1]。$Na_2$ 分子势能曲线如图 1.1 所示[2],第一三重态跃迁是指与基三重态($x^3\Sigma_u^+$ 态)有光学联系的第一对三重态间跃迁($b^3\Sigma_g^+ \rightarrow x^3\Sigma_u^+$),是束缚自由跃迁,是一种准分子激光系统,这是一个近红外可宽带调谐的新激光介质系统。图 1.1 中横坐标 $R$ 为核间距,单位为 Bohr(玻尔),1 Bohr = $5.291\ 77 \times 10^{-11}$ m;纵坐标 $E$ 为能量,单位为 Hartree(哈特里),1 Hartree = $4.359\ 81 \times 10^{-18}$ J。

2. 关于 $Na_2$ 第一三重态跃迁的研究

在这之前人们对 $Na_2$ 作为激光介质作了大量的研究,但都只限于与基态单重态有光学联系的单态间跃迁的研究,对于与基态的另一个三重态有联系的三重态的跃迁,研究的还比较少。在 Konowalow 预言前后,国际上有若干个小组已对 $Na_2$ 第一三重态跃迁发生了很大的兴趣,相继开展了工作,当时国际上比较典型的研究小组的工作情况如下。

普林斯顿大学研究小组,曾试图利用氩离子激光使处于基态的 $X^1\Sigma_g^+$ 粒子激发到 $B^1\Pi_u$ 态再通过碰撞弛豫,在 $b^3\Sigma_g^+$ 上获得粒子数布居[3]。碰撞激发,是三体间相互作用,碰撞截面应是 $\Sigma = N\sigma$,$N$ 是碰撞伙伴粒子数密度,$\sigma$ 是碰撞微分截面,所以要使截面增大,必须提高 $N$,也就是要在高饱和气压条件下。但是气压高,碰撞的粒子数增多,也同时会使上能级粒子数碰撞猝灭概率增加,因而使上能级寿命大大降低,这是互相矛盾的,这种办法不是有效的激励办法。

萨格勒布大学研究小组,曾用放电激励电子碰撞的办法,试图在 $b^3\Sigma_g^+$ 态上获得粒子数布居[4],但是由于电子碰撞截面太小,直到 1990 年前后才观察到很弱的第一三重态跃迁的荧光谱,这也不是一种很有效的激励办法。

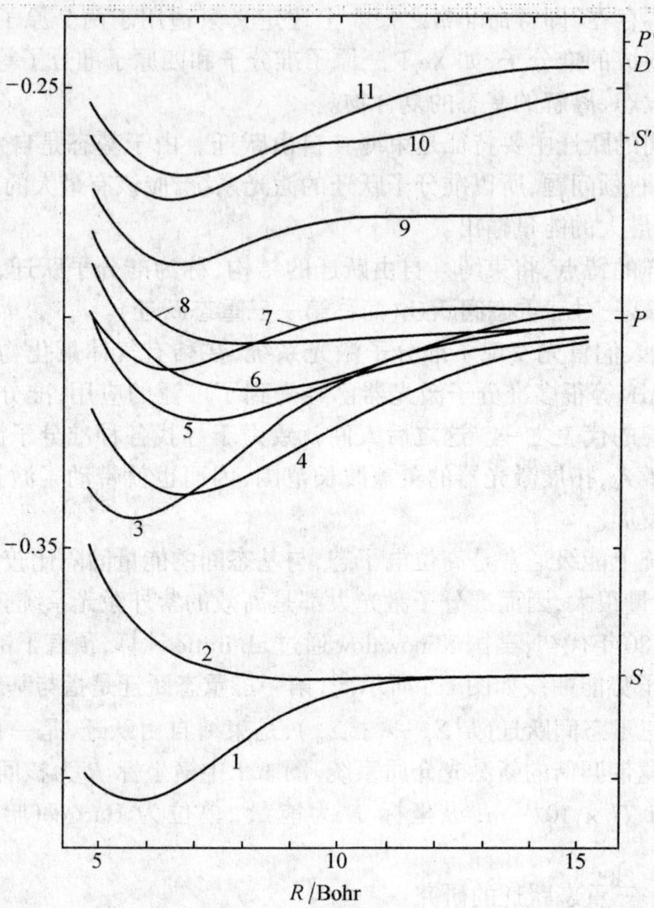


图 1.1　$Na_2$ 分子势能曲线

1—$X^1\Sigma_g^+$；2—$x^3\Sigma_u^+$；3—$a^3\Pi_u$；4—$A^1\Sigma_u^+$；5—$b^3\Sigma_g^+$；6—$2^1\Sigma_g^+$；

7—$B^1\Pi_u$；8—$C^1\Pi_g$；9—$3^1\Sigma_g^+$；10—$C^3\Pi_u$；11—$C^1\Pi_u$

除了以上的工作外，其他研究小组还利用其他一些途径，来获得 $b^3\Sigma_g^+$ 态的粒子数布居，但也都迟迟没有观察到荧光辐射。

以上的途径，应该说原理上都是正确的，但在 1981 年前都始终没有能观察到第一三重态跃迁荧光，这就是说欲获得有效的第一三重态跃迁的激励，必须寻找新的途径。

3. 利用能级间的扰动及碰撞能量转移获得激发三重态粒子数布居

首次观察到第一三重态跃迁荧光谱辐射的，是马祖光教授。他在当时分析了国际上各个小组的工作后，提出了一条新的激励途径[5]。

在当时 Woodman 工作的启发下，利用紫外激光激励并通过能级间的扰动，获得了第一三重态跃迁。Woodman 的工作是用紫外激光 XeF 351 nm 将 $X^1\Sigma_g^+$ 态粒子激励到高位电子态 $C^1\Pi_u$ 态，观察到著名的紫色扩散带。扩散带是源于束缚 – 自由跃迁，可以判断 $Na_2$ 中的紫色扩散带应是与基态三重态有光学联系的光学跃迁。也就表明较高的三重态获得了粒子数布居，与基三重态之间产生了跃迁过程，这一过程说明了紫外光激励通过能级间的能量传递使三重态获得了粒子数，可否利用这种手段获得第一三重态间的跃迁呢？马祖光利用这种思想，最终首次观察到了第一三重态跃迁荧光谱[5,6]。

在观察到荧光谱的基础上，更重要的是如何获得有效的激励，实现粒子数反转，获得激光振荡，这就是激光器动力学的研究内容。

参考文献[2]、[7] 给出了获得激光振荡的可能的动力学过程的讨论。根据文献[8] 给出的 $Na_2$ 势能曲线，可以分析这是对 $Na_2$ 势能曲线计算中与实验结果吻合得最好的计算结果，这里依据这个势能曲线，利用泵浦光波长 339.586 nm 紫外激光激励，获得第一三重态跃迁，并进而对获得激光振荡的可能动力学过程做了初步的讨论。

泵浦光波长为 339.586 nm 时，上能级可能被激励的能级是 $C^1\Pi_u$ 态，$C^1\Pi_u$ 态被激励时，在 $b^3\Sigma_g^+$ 态上获得粒子数布居的可能途径主要有两条，第一条途径是 $C^1\Pi_u$ 态附近有一个 $C^3\Pi_u$ 态与 $C^1\Pi_u$ 非常靠近，另外是 12Bohr 两个能级交叉，按照能级间扰动的选择定则，可以判断，这两个能级是符合扰动选择定则的，也就是粒子可以通过扰动从 $C^1\Pi_u$ 过渡到 $C^3\Pi_u$ 态，同时两个能级间也可以通过碰撞使 $C^3\Pi_u$ 态获得粒子数布居。

第二条途径是处于 $C^1\Pi_u$ 态的粒子可以通过三体碰撞和级联跃迁最后在 $b^3\Sigma_g^+$ 态上获得粒子数布居。这些过程可以描述为下面五个产生第一三重态跃迁可能的过程：

(1) $Na_2(C^1\Pi_u) + M \xrightarrow{\text{碰撞}} Na_2(b^3\Sigma_g^+) + \Delta E_T + M$

(2) $Na_2(C^1\Pi_u) + M \xrightarrow{\text{碰撞}} Na_2(3^1\Sigma_g^+) + \Delta E_T + M$

$Na_2(3^1\Sigma_g^+) + M \xrightarrow{\text{碰撞}} Na_2(b^3\Sigma_g^+) + \Delta E_T + M$

(3) $Na_2(C^1\Pi_u) + M \xrightarrow{\text{碰撞}} Na_2(3^1\Sigma_g^+) + \Delta E_T + M$

$Na_2(3^1\Sigma_g^+) \longrightarrow Na_2(B^1\Pi_u) + h\nu$

$Na_2(B^1\Pi_u) + M \xrightarrow{\text{碰撞}} Na_2(b^3\Sigma_g^+) + \Delta E_T + M$

(4) $Na_2(C^1\Pi_u) \longrightarrow Na_2(C^1\Pi_g) + h\nu$

$Na_2(C^1\Pi_g) + M \xrightarrow{\text{碰撞}} Na_2(b^3\Sigma_g^+) + \Delta E_T + M$

(5) $Na_2(C^1\Pi_u) \longrightarrow Na_2(2^1\Sigma_g^+) + h\nu$

$Na_2(2^1\Sigma_g^+) + M \xrightarrow{\text{碰撞}} Na_2(b^3\Sigma_g^+) + \Delta E_T + M$

以上五种过程各自发生的可能性，可以通过平动能 $\Delta E_T$ 的大小来分析。

(1)$\Delta E_T = 11\ 220\ cm^{-1}$

(2)$\Delta E_T = 7\ 270\ cm^{-1}$

(3)$\Delta E_T = 1\ 920\ cm^{-1}$

(4)$\Delta E_T = 3\ 380\ cm^{-1}$

(5)$\Delta E_T = 900\ cm^{-1}$

通常认为平动能变化大是传能过程效率不高的象征，上述过程中只有平动能变化明显较小的过程是最有可能发生的过程，因此以上各种过程中(5)是最可能发生的。因而，第二条途径最有可能的过程是

$$Na_2(C^1\Pi_u) \longrightarrow Na_2(2^1\Sigma_g^+) + h\nu$$

$$Na_2(2^1\Sigma_g^+) + M \xrightarrow{\text{碰撞}} Na_2(b^3\Sigma_g^+) + \Delta E_T + M$$

根据上述分析，基态的 $Na_2$ 可能被激发到不同的较高能级，在这些较高能级向下跃迁时就会产生光谱辐射。如果激发到 $C^1\Pi_u$ 态，则动力学过程为

$$X^1\Sigma_g^+ + h\nu_1(339.586\ nm) \longrightarrow C^1\Pi_u$$

此时由 $C^1\Pi_u$ 态向下跃迁的可能辐射过程为

(1) 直接跃迁回到基态 $C^1\Pi_u \longrightarrow X^1\Sigma_g^+ + h\nu_2(310 \sim 360\ nm)$

(2) 先跃迁到 $3^1\Sigma_g^+$ 态，再跃迁到 $A^1\Sigma_u^+$ 态

$$C^1\Pi_u \longrightarrow 3^1\Sigma_g^+ + h\nu_3(2.50 \sim 2.56\ \mu m)$$

$$3^1\Sigma_g^+ \longrightarrow A^1\Sigma_u^+ + h\nu_4(900 \sim 920\ nm)$$

(3) 由 $C^1\Pi_u$ 态扰动到 $C^3\Pi_u$ 态，然后再由 $C^3\Pi_u$ 态向下跃迁，即

$$C^1\Pi_u \xrightarrow{\text{碰撞}} C^3\Pi_u$$

$$C^3\Pi_u \longrightarrow b^3\Sigma_g^+ + h\nu_5(0.89 \sim 1.03\ \mu m)$$

$$b^3\Sigma_g^+ \longrightarrow x^3\Sigma_u^+ + h\nu_6(820 \sim 900\ nm)$$

就是说，基态粒子在 $h\nu_1(339.586\ nm)$ 光子激励下使 $C^1\Pi_u$ 态获得布居，$C^1\Pi_u$ 态向下跃迁有几种可能的辐射过程。

(1) 它可以直接通过光辐射 $h\nu_2(310 \sim 360\ nm)$ 回到基态 $X^1\Sigma_g^+$。

(2) 它可辐射1个近红外光子 $h\nu_3(2.50 \sim 2.56\ \mu m)$ 到达 $3^1\Sigma_g^+$ 态，并再辐射1个红外光子 $h\nu_4(900 \sim 920\ nm)$ 到达 $A^1\Sigma_u^+$ 态。在我们的荧光谱测量中，确实观测到 910 nm 和 2.50 ~ 2.56 μm 的光谱。

(3) $C^1\Pi_u$ 到 $C^3\Pi_u$ 碰撞和扰动转移，$C^1\Pi_u$ 态粒子通过碰撞转移到 $C^3\Pi_u$ 态，即发生过程

$$C^1\Pi_u + M \xrightarrow{\text{碰撞}} C^3\Pi_u + \Delta E_T + M$$

如果碰撞只发生电子态能量的变化，由势能曲线可见其碰撞前后能量相差甚小，可认为是

近共振碰撞，这样碰撞的截面可以是比较高的，通过碰撞 $C^3\Pi_u$ 态粒子获得布居，是可能的，也是一个重要通道。

在 $C^3\Pi_u$ 态上粒子，将辐射出 910 nm 附近光子到达 $b^3\Sigma_g^+$ 态，从而产生 $b^3\Sigma_g^+ \rightarrow x^3\Sigma_u^+$ 的第一三重态的跃迁。为了在实验中验证上述动力学过程，测定了 910 nm 谱与 890 nm 谱间的时间逻辑关系。实验结果表明 910 nm 谱的确比890 nm 谱早发生了大约 2.5 ns，这就为 910 nm 与 890 nm 谱很可能的级联跃迁关系，提供了重要的实验依据。同时也为整个动力学过程的建立提供了重要的实验数据。正是在这种思路指引下，作者于国际上首次实现了第一三重态跃迁激光振荡[7]。

以上告诉我们探索新的激光器体系，必须对激发机理，弛豫理论的基本问题不断提出一些新的思想。这也就引导我们对自然规律的认识不断深化。

## 1.3　动力学过程的分析方法

分析动力学过程，第一步就是用反应方程式将可能发生的各种过程描述出来。考虑第一步时，一定要将所有可能发生的过程都考虑到，都描写出来。激光科学发展的历史证明，人们对可能发生的过程的认识，是逐步深入的。这里所说将有可能发生的过程都用反应方程式描述出来，包含两层意思：① 就目前的认识水平，将可能发生的过程考虑全；② 尽量考虑是否有新的原来没有估计到的过程发生，并可能影响现在所描述的所有过程。很可能由于认识的不断深入，还要不断地发展。

实际上，我们会看到，这样总结出的过程将是十分复杂的。我们在这里试图描述的微观过程、微观世界的运动规律，是用概率概念来描述的，即任何一个过程都有发生的可能，可能具有一定的概率，只是概率存在大小不同而已。针对一个具体体系过程而言，描述各种过程的模型是十分复杂的，这种模型往往是不可能用解析表达式对其求解，因而在讨论时，我们往往对系统的模型进行简化。简化的依据，就是写出全部过程之后，讨论各种过程发生的概率，对过程发生的微分截面和发生的速率进行讨论。截面是从概率概念来讨论的，截面大的过程往往是影响较大的过程，肯定应是我们研究的重点，截面小的过程可以在我们第一步讨论中暂时忽略。速率问题是从时间上讨论过程发生的快慢，这样对时间上追踪粒子数运动的规律就更为重要，在我们讨论的模型中，如果主要过程是一个快过程(如转动弛豫)，那么对同时产生的一些相对慢的过程，它们的影响就会较小，就可以暂时被忽略。讨论的过程如果是一个慢过程(如振动弛豫)，那么那些变化速率大的过程，可能在考虑主要过程前就已经结束，也对讨论的主要过程影响不大，也可以暂时予以忽略。这样就可能暂时忽略相当多的一些过程，做到过程的简化。

真正讨论动力学过程，应首先依据简化后的模型进行讨论，简化的依据是各种可能发生的过程的截面和速率，这是动力学过程讨论的第二步。

经过以上两步后，主要过程就讨论清楚了，特别是讨论清楚了影响主要过程的宏观因素，并讨论清楚宏观条件对这些因素影响的趋势，以便可以控制这些宏观条件的发生，朝着有利于我们所需要的方向发展。这一主要过程讨论清楚之后，如果进一步考虑，那就应有第三步，进一步反过来考虑曾被忽略过程的因素，究竟它们对整个系统的影响是什么样的，有没有什么问题。有了一定的实验基础之后，要考虑主要实验现象与理论描述吻合情况，特别要注意发现理论与实验有出入的地方，发现问题进一步修改理论模型，这样可能会使实验中的很多现象得到进一步的解释。下面举两个例子，来说明这一思路。

第一个例子是离子准分子跃迁过程。

20 世纪 70 年代后期，人们发现了准分子激光体系，以电子束激励 KrF 准分子激光为例，人们对它的动力学过程理解越来越深入，因而 KrF 准分子获得激光输出能量越来越大，至今人们已总结出大约 100 多个可能发生的过程。在对准分子激光体系深入研究的基础上，1985 年 Sauerbrey 与 Basov 分别独自提出了离子准分子体系，认为这是获得真空紫外波段的好的激光介质系统[10~12]，并预言稀有气体卤化物离子准分子具有可以与 KrF 准分子相比较的受激发射截面，因而是一种优秀的 VUV 激光介质系统。该预言涉及卤素二价离子 $Rg^{2+}$ 与 $F^-$ 结合成 $Rg^{2+}F^-$ 离子准分子，因此引入了一系列与二价离子有关的动力学过程。这使得稀有气体与卤素气体组合的混合气体激励时的动力学过程，较之以往中性准分子的动力学过程增加了新的内容。这说明了人们对事物认识的不断深入，对动力学过程的描述越来越全面。采用 LPX 激励已经观察到了稀有气体氟化物 VUV 波段辐射，$Ar^{2+}F^-$ 125 nm 和 $Kr^{2+}F^-$ 148 nm 的 VUV 荧光辐射[13~14]。

Langhoff 1988 年对氩在 185 ~ 200 nm 谱段观察到的第三谱带进行了理论研究，分析指出这是 $Ar^{2+}$ 与 Ar 组成的 $Ar_2^{2+}$ 离子准分子的跃迁[15]。文献[16]中用强流相对论电子束（0.5 MeV，20 kA）激励，实验亦观察到这一 VUV 波段的辐射。按照前面讲述的动力学过程分析方法，可以描述这一系统的动力学模型，包括几十个反应过程。为了深入理解 $Ar_2^{2+}$ 离子准分子的形成过程，需要根据反应过程的截面和反应速率常数等判断反应发生的概率，再根据反应概率对动力学模型进行简化。经简化以后可以把反应过程分为两类：一类是与电子束能量沉积有关的反应；另一类是与电子束不直接相关的反应过程。首先讨论与电子束能量沉积有关的反应。当相对论电子束注入腔中后，腔中的各种反应过程就开始了。这里电子束能量沉积的反应主要包括三个反应

$$Ar + e \longrightarrow Ar^* + e \qquad \text{电子直接激发} \tag{1.1}$$

$$Ar + e \longrightarrow Ar^+ + 2e \qquad \text{电子直接电离} \tag{1.2}$$

$$Ar + e \longrightarrow Ar^{2+} + 3e \qquad \text{电子双电离} \tag{1.3}$$

除了上述过程外，整个腔中的其他反应过程是非常复杂的，其中与 $Ar_2^{2+}$ 离子准分子形成和猝灭有关的反应主要有四个，即

$$Ar^{2+} + 2Ar \longrightarrow Ar_2^{2+} + Ar \qquad k = 1.46 \times 10^{-30}\ cm^6 \cdot s^{-1} \qquad \text{三体过程} \tag{1.4}$$

$$Ar_2^{2+} + e \longrightarrow Ar^* + Ar^+ \qquad k = 1.5 \times 10^{-7}\ cm^3 \cdot s^{-1} \qquad \text{离解复合} \tag{1.5}$$

$$Ar_2^{2+} + 2Ar \longrightarrow Ar_3^{2+} + Ar \qquad k = 4.4 \times 10^{-32}\ cm^6 \cdot s^{-1} \qquad \text{三体过程} \qquad (1.6)$$

$$Ar_2^{2+} \longrightarrow 2Ar^+ + h\nu \qquad k = 2 \times 10^{-8}\ s^{-1} \qquad \text{辐射弛豫} \qquad (1.7)$$

反应过程(1.4) 是 $Ar_2^{2+}$ 离子准分子的主要形成过程。在发生碰撞的三体中,其中有两体为氩原子,一个氩原子与 $Ar^{2+}$ 离子结合形成离子准分子,而另一个氩原子带走反应中的多余能量。在高气压的气体中,由于氩原子的密度很大,所以该反应容易发生。在实验中气压一般选择在0.3 MPa 附近,所以该三体过程在整个动力学过程中显得尤为重要。由于其前驱离子是二价离子,所以其反应进行的快慢直接与二价离子的粒子数密度有关。为使该反应更好地进行,需要增加二价离子的粒子数密度。反应过程(1.5) 和(1.6) 是 $Ar_2^{2+}$ 离子准分子的主要猝灭过程。在这些反应过程中,电子和基态氩原子是主要猝灭物质。反应过程(1.7) 是 $Ar_2^{2+}$ 离子准分子的辐射跃迁过程。

根据以上反应过程,可以确定 $Ar_2^{2+}$ 离子准分子形成有关的主要因素。一方面是有足够的 Ar 原子以进行式(1.4) 所示的形成反应,由于初始气压较高,因此有利于 $Ar_2^{2+}$ 离子准分子的形成。此外,根据式(1.4) 可以判断,必须产生足够的 $Ar^{2+}$ 离子才能有利于反应进行。实际上,从电离截面可以判断,电子束的高能电子与 Ar 原子碰撞形成 $Ar^{2+}$ 离子的截面是比较小的,因此反应过程(1.3) 的概率较小。这使得最终 $Ar^{2+}$ 离子粒子数密度较小,不利于 $Ar_2^{2+}$ 离子准分子形成。另一方面反应过程(1.5) 和(1.6) 决定的猝灭过程是很迅速的,这显然也对 $Ar_2^{2+}$ 离子准分子形成不利。总之,根据动力学分析,在电子束泵浦下产生足够多的 $Ar_2^{2+}$ 离子准分子,进而形成粒子数反转和激光输出是非常困难的。以上的动力学分析被实验和理论证明是正确的。对于如何获得上能级粒子数有效布居的问题,将在第 4 章动力学过程分析中展开讨论。

第二个例子是考虑用共振泵浦 Na(3S) ⟶ Na(3P) 来获得 $Na_2$ 第一三重态跃迁[9]。

根据分析我们可以知道,如果在 Na 的 3P 态获得粒子,则可以通过 Na(3P) 与 Na(3S) 复合成 $Na_2$。

根据选择定则,Na(3P) + Na(3S) 组成 $Na_2$ 分子态,对应着 $\Lambda = 0$(即 $\Sigma$ 态) 和 $\Lambda = 1$(即 $\Pi$ 态),再加上两个外层电子耦合,自旋 S 可以是 0,1,即存在单态和三重态,再考虑宇称定则对应着Na(3P) +Na(3S) 复合成的 $Na_2$ 共有八个能级,分别为:${}^1\Sigma_g^+$、${}^1\Sigma_u^+$、${}^3\Sigma_g^+$、${}^3\Sigma_u^+$、${}^1\Pi_g$、${}^1\Pi_u$、${}^3\Pi_g$ 和 ${}^3\Pi_u$。

由于三重态是三重简并的,从粒子数分配的概率看,合成分子后,复合成三重态的概率,应为单重态的三倍。也就是说,如果可以用共振激励 Na(3S) 到 Na(3P) 态,则 Na(3P) + Na(3S) 可以复合成分子,并在其中有相当一部分(3/16) 是处于 $Na_2(b^3\Sigma_g^+)$,所以可以在第一三重态上获得粒子数布居,从而获得第一三重态跃迁,这就是当初试图通过共振激励 Na(3P) 态获得第一三重态跃迁想法的道理。

下面我们具体分析一下这其中的动力学过程。

(1) 激励过程 Na(3S) + $h\nu$(589.0,589.6 nm) ⟶ Na(3P)

(2) 复合过程 $Na(3P) + Na(3S) \longrightarrow \begin{cases} Na_2(A^1\Sigma_u^+) \\ Na_2(B^1\Pi_u) \\ Na_2(b^3\Sigma_g^+) \\ Na_2(a^3\Pi_u) \\ \vdots \end{cases}$

(3) 跃迁过程

$$Na_2(A^1\Sigma_u^+) \longrightarrow Na_2(X^1\Sigma_g^+) + h\nu_2$$
$$Na_2(B^1\Pi_u) \longrightarrow Na_2(X^1\Sigma_g^+) + h\nu_3$$
$$Na_2(b^3\Sigma_g^+) \longrightarrow Na_2(x^3\Sigma_u^+) + h\nu_4$$

由此便应该观察到 $h\nu_2$(600.0 ~ 800.0 nm) $A - X$ 带;$h\nu_3$(450.0 ~ 550 nm) $B - X$ 带;$h\nu_4$(800.0 ~ 1 000.0 nm) 第一三重态谱带。

图 1.2 是我们在实验中观察到的荧光谱,由这个荧光谱可以看到如下几个谱区:$A - X$ 谱区;属于 Na 3D - 3P 跃迁 818.9 nm 谱线;第一三重态谱区。

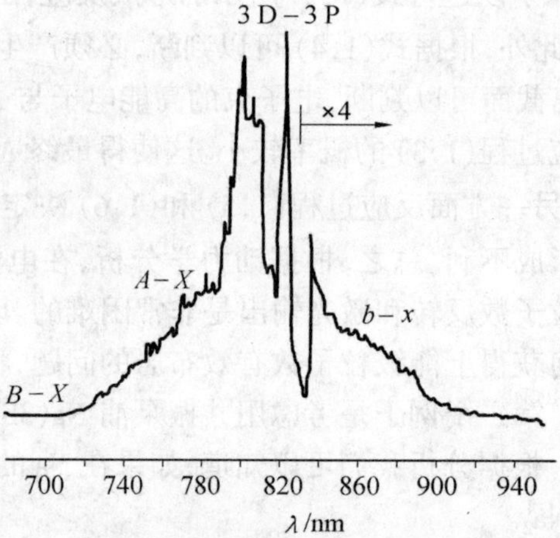

图 1.2 Na 的荧光谱

从谱区看,与我们前面得出的动力学过程比较,确实观察到了属于第一三重态跃迁的 800 nm ~1 μm 谱区,但是实验观察到的谱区与前面理论分析存在着如下三点明显的不同。

(1) 从前面理论分析应知第一三重态的上能级是三重简并的,$A - X$ 带的上能级是单态,所以第一三重态的跃迁强度应该比 $A - X$ 带谱区强。但是实验中却看到后者比前者强几十倍。

(2) 谱图上出现了 818.9 nm 辐射,这一辐射应对应着 $Na(3D) \longrightarrow Na(3P)$ 跃迁,而 Na(3D) 态粒子是如何获得了布居呢?

(3) 没有对应着 $Na(3P) \longrightarrow Na(3S)$ 跃迁的 589.0 nm 和 589.6 nm 荧光辐射。

下面就通过动力学分析,解释这些现象,并对共振泵浦 Na 原子获得 $Na_2$ 第一三重态跃迁的过程做出评价。

1. 首先解释出现的 818.9 nm 荧光谱。这是 Na(3D) 跃迁,为什么可以出现 3D - 3P 跃迁?其原因是存在过程

$$Na(3P) + Na(3P) \longrightarrow Na(3S) + Na(nx) + \Delta E$$

$Na(nx)$ 是一个高于 3P 态的高位电子态。两个 3P 态原子相碰,可以出现上述过程,一个原子回到 3S 态,另一个原子碰到更高的电子态上去,$\Delta E$ 是碰撞前后能量失谐量,它可以由平动

能来补充。$\Delta E$ 越小这种过程发生的概率越大，当 $\Delta E > 10$ kT时，此过程的概率极小。该实验中如果可能激励到3D态，则 $\Delta E$ 为4 kT，发生3D－3P跃迁相对强度为 $10^{-3}$ 量级，这就是3D－3P的来源。

2.实验中，按道理第一三重态应比 $A-X$ 带跃迁要强，但为什么 $A-X$ 带强呢？通过分析可以知道，获得 $A-X$ 带跃迁的途径不止Na(3P)＋Na(3S)的复合这一个通道，它还有其他通道，总结这些通道为：

(1) 直接激励Na的原子复合成分子

$$\mathrm{Na(3P)} + \mathrm{Na(3S)} \longrightarrow \mathrm{Na_2}(A^1\Sigma_u^+)$$

(2) 双原子分子直接激发

$$\mathrm{Na_2}(X^1\Sigma_g^+) + h\nu(589.0, 589.6\ \mathrm{nm}) \longrightarrow \mathrm{Na_2}(A^1\Sigma_u^+)$$

(3) 双光子激励 $Na_2$ 到高激发态（$?^1\Sigma_g^+$），当这个高激发态向下跃迁时，可能终态为 $A^1\Sigma_g^+$。

文献[9]中曾讨论了由过程(1)造成的 $A-X$ 带跃迁相对强度大约为 $4\times10^{-2}$，再考虑到(2)和(3)的过程造成的 $A-X$ 带跃迁，使谱的强度应更大一些，这就是 $A-X$ 带强的原因。

3.解释谱中为什么没有观察到Na(3P) ⟶ Na(3S)跃迁的589.0 nm和589.6 nm荧光谱。这是因为589.0，589.6 nm在系统中有强的吸收。正是这个原因，当泵浦光纵向入射到热管炉中后，在传输过程中，将有很强的吸收，这种现象称为自陷。由于自陷的存在使泵浦光衰减得非常快，这使得对纵向泵浦而言，在热管炉热稳定区不易达到很强的泵浦功率密度。因此，对寻找第一三重态激光振荡来说，这种激励手段可能不是很好的激励手段。

## 参考文献


[1] KONOWALOW D D, JULIENNE P S. $Li_2$ and $Na_2$ $^3\Sigma_g^+ \rightarrow {}^3\Sigma_u^+$ Excimer Emission[J]. Journal of Chemical Physics, 1980, 72(11): 5815-5818.

[2] 吕志伟. 钠双原子分子第一三重态跃迁动力学过程和激光振荡[D]. 哈尔滨：哈尔滨工业大学，1993.

[3] HUENNEKENS J, SCHAEFER S, LIGARE M, et al. Observation of the Lowest Triplet Transitions $^3\Sigma_g^+ \rightarrow {}^3\Sigma_u^+$ in $Na_2$ and $K_2$[J]. Journal of Chemical Physics, 1984, 80(10): 4794-4799.

[4] PALLE M, MILOSEVIC S, VEZA D, et al. The Absorption and Emission Observations of the Sodium Near-infrared Spectrum[J]. Optics Communications, 1986, 57(6): 394-399.

[5] SHANDIN S, WELLEGEHAUSEN B, MA ZUGUANG. Ultraviolet Excited Laser Emission in $Na_2$[J]. Applied Physics B: Lasers & Optics, 1982, 29: 195-200.

[6] 马祖光. 紫外泵浦 $Na_2(b^3\Sigma_g^+)$ ⟶ $Na_2(x^3\Sigma_u^+)$ 的发射光谱[J]. 光学学报，1982, 2(3): 233-239.

[7] 王骐，吕志伟，马祖光. 钠双原子分子第一三重态跃迁激光振荡[J]. 中国科学，1996, 26(5): 405-410.

[8] JEUNG G. Theoretical Study on Low-lying Electronic States of $Na_2$[J]. Journal of Physics B: Atomic, Molecular and Optical Physics, 1983, 16: 4289-4297.

[9] 王骐，邢达，刘伟，等. 实现 $Na_2\, b^3\Sigma_g^+ - x^3\Sigma_u^+$ 的辐射的新途径[J]. 激光杂志，1988, 9(5): 288-292.

[10] BASOV N G, VOLTIK M G, ZUEV V S, et al. Feasibility of Stimulated Emission of Radiation from Ionic

Heteronuclear Molecules. I. Spectroscopy[J]. Soviet Journal of Quantum Electronics, 1985, 15(11): 1455-1460.

[11] BASOV N G, VOLTIK M G, ZUEV V S, et al. Feasibility of Stimulated Emission of Radiation from Ionic Heteronuclear Molecules. II. Kinetics[J]. Soviet Journal of Quantum Electronics, 1985, 15(11):1461-1469.

[12] SAUERBREY R, LANGHOFF H. Excimer Ions as Possible Candidates for VUV and XUV Lasers[J]. IEEE Journal of Quantum Electronics, 1985, QE-21(3):179-181.

[13] WANG QI, ZHOU CHI, MA ZUGUANG. VUV Spectra from the Krypton-fluoride Ionic Excimer[J]. Applied Physics B: Lasers and Optics, 1995, B61: 301-304.

[14] ZHOU CHI, WANG QI, MA ZUGUANG, et al. VUV Spectra of Rare-gas Fluoride Ionic Excimers[J]. IEEE Journal of Selected Topics in Quantum Electronics, 1995, 1(3): 872-876.

[15] LANGHOFF H. The Origin of the Third Continua Emitted by Excited Rare Gases[J]. Optics Communications, 1988, 68(1):31-34.

[16] ZHAO YONGPENG, WANG QI, LIU JINCHENG. Resonator Effects of $Ar_2^+$ Ionic Excimer Pumped by Electron Beam[J]. Optical and Quantum Electronics, 2005, 37(5): 457-468.

# 第2章 光泵浦

光泵浦就是利用光束与工作物质相互作用,使物质原子或分子被激发,产生工作物质原子或分子能级的选择性粒子数集居或倒空,从而引起与热平衡粒子数布居的明显偏离,实现高能级粒子数布居的一种泵浦过程。

从目前发展看,在光束与物质相互作用时,可以利用它的两种特性。第一是利用光子的粒子性,它具有足够的能量。当它与物质交互作用时,光子可以将它的全部能量或部分能量交给物质中的原子(以下所提原子,包括分子,简称为原子),使原子被激发。当它与原子产生共振吸收时,光子将全部能量交给了原子,这时原子将按一定规律被激发到高能级,这个过程称为共振激发。光子也可能将部分能量交给原子,这时,通常是发生非弹性碰撞过程,非弹性的碰撞,光子被散射。

如果光子与原子发生非弹性碰撞,将发生喇曼散射现象。图 2.1 给出了喇曼散射相关的能级图,$E_1$ 和 $E_2$ 分别是两个定态能级,$E_3$ 是虚能级。在光子与散射系统相互作用时,散射系统首先被激发到虚能级 $E_3$,然后再向下跃迁到一个定态上。此时入射光子或者把它的一部分能量交给散射系统,或者从散射系统取得能量。显然,放出和取得的能量只能是原子的两个定态($E_1$ 和 $E_2$)之间的能量差值。设 $\Delta E = E_1 - E_2$ 是该能量差值。此时如果散射系统最初处于较低的能态 $E_1$,则由于光子的散射,它被激发到较高的能态 $E_2$,此时所需的能量 $\Delta E$ 从光子能量获得。显然,经这样的散射以后光子的能量减少 $\Delta E$,光波长向长波方向移动,产生的谱线为斯托克斯线。反之,如果散射系统最初处于较高的能态 $E_2$,则由于光子的散射而跃迁到较低的能态 $E_1$,此时光子能量增加 $\Delta E$,光波长向短波方向移动,产生的谱线为反斯托克斯线。

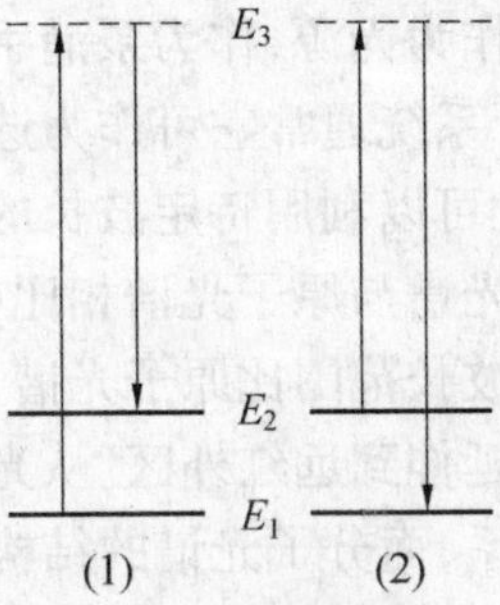


图 2.1 喇曼散射

(1)— 斯托克斯线;

(2)— 反斯托克斯线

第二是利用光的波动性,即光束的电磁场作用。电磁场与物质中的原子作用,可以使原子产生极化,使高阶极化率明显增强,出现一系列非线性过程。通常光场强度达到 $10^9$ W/cm$^2$ 以上时,介质中的非线性就比较明显了。当光子束的场再足够强,光子流功率密度达到 $3.5 \times 10^{16}$ W/cm$^2$ 以上时,光束的电场强度可以达到 $10^9$ V/cm 以上。这时产生的电场已经可以与原子中库仑场相比较。在如此强的电磁场作用下会产生一系列新的物理过程,这就发展起一个新的分

支 —— 强场物理。这时在强场下已使得相互作用微扰理论不适用，必须发展非微扰理论。这将是光场感生电离(OFI)X 激光的工作原理。

最早人们是利用非相干光实现光泵浦，如 Maiman 发明的第一台激光器便是利用螺旋氙灯泵浦红宝石，使红宝石中掺杂的铬离子被激发，而发出受激发射光。氙灯泵浦也是$Nd^{3+}$:YAG 激光器最常用的有效泵浦手段，但非相干光泵效率比较低。

相干光泵显然是利用激光的能量集中、波长单一的特点与物质原子共振激发，近几年发展起来的半导体激光泵浦的 YAG 等固体激光器，便是利用半导体激光波长与这些介质吸收谱相吻合，产生共振泵浦而发展起来，成为可以实现体积做得非常小的全固化的激光器。对于分子系统则由于有大量的振转能级，一般较容易做到共振激发。通常的激光波长如果不可调谐，那就不容易寻找到波长相适应的原子能级系统。但是自从 20 世纪 70 年代发现了以染料可调谐激光为代表的可调谐激光以来，使光泵浦手段得到很大的发展。由于波长可调，适用的系统大大扩展，所以光泵浦手段已经成为了一种应用非常广泛的泵浦手段。

## 2.1 选择性光泵浦

激光作为光源，作为泵浦手段，既可以是实现粒子数反转的主要手段，又可以做到共振泵浦，对分子系统通常它可作为选择性泵浦的手段。与原子系统相比，分子系统具有很小的能级间隔，因此可以利用特定波长的激光，实现特定能级间的选择性激发。

分子光谱与原子光谱相比在光谱范围和光谱结构上都有明显的不同。从波长范围来说，分子光谱的波长范围比原子光谱大得多。原子光谱大多是从紫外区到近红外区，而分子光谱从紫外区一直延伸到远红外区。从光谱结构来说二者也明显不同。原子光谱是由许多分立谱线所组成的谱线系，而分子光谱的结构为由密集分布的谱线组成谱带；由几个谱带组成一个谱带系；由几个谱带系组成整个分子光谱。

分子光谱的复杂结构来源于分子内部的复杂运动形态。这包括电子相对于核的运动和核之间的相对运动。其中核之间的相对运动又包括振动和转动。振动是描述核之间距离的微小变化，而转动是分子整体在空间的转动，当然也是几个核作为一个整体在空间的转动。若以 $E_e$，$E_v$，$E_r$ 来表示三种运动状态所对应的能量，则分子的总能量为三部分能量之和，即

$$E = E_e + E_v + E_r \tag{2.1}$$

分子的能级结构如图 2.2 所示，从图中可以看出三种能量是量子化的，但各种能量的相邻能级间隔有很大的不同。一般来说

$$\Delta E_e \approx 1 \sim 10\ \text{eV}$$

$$\Delta E_v \approx 0.1 \sim 1\ \text{eV}$$

$$\Delta E_r \approx 10^{-4} \sim 10^{-3}\ \text{eV}$$

显然 $\Delta E_e > \Delta E_v > \Delta E_r$，也就是说一般情况下纯转动能级跃迁的波长大于纯振动能级跃迁的波长，电子态间跃迁的波长要明显短于纯振动和纯转动跃迁的波长。

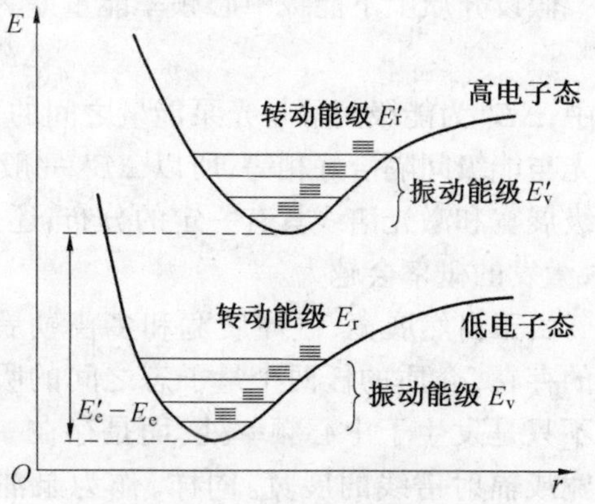


图 2.2 分子能级结构

在能级间跃迁产生分子光谱时，电子在符合跃迁选择定则的能级之间跃迁。由于三种运动状态对应的能级间隔是不同的，所以跃迁所形成的光谱也会在不同的区域。如同一组转动能级之间跃迁所产生的纯转动光谱一般在远红外区；不同振动能级之间的跃迁所产生的光谱在近红外区。由于同一个振动能级之上还有许多转动能级，振动能级的改变往往伴随有转动能级的改变，因此近红外光谱实际上是由许多密集谱线组成的谱带。若分子的电子能级发生了改变，它往往又伴随着振动能级的改变，结果形成很多谱带系。从分子的能级结构及跃迁光谱特点可以看出，由于振动能级和转动能级的存在，在两个特定的电子能级之间的跃迁的波长几乎可以连续变化。能级如此密集，正是可以利用特定波长的激光对分子系统特定的能级间实现选择性激发的原因。本节以 He - Ne 激光泵浦 $Na_2$ 分子为例，介绍在已知激光波长的情况下，如何确定分子的哪对振动能级和转动能级获得了激发，以期总结出为获得有效激励应解决的基本问题。

根据文献[1]，$Na_2$ 分子的 $X^1\Sigma_g^+$ 态与 $A^1\Sigma_u^+$ 态跃迁的吸收谱带范围为 509.3 ~ 1 080.5 nm，He - Ne 激光器的输出波长正好在吸收带内。因此利用 He - Ne 激光器的 632.8 nm 激光泵浦，可能在 $Na_2$ 分子的 $X^1\Sigma_g^+$ 态与 $A^1\Sigma_u^+$ 态的某振转能级间产生选择性激发。在计算中 He - Ne 激光的波数取 15 798.014 $cm^{-1}$，线宽取 0.027 8 $cm^{-1}$。

## 2.1.1 选择性光泵浦的条件

对于光泵的选择性泵浦，应满足频率定则和跃迁选择定则，同时为保证跃迁具有较大的概率，还要满足夫兰克 - 康登(Frank - Condon) 原理。下面我们针对 $Na_2$ 分子对这三部分内容做简单的介绍。

1.频率定则(又称能量准则)

在光泵浦的情况下，如果不考虑能级的能量展宽，则要实现两个能级间的激发，必须满足泵浦光的光子能量与相应两个能级的能量差相等的条件。这只是理想情况下的结论，实际上由于自然展宽、碰撞展宽和多普勒展宽的影响，上下能级都会具有一定的能量不确定性，即具有一定的宽度。此外，尽管泵浦光为单色性很好的 He - Ne 激光，但其激光谱线仍有一定的宽度，也就是其光子能量有一定的分布。因此，在考虑激光与分子能级相互作用时，这些能量的不确定性，必须加以考虑。

假设介质上下能级中心频率能量差为 $\Delta E$,泵浦光中心频率为 $\nu_0$,则它们之间将满足关系

$$\Delta E = h\nu_0 + \Delta E'$$

式中,$\Delta E'$ 为能级间隔与光泵能量之间的失谐量。由于选择特定波长的激光,因此很难保证泵浦光与能级间隔恰好相等,所以 $\Delta E'$ 一般不为零。尽管有失谐量 $\Delta E'$ 的存在,由于上面讨论的能级展宽和激光谱线具有一定的分布,还是有可能对上下能级实现激发的。当然失谐量 $\Delta E'$ 越小,激发的概率会越大。

由于自然展宽、碰撞展宽和多普勒展宽等因素的存在,介质的任两个量子态之间的吸收或辐射不只是发生于中心频率处,而是存在一个吸收线宽或辐射谱线的展宽。同样,作为泵浦光源的 He－Ne 激光也存在一个输出谱线的宽度。分别用 $\Delta\nu_0$ 与 $\Delta\nu_L$ 表示这两种宽度。图 2.3 给出了中心频率及其线宽示意图。

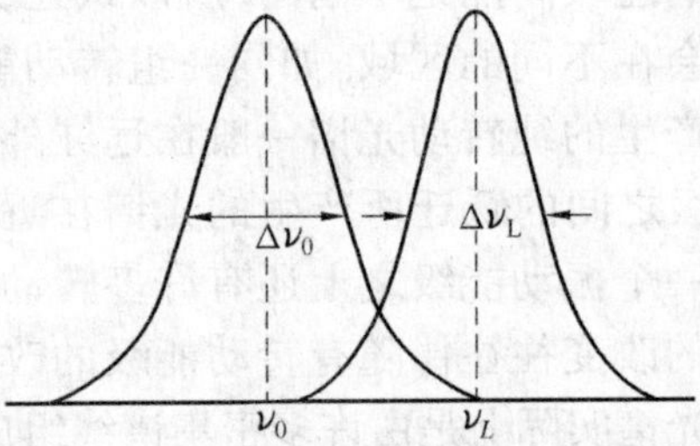


图 2.3　中心频率及其线宽示意图

只考虑共振及近共振情况时,要想做到对某一种量子态的激发,必须满足 $|\nu_0 - \nu_L| \leqslant \frac{1}{2}(\Delta\nu_0 + \Delta\nu_L)$,这种情况可以认为泵浦激光是处在共振吸收谱区范围内。

同时,要想做到选择性泵浦,必须在激发某一对能级时,对相邻的能级不产生影响。如果上能级及其相邻的转动能级向下能级跃迁的中心频率分别是 $\nu_0, \nu_0'$,则满足 $|\nu_0 - \nu_0'| \gg \Delta\nu_L$ 条件时,才会实现选择性泵浦。

2. 跃迁选择定则

在光泵浦时除上述共振外,同时首先要考虑的是选择定则。在光泵浦时通常要满足的选择定则是:

(1) 轨道角动量[2,3]

在双原子分子的核间轴方向,存在一个强电场,这个强电场可以理解为两个原子核的静电场。电子轨道角动量 $\boldsymbol{L}$ 绕场的方向(核间轴) 发生进动。它在轴向的分量为 $M_L(h/2\pi)$,并且 $M_L$ 仅能取

$$M_L = L, L-1, L-2, \cdots, -L$$

和磁场不同,在电场中,如果所有的电子运动方向反过来,整个系统的能量不变,但 $M_L$ 却变为 $-M_L$。因此在双原子分子中,仅仅 $M_L$ 符号不相同的各态,在能量上是简并的。但是由于引起分裂的电场很强,$|M_L|$ 不同的各态,能量一般相差很大。随着电场强度的增加,$\boldsymbol{L}$ 绕场轴的进动也越来越快,越来越失去了角动量的意义,而它的分量 $M_L$ 却仍然有确定的意义。因此按照 $|M_L|$ 的数值把双原子分子的电子态加以分类,用量子数 $\Lambda = |M_L|$ 来表征,则相应的角动量

矢量 $\boldsymbol{\Lambda}$ 代表电子轨道角动量沿核间轴的分量，其数值为 $\Lambda(h/2\pi)$。对于给定的 $L$ 值，量子数 $\Lambda$ 的取值为

$$\Lambda = 0,1,2,\cdots,L$$

$\Lambda = 0$ 的电子态称为 $\Sigma$ 态，$\Lambda = 1$ 的电子态称为 $\Pi$ 态，$\Lambda = 2$ 的电子态称为 $\Delta$ 态等等。对于 $\Pi$、$\Delta$ 等态，由于 $M_L$ 可以有 $+\Lambda$ 和 $-\Lambda$ 两个数值，所以它们是二重简并的，$\Sigma$ 态是非简并的。

电子态的跃迁选择定则为

$$\Delta\Lambda = 0,\ \pm 1$$

这就是说，能够发生跃迁的是 $\Sigma-\Sigma, \Sigma-\Pi, \Pi-\Pi\cdots$ 等，而不是 $\Sigma-\Delta, \Sigma-\Phi, \Pi-\Phi\cdots$ 等。发生跃迁的两个能级间量子数只有满足上述关系时，才能发生有效的跃迁。

(2) 振动量子数

组成分子的原子核在平衡位置附近的周期往返运动为分子的振动。以双原子分子为例，当两个原子核相对于平衡位置有微小的相对位移时，两个核都将受到一个准弹性力的作用。当两个核彼此靠近时，两核相互排斥；当两个核彼此分开时，两核相互吸引。在量子力学中，在准弹性力作用下的振动，其能量是量子化的，并由式

$$E_{\mathrm{v}} = \left(v + \frac{1}{2}\right)h\nu$$

确定，其中 $v = 0,1,2,3\cdots$ 称为振动量子数，$\nu$ 为经典振动频率。当两个原子核之间的距离较大时，作用力不再是准弹性力，但仍随着距离的增大而减小，最后趋于零。当两个核彼此非常接近时，彼此间的斥力要比弹性力大，并随距离的减小而迅速增大。此时能量与振动量子数之间不再是如上所述的线性关系，而是需要高阶项修正。

不同电子态的振动能级间跃迁满足的选择定则为

$$\Delta v = 0,\ \pm 1,\ \pm 2,\ \pm 3\cdots$$

(3) 转动量子数

分子作为一个整体绕某一通过质心的轴的转动为分子的转动。双原子分子中的两个原子也可以看做是两个质点，故以两原子间连线为轴的转动是不存在的。连线的方位可用两个独立的坐标确定，故双原子分子有两个转动自由度。根据量子力学，分子的转动能量是量子化的，并由式

$$E_{\mathrm{J}} = \frac{\hbar}{2I_{\mathrm{e}}}J(J+1)$$

确定，其中 $I_{\mathrm{e}}$ 为分子的转动惯量；$J = 0,1,2,3\cdots$，称为转动量子数。可见转动能级的分布不是等间距的，$J$ 越大两个相邻能级间的间隔也越大。

转动能级间跃迁的选择定则为

$$\Delta J = \begin{cases} \pm 1 & \Sigma \leftrightarrow \Sigma \\ 0,\ \pm 1 & \text{其他} \end{cases}$$

对于 $Na_2$ 分子的 $X^1\Sigma_g^+$ 态与 $A^1\Sigma_g^+$ 态间的跃迁满足的选择定则应为

$$\Delta J = \pm 1$$

(4) 自旋量子数

当以量子数来表征分子的电子态时,需要考虑电子的自旋效应。如果双原子分子的电子自旋分别为 $S_1$ 和 $S_2$,则分子总自旋 $S$ 的取值可能为

$$S = S_1 + S_2, S_1 + S_2 - 1, \cdots, |S_1 - S_2|$$

如果分子中的电子总数为偶数,则 $S$ 为整数;如果电子总数为奇数,则 $S$ 为半整数。

电子态跃迁时要保证跃迁前后自旋守恒,因此其自旋选择定则为

$$\Delta S = 0$$

此时单态只能与单态之间跃迁;三重态只能与三重态之间跃迁。当然这是有条件的满足,对于 $LS$ 耦合(通常对应原子序数小于 19 的元素)这是很严格的,但对于重元素,对 $JJ$ 耦合,这个选择定则就不严格了,而且恰恰这时存在很多三重态与单态间的跃迁。

(5) 电子波函数对原点反演时的对称性

如果电子波函数对原点反演后不改变符号(对称),则在电子态符号的右上角标以"+"号,如 $\Sigma^+$;如果改变符号(反对称),则在电子态符号的右上角标以"-"号。考虑原点反演对称性时的选择定则为

$$\Sigma^+ \leftrightarrow \Sigma^+, \Sigma^- \leftrightarrow \Sigma^-, \Sigma^+ \not\leftrightarrow \Sigma^-$$

(6) 在同核双原子分子的情况下($Na_2$ 分子正属于该情况),两个相同的核可以交换,也就是说要考虑原子核自旋波函数对总波函数的影响。这里存在两种情况:一种是核交换时原子核自旋波函数不改变(对称),因而总波函数也不变。这样的分子态为"偶"电子态,在电子态符号的右下角标以"g"(gerade) 表示,如 $\Sigma_g^+$。另一种情况是原子核自旋波函数改变符号(反对称),引起总波函数也改变符号。这样的分子态为"奇"电子态,在电子态符号的右下角标以"u"(ungerade) 表示,如 $\Sigma_u^+$。对于同核双原子分子必须有选择定则

$$g \leftrightarrow u, g \not\leftrightarrow g, u \not\leftrightarrow u$$

以上是在计算 $Na_2$ 分子的 $X^1\Sigma_g^+$ 态与 $A^1\Sigma_u^+$ 态之间的激发时,需要考虑的选择定则。只有满足选择定则的跃迁才有比较大的概率。不符合选择定则的跃迁可以不用考虑。

3. 夫兰克 - 康登(Frank - Condon) 因子[2,4]

在确定光泵浦条件下,哪对分子能级间产生跃迁时,除了需要满足频率定则和跃迁选择定则以外,还要计算相应振动能级间跃迁的概率。跃迁概率的大小可以用夫兰克 - 康登因子衡量,只有概率较大的跃迁才是我们研究的重点。

在介绍夫兰克 - 康登因子之前首先我们介绍夫兰克 - 康登原理。其主要思想如下:分子的电子跃迁比起振动是非常之快的,以至于在刚发生电子跃迁之后,两个原子核仍然具有与"跃迁"以前几乎完全相同的相对位置和速度。即在发生跃迁时,认为原子核间的间距来不及变化,所以从势能曲线上看应是垂直向上或向下跃迁的。

两个电子态中不同振动能级间的跃迁概率,与上下振动能级波函数的重叠积分有关。可表示为

$$F_{\mathrm{v}} = \int \psi_{\mathrm{v}}'^{*} \psi_{\mathrm{v}} \mathrm{d}\tau \tag{2.2}$$

其中,$F_{\mathrm{v}}$ 因子是夫兰克-康登因子;$\psi_{\mathrm{v}}'$ 和 $\psi_{\mathrm{v}}$ 分别代表较高和较低振动能级的波函数。重叠积分越大则跃迁的概率越大。

### 2.1.2 分子势能曲线的计算

为回答上面提出的问题,即在 He-Ne 激光激励下,$Na_2$ $A-X$ 跃迁究竟哪几对振转能级被激励了,通常要经过如下几步的计算。首先是确定分子的势能曲线,根据势能曲线对光谱常数进行拟合,计算德斯兰表并确定可能跃迁的振动能级,计算并确定可能跃迁的转动能级,最后对跃迁能级相应的夫兰克-康登因子进行计算,以确定跃迁的概率。首先我们介绍势能曲线的计算方法。

分子的总能量(在略去自旋相互作用与磁相互作用时)是由电子的势能与动能和原子核的势能与动能组成。如果我们暂时把原子核看做是固定的,来考察电子的运动,那么显然电子能量(包括势能和动能)将取决于核间距。对于不同的电子态,这种依赖关系不同。代表原子核的有效势能(电子能量+两个原子核的库仑势能)变化的曲线通常称为势能曲线。每个电子态都以一定的势能曲线为表征,它可以有极小值,这将对应稳定的分子态;也可以没有极小值,这将对应不稳定的分子态。

目前求得势能曲线的主要方法有:量子力学从头计算方法和半经验方法(如 RKR 势,Rittner 势等)。下面主要介绍 ab initio 从头计算方法。由量子力学原理可知,只要知道粒子之间的相互作用势函数,多粒子体系的运动方程就可以建立起来。对于原子和分子体系来说,电子之间、原子核之间及电子与原子核之间的相互作用主要是电磁相互作用,所以有关的 Schrödinger 方程很容易写出。要解决的问题就是求出方程的解。

从理论上讲,如果能够获得多粒子体系 Schrödinger 方程的精确解,就可得到有关该体系的几乎所有信息,但对于这一点,目前实际上是不可能的,由于解决量子力学多体问题的数学复杂性,必须引入多种近似方法。$Na_2$ 分子势能曲线的获得当然也离不开对 Schrödinger 方程的求解。下面主要讨论 Born-Oppenheimer 近似与单粒子近似,并给出在这两个近似基础之上的自洽场(SCF)算法,同时考虑电子相关问题,以获得精确的 $Na_2$ 分子势能曲线。

1.Born-Oppenheimer 近似

考虑到电子质量比原子核质量小三个数量级以上,电子运动速度比核的运动速度大得多,这使得当原子核作任何的微小运动时,电子都能迅速地建立起适应核位置变化后的新的平衡。这样可以近似认为电子总是在不动的原子核力场中运动,而在讨论核运动时,原子核之间的相

互作用可以用一个与电子坐标无关的等效势来表示。也就是说可以假定在任何瞬间，原子核处于某种相对位置时，分子的电子状态与原子核长期固定在该位置时的电子态一样，亦即核的运动与电子的运动是相对独立的，可以分别求解，这种近似通常称为 Born - Oppenheimer 近似。

2.单电子近似

多电子体系中电子间的库仑斥力不能忽略。为了求解 Schrödinger 方程时能够采用分离变量法，Hartree 提出了单电子近似。在一个具有相互作用的多电子体系中，其中的任何一个电子的运动都依赖于其他电子的运动。Hartree 建议把其他所有电子对于某一个电子的作用用一个尽可能与之对应的势场作用来代替。这样，体系中的每个电子好像在这种有效势场和原子核产生的势场中作与其他电子无关的运动。这时电子的运动仅依赖于电子坐标。这就是单电子近似。在这种近似下，电子之间的库仑排斥作用项可以用只依赖于所研究的电子坐标的有效势场来代替，体系中的每个电子都有自己的本征值和本征函数(单电子态或单电子波函数)。而整个体系总的状态波函数就是所有单电子波函数的乘积。由于常常把单电子波函数称为轨道，因此单电子近似也称为轨道近似。

3.自洽的概念

如果已经知道了单粒子态，就知道了电荷的分布情况，可以计算出对于体系中的多个电子的平均势场，而根据这个势场，又可以求出多个电子的单粒子态函数。所以，单粒子态和平均势场是相互制约的，合理的要求是由单粒子态决定的平均势场，与由平均势场确定的单粒子态要相互协调或自洽。

4.Hartree - Fock - Roothaan 方程[5]

分子体系的 Hamilton 算符 $H$ 为

$$H = -\sum_{i}\frac{\hbar^2\nabla_i^2}{2m} + \sum_{i<j}\frac{e^2}{r_{ij}} - \sum_{i,\alpha}\frac{Z_\alpha e^2}{r_{i\alpha}} + \sum_{\alpha<\beta}\frac{Z_\alpha Z_\beta e^2}{r_{\alpha\beta}} \tag{2.3}$$

其中，$i,j$ 为电子标记；$\alpha,\beta$ 为核标记。$Z_\alpha e$ 为第 $\alpha$ 个原子核的电量，$r_{ij}$、$r_{i\alpha}$、$r_{\alpha\beta}$ 分别是电子 $i$ 和 $j$、电子 $i$ 和原子核 $\alpha$、原子核 $\alpha$ 和原子核 $\beta$ 之间的距离。

由以上近似和自洽的概念可以得到分子的 Hartree - Fock - Roothaan 方程

$$\{H_0(1) + \sum_{j}[2J_j(1) - K_j(1)]\}\psi_i(1) = \varepsilon_i\psi_i(1) \tag{2.4}$$

其中

$$H_0(1) = (\frac{\hbar^2}{2m})\nabla_1^2 - \sum_{\alpha} Z_\alpha e^2/r_{1\alpha} \tag{2.5}$$

$$J_j(1)\psi_i(1) = \left[\int \psi_j^*(2)\frac{e^2}{r_{12}}\psi_j(2)\mathrm{d}\tau_2\right]\psi_i(1) \tag{2.6}$$

$$K_j(1)\psi_i(1) = \psi_j(1)\int \psi_j^*(2)\frac{e^2}{r_{12}}\psi_i(2)\mathrm{d}\tau_2 \tag{2.7}$$

将 $\psi_i$ 按某一选定的单电子函数 $\varphi_k$ 的完备系展开有

$$\psi_i = \sum_k C_{ik}\varphi_k \tag{2.8}$$

将式(2.8)代入式(2.4),两边同乘 $\varphi_j^*$ 对整个空间积分,得

$$\sum_k (F_{jk} - \varepsilon_i S_{jk}) C_{ik} = 0, \quad j = 1,2,\cdots \tag{2.9}$$

其中

$$F_{jk} = \langle \varphi_j \mid F \mid \varphi_k \rangle$$

$$S_{jk} = \langle \varphi_j \mid \varphi_k \rangle$$

齐次方程(2.9)有非零解的条件是

$$\det(F_{jk} - \varepsilon_i S_{jk}) = 0$$

可用迭代方程求解以上方程组,开始猜测 $C_{ik}$,以给出一组最初的轨道,得出一组改进的系数 $C_{ik}$,如此反复进行,直到达到自洽标准。

5. 从头算法的误差

虽然从头算法被认为是量子化学计算中理论上最严格的方法,但是由于它是建立在三个近似基础上的,因而相对于精确的实验数据而言,该方法仍然存在着一定的计算误差。

(1) 忽略了相对论效应所带来的误差

对于轻原子组成的小分子,忽略这种效应对其总能量影响很小,但是对于重原子或大分子的影响较大。因为随着核电荷的增大,内层电子轨道向近核区收缩。电子在原子核附近运动但又不被原子核俘获,必须保持很高的运动速度,相对论效应越来越明显。这时,电子质量增大,电子的平均动能下降。

(2) Born - Oppenheimer 近似所带来的误差

由于把核视为不动,结果核的零点动能未考虑。但这很容易校正。当两个电子能级的间隔比振动能级的间隔大得多时,这一近似在能量计算中所引起的相对误差非常小,估计为

$$\left(\frac{m_{e0}}{M}\right)\left(\frac{\text{振动能级的间隔}}{\text{电子能级的间隔}}\right) \approx 10^{-7}$$

(3) 单电子近似所带来的误差(也称为电子相关误差)

在单电子近似下,没有考虑电子之间的瞬时相关,即在平均势场中独立运动的两个自旋为平行的电子,有可能在某一瞬间在空间的同一点出现,由于库仑斥力的存在,这实际上是不可能的。因此单电子近似过高地估计了两个电子相互接近的概率,使计算出的电子排斥能过高,乃至求得的总能量比实际值偏高。

基于以上几点,同时引入半经验势的方法,G. Jeung给出了 $Na_2$ 分子精确的势能曲线[6],表2.1为 $Na_2$ 分子 $A^1\Sigma_u^+$ 态和 $X^1\Sigma_g^+$ 态的势能曲线有关数据,表2.2给出了两个态的平衡核间距和跃迁能量。下面将采用该势能曲线作为计算所需的数据。

表 2.1 $Na_2$ 分子 $A^1\Sigma_u^+$ 和 $X^1\Sigma_g^+$ 态的能量 $-10^{-4}$Hartree

| $R$/Bohr | 5 | 6 | 7 | 8 | 9 | 10 | 11 | 13 | 15 | $10^8$ |
|---|---|---|---|---|---|---|---|---|---|---|
| $X^1\Sigma_g^+$ | 4 015 | 4 048 | 3 993 | 3 921 | 3 861 | 3 822 | 3 799 | 3 781 | 3 777 | 3 777 |
| $A^1\Sigma_u^+$ | 3 217 | 3 355 | 3 378 | 3 348 | 3 297 | 3 240 | 3 186 | 3 101 | 3 052 | 3 001 |

表 2.2 计算所得平衡间距($R_e$)和跃迁能量($\nu_e$)

| 电子态 | $R_e$/Borh | $\nu_e$/($10^3\text{cm}^{-1}$) |
|---|---|---|
| $A^1\Sigma_u^+$ | 6.8<br>(6.87) | 14.7<br>(14.68) |
| $X^1\Sigma_g^+$ | 5.8<br>(5.82) | 0(0)<br>$D_e$ = 6.02 (6.024) |

注:括号中数字为实验值。

### 2.1.3 $Na_2$ 分子光谱常数的拟合

在已知了 $Na_2$ 分子 $A^1\Sigma_u^+$、$X^1\Sigma_g^+$ 态的势能曲线以后,可以根据势能曲线推导出振动常数与转动常数。$Na_2$ 分子的势能曲线包含了分子体系量子态转化的众多信息,一定形状的、一定位置的势能曲线必定是唯一地决定着分子的振动结构。分子的总能量可以写成式(2.1)的形式,对于一个给定的电子态,对应着许多振动态,对于每一个振动态又会对应若干的转动态。并且振动态和转动态的能量都是量子化的。因此,如果用振动量子数和转动量子数描述这种能量的量子化,则分子的总能量可以写成

$$E = U(R_e) + hc\omega_e(v + \frac{1}{2}) - hc\omega_e x_e(v + \frac{1}{2})^2 + hc\omega_e y_e(v + \frac{1}{2})^3 + \cdots +$$
$$hc[B_e - \alpha_e(v + \frac{1}{2}) + \cdots]J(J + 1) + hc[D + \beta_e(v + \frac{1}{2}) + \cdots]J^2(J + 1)^2 + \cdots \tag{2.10}$$

其中,$R_e$ 为平衡核间距;$U(R_e)$ 为势能曲线在 $R_e$ 处的值;$\omega_e$ 为平衡振动频率;$\omega_e x_e$ 和 $\omega_e y_e$ 为非谐性常数;$B_e$ 为平衡转动常数;$\alpha_e$ 为振转耦合常数;$D$ 为离心畸变常数;$\beta_e$ 为振转光谱常数。

以上所述的光谱常数的表达式及相互之间的关系可表示为

$$\omega_e = \frac{1}{2\pi c}\sqrt{\frac{k_e}{\mu}}$$

$$\omega_e x_e = \frac{\omega_e^2}{4D_e}$$

$$B_e = \frac{h}{8\pi\mu R_e^2 c}$$

$$D = 4\frac{B_e^3}{\omega_e^2}$$

$$\alpha_e = \frac{6B_e^2}{\omega_e}\left[\left(\frac{\omega_e x_e}{B_e}\right)^{1/2} - 1\right]$$

$$\beta_e = D\left[\frac{8\omega_e x_e}{\omega_e} - \frac{5\alpha_e}{B_e} - \frac{\alpha_e^2\omega_e}{24B_e^3}\right]$$

其中，$k_e$ 为分子力常数；$D_e$ 为离解能；$R_e$ 为平衡核间距。从光谱常数的表达式可以看出，求解出 $k_e$ 的值后，可以得到 $\omega_e$ 的值。再根据 $\omega_e$ 和 $D_e$ 的值可以求出 $\omega_e x_e$ 的值。已知 $R_e$ 的值，可以求出 $B_e$ 的值，进而可以求出 $D$、$\alpha_e$ 和 $\beta_e$ 的值。所以要得到上述所有光谱常数的值，需要知道 $k_e$、$D_e$ 和 $R_e$ 三者的值，它们的值可以由分子势能曲线最终确定。

分子势能曲线中极小值点对应的核间距为平衡核间距 $R_e$。对于大多数稳定分子来说，可将势能函数 $U(R)$ 按平衡点 $R = R_e$ 展开为幂级数，即

$$U(R) = U(R_e) + \left(\frac{dU}{dR}\right)_{R_e}(R - R_e) + \frac{1}{2}\left(\frac{d^2U}{dR^2}\right)_{R_e}(R - R_e)^2 + \cdots \tag{2.11}$$

由于一阶导数在 $R = R_e$ 处为零，所以分子力常数 $k_e - \left(\frac{d^2U}{dR^2}\right)_{R_e}$。

非谐振子获得比与水平渐近线更大的能量时，质点就完全脱离其平衡位置，且不会再回到此位置。质点的这种运动，相当于分子中两个原子彼此完全飞散($R = \infty$)，即分子发生离解，所以离解能可以表示成核间距分别是无穷大和 $R_e$ 时分子势能的差，即 $D_e = U(\infty) - U(R_e)$。

由上面公式可以看出，只要能得到 $A^1\Sigma_u^+$ 及 $X^1\Sigma_g^+$ 态的势能函数，就可以确定 $k_e, D_e, R_e$ 的值，进而可以把光谱常数确定下来。下面我们首先确定 $k_e, D_e, R_e$ 的值。

(1) 平衡核间距 $R_e$

由表 2.2 可得

$X^1\Sigma_g^+$ 态：$R_e = 5.82$ Bohr (取实验值)(3.079 8 Å)

$A^1\Sigma_u^+$ 态：$R_e^* = 6.87$ Bohr (取实验值)(3.635 5 Å)

(2) 离解能 $D_e$

由表 2.2 可直接得 $X^1\Sigma_g^+$ 态的 $D_e = 6.024 \times 10^3\ \text{cm}^{-1}$

下面计算上能级的离解能。图 2.4 为 $Na_2$ 分子 $A$ 和 $X$ 态的势能曲线示意图。由图 2.4 可得

$$D_e^* = U_2(\infty) - U_1(\infty) - (\nu_e - D_e)$$

进而由表2.1和表2.2的数据可得出 $A^1\Sigma_u^+$ 的 $D_e^* = 8.3816 \times 10^3\ \text{cm}^{-1}$

(3) 分子力常数 $k_e$

根据文献中给出的势能曲线数据，用 $U(R) = a_0 + a_2(R - R_e)^2 + \cdots + a_6(R - R_e)^6$ 来拟合势能函数,并认为 $U(R)$ 在 $R_e$ 附近能较好地表达势能随 $R$ 的变化规律，因而所得的 $k_e = \left(\dfrac{d^2U}{dR^2}\right)_{R_e}$ 也是可信的。

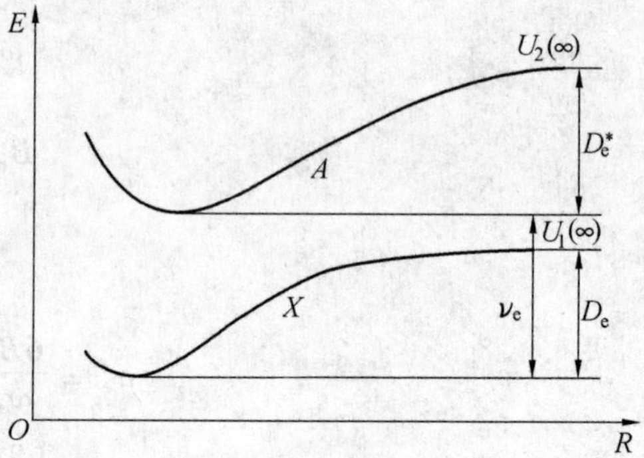


图2.4　势能曲线示意图

用最小二乘法的方法可得方程(取 $a_1 = 0$,因为势能曲线显然不能是直线变化的)

$$\sum_{j=0}^{m}(\phi_k,\phi_j)a_j = (\bar{f},\phi_k),\quad k = 0,1,2,\cdots,m$$

其中，$\phi_k = (R - R_e)^k$；$(\bar{f},\phi_k) = \sum_{i=1}^{n} f_i\phi_k(x_i)$。

$(x_i,\bar{f}_i)$ 为势能曲线上的节点(这里由表2.1取 $R$ = 5,6,7,8,9,10,11 Bohr)，由以上方程组可以解得

$$X^1\Sigma_g^+ : k_e = \left(\frac{d^2U}{dR^2}\right)_{R_e} = 2a_2 = 15\ 359.874\ 07\ \text{dyn/cm}$$

$$A^1\Sigma_u^+ : k_e^* = \left(\frac{d^2U}{dR^2}\right)_{R_e} = 2a_2 = 8\ 095.885\ 6\ \text{dyn/cm}$$

将 $X^1\Sigma_g^+$ 态和 $A^1\Sigma_u^+$ 态的 $R_e, D_e, k_e$ 代入光谱常数的计算公式可得

$$\omega_e^* = \frac{1}{2\pi c}\sqrt{\frac{k_e^*}{\mu}} = 109.350\ 8$$

$$\omega_e = \frac{1}{2\pi c}\sqrt{\frac{k_e}{\mu}} = 150.620\ 3$$

$$\omega_e^* x_e^* = \frac{\omega_e^{*2}}{4D_e^*} = \frac{109.350\ 8^2}{4 \times 8.381\ 6 \times 10^3} = 0.356\ 7$$

$$\omega_e x_e = \frac{\omega_e^2}{4D_e} = \frac{150.620\ 3^2}{4 \times 6.024 \times 10^3} = 0.941\ 5$$

$$B_e^* = \frac{h}{8\pi\mu R_e^{*2} c} = 0.110\ 85$$

$$B_e = \frac{h}{8\pi\mu R_e^2 c} = 0.154\ 46$$

$$\alpha_e^* = \frac{6B_e^{*2}}{\omega_e^*}\left[\left(\frac{\omega_e^* x_e^*}{B_e^*}\right)^{1/2} - 1\right] = 0.000\ 543$$

$$\alpha_e = \frac{6B_e^2}{\omega_e}\left[\left(\frac{\omega_e x_e}{B_e}\right)^{1/2} - 1\right] = 0.001\ 408$$

即

$$X^1\Sigma_g^+ : \omega_e = 150.620\ 3, \omega_e x_e = 0.941\ 5, B_e = 0.154\ 46, \alpha_e = 0.001\ 408$$

$$A^1\Sigma_u^+ : \omega_e^* = 109.350\ 8, \omega_e^* x_e^* = 0.356\ 7, B_e^* = 0.110\ 85, \alpha_e^* = 0.000\ 543$$

### 2.1.4 $Na_2$ 分子跃迁能级的确定

根据前面所述，分子的总能量应为电子能量、振动能量和转动能量之和，其表达式如式(2.1)所示。如表示成光谱项值，则有

$$T = T_e + G(v) + F(J) \tag{2.12}$$

其中，$T_e$、$G(v)$ 和 $F(J)$ 分别为对应电子能量、振动能量和转动能量的项值。分子中电子跃迁时，辐射或吸收的光子能量为较高电子态的项值 $T^*$ 和较低电子态的项值 $T$ 的差，即

$$\nu = T^* - T = (T_e^* - T_e) + [G^*(v^*) - G(v)] + [F^*(J^*) - F(J)] \tag{2.13}$$

其中，$v^*$ 指上能态的振动量子数；$v$ 指下能态的振动量子数。

1. 振动能级的确定

在分子振动能级的分析中可以忽略转动项$[F^*(J^*) - F(J)]$，这样只针对振动能级式(2.13)可表示为

$$\nu = \nu_e + [G^*(v^*) - G(v)] \tag{2.14}$$

把振动谱项表达式代入上式得

$$\nu = \nu_e + \omega_e^*(v^* + \frac{1}{2}) - \omega_e^* x_e^*(v^* + \frac{1}{2})^2 - \omega_e(v + \frac{1}{2}) + \omega_e x_e(v + \frac{1}{2})^2 \tag{2.15}$$

根据表2.2可知 $\nu_e = 14\ 680\ cm^{-1}$。接下来可以根据上下能态的振动量子数的选取，计算波数差。由于振动量子态的分布符合玻耳兹曼分布，当振动量子数 $v$ 很大时，粒子数已相当小，无意义，因此 $v^*$ 取到30为止。因为只有跃迁中心频率与He－Ne激光频率相当时，才可以产生共振或近共振激发，因此可省去一些不必要的计算。

根据计算的结果可以列出德斯兰表，在德斯兰表的同一水平行中，具有相同的较高振动态，而较低的振动态却不同。同样在同一列中，具有相同的较低振动态，而较高的振动态却不同。根据 $Na_2$ 分子 $X^1\Sigma_g^+$ 态和 $A^1\Sigma_u^+$ 态的各光谱项计算结果和(2.15)式，可得到德斯兰表，如表2.3所示。

表 2.3　德斯兰表

| $v^*$ \ $v$ | 1 | 2 | 3 | 4 | 5 | 6 | 7 |
|---|---|---|---|---|---|---|---|
| 1 | 14 619.419 | | | | | | |
| 2 | 14 727.344 | | | | | | |
| 3 | 14 834.554 | | | | | | |
| 4 | 14 941.052 | | | | | | |
| 5 | 15 046.835 | | | | | | |
| 6 | 15 151.905 | | | | | | |
| 7 | 15 256.263 | | | | | | |
| 8 | 15 359.906 | | | | | | |
| 9 | 15 462.837 | | | | | | |
| 10 | 15 565.053 | | | | | | |
| 11 | 15 666.556 | 15 519.693 | | | | | |
| 12 | 1 567.347 | 15 620.484 | | | | | |
| 13 | 15 867.424 | 15 720.561 | 15 575.59 | | | | |
| 14 | 15 966.783 | 15 819.924 | 15 674.953 | 15 531.865 | | | |
| 15 | 16 065.436 | 15 918.573 | 1 573.602 | 15 630.514 | 15 489.308 | | |
| 16 | 16 163.372 | 16 016.509 | 15 871.538 | 15 728.45 | 15 587.244 | 15 447.922 | |
| 17 | 16 260.596 | | 15 968.762 | 15 825.674 | 15 684.468 | 15 545.146 | 15 407.216 |
| 18 | 16 357.105 | | 16 065.271 | 15 922.183 | 15 780.977 | 15 641.655 | 15 504.216 |
| 19 | 16 452.902 | | | 16 017.98 | 15 876.774 | 15 737.452 | 15 600.013 |
| 20 | 16 547.984 | | | | 15 971.856 | 15 832.534 | 15 695.095 |
| 21 | 16 642.353 | | | | 16 066.225 | 15 926.903 | 15 789.464 |
| 22 | 16 736.01 | | | | | 16 020.56 | 15 883.121 |
| 23 | 16 828.952 | | | | | | 15 976.063 |
| 24 | 16 921.182 | | | | | | 16 068.293 |
| 25 | 17 012.697 | | | | | | |
| 26 | 17 103.4996 | | | | | | |
| 27 | 17 192.908 | | | | | | |
| 28 | 17 282.233 | | | | | | |
| 29 | 17 371.627 | | | | | | |
| 30 | 17 459.575 | | | | | | |

| $v^*$ \ $v$ | 8 | 9 | 10 | 11 | 12 | 13 | 14 |
|---|---|---|---|---|---|---|---|
| 1 | | | | | | | |
| 2 | | | | | | | |
| 3 | | | | | | | |
| 4 | | | | | | | |
| 5 | | | | | | | |
| 6 | | | | | | | |
| 7 | | | | | | | |
| 8 | | | | | | | |
| 9 | | | | | | | |
| 10 | | | | | | | |
| 11 | | | | | | | |
| 12 | | | | | | | |
| 13 | | | | | | | |
| 14 | | | | | | | |
| 15 | | | | | | | |
| 16 | | | | | | | |
| 17 | | | | | | | |
| 18 | 15 368.695 | | | | | | |
| 19 | 15 464.492 | | | | | | |
| 20 | 15 559.574 | | | | | | |
| 21 | 15 653.943 | 15 520.234 | | | | | |
| 22 | 15 747.600 | 15 613.891 | 15 482.101 | | | | |
| 23 | 15 840.542 | 15 706.833 | 15 575.043 | | | | |
| 24 | 15 932.774 | 15 799.063 | 15 667.273 | 15 537.366 | | | |
| 25 | 16 024.287 | 15 890.578 | 15 758.788 | 15 628.881 | | | |
| 26 | | 15 981.381 | 15 849.591 | 15 719.684 | 15 591.659 | | |
| 27 | | 16 070.789 | 15 938.999 | 15 809.092 | 15 681.067 | 15 554.926 | |
| 28 | | | 16 028.324 | 15 898.417 | 15 770.786 | 15 644.251 | 15 519.993 |
| 29 | | | | 15 987.811 | 15 859.786 | 15 733.645 | 15 609.387 |
| 30 | | | | 16 075.759 | 15 947.734 | 15 821.593 | 15 697.335 |

2. 转动能级的确定

根据式(2.13)，两个转动能级的波数差可表示为

$$\nu_r = F^*(J^*) - F(J) \tag{2.16}$$

其中，$F^*(J^*)$ 为较高电子态的转动项值；$F(J)$ 为较低电子态的转动项值。一个给定振动能级的转动项值可以表示为

$$F_v(J) = B_v J(J+1) - D_v J^2(J+1)^2 \tag{2.17}$$

与式(2.10) 比较可以得到

$$B_v = B_e - \alpha_e\left(v + \frac{1}{2}\right) + \cdots \tag{2.18}$$

$$D_v = D + \beta_e\left(v + \frac{1}{2}\right) + \cdots \tag{2.19}$$

将式(2.17) 代入式(2.16) 得到两个转动能级间的波数差为

$$\nu_r = B_v^* J^*(J^*+1) - D_v^* J^{*2}(J^*+1)^2 - B_v J(J+1) + D_v J^2(J+1)^2 \tag{2.20}$$

与振动能级的热分布不同，转动能级不是简单地由玻耳兹曼因子 $e^{-E/kT}$ 给出的。根据量子理论，具有总角动量 $J$ 的原子系统的每一个态都由 $2J+1$ 个能级组成，当没有外场时，$2J+1$ 个能级是简并的。这样在温度 $T$ 下，最低振动态的转动能级 $J$ 中的分子数 $N_J$ 为

$$N_J \propto (2J+1)e^{-BJ(J+1)hc/kT}$$

图 2.5 给出了 $B = 10.44\ \text{cm}^{-1}$ 和 $T = 300\ \text{K}$ 时上述函数随 $J$ 的变化情况。由于因子 $(2J+1)$ 随 $J$ 线性增加，各个不同转动能级中的分子数并不是一开始就随转动量子数的增大而减小，而是存在一个最大值，此最大值为

$$J_{最大} = \sqrt{\frac{kT}{2B_v hc}} - \frac{1}{2} = 0.589\,6\sqrt{\frac{T}{B_v}} - \frac{1}{2}$$

因此在确定转动能级跃迁时，要考虑所选取的 $J$ 值位于 $J_{最大}$ 附近，这样才会有较大的跃迁概率。

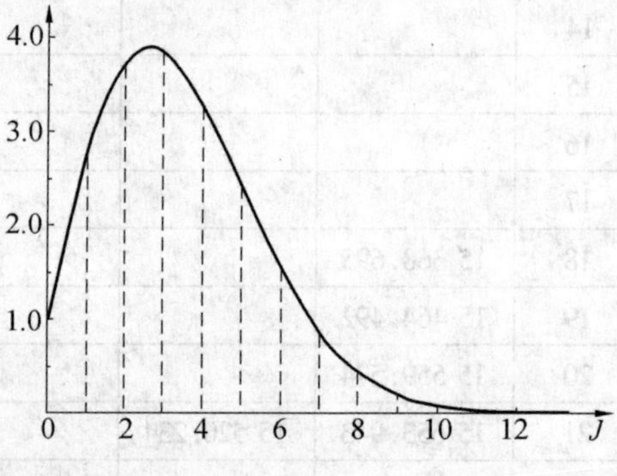


图 2.5　转动能级的热分布曲线

下面针对 $Na_2$ 双原子分子的 $A$、$X$ 态进行具体的计算和讨论。首先计算 $A$、$X$ 态的 $D$, $\beta_e$，即

$$D^* = \frac{4B_e^{*3}}{\omega_e^{*2}} = \frac{4\times 0.110\,852\,4^3}{109.350\,319^2} = 4.556\,7\times 10^{-7}$$

$$D = \frac{4B_e^3}{\omega_e^2} = \frac{4\times 0.154\,458\,8^3}{150.620\,317^2} = 6.497\,26\times 10^{-7}$$

$$\beta_e^* = D^*\left(\frac{8\omega_e^* x_e^*}{\omega_e^*} - \frac{5\alpha_e^*}{B_e^*} - \frac{\alpha_e^{*2}\omega_e^*}{24B_e^{*3}}\right) = 4.556\,7\times 10^{-7}\times(0.026\,431\,779 - 0.024\,491\,576 - 0.000\,986\,186) = 4.340\,777\times 10^{-10}$$

$$\beta_e = D\left(\frac{8\omega_e x_e}{\omega_e} - \frac{5\alpha_e}{B_e} - \frac{\alpha_e^2\omega_e}{24B_e^3}\right) = 6.49726 \times 10^{-7} \times (0.050\,521\,205 - 0.045\,579\,792 - 0.003\,376\,481) = 1.015\,640\,8 \times 10^{-9}$$

将上述的 $A,X$ 态的 $D,\beta_e$ 值代入式(2.18)和式(2.19)得

$$B_v^* = 0.110\,85 - 0.000\,543\left(v^* + \frac{1}{2}\right)$$

$$B_v = 0.154\,46 - 0.001\,408\left(v + \frac{1}{2}\right)$$

$$D_v^* = 4.556\,7 \times 10^{-7} + 4.340\,777 \times 10^{-10}\left(v^* + \frac{1}{2}\right)$$

$$D_v = 6.497\,26 \times 10^{-7} + 10.156\,408 \times 10^{-10}\left(v + \frac{1}{2}\right)$$

根据上面的公式,可以求出不同振动量子数情况下的 $B_v$ 和 $D_v$ 的值,$B_v$ 的计算结果如表2.4所示。利用表2.4中的结果,最终可以根据式(2.20)求出两个转动能级间的波数差 $\nu_r$。

**表2.4 转动能级计算结果**

| $v$ | 1 | 2 | 3 | 4 | 5 | 6 |
|---|---|---|---|---|---|---|
| $B_v^*$ | 0.110 035 5 | 0.109 492 5 | 0.108 949 5 | 0.108 406 5 | 0.107 863 5 | 0.107 320 5 |
| $D_v$ | 0.152 348 | 0.150 94 | 0.149 532 | 0.148 124 | 0.146 716 | 0.145 308 |
| $v$ | 7 | 8 | 9 | 10 | 11 | 12 |
| $B_v^*$ | 0.106 777 5 | 0.106 234 5 | 0.105 691 5 | 0.105 748 5 | 0.104 605 5 | 0.104 062 5 |
| $B_v$ | 0.143 9 | 0.142 492 | 0.141 084 | 0.139 676 | 0.138 268 | 0.130 86 |
| $v$ | 13 | 14 | 15 | 16 | 17 | 18 |
| $B_v^*$ | 0.103 519 5 | 0.102 976 5 | 0.102 433 5 | 0.101 890 5 | 0.101 347 5 | 0.100 804 5 |
| $B_v$ | 0.135 452 | 0.134 044 | 0.132 636 | 0.131 228 | 0.129 82 | 0.124 12 |
| $v$ | 19 | 20 | 21 | 22 | 23 | 24 |
| $B_v^*$ | 0.100 261 5 | 0.099 718 5 | 0.099 175 5 | 0.098 632 5 | 0.098 089 5 | 0.097 546 5 |
| $B_v$ | 0.127 004 | 0.125 596 | 0.112 418 8 | 0.122 78 | 0.121 372 | 0.119 964 |
| $v$ | 25 | 26 | 27 | 28 | 29 | 30 |
| $B_v^*$ | 0.097 003 5 | 0.096 460 5 | 0.095 917 5 | 0.095 374 5 | 0.094 831 5 | 0.094 288 5 |
| $B_v$ | 0.118 556 | 0.117 148 | 0.115 74 | 0.143 37 | 0.112 924 | 0.111 516 |

3.可能的振转跃迁

根据 He - Ne 激光的光子能量,再综合考虑振动能级的能量差和转动能级的能量差,可以确定可能的振转跃迁。这里对 $J_{最大}$ 也进行了计算,以确保转动量子数 $J$ 位于最大值 $J_{最大}$ 附近。

(1)$v = 2, v^* = 15; J = 47, J^* = 46$

$$J_{最大} = 0.589\,6 \times \sqrt{\frac{708}{0.102\,433\,5}} - \frac{1}{2} = 40$$

$$\nu_r = 0.102\,4 \times 46 \times 47 - 0.150\,94 \times 47 \times 48 + [4.5 \times 10^{-7} + 4.34 \times 10^{-10} \times 15.5] \times 46^2 \times 47^2 - [6.497\,26 \times 10^{-7} + 10.156\,480\,8 \times 10^{-10} \times 2.5] \times 47^2 \times 48^2 = 221.388\,8 - 340.521 - 1.4 = -120.532\,2\ (\mathrm{cm}^{-1})$$

上下能级跃迁的波数为

$$\nu = 15\,918.573 - 120.532\,2 = 15\,798.040\,8\ (\mathrm{cm}^{-1})$$

与 He - Ne 激光光子波数差为

$$\Delta\nu = 0.026\,8\ \mathrm{cm}^{-1}$$

(2)$v = 6, v^* = 21; J = 50, J^* = 49$

$$J_{最大} = 0.589\,6 \times \sqrt{\frac{708}{0.099\,175\,5}} - \frac{1}{2} = 48$$

$$\nu_r = 0.099\,175\,5 \times 49 \times 50 - 0.154\,308 \times 50 \times 51 + [4.556\,7 \times 10^{-7} + 4.340\,777 \times 10^{-10} \times 21.5] \times 49^2 \times 50^2 - [6.497\,26 \times 10^{-7} + 10.156\,408 \times 10^{-10} \times 6.5] \times 50^2 \times 51^2 = 242.980 - 370.535 + 2.79 - 4.27 = -129.025\ (\mathrm{cm}^{-1})$$

上下能级跃迁的波数为

$$\nu = 15\,926.903 - 129.025 = 15\,797.878\ (\mathrm{cm}^{-1})$$

与 He - Ne 激光光子波数差为

$$\Delta\nu = 0.136\ \mathrm{cm}^{-1}$$

(3)$v = 4, v^* = 18; J = 50, J^* = 49$

$$J_{最大} = 0.589\,6 \times \sqrt{\frac{708}{0.100\,804\,5}} - \frac{1}{2} = 49$$

$$\nu_r = 0.100\,804\,5 \times 49 \times 50 - 0.148\,124 \times 50 \times 51 + [4.556\,7 \times 10^{-7} + 4.340\,777 \times 10^{-10} \times 18.5] \times 49^2 \times 50^2 - [6.497\,26 \times 10^{-7} + 10.156\,408 \times 10^{-10} \times 4.5] \times 50^2 \times 51^2 = -132.217\ (\mathrm{cm}^{-1})$$

上下能级跃迁的波数为

$$\nu = 15\,922.183 - 132.217 = 15\,789.966\ (\mathrm{cm}^{-1})$$

与 He - Ne 激光光子波数差为

$$\Delta\nu = 8.048\ \mathrm{cm}^{-1}$$

(4) $v = 10, v^* = 27; J = 55, J^* = 54$

$$J_{最大} = 0.5896 \times \sqrt{\frac{708}{0.095917}} - \frac{1}{2} = 51$$

$\nu_r = 0.0959175 \times 54 \times 55 - 0.139676 \times 55 \times 56 + [4.5567 \times 10^{-7} + 4.340777 \times 10^{-10} \times 27.5] \times 54^2 \times 55^2 - [0.49726 \times 10^{-7} + 10.156408 \times 10^{-10} \times 10.5] \times 55^2 \times 56^2 = 284.875 - 430.2021 + 4.1247 - 6.2647 = -147.467\ (cm^{-1})$

上下能级跃迁的波数为

$$\nu = 15938.999 - 147.467 = 15791.532\ (cm^{-1})$$

与 He－Ne 激光光子波数差为

$$\Delta\nu = 6.482\ cm^{-1}$$

将上述四条 $Na_2$ 分子 $A^1\Sigma_u^+ \to X^1\Sigma_g^+$ 态跃迁谱线列于表 2.5 中。表中从共振泵浦角度看应是(15,46)←(2,47)和(21,49)←(6,50)两条谱线。至于哪条谱线是最佳激励谱线,还要同时看夫兰克－康登因子,对应夫兰克－康登因子大的谱线,被激发的概率大。

**表 2.5 四条 $Na_2$ 分子 $A^1\Sigma_u^+ \to X^1\Sigma_g^+$ 态跃迁谱线**

| $A^1\Sigma_u^+(v^*, J^*)$ | $X^1\Sigma_g^+(v, J)$ | $\nu/cm^{-1}$ | $\Delta\nu/cm^{-1}$ |
|---|---|---|---|
| (15,46) | (2,47) | 15 798.040 8 | 0.026 8 |
| (21,49) | (6,50) | 15 797.878 | 0.136 |
| (18,49) | (4,50) | 15 789.966 | 8.048 |
| (27,54) | (10,55) | 15 791.532 | 6.482 |

4. 夫兰克－康登因子的计算

由公式(2.2)可以看出,要求解夫兰克－康登因子,必须知道 $Na_2$ 分子 $X^1\Sigma_g^+$ 态和 $A^1\Sigma_u^+$ 态的振动能级波函数。对波函数的计算,可以采用一维谐振子模型。若取自然平衡位置为坐标原点,并选取原点为势能零点,则一维谐振子的势能可以表示为

$$V(x) = \frac{1}{2}Kx^2$$

式中,$K$ 为描述谐振力强度的参数,如果谐振子质量为 $\mu$,则谐振子的自然频率可以表示为

$$\omega_0 = \sqrt{K/\mu}$$

这样一维谐振子的 Hamilton 量可以表示为[7]

$$H = \frac{p_x^2}{2\mu} + \frac{1}{2}\mu\omega_0^2 x^2$$

则 Schrödinger 方程为

$$\left(-\frac{\hbar^2}{2\mu}\frac{d^2}{dx^2} + \frac{1}{2}\mu\omega_0^2 x^2\right)\psi(x) = E\psi(x)$$

严格的谐振子势是一个无限深的势阱,粒子只存在束缚态,即

$$\psi(x) \xrightarrow{|x| \to \infty} 0 \tag{2.21}$$

为简单起见引入无量纲参数

$$\xi = \alpha x, \quad \alpha = \sqrt{\mu\omega_0/\hbar} \tag{2.22}$$

$$\lambda = \frac{E}{\frac{1}{2}\hbar\omega_0} \tag{2.23}$$

则 Schrödinger 方程变为

$$\frac{d^2}{d\xi^2}\psi + (\lambda - \xi^2)\psi = 0 \tag{2.24}$$

有限的 $\xi$ 都是微分方程的常点,而 $\xi = \pm\infty$ 是方程的非正基点。先分析 $\xi \to \pm\infty$ 时的渐近行为。当 $\xi \to \pm\infty$ 时方程(2.24)可简化为

$$\frac{d^2}{d\xi^2}\psi + \xi^2\psi = 0$$

不难证明 $\xi \to \pm\infty$ 时波函数的渐近行为是

$$\psi \approx \exp\left(\pm\frac{1}{2}\xi^2\right)$$

上式的正号项不满足(2.21)的条件。因此令方程(2.24)的一般解为

$$\psi \approx \exp\left(-\frac{1}{2}\xi^2\right)u(\xi)$$

代入(2.24)式得

$$\frac{d^2u}{d\xi^2} - 2\xi\frac{du}{d\xi} + (\lambda - 1)u = 0 \tag{2.25}$$

可以证明只有当

$$\lambda - 1 = 2n, \quad n = 0,1,2,\cdots$$

时方程(2.25)才有一个多项式解(Hermite 多项式)。根据上式以及 $\lambda$ 的定义式可得

$$E = E_n = \left(n + \frac{1}{2}\right)\hbar\omega_0, \quad n = 0,1,2,\cdots$$

这就是谐振子能量的可取值,显然谐振子的能量是量子化的,这是由束缚条件(2.21)所决定的。

可以证明,Hermite 多项式表示的归一化谐振子波函数为

$$\psi_n(x) = N_n\exp\left(-\frac{1}{2}\alpha^2x^2\right)H_n(\alpha x) \tag{2.26}$$

$$N_n = \left(\frac{\alpha}{\sqrt{\pi}}\frac{1}{2^n n!}\right)^{\frac{1}{2}} \quad (归一化常数) \tag{2.27}$$

在同一坐标系下两个不同态的谐振子波函数为：$A^1\Sigma_u^+$ 态 $\xi_A = \alpha_A x$；$X^1\Sigma_g^+$ 态 $\xi_X = \alpha_X(x - 0.556)$。$\alpha$ 定义式中的 $\omega_A = 1.173\,23 \times 10^2$；$\omega_X = 1.591\,04 \times 10^2$。根据这些参数和式(2.26)、(2.27)，可以计算 $A$ 态和 $X$ 态的振动波函数，进而按照(2.2)式计算出夫兰克－康登因子。所得的计算结果如表 2.6 所示。从表中可以看出，对应于上述四条跃迁谱线夫兰克－康登因子居中，比最小的跃迁谱线夫兰克－康登因子大 2 ~ 3 个量级，比最大的夫兰克－康登因子小 2 ~ 3 个量级，所以这四条谱线具有被激发的可能。

**表 2.6** $Na_2X^1\Sigma_g^+ - A^1\Sigma_u^+$ **跃迁** $F - C$ **因子表**

| $v$ | $v^*$ 从 1 至 30 依次排列 | | | | | |
|---|---|---|---|---|---|---|
| 1 | 1.785 779$e$ + 02 | 2.593 635$e$ + 02 | 2.296 132$e$ + 02 | 1.570 496$e$ + 02 | 9.093 533$e$ + 01 | 4.671 227$e$ + 01 |
| | 2.189 416$e$ + 01 | 9.537 505$e$ + 00 | 3.911 659$e$ + 00 | 1.524 835$e$ + 00 | 5.690 482$e$ − 01 | 2.044 494$e$ − 01 |
| | 7.103 782$e$ − 02 | 2.395 830$e$ − 02 | 7.866 825$e$ − 03 | 2.521 550$e$ − 03 | 7.902 218$e$ − 04 | 2.434 957$e$ − 04 |
| | 7.209 646$e$ − 05 | 2.403 415$e$ − 05 | 2.780 115$e$ − 06 | 1.864 386$e$ − 05 | 9.170 312$e$ − 05 | 1.287 276$e$ − 03 |
| | 1.476 653$e$ − 02 | 1.724 333$e$ − 01 | 1.984 821$e$ + 00 | 2.264 636$e$ + 01 | 2.560 510$e$ + 02 | 2.870 445$e$ + 03 |
| 2 | 3.517 880$e$ + 02 | 8.825 055$e$ + 01 | 1.551 768$e$ + 00 | 6.980 154$e$ + 01 | 1.297 640$e$ + 02 | 1.319 092$e$ + 02 |
| | 9.962 963$e$ + 01 | 6.245 506$e$ + 01 | 3.432 323$e$ + 01 | 1.707 321$e$ + 01 | 7.846 903$e$ + 00 | 3.380 087$e$ + 00 |
| | 1.378 816$e$ + 00 | 5.368 271$e$ − 01 | 2.007 054$e$ − 01 | 7.240 846$e$ − 02 | 2.530 712$e$ − 02 | 8.596 448$e$ − 03 |
| | 2.846 512$e$ − 03 | 9.195 538$e$ − 04 | 2.930 802$e$ − 04 | 8.718 446$e$ − 05 | 3.408 873$e$ − 05 | 7.645 887$e$ − 07 |
| | 6.920 477$e$ − 05 | 4.791 425$e$ − 04 | 5.861 569$e$ − 03 | 6.426 428$e$ − 02 | 7.100 127$e$ − 01 | 7.763 723$e$ + 00 |
| 3 | 2.953 421$e$ + 02 | 3.034 716$e$ + 01 | 1.474 484$e$ + 02 | 6.599 463$e$ + 01 | 4.169 715$e$ − 01 | 3.220 358$e$ + 01 |
| | 8.570 254$e$ + 01 | 1.057 884$e$ + 02 | 9.212 173$e$ + 01 | 6.483 759$e$ + 01 | 3.934 225$e$ + 01 | 2.135 298$e$ + 01 |
| | 1.061 274$e$ + 01 | 4.908 743$e$ + 00 | 2.137 735$e$ + 00 | 8.842 835$e$ − 01 | 3.498 183$e$ − 01 | 1.330 640$e$ − 01 |
| | 4.888 243$e$ − 02 | 1.740 634$e$ − 02 | 6.025 129$e$ − 03 | 2.034 660$e$ − 03 | 6.677 851$e$ − 04 | 2.210 355$e$ − 04 |
| | 5.979 305$e$ − 05 | 4.086 567$e$ − 05 | 1.117 964$e$ − 05 | 4.314 252$e$ − 04 | 3.936 121$e$ − 03 | 4.317 447$e$ − 02 |
| 4 | 1.347 945$e$ + 02 | 2.381 447$e$ + 02 | 2.745 522$e$ + 01 | 4.162 647$e$ + 01 | 1.031 422$e$ + 02 | 4.679 581$e$ + 01 |
| | 6.418 455$e$ − 01 | 2.179 099$e$ + 01 | 6.563 732$e$ + 01 | 8.831 933$e$ + 01 | 8.287 387$e$ + 01 | 6.242 500$e$ + 01 |
| | 4.033 159$e$ + 01 | 2.320 984$e$ + 01 | 1.218 718$e$ + 01 | 5.936 594$e$ + 00 | 2.715 172$e$ + 00 | 1.176 589$e$ + 00 |
| | 4.865 037$e$ − 01 | 1.930 308$e$ − 01 | 7.383 075$e$ − 02 | 2.732 432$e$ − 02 | 9.817 773$e$ − 03 | 3.430 861$e$ − 03 |
| | 1.174 713$e$ − 03 | 3.836 910$e$ − 04 | 1.406 293$e$ − 04 | 2.075 364$e$ − 05 | 9.061 643$e$ − 05 | 2.937 609$e$ − 04 |

**续表 2.6**

| $v$ | $v^*$ 从 1 至 30 依次排列 | | | | | |
|---|---|---|---|---|---|---|
| 5 | 3.477 327e + 01 | 2.511 122e + 02 | 7.568 529e + 01 | 1.015 516e + 02 | 6.956 458e − 01 | 5.136 041e + 01 |
| | 7.978 128e + 01 | 3.215 608e + 01 | 1.737 646e − 01 | 1.903 597e + 01 | 5.592 500e + 01 | 7.696 480e + 01 |
| | 7.471 922e + 01 | 5.846 381e + 01 | 3.928 737e + 01 | 2.351 793e + 01 | 1.283 897e + 01 | 6.496 985e + 00 |
| | 3.083 900e + 00 | 1.385 501e + 00 | 5.933 202e − 01 | 2.435 547e − 01 | 9.627 764e − 02 | 3.679 165e − 02 |
| | 1.363 285e − 02 | 4.916 272e − 03 | 1.720 696e − 03 | 6.021 219e − 04 | 1.809 252e − 04 | 1.030 478e − 04 |
| 6 | 4.540 964e + 00 | 1.095 386e + 02 | 2.584 504e + 02 | 1.460 775e + 00 | 9.525 631e + 01 | 3.903 935e + 01 |
| | 4.183 951e + 00 | 5.653 580e + 01 | 6.279 876e + 01 | 2.081 757e + 01 | 3.023 508e − 02 | 1.926 480e + 01 |
| | 5.112 167e + 01 | 6.933 443e + 01 | 6.791 090e + 01 | 5.414 043e + 01 | 3.725 087e + 01 | 2.289 022e + 01 |
| | 1.284 493e + 01 | 6.685 555e + 00 | 3.264 626e + 00 | 1.508 730e + 00 | 6.644 367e − 01 | 2.803 872e − 01 |
| | 1.138 929e − 01 | 4.469 825e − 02 | 1.700 656e − 02 | 6.283 202e − 03 | 2.272 385e − 03 | 7.822 046e − 04 |
| 7 | 1.656 005e − 01 | 2.180 228e + 01 | 1.955 455e + 02 | 1.774 416e + 02 | 2.239 232e + 01 | 3.864 245e + 01 |
| | 7.364 094e + 01 | 8.452 215e + 00 | 1.587 291e + 01 | 5.748 539e + 01 | 4.836 673e + 01 | 1.220 371e + 01 |
| | 7.150 534e − 01 | 2.094 551e + 01 | 4.880 059e + 01 | 6.391 033e + 01 | 6.218 174e + 01 | 4.987 182e + 01 |
| | 3.475 604e + 01 | 2.171 867e + 01 | 1.242 408e + 01 | 6.602 039e + 00 | 3.294 477e + 00 | 1.556 727e + 00 |
| | 7.011 683e − 01 | 3.026 466e − 01 | 1.257 360e − 01 | 5.046 805e − 02 | 1.962 653e − 02 | 7.425 007e − 03 |
| 8 | 6.803 078e − 03 | 1.354 155e + 00 | 5.828 561e + 01 | 2.542 916e + 02 | 7.761 439e + 01 | 6.602 899e + 01 |
| | 2.024 957e + 00 | 6.389 133e + 01 | 3.963 088e + 01 | 3.817 679e − 02 | 2.801 454e + 01 | 5.445 165e + 01 |
| | 3.565 245e + 01 | 6.024 973e + 00 | 2.366 074e + 00 | 2.339 951e + 01 | 4.774 300e + 01 | 5.977 139e + 01 |
| | 5.722 735e + 01 | 4.578 923e + 01 | 3.208 037e + 01 | 2.024 856e + 01 | 1.173 570e + 01 | 6.331 394e + 00 |
| | 3.212 115e + 00 | 1.544 590e + 00 | 7.084 289e − 01 | 3.115 013e − 01 | 1.318 714e − 01 | 5.393 630e − 02 |
| 9 | 9.701 510e − 03 | 1.252 275e − 02 | 5.690 250e + 00 | 1.134 251e + 02 | 2.620 300e + 02 | 1.392 667e + 01 |
| | 7.878 910e + 01 | 9.375 431e + 00 | 2.852 587e + 01 | 5.739 555e + 01 | 1.464 007e + 01 | 3.917 008e + 00 |
| | 3.709 142e + 01 | 4.834 929e + 01 | 2.461 434e + 01 | 2.100 380e + 00 | 4.919 671e + 00 | 2.622 602e + 01 |
| | 4.727 283e + 01 | 5.635 566e + 01 | 5.280 802e + 01 | 4.192 148e + 01 | 2.937 206e + 01 | 1.863 385e + 01 |
| | 1.089 192e + 01 | 5.940 309e + 00 | 3.051 729e + 00 | 1.487 786e + 00 | 6.924 307e − 01 | 3.091 507e − 01 |
| 10 | 1.177 941e − 03 | 6.286 459e − 02 | 6.082 989e − 04 | 1.656 781e + 01 | 1.778 361e + 02 | 2.199 613e + 02 |
| | 8.796 338e − 01 | 5.543 256e + 01 | 3.906 211e + 01 | 2.914 734e + 00 | 4.703 911e + 01 | 3.793 913e + 01 |
| | 2.078 326e + 00 | 1.319 368e + 01 | 4.187 144e + 01 | 4.023 356e + 01 | 1.546 865e + 01 | 2.351 323e − 01 |
| | 8.201 161e + 00 | 2.913 876e + 01 | 4.698 742e + 01 | 5.331 861e + 01 | 4.875 604e + 01 | 3.826 483e + 01 |
| | 2.671 319e + 01 | 1.697 230e + 01 | 9.970 584e + 00 | 5.478 961e + 00 | 2.841 261e + 00 | 1.400 165e + 00 |

注：$v^*$—$A^1\Sigma_u^+$ 振动量子数；$v$—$X^1\Sigma_g^+$ 振动量子数。

5. 误差分析

在上述的分析和计算过程中，进行了一些近似或忽略了多项式的高阶项，因此必然给计算带来误差，比较重要的误差包括：

(1) 在求光谱常数，特别求 $k_e$ 时采用多项式 $U(R) = a_o + a_2(R - R_e)^2 + \cdots + a_6(R - R_e)^6$ 来拟合势能函数会带来一定误差。为了减小这一误差，需要采用光谱常数更准确的计算方法。

(2) 在计算 $\nu$ 时，省略了含有 $\omega_e y_e$ 的高阶项会带来一定的误差。

(3) 公式 $\omega_e x_e = \dfrac{\omega_e^2}{4D_e}$ 与 $D = \dfrac{4B_e^3}{\omega_e^2}$ 的计算值与经验值具有误差。

因此，从以上分析我们可以看到，要想得到精确的共振吸收的振转跃迁谱线，首先应该突破的是势能曲线的拟合，它直接关系到光谱常数的计算结果以及后来计算的波数值。

文献[8,9]中给出了用He - Ne激光泵浦 $Na_2$ $A - X$ 跃迁的实验结果。在实验中采用20 mW的He - Ne 632.8 nm激光泵浦 $Na_2$ 分子，获得了清晰的 $A^1\Sigma_u^+ \rightarrow X^1\Sigma_g^+$ 跃迁的振转结构，能分辨出大约 80 条谱线，可以用波长与发表的文献[10]对应，它们对应的跃迁振转能级为：(14,45)←(2,46)、(16,17)←(4,18)、(22,86)←(6,85)和(25,87)←(8,86)。与本节中计算的He - Ne 632.8 nm 激光泵浦 $Na_2$ 分子最有可能的跃迁能级：(15,46)←(2,47)、(18,49)←(4,50)、(21,49)←(6,50)和(27,54)←(10,55)很接近，说明本节的计算结果对实验有着很好的指导意义。文献[1,10]中，用He - Ne激光泵浦实现了 $Na_2$ 分子跃迁激光输出，He - Ne激光输出25 mW。通过实验验证 $Na_2$ 分子 $A - X$ 带激光阈值条件低于1 mW，激光的输出功率达到1.5 mW时便可实现 $Na_2$ 分子 $A - X$ 带激光输出。

## 2.2 激光等离子体软X射线(LPX)激励

利用激光等离子体的软X射线作为光电离的泵浦源，其特点是脉冲短(与激光脉冲相近)，光子能量高(10 ~ 100 eV)，转换效率高(10% ~ 50%)。而且利用常规实验室激光器聚焦打靶，就可以产生 $10^{10}$ W/cm$^2$ 以上的激光功率密度，进而产生LPX，使用非常方便。其缺点是激励区域小，增益很难获得。由于LPX产生的软X射线辐射的波长范围较大，因此利用LPX激励，显然不是选择性激发过程，这使得其动力学分析方法与选择性光泵浦明显不同。由于LPX泵浦方式是首先激光打靶产生等离子体，等离子体辐射X射线，然后再用该X射线激励气体产生气体的辐射跃迁。因而对LPX激励气体产生激光振荡的动力学分析应该包括两个部分：激光等离子体的产生及软X射线辐射的动力学分析；软X射线激励产生激光上能级布居的动力学分析。下面我们主要以LPX泵浦稀有气体氟化物离子准分子为例，说明LPX激励下动力学的建立步骤和过程。

### 2.2.1 激光等离子体软X射线辐射动力学

对于激光等离子体辐射特性的研究工作已进行得相当多了，但主要集中在高功率密度激光打靶，尤其是轻元素靶，用于研究核聚变、利用电子碰撞以及复合机制产生 X 光激光。对于 $10^9 \sim 10^{11}$ W/cm$^2$ 较低功率密度重元素靶的激光等离子体的辐射分布，过去许多人一直采用黑体辐射来模拟，其结果与实际分布往往有较大偏差，不能令人满意。为了进一步确定激光等离子体软 X 射线泵浦源的辐射特性，需要从理论上对其进行深入的分析和讨论。

对激光等离子体软 X 射线产生过程的描述可以分成两个步骤：激光等离子体的产生过程；等离子体的软 X 射线辐射过程。下面对这两个过程分别加以描述。

### 2.2.1.1 激光等离子体的产生及动力学

1. 描述激光等离子体的重要概念与参数

(1) 等离子体

当物质的温度从低到高时，它将逐次经过固体、液体和气体三种聚集状态。当温度进一步升高时便变为电离气体，即电子从原子中剥离出来，成为带电粒子(电子和离子)组成的气体，也称为"物质的第四态"。一般说，等离子体概念可以作如下定义：它是由大量的接近于自由运动的带电粒子所组成的体系，在整体上是准电中性的，粒子的运动主要由粒子间的电磁相互作用所决定，由于这是长程的相互作用，因而使它显示出集体行为。

(2) 德拜长度

等离子体有一种消除内部静电场的趋势，这种效应是带电粒子通过改变其空间位置的组合而产生的。它是等离子体行为的基本特征之一，称为德拜屏蔽效应。

为了描述这种屏蔽效应和等离子体的集体行为，引入德拜长度的概念，即

$$\lambda_D = \left(\frac{kT}{4\pi n_e e^2}\right)^{\frac{1}{2}} = 6.9(T_e[\mathrm{K}]/n_e[\mathrm{cm}^{-3}])^{-1/2}\ \mathrm{cm} \tag{2.28}$$

其中，$k$ 是玻耳兹曼常数，$T_e$ 与 $n_e$ 分别是电子温度和密度。它相当于等离子体内部库仑作用的屏蔽半径。只有大于 $\lambda_D$ 时，集体行为才显著，因此电离气体的空间尺寸大于 $\lambda_D$ 时才能称为等离子体。

(3) 等离子体的密度和温度

等离子体的电子密度 $n_e$ 与离子密度 $n_j$ 满足电中性条件

$$n_e = \sum_j Z_j n_j$$

其中，$Z_j$ 为离子电荷。由于温度是平衡参量(至少是局部平衡参量)，而电子与离子质量相差悬殊，两种粒子间的平衡是较缓慢的。因此，首先是电子与离子温度分别达到平衡，具备不同的电子温度 $T_e$ 和离子温度 $T_i$，只有等离子体处于完全平衡时，才具有统一的等离子体温度 $T_P = T_e = T_i$。

(4) 等离子体频率

等离子体集体行为的一个典型例子是等离子体振荡，即在粒子各自随机运动之上，叠加有电子相对于离子的整体振荡。其产生的原因是，当电子偏离平衡位置时会出现静电恢复力而形

成振荡。这是一种静电振荡,离子由于质量远大于电子因而对这种高频振荡几乎不响应。在假设离子质量大而相对不动时,等离子体振荡频率可由电子振荡频率表示为

$$\omega_p = \omega_{pe} = \left(\frac{4\pi n_e e^2}{m_e}\right)^{1/2}$$

其中,$m_e$ 为电子质量。

(5) 临界电子密度

等离子体频率决定了它对入射激光的响应程度,如果入射激光频率为 $\omega$,它与等离子体中电子或离子振荡频率必须满足色散关系

$$\omega^2 = \omega_p^2 + c^2 k^2$$

其中,$k = 2\pi/\lambda$。

当 $\omega < \omega_p$ 时,$k$ 为虚数,入射光在等离子体中将以指数衰减。当 $\omega > \omega_p$ 时,$k$ 为实数,折射率为

$$n = c\,\frac{k}{\omega}$$

当 $\omega = \omega_p$ 时,$k = 0$。这是发生全反射的临界点,这时的电子密度称为临界电子密度

$$n_{ec} = \frac{\varepsilon_0 m_e \omega^2}{e^2} = 1.1 \times 10^{21}/\lambda^2(\text{cm}^{-3})$$

其中,波长 $\lambda$ 的单位为 $\mu$m。在本节中我们将结合具体的 LPX,分析动力学过程。这里采用 YAG 激光和 XeCl 激光作为 LPX 的激光源,它们对应的临界电子密度分别为

$$\text{YAG 激光}: \lambda = 1.06\ \mu\text{m}, n_{ec} \approx 0.98 \times 10^{21}\ \text{cm}^{-3}$$

$$\text{XeCl 激光}: \lambda = 0.308\ \mu\text{m}, n_{ec} \approx 1.16 \times 10^{22}\ \text{cm}^{-3}$$

(6) 共振吸收[11]

因为当激光在物质中传播时,将使物质在电场 $E$ 方向上发生极化,因此通常把激光的电场 $E$ 的方向称为极化方向。对于斜入射激光,如果 $E$ 处于入射平面内,则称为 P 极化;反之,如果 $E$ 垂直于入射平面,则称为 S 极化。斜入射 P 极化激光在等离子体临界面附近能够发生共振吸收现象。

P 极化激光电场向量在入射平面内,所以在回转点激光电场方向与等离子体密度梯度方向一致,回转点处激光电场是一个长波场。这个电场能够通过隧道效应"钻"到临界面附近。因为临界面处 $\omega = \omega_p$,所以"钻"到临界面附近的电场将以共振方式驱动当地等离子体振荡,也就是说等离子体与激光电场共振。部分激光能量可以通过这一共振机制被等离子体吸收,称为共振吸收。

2. 激光等离子体产生的一般描述

(1) 金属表面物质的蒸发

当激光入射到金属表面上时,其电磁场辐射可以到达金属表面相当于激光波长的深度。由

于这个电磁场(例如 $10^{16} \sim 10^{22}\ \mathrm{W \cdot m^{-2}}$ 的辐射会产生 $2 \times 10^{9} \sim 2 \times 10^{12}\ \mathrm{V \cdot m^{-1}}$ 的场强)与导体中的电子相互作用,使之摆脱核的束缚,导致迅速地加热、蒸发和电离,在导体表面形成一个等离子体薄层。这个等离子体薄层是相对低温的,这就是等离子体初始阶段。

(2) 初始等离子体吸收激光能量

在初始的等离子体形成后,接着到来的激光被它所吸收。吸收主要通过逆轫致吸收过程进行。逆轫致吸收是自由电子吸收激光能量,从而加速运动或者改变运动方向。可以这样理解自由电子吸收能量的过程,在激光场作用下自由电子产生高频振荡,高频振荡的电子在和离子碰撞时会将其相应的振动能变成无规则的能,结果激光能量变成等离子体热运动的能量,激光能量被等离子体吸收。逆轫致吸收和等离子体密度的平方成正比,和激光频率的平方成反比,和等离子体温度的 3/2 次方成反比。但实际上激光频率越高,吸收效率越高。这是因为短波长激光的等离子体临界密度大的缘故。换句话说,短波长激光可以传播到更高等离子体密度的地方,导致更有效地吸收。除了逆轫致吸收外还存在各种反常吸收机制,例如热等离子体的共振吸收和离子密度波动增强吸收等,也对激光能量沉积有贡献.

(3) 等离子体的膨胀

对激光的吸收导致等离子体电子温度的增加,引起更多的电离,使电子密度进一步增大。这样,吸收系数不断递增,直至等离子体表面某一区域内达到临界电子密度。这时将出现两个结果:等离子体表面会变得不透明,会对后到来的激光产生反射;等离子体表面的某一区域内的吸收系数会变得很大,产生共振吸收过程。同时,由于对激光的吸收,等离子体被加热并向反向迅速膨胀,电子密度变低,激光又可重新入射到靶上。这些过程在激光脉冲存在期间自始至终进行,但不是分立的,而是连续的,不可区分的。

3. 等离子体中可能存在的动力学过程[12]

一般情况下在等离子体中不能真正达到热平衡,因而一些统计平衡公式就不一定适用。原子处于某一状态的比例,需要根据所有可能的过程来决定。以下为五种主要的原子过程及其逆过程,并用 $N_1$ 和 $N_2$ 分别表示正过程和逆过程的反应速率。

(1) 线光谱的发射和光致激发

$$\mathrm{M_q} \rightleftharpoons \mathrm{M_p} + h\nu$$

$$N_1 = N_\mathrm{q}(A_\mathrm{qp} + u_\nu B_\mathrm{qp}) \tag{2.29}$$

$$N_2 = N_\mathrm{p} u_\nu B_\mathrm{pq}$$

其中,$N_\mathrm{p}$、$N_\mathrm{q}$ 分别为 p、q 能级的原子(离子)密度,$A_\mathrm{qp}$ 为自发辐射跃迁系数,$B_\mathrm{qp}$、$B_\mathrm{pq}$ 分别为受激跃迁和光致激发系数,$u_\nu$ 是频率为 $\nu$ 的光子场的能量密度,$h\nu$ 为辐射或吸收的光子能量。

(2) 复合辐射和光致电离

$$\mathrm{M}^{Z+1} + \mathrm{e} \rightleftharpoons \mathrm{M}_\mathrm{q}^{Z} + h\nu$$

$$N_1 = N_\mathrm{e} N^{Z+1} \alpha_\mathrm{q}^{Z+1} T_\mathrm{e} \tag{2.30}$$

$$N_2 = N_\mathrm{q}^{Z} \beta_\mathrm{q}^{Z}$$

其中，$N_e$、$N^{Z+1}$、$N_q^Z$ 分别为电子密度、$(Z+1)$ 电离态和 $Z$ 电离态 q 能级的离子密度，$\alpha_q^{Z+1}T_e$ 为 $(Z+1)$ 电离态离子复合成 $Z$ 电离态 q 能级离子的复合系数，$\beta_q^Z$ 为 $Z$ 电离态 q 能级离子电离的光致电离系数。

(3) 电子碰撞激发和去激发

$$
\begin{aligned}
& M_p + e \rightleftharpoons M_q + e \\
& N_1 = N_p N_e X_{pq} T_e \\
& N_2 = N_q N_e X_{qp} T_e
\end{aligned}
\tag{2.31}
$$

其中，$X_{pq}T_e$、$X_{qp}T_e$ 分别为电子碰撞激发和去激发系数。

(4) 重粒子碰撞激发和去激发

$$
\begin{aligned}
& M_p + M \rightleftharpoons M_q + M \\
& N_1 = N_p N_M X_{pq} T_i \\
& N_2 = N_q N_M K_{qp} T_i
\end{aligned}
\tag{2.32}
$$

其中，$K_{pq}T_i$、$K_{qp}T_i$ 分别为重粒子碰撞激发和去激发系数，$N_M$ 为重粒子密度。

(5) 电子碰撞电离和三体复合

$$
\begin{aligned}
& M^Z + e \rightleftharpoons M^{Z+1} + 2e \\
& N_1 = N^Z N_e S^Z T_e \\
& N_2 = N^{Z+1} N_e^2 Q^{Z+1} T_e
\end{aligned}
\tag{2.33}
$$

其中，$S^Z T_e$ 为 $Z$ 电离态离子的电子碰撞电离系数，$Q^{Z+1}T_e$ 为 $(Z+1)$ 电离态离子的三体复合系数。

上述各过程和逆过程的比例系数都是原子的特征参数，其中 $\alpha$、$X$、$S$、$Q$ 与电子速度分布有关，即与 $T_e$ 有关。$K$ 则与 $T_i$ 有关。

4. 描述等离子体的几种简化模型

(1) 完全热力学平衡

在等离子体中，等离子体的熵为极大而且不随时间变化，这种状态称为等离子体的完全热力学平衡状态。等离子体在满足下列四个条件时处于完全热力学平衡。

① 所有粒子，包括电子、原子和离子，都遵从 Maxwell 速度分布

$$
\mathrm{d}n(v) = 4\pi n\left(\frac{m}{2\pi kT}\right)^{3/2}\exp\left(-\frac{mv^2}{2kT}\right)v^2\mathrm{d}v \tag{2.34}
$$

② 任意给定原子或离子态的布居遵从玻耳兹曼分布

$$
\frac{n_1}{n_2} = \frac{g_1}{g_2}\exp\left[\frac{\hbar(\omega_2-\omega_1)}{kT}\right] \tag{2.35}
$$

③ 处于 $\xi$ 阶与 $(\xi+1)$ 阶的离子布居分布服从 Saha 方程

$$
\frac{n_e n_{\xi+1}}{n_\xi} = \left[\frac{2(g)_{\xi+1}}{(g)_\xi}\right]\left[\frac{2\pi mkT}{h^2}\right]^{3/2}\exp\left(-\frac{\chi_\xi}{kT}\right) \tag{2.36}
$$

其中，$\chi_\xi$ 为电荷为 $\xi$ 的离子的电离能，$g$ 为统计权重。

④ 内部辐射分布服从 Planck 黑体辐射定律

$$I_B(\omega, T) = \frac{h\omega^2}{4\pi^3 c^2}(e^{h\omega/kT} - 1)^{-1} \tag{2.37}$$

并且，所有等离子体内部过程均与各自的反过程动态平衡，即处于细致平衡。

(2) 局部热力学平衡(LTE) 与非局部热力学平衡(Non - LTE)

等离子体的完全热力学平衡实际上无法达到，更经常地用到的是局部热力学平衡。等离子体光性厚度很薄，辐射场密度很低，辐射与吸收根本达不到平衡，以致光致电离和光致激发过程可以忽略。但粒子的密度仍足够大，碰撞频繁，这时粒子间可以达到所谓的局部热力学平衡。这时等离子体中碰撞过程占主要地位，上述条件 ① ~ ③ 成立，但辐射分布不再服从 Planck 公式，且对等离子体平衡产生重要影响。另外，离子温度 $T_i$ 也不一定与电子温度 $T_e$ 相同。这里的"局部"可以指某些空间区域、某些粒子或某些能级。LTE 成立的条件是

$$n_e \geqslant 1.6 \times 10^8 T_e^{1/2} \chi^3 (m^{-3}) \tag{2.38}$$

其中，$\chi$ 是相应的激发能。

与 LTE 相对应的是 Non - LTE 状态。但两者均未对光子分布加以强调，因为在开放系统中它不可能处于辐射与吸收平衡的状态。在 Non - LTE 状态下，各种守恒关系多数不再成立，对所有的粒子(包括光子) 均可用分布函数的动力学方程来处理，这就是所谓的分布函数法(DFM)[13]。

(3) 日冕(CE, Cotonal Equilibrium) 模型

日冕模型是为了研究光学薄等离子体中发射的辐射而提出的一种模型。这时不考虑碰撞引起的复合，电子碰撞激发和电离不再被其反过程所平衡，而是被自发辐射、复合辐射所平衡，其他过程均可忽略。这时 Saha 方程为

$$\frac{n_{\xi+1}}{n_\xi} = \frac{S(T, \xi, 0)}{\alpha(T, \xi + 1, 0)} \tag{2.39}$$

其中，$n_{\xi+1}$，$n_\xi$ 为 $\xi + 1$ 阶与 $\xi$ 阶离子密度，$S$ 为碰撞电离系数，$\alpha$ 为辐射复合系数。

日冕模型适用的条件正好和局部热力学平衡模型相反，它要求自发跃迁速率大于碰撞跃迁速率。图 2.6 为这两种模型适用的温度 - 密度范围。在它们之间的区域可采用所谓碰撞辐射模型。

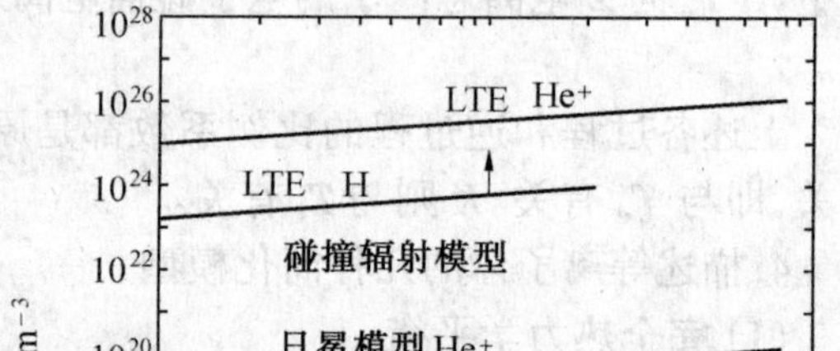


图 2.6 各种近似模型的适用区域

(4) 碰撞辐射(CRE) 模型

当主量子数 $n$ 增大时，自发辐射不再重要，碰撞概率增大，这时需采用 CRE 模型。在此模

型中,等离子体不处于局部热平衡,而且电子密度远高于日冕模型所适用的密度。在这个模型中,考虑了自发跃迁、复合辐射、碰撞激发和去激发、碰撞电离及三体复合等过程,并假定从等离子体中发出的辐射是由碰撞造成的复合和辐射复合两者决定的。其应用条件是:

① 电子服从 Maxwell 分布。

② 在 $\xi$ 阶离子达到准稳态布居期间,$\xi+1$ 阶离子布居不能有显著变化。

③ 等离子体对其辐射是光学薄的。

综上所述,可以看出 LTE 模型适用于高电子密度、低电离阶等离子体。CE 模型适用于低电子密度、高电离阶等离子体,而 CRE 模型则是较折中的。

#### 2.2.1.2 激光等离子体的辐射过程

等离子体中大致有以下几种辐射过程。一种普遍的辐射过程是轫致辐射,这是由作热运动的电子和离子碰撞时电子在库仑场中被加速和减速而产生的辐射。这种辐射是连续光谱。电子在碰撞前后都是自由的,所以也称自由 - 自由过程。如果电子和离子的碰撞是使彼此间结合起来而产生辐射,则称为复合辐射,此时得到的也是连续谱。这个过程叫做自由 - 束缚过程。原子中的束缚电子如果处于激发态,它就有可能跃迁到较低能态而产生辐射。这种束缚 - 束缚过程中的辐射具有特定的能量,故得到的是线光谱。这里我们着重对等离子体产生的连续光谱加以介绍,对线光谱的产生过程可参看原子物理学方面的书籍。

1. 黑体辐射

当系统处于完全热平衡时,前面讨论的各反应过程与其逆过程达到平衡,即所谓细致平衡。如果物体为黑体,那么它表面的辐射仅取决于其平衡温度,而不必考虑各种具体过程。再加上考虑到量子效应,普朗克于 1914 年推导出一个著名的热平衡下的黑体辐射公式

$$\rho_\nu = \frac{8\pi h\nu^3}{c^3}\frac{1}{\exp\left(\frac{h\nu}{kT}\right)-1} \tag{2.40}$$

其中,$\rho_\nu$ 是辐射能密度,它就是平衡温度为 $T$ 的黑体的单位体积内向外发射的中心频率为 $\nu$ 的单位频率间隔内的辐射能量;$h$ 为普朗克常数;$k$ 为玻耳兹曼常数;$h\nu/kT$ 为辐射的光子能量($h\nu$)与微粒子热运动的动能($kT$)之比。当 $h\nu \ll kT$ 时

$$\rho_\nu = \frac{8\pi\nu^2}{c^3}kT \tag{2.41}$$

这就是低频(长波)部分辐射谱的近似公式。反之,高频(短波)部分 $h\nu \gg kT$ 时

$$\rho_\nu = \frac{8\pi h\nu^3}{c^3}\exp\left(-\frac{h\nu}{kT}\right) \tag{2.42}$$

显然,$\rho_\nu$ 随频率的增加而趋向于零。当温度达到千摄氏度时,辐射谱的频率处在可见光区,当温度达 $10^6$ 摄氏度时,辐射谱进入 X 射线区。

2.韧致辐射

韧致辐射是指当带电粒子在静电力作用下发生库仑碰撞时,参与碰撞的粒子的运动速度发生变化时产生的电磁波辐射。韧致辐射的主要来源是电子 - 粒子碰撞时电子的辐射。等离子体中自由电子的速度远远大于离子速度,因此韧致辐射主要由电子产生。自由电子运动速度的变化有各种原因。这里讨论的是作热平衡运动的电子和离子作库仑碰撞而产生的韧致辐射,也就是前面提到的自由 - 自由过程。这种辐射是等离子体中必然存在的一种重要的能量损失过程。

讨论韧致辐射时,采用和黑体辐射不同的观点,即完全不考虑辐射体本身对电磁波的吸收,因此也就不必考虑物体辐射与电磁波之间的平衡,而只要直接研究每一个自由电子的碰撞过程。如果等离子体是完全"透明"的,那么总辐射等于每个电子辐射的总和。根据电动力学,一个电荷为 $e$ 的粒子在折射率为 $n$ 的介质中,以速度和加速度运动时,它的辐射功率为

$$\frac{\mathrm{d}E}{\mathrm{d}t} = \frac{e^2 n}{6\pi\varepsilon_0 c^3}\frac{(\boldsymbol{a})^2 - (\boldsymbol{v}\times\boldsymbol{a})^2/c^2}{(1 - v^2/c^2)^3} \tag{2.43}$$

在相对论效应可忽略时,即 $\left(\frac{v}{c}\right)^2 \ll 1$ 的情况下,辐射功率为

$$\frac{\mathrm{d}E}{\mathrm{d}t} = \frac{e^2 n}{6\pi\varepsilon_0 c^3}[a(t)]^2 \tag{2.44}$$

辐射能量为

$$E = \frac{e^2 n}{6\pi\varepsilon_0 c^3}\int_{-\infty}^{+\infty}[a(t)]^2\mathrm{d}t \tag{2.45}$$

如果将 $a(t)$ 按傅里叶积分展开,得

$$a(t) = \int_0^{\infty} a(\omega)\exp(-\mathrm{j}\omega t)\mathrm{d}\omega$$

$$a(\omega) = \frac{1}{\pi}\int_{-\infty}^{+\infty} a(t)\exp(\mathrm{j}\omega t)\mathrm{d}t \tag{2.46}$$

而

$$\int_{-\infty}^{+\infty} |a(t)|^2\mathrm{d}t = \frac{1}{4\pi}\int_0^{\infty} |a(\omega)|^2\mathrm{d}\omega \tag{2.47}$$

这样就可以求得单一粒子辐射的频谱

$$E_\omega\mathrm{d}\omega = \frac{e^2 n}{24\pi^2\varepsilon_0 c^3}|a(\omega)|^2\mathrm{d}\omega \tag{2.48}$$

如果碰撞是在具有相同荷质比的粒子间发生,则 $\sum_i e_i a_i = 0$,可以证明这时不会有辐射。因此,在高温等离子体中韧致辐射主要是在电子和离子的碰撞过程中发射出来的。在这个过程中可以把离子看做静止的点电荷,电子在这个以离子为中心的库仑场中,受到一个向心力 $\boldsymbol{F}$,因此具有加速度 $\boldsymbol{a}$,这就导致了它的轨迹是弯曲的。如果每个瞬间电子相对于离子的距离为 $\boldsymbol{r}(t)$,

离子电荷为 $Z_e$，电子质量为 $m$，则

$$\begin{aligned} \boldsymbol{F} &= \frac{-Ze^2}{4\pi\varepsilon_0[r(t)]^2}\frac{\boldsymbol{r}(t)}{r(t)} \\ \boldsymbol{a} &= \frac{\boldsymbol{F}}{m} = -\frac{Ze^2}{4\pi\varepsilon_0 m}\frac{\boldsymbol{r}(t)}{|\boldsymbol{r}(t)|^3} \end{aligned} \tag{2.49}$$

这里，$\varepsilon_0$ 为真空中介电常数，$\boldsymbol{a}(t)$ 由电子相对于离子的轨迹决定，它既与电子原始能量有关，也与电子原始速度有关，也和离子之间的相对垂直距离即瞄准距离有关。电子的速度按麦克斯韦分布；瞄准距离为 $b$ 的概率正比于周长 $2\pi b$。对速度和概率积分，才能求出单位体积中电子的总的韧致辐射功率谱。但是，离子不是一个单纯的点电荷，故当 $b$ 小到一定程度时上述经典的考虑方法就不再适用，需要采用量子力学的方法处理，由于计算相当繁复，我们就直接给出其结果

$$U_{\nu,T_e} = \frac{N_e N_i n Z^2 e^6}{3\sqrt{6}\pi^{3/2}\varepsilon_0^3 c^3 m^{3/2}}(kT_e)^{1/2}\bar{g}\exp\left(-\frac{h\nu}{kT_e}\right) \tag{2.50}$$

式中，$U_{\nu,T_e}$ 表示电子温度为 $T_e$ 的等离子体，在每单位体积中、在频率为 $\nu$ 的单位频率间隔内所发射出的辐射功率；$n$ 为折射率，在等离子体中一般接近1；$N_e$、$N_i$ 分别为电子和离子密度；$\bar{g}$ 为量子力学效应所引起的修正因子，称为岗特因子。

3.复合辐射[12]

电子和离子碰撞时，除了上述的自由 - 自由过程外，还可能发生电子被离子俘获而形成一个束缚态，这个过程称为自由 - 束缚过程。束缚系统中的电子将处于一些特定的能级上。由于电子和离子是相互吸引的，所以它们的能级是负值。图2.7为电子能量 $E$ 分布示意图。在 $E>0$ 部分，电子处于自由状态，它的能量（即电子的动能）$E_e$ 是可以连续变化的；在 $E<0$ 部分，电子处于束缚状态，能级是量子化的，其最低的能态称为基态，其他能态称为激发态。处在负能级（$E_n$）的电子要脱离束缚，就必须从外界获得至少等于 $|E_n|$ 的能量，这个能量被称为电离能。反之，电子从自由状态进入束缚状态，将损失 $E_e+|E_n|$ 的能量，这个能量将以光子的形式释放出来，因此光子能量为

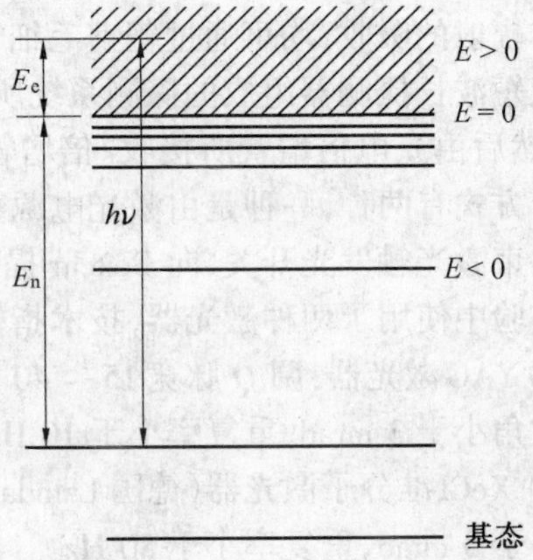

图2.7 原子能级分布

$$h\nu = E_e + |E_n| \tag{2.51}$$

显然 $h\nu$ 一定大于 $|E_n|$。因为 $E_e$ 是连续可变的，所以 $h\nu$ 也连续可变，因此复合辐射将形成一个连续谱。不过它不是完全平滑的，在相当于每一能级能量 $|E_n|$ 处有一跃变，形成一个峰值，如图2.8所示。其中 $E_1$、$E_2$、⋯ 代表各能级能量的绝对值，纵坐标取对数值，单位是任意的。

在实验中,测量到的连续谱是韧致辐射和复合辐射之和。韧致辐射与 $Z^2$ 成正比,而复合辐射与 $Z^4$ 成正比。所以等离子体中含有高 $Z$ 物质时,辐射将显著加强,尤其复合辐射更有显著的加强。对于辐射的高频部分,当 $kT_e \approx 30Z^2(\mathrm{eV})$ 时,韧致辐射和复合辐射的贡献近于相等。

电子温度越高,复合辐射的成分就越小,这是因为电子能量越大,越不容易被俘获的缘故。

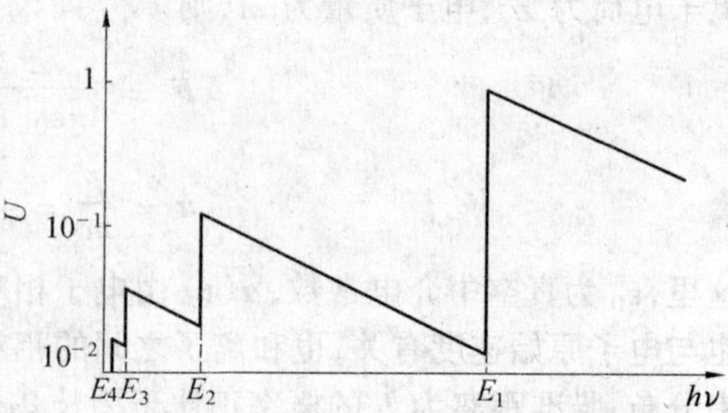


图 2.8　复合辐射谱形

### 2.2.1.3　LPX 泵浦源辐射特性的实验研究

这里以泵浦稀有气体氟化物离子准分子的 LPX 软 X 射线辐射源为例,介绍相应的实验装置和等离子体软 X 射线辐射的测量结果。

1.实验装置[14]

实验的总体装置如图 2.9 所示。YAG 或 XeCl 准分子激光,被一个消像差点聚焦系统聚焦于靶室内的一个旋转金属靶上。真空封闭靶室内的旋转靶由一个外面磁力拖动系统驱动。为了防止激光等离子体对靶室前窗口的溅射污染,打靶激光与靶面法线间有一个小角度。靶面上激光等离子体的辐射,或在此等离子辐射激励下的靶室内气体介质的辐射,以及气体介质对激光等离子体辐射的吸收,均可通过靶室毛细管列阵输出窗,被一个由 0.2 m 或 0.5 m 的真空紫外单色仪及短波长探测器组成的探测系统所探测。短波长光信号探测时,是用水杨酸钠先转换成可见光,然后由光电倍增管所接收。倍增管的输出信号由 Boxcar 信号平均器处理后记录。Boxcar 的同步方式有两种,一种是由激光电源直接提供,其同步稳定性较差;另一种是从打靶激光中分出一束激光触发光开关,向 Boxcar 提供同步触发,其稳定性较好。

实验中使用了两种激光器,技术指标如下:

① YAG 激光器:调 $Q$ 脉宽 15 ~ 40 ns 可调,输出能量 550 mJ(调 $Q$ 状态两级输出),平 – 平腔发散角小于 3 mrad,重复率小于 10 Hz;

② XeCl 准分子激光器(德国 Lamda Physik 公司):脉宽 25 ns,输出能量 300 mJ,平 – 凹腔发散角小于 3 mrad,重复率小于 80 Hz。

实验探测系统由水杨酸钠闪烁体、光电倍增管、真空紫外单色仪和 Boxcar 信号平均器构成。由于被测信号位于真空紫外直至软 X 射线波段,普通光电倍增管无法探测到,把采用水杨酸钠喷涂的窗片,放在光电倍增管前,使短波长信号转变为可见光,以便接收。整个系统的上升时间小于 5 ns。

在被测介质与真空探测系统之间,需使用既能允许 X 光波段光信号通过,又能起气体隔离作用的出射窗。在波长大于 1 050 Å 的区域,LiF 是一种很好的材料,但短于此波长时,没有任何晶体材料能够透过光信号,需要采取特殊措施。通常的办法有使用薄膜和采用差分泵。在 700 Å 以下区域可以使用 Al、C、Sn 等以及各种塑料薄膜,在 700 ~ 800 Å 之间尚无合适的材料,而

800 Å 以上可以使用 In 薄膜。这些薄膜作为窗口材料，尽管可以通过选择厚度和材料种类来实现滤波作用，但也具有以下几种严重缺点：只能承受 10 mbar(1 bar = $10^5$ Pa) 左右的压差；在有限的光谱区域内透过光信号；不能耐腐蚀和污染；难以承受强光信号，例如激光的照射。

另一方面，用多级差分泵虽然可以实现高压差隔离，也不怕损坏，但其空间孔径太小，信号损失大。在实验中采用的是空芯毛细列阵。它是由许多空芯毛细管排列而成，在保证透光率在 50% 以上的条件下，可以使真空差维持在 $10^{-4}$ Torr(1 Torr = 133.332 Pa) 量级。

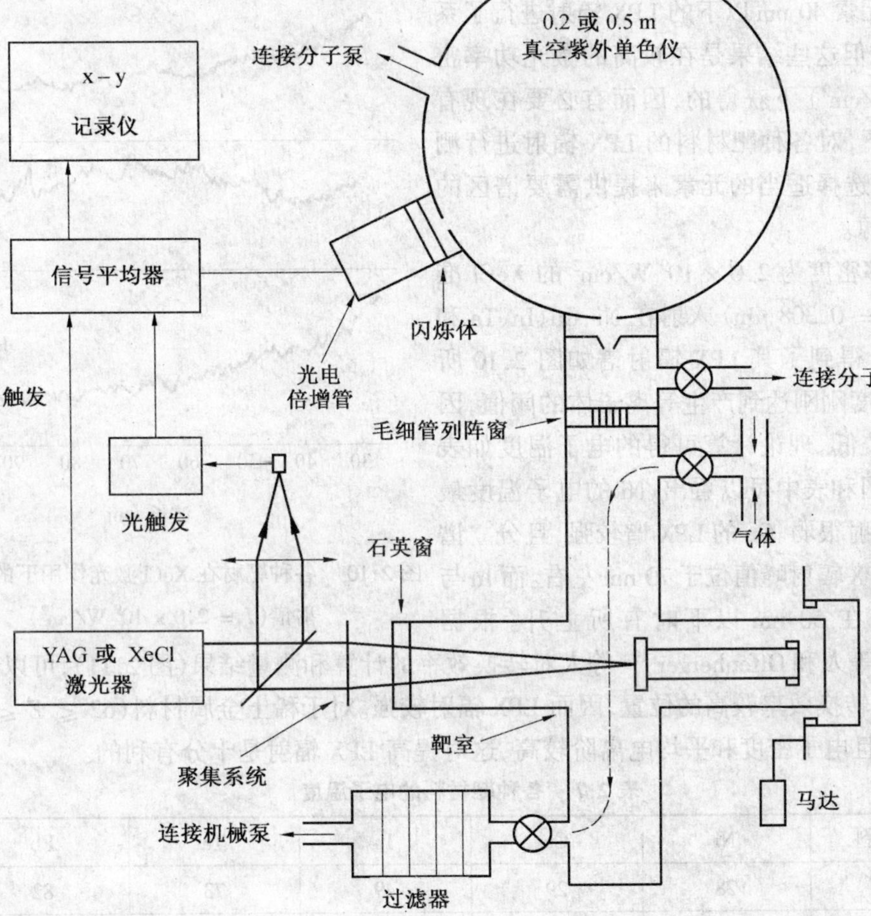


图 2.9　实验总体装置

2.激光等离子体的辐射特性

前面已经对等离子体辐射作了定性的描述，下面利用图 2.9 所示的实验装置，从实验上对 LPX 辐射进行测量和分析。实验装置如前面所述，但此时靶室与真空单色仪直接相连，未使用毛细列阵或 LiF 窗片。

(1) 靶材料的影响

韧致辐射、复合辐射和线状辐射的辐射强度与 $n_e, n_z, T_e$ 等参数关系密切,而这些参数与靶材料的选取有很大关系。另外,根据 O'Sullivan 及 Mochizuki 等人对 LPX 绝对强度的测量[15,16],LPX 的转换效率也与 $Z$ 有密切关系。Bridges 和 Carroll 等也对多种元素 40 nm 以下的 LPX 辐射进行了系统研究[17,18]。但这些结果是在较高的激光功率密度( $> 10^{12}$ W/cm$^2$) 下获得的,因而有必要在现有的实验条件下,对各种靶材料的 LPX 辐射进行测量比较,从而选择适当的元素来提供需要谱区的强 LPX 泵浦源。

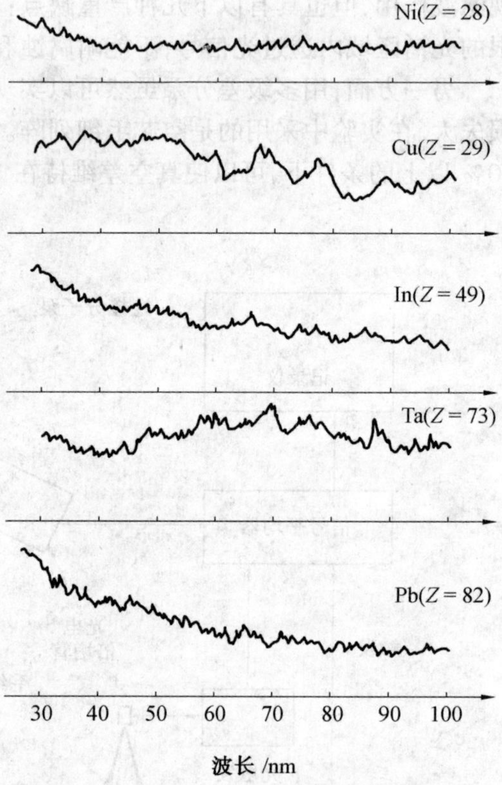


图 2.10　各种靶材在 XeCl 激光作用下的 LPX 辐射谱($I$ = 2.0 × 10$^9$ W/cm$^2$)

当以功率密度为 2.0 × 10$^9$ W/cm$^2$ 的 XeCl 准分子激光($\lambda$ = 0.308 $\mu$m) 入射在 Ni、Cu、In、Ta 和 Pb 等靶上时,得到了其 LPX 辐射谱如图 2.10 所示。此功率密度刚刚达到产生等离子体的阈值,因此电子温度较低。理论计算可得的电子温度如表 2.7 所示。从图和表中可以看出,Ni 的电子温度最低,其 LPX 辐射很弱。Cu 的 LPX 谱较强,且分立谱较多。Ta 的 LPX 辐射峰值位于 70 nm 左右。而 In 与 Pb 的 LPX 谱在 50 nm 以下时有所上升。根据 Mochizuki[16] 等人和 Offenberger[19] 等人对转换效率的计算和测量结果(图 2.11),可以看到 In、Ta、Pb 均处于转换效率较高的位置,因而 LPX 辐射较强。对于稀土金属材料($62 \leqslant Z \leqslant 74$),其连续谱很强,且电子密度和平均电离阶较高,这对提高 LPX 辐射是十分有利的。

**表 2.7　各种靶材料的电子温度**

| 材　料 | Ni | Cu | In | Ta | Pb |
|---|---|---|---|---|---|
| $Z$ 值 | 28 | 29 | 49 | 73 | 82 |
| 电子温度 /eV | 2.18 | 2.20 | 2.44 | 2.64 | 2.70 |

从各种元素 LPX 谱的分布可知,通过适当选择靶材料,可以获得所需谱段的 LPX 泵浦源。另外,实验中采用重复频率打靶激光,而 Pb、In 的质地较软、熔点较低,打靶时靶材料的重复使用次数较少。而 Ta 是一种较合适的材料,在同一点处靶材料一般可以承受 10 次以上的激光辐

射，加上采用旋转靶技术，大大提高了有效使用寿命。

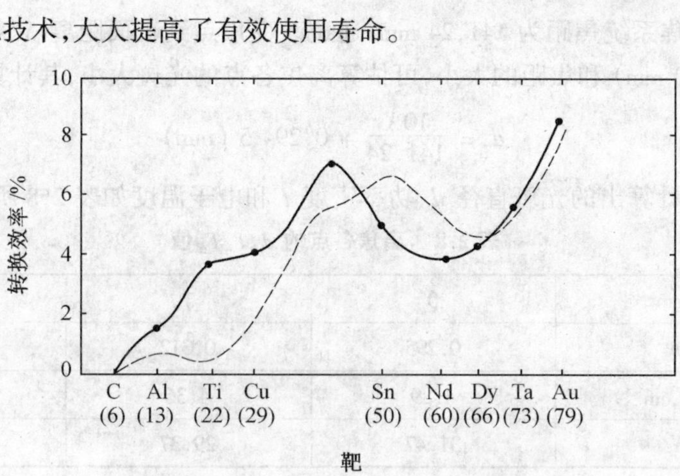


图2.11 各种元素 LPX 转换效率($\lambda = 0.53\ \mu m, I = 2.0 \times 10^{13}\ W/cm^2$)

(2) 打靶激光波长的选择

许多理论和实验研究结果都证明，打靶激光波长对激光等离子体特性有重要影响，主要体现在以下几点：

① 短波长激光打靶时，激光主要以逆轫致辐射过程向等离子体耦合，它优先地使能量耦合入低能电子和离子中，减少了产生过热电子的可能性。

② 短波长激光打靶使临界电子密度提高，例如对 1.06 μm 激光，$n_{ec} = 0.98 \times 10^{21}\ cm^{-3}$，而对于$\lambda = 0.308\ \mu m$激光，$n_{ec} = 1.16 \times 10^{22}\ cm^{-3}$。短波长激光打靶时激光能量耦合区主要发生于高密度等离子体区，且该区域比长波长激光打靶时要大。

③ 减小了电子和离子扰动及等离子体不稳定性造成的影响。

④ 降低了热电子温度。

因而可见，短波长激光与长波长激光打靶的主要区别在于耦合效率高、电子密度高、电子温度低，这对于增强 LPX，尤其是复合辐射和线状辐射是有利的。为了获得稀有气体氟化物离子准分子的激发，希望获得强的短波长区域( < 60 nm) 的连续谱辐射。对于 Ta 靶的情形，它们主要来自轫致辐射及密集线状谱辐射，其强度都随 $T_e$ 增大而增强，辐射峰值随 $T_e$ 增大向短波方向移动。因此，希望电子温度能达到一定高度。为此，实验中采用 1.06 μm 的 YAG 激光作为打靶激光。

(3) 激光功率密度对 LPX 辐射的影响

为了得到所需的 LPX 辐射分布，在实验中采用 YAG 激光打靶。当不断改变入射激光的功率密度时，可测量激光等离子体的 LPX 辐射。

例如，实验中使用的 YAG 激光输出能量为 550 mJ(折合成有效打靶能量为 500 mJ)，脉宽

15 ns，消像差点聚焦系统焦距为 141.24 mm。通过改变焦点到靶面距离 $X$ 来改变功率密度。根据光束的直径（$\phi$10 mm）和焦距的大小，可估算离焦各点的光斑大小，其计算式为

$$d = \frac{10X}{141.24} + 0.294\,5\ (\text{mm}) \tag{2.52}$$

对各种 $X$ 值，计算出的光斑直径 $d$、功率密度 $I$ 和电子温度如表 2.8 所示。

**表 2.8　离焦各点的 $d, I, T_e$ 值**

| $\pm X$/mm | 0 | 1 | 2 |
|---|---|---|---|
| $d$/mm | 0.295 | 0.312 | 0.329 |
| $I/10^{10}(\text{W}\cdot\text{cm}^{-2})$ | 4.89 | 4.36 | 3.92 |
| $T_e$/eV | 31.47 | 29.37 | 27.56 |

实验中测得的各功率密度下 LPX 分布如图 2.12 所示。可以看出 LPX 辐射强度随 $I$ 的变小很快衰减，但分布变化不大。在焦点位于靶面上时，在 30 nm ~ 70 nm 间有很强的 LPX 辐射，峰值位于 55 nm 附近。随着功率密度的减小，连续包络本底逐渐消失。线状谱变得相对明显，说明韧致辐射的强度减小。

Bridges[17] 和 Rogoyshi[20] 等曾发现，当改变靶相对于焦点的位置时，如果靶恰好处于焦点上（$X = 0$），LPX 辐射强度出现一个凹陷；而靶向前或向后移动某段距离时，LPX 辐射强度分别出现两个极大值。这个现象被解释为“饱和”效应。即等离子体在某个功率密度下达到吸收饱和后，对外来的激光不再吸收，则这时适当增加焦斑的面积将提高 LPX 强度。

实验中观察的现象是，改变靶距焦点位置时，不论向前或向后移动，LPX 辐射强度均随位移量 $X$ 的增大单调减小，靶在焦点处时 LPX 辐射强度增强。如果 Bridges 等人的结果及解释是正确的话，实验中这种结果出现的原因可归结为由于打靶激光功率密度不高而没有出现吸收饱和。

(4) 打靶激光脉宽的影响

打靶激光脉宽对激光等离子体有很大影响，尤其在使用超短脉冲激光打靶时，将产生与所讨论的完全不同的激光等离子体过程。这时打靶激光很快被靶面吸收后，不再有后继的激光，因而不会有等离子体的加热、吸收过程。其性质将会与长脉冲时的完全不同。激光脉冲长短将会对等离子体的不稳定性、热电子形成以及吸收特性等产生影响。可以预料，当在此范围内改变脉宽时，$T_e$、$n_e$ 等将发生变化，因而 LPX 的分布也将有所不同。15 ns 和 40 ns 两种脉宽下 YAG 激光产生的 LPX 辐射证明了这一点，如图 2.13 所示。从图中可以看到，当脉宽改变时，靶面上的激光功率密度改变。在 40 ns 脉宽时，辐射的短波部分变弱，LPX 辐射峰值向长波方向移动，长波辐射变强。说明实验中采用短脉冲对提高 LPX 的泵浦能力有利。

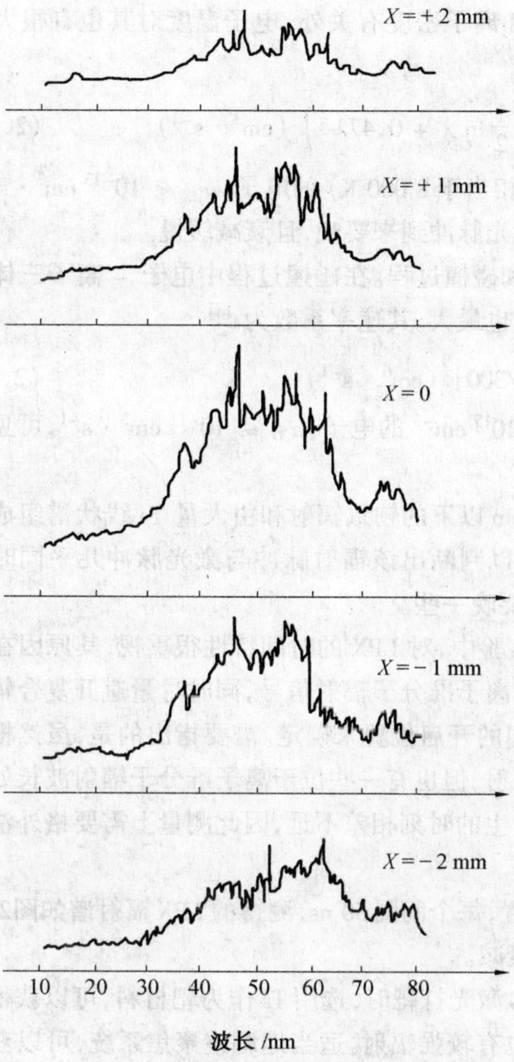


图 2.12 LPX 随激光功率密度的变化

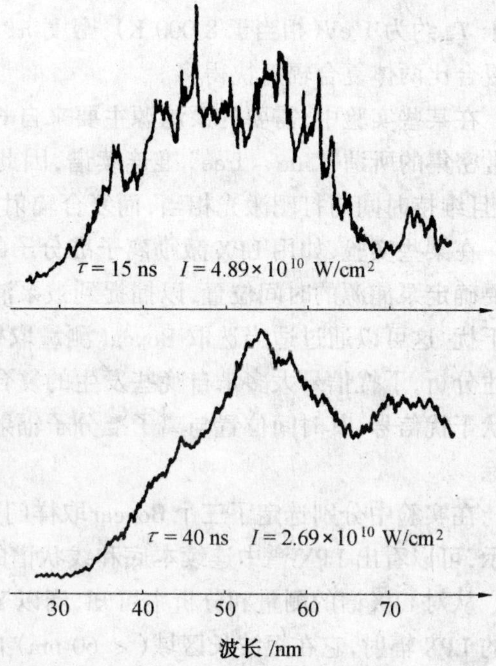


图 2.13 不同脉宽激光打靶(Ta) 产生的 LPX 谱 ($\lambda$ = 1.06 $\mu$m)

(5)LPX 的时间特性

对于 LPX 的三个主要组成部分：韧致辐射、复合辐射和线状辐射，其时间特性是不一样的。

韧致辐射在电子温度高、电子和离子密度大的高剥离度等离子体中影响较大，因此它的维持时间伴随等离子体的这种条件同步存在，其脉冲与打靶激光脉冲几乎同时发生，也几乎同时消失。

复合辐射是一个两体过程，它除了与电子和离子密度有关外，电子温度对其也有很大影响。对于类氢离子[14]，其两体复合速率系数为

$$\alpha_{2r} = 5.20 \times 10^{-14} Z\lambda^{\frac{1}{2}}\left(0.43 + \frac{1}{2}\ln \lambda + 0.47\lambda^{\frac{1}{3}}\right)\ (\mathrm{cm^3 \cdot s^{-1}}) \tag{2.53}$$

其中，$\lambda = 1.58 \times 10^5 Z^2/T_e$。对于 $T_e$ 约为 1 eV(相当于 8 000 K) 的电子，$\alpha_{2r} < 10^{-13}\ \mathrm{cm^3 \cdot s^{-1}}$。因此复合辐射的速率系数较小，其脉冲比打靶激光脉冲到来要晚，且衰减缓慢。

线状辐射取决于电子、离子密度、能级寿命和碰撞过程。在碰撞过程中电子 – 离子三体复合的速率最大，因而对离子能级的粒子分布影响也最大。其速率系数为[14]

$$\alpha_{3r} \approx 10^{-19}[T_e(\mathrm{K})/300]^{\frac{9}{2}}(\mathrm{cm^6 \cdot s^{-1}}) \tag{2.54}$$

对于 $T_e$ 约为 1 eV(相当于 8 000 K)，密度 $n_e \approx 10^{15}\ \mathrm{cm^{-3}}$ 的电子，$\alpha_{3r} \approx 10^{-11}\ \mathrm{cm^3 \cdot s^{-1}}$，可见三体复合比两体复合辐射快得多。

在某些实验中，需要的泵浦源主要来自 60 nm 以下的韧致辐射和由大量 Ta 线状谱组成的非常密集的所谓“Line – free” 准连续谱，因此可以判断出该辐射脉冲与激光脉冲几乎同时到来，且维持时间与打靶激光相当，而复合辐射则要晚一些。

在某些实验，如用 LPX 激励离子准分子的实验中，对 LPX 的时间特性很重视，其原因在于需要确定泵浦源的时间位置，以捕捉到被泵浦的离子准分子辐射信号，同时尽量避开复合辐射的干扰。这可以通过适当选取 Boxcar 测量取样门的开启位置来确定。需要指出的是，虽然根据上述分析，干扰信号大多来自晚些发生的复合辐射，但也有一些位于离子准分子辐射波长处的线状干扰信号，其时间位置与离子准分子辐射发生的时刻相差不远，因此测量上需要格外注意排除。

在实验中分别选定了三个 Boxcar 取样门位置，每个间隔 50 ns，测得的 LPX 辐射谱如图2.14所示，可以看出 LPX 谱中连续本底和线状谱的衰减。

从对 LPX 谱的测量和分析中可知，当以 YAG 激光打靶时，选用 Ta 作为靶材料，可以获得很强的 LPX 辐射，它在短波长区域( < 60 nm) 内也有较强辐射。适当地调整聚焦系统，可以获得理想的泵浦源。

若 LPX 为黑体辐射，辐射与吸收平衡，辐射损耗则可以忽略不计，根据理论计算，其电子温度取上限为：$T_e = 31.47$ (eV)。对于这样电子温度的黑体辐射，其峰值应于 $\lambda_{max} = 250.1/T$ (eV) = 7.9 nm 附近，而在其他谱区将处于衰减状态。显然，这与测量结果有很大差距。即使考虑到辐射损耗，则电子温度为 $T_e = 20.76$ (eV)。按此温度计算的黑体辐射的峰值波长应位于 $\lambda_{max} = 12.1$ nm 处，相距也甚远。从图 2.15 可以看出，实际测得的 LPX 谱值波长与 7.5 eV 左右的黑体辐射峰值波长相当，但辐射分布有很大差别。

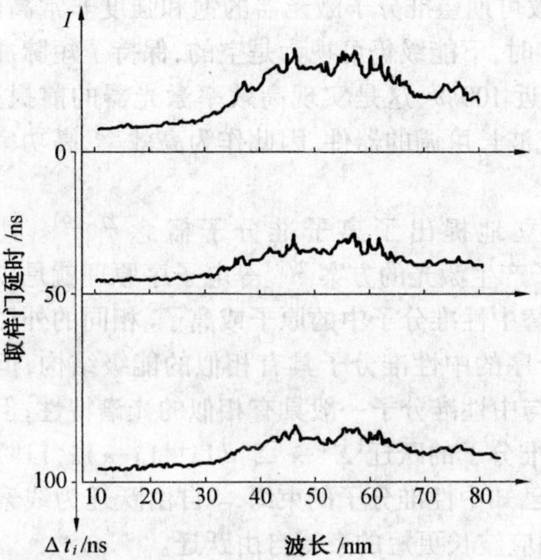


图 2.14 不同取样门位置的 LPX 谱

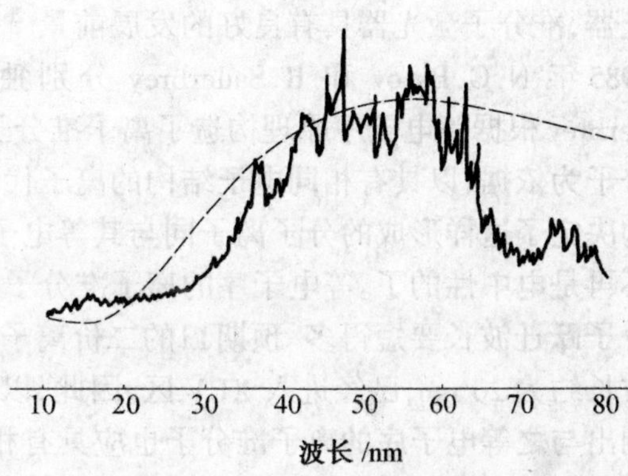


图 2.15 LPX 谱与黑体辐射谱的比较

尽管在许多场合下 LPX 辐射被当作黑体辐射处理，但这仅是一个相当粗略的模型，而根据这种模型建立起来的利用 LPX 分布测量等离子体电子温度的公式的误差是很大的[21]。

## 2.2.2 LPX 激励稀有气体氟化物离子准分子动力学

前面已经分析了激光等离子体的产生及软 X 射线辐射的动力学，接下来介绍 LPX 激励气体产生离子准分子辐射的动力学过程。这里首先给出相关的基本概念，然后再介绍利用 LPX 激励产生稀有气体氟化物离子准分子的动力学过程。

### 2.2.2.1 基本概念

由于这里以稀有气体氟化物离子准分子激光介质为例，介绍 LPX 泵浦下动力学过程的理论和实验分析方法，因此首先给出离子准分子的概念及相关的研究进展，然后给出表征反应速度快慢参数的物理意义及相互之间的关系。

1.离子准分子

准分子激光器作为高效率、实用型短波长激光器，在工业、军事工程、激光光谱学以及物理化学等研究领域都有广泛的应用[22~25]。准分子激光器是由电子态之间的跃迁发射激光，其激光波长多在紫外区和真空紫外区，故又称紫外激光器[26]。为了获得更短波长的激光输出，同时保留准分子的各种优点，人们提出了离子准分子的概念。由于离子准分子的概念是在准分子概念的基础上提出的，因此在介绍离子准分子之前，首先对准分子激光器作简要介绍。

准分子是一种处于激发态的复合分子，在标准状况下从产生到消失的时间很短（约几十纳秒量级）。与气体激光器相比，准分子激光器具有明显的优点：其激光下能级是排斥态或弱束缚态，即激光下能级的寿命非常短（$10^{-13}$ 秒量级），故可期望准分子激光器的饱和强度非常高（每平方厘米达兆瓦量级）；并且即使在超短脉冲运转时，下能级仍可视为是空的，保持了短脉冲下的四能级系统特性。准分子激光器的量子效率接近 100%，这是实现高效率激光器的前提。此外，由于准分子的荧光光谱为一连续带，可以制成波长可调的器件。因此作为高效率、高功率紫外激光器，准分子激光器具有良好的发展前景[26]。

1985 年 N.G.Basov 和 R.Sauerbrey 分别独立地提出了离子准分子概念[27~29]。其中 R.Sauerbrey 根据等电子序原理构造了离子准分子产生激光的方案[29]。等电子序原理就是以中性准分子为依据，以具有相同电子结构的离子代替中性准分子中的原子或离子。相同的外层电子结构决定了这样形成的分子离子同与其等电子序的中性准分子具有相似的能级结构，但整体上不再是电中性的了。等电子序的离子准分子与中性准分子一般具有相似的光谱特性，但离子准分子跃迁波长要短得多。预期 Li 的二价离子准分子的跃迁$^1\Sigma^+ \rightarrow {}^1\Sigma^+$（$Li^{++}Li \rightarrow Li^+ Li^+$）产生的波长约为 20 nm，已经进入 XUV 区。因此，以已知中性准分子的束缚 - 自由跃迁为线索可以推测出与之等电子序的离子准分子也应具有相应波长更短的束缚自由跃迁。

从理论上讲，离子准分子与相应等电子序的中性准分子具有基本相同的电子结构，因而具有相似的能级分布及光谱特性，可实现高功率、高效率输出。但由于离子型分子比中性分子具有更大的能级间隔，因而离子准分子比其等电子序的中性准分子输出的波长更短。所以，离子准分子激光振荡现象的研究对于实现高功率、高效率的短波长激光具有非常重要的意义。

鉴于短波长激光的重大应用价值，“离子准分子”这一概念一提出，就引起各国科学家的极大兴趣。美国、日本、德国、法国和中国等国家均开展了离子准分子的研究，并取得了显著的成就。目前主要集中在碱金属卤化物离子准分子$(AX)^+$、稀有气体碱金属离子准分子$(RgA)^+$、稀有气体卤化物离子准分子$(RgX)^+$和稀有气体离子准分子等方面的研究。

(1) 碱金属卤化物离子准分子

在碱金属卤化物离子准分子研究方面，R.Sauerbrey 等人首先提出了碱金属卤化物离子准分子的概念[29]。稀有气体卤化物准分子(RgX)的上能级的结合主要是离子型的。(RgX)化合物可以描绘成一个带正电的稀有气体离子($Rg^+$)和一个带负电的卤素离子($X^-$)的结合。对于 $Rg^+$ 离子，其外壳层电子组态是($np^5$，$^2P$)。对于 $X^-$ 离子，其外壳层电子组态是($np^6$，$^1S$)。当 $Rg^+$ 离子与 $X^-$ 离子之间交换一个电子时，偶极矩发生变化，从而发射光子。因为在大多数情况下，稀有气体卤化物准分子的低能级势能曲线是排斥的，因此最后产生基态的原子 Rg($np^6$，$^1S$) 和 X($np^5$，$^2P$)。根据等电子序原理，双原子分子离子($A^{2+}X^-$)与稀有气体卤化物准分子(RgX)具有相似的电子结构。一个双电离的碱金属离子($A^{2+}$)与一个稀有气体离子($Rg^+$)具有相同的电子组态($np^5$，$^2P$)。它与带负电的卤素离子($X^-$)可形成离子型结合的化合物($A^{2+}X^-$)。与稀有气体卤化物相似，当它向与单电离的碱金属离子和中性的卤素原子相关的弱束缚态跃迁时辐射光子。从 $A^{2+}X^-$ 中的卤素离子向碱金属离子的电子跃迁预期导致辐射 $A^{2+}X^- \rightarrow A^+ + X + h\nu$。辐射寿命的典型值是 1 ns，$\Delta\lambda/\lambda = 0.025$，由此得到 $10^{-16}$ $cm^2$ 数量级的受激发射截面。因为稀有气体卤化物不存在稳定的分子,其产生激光的上能态只能通过活性反应来形成。而对于碱金属卤化物离子准分子,情况是不同的。由于存在着稳定的碱金属卤化物分子,对于 $A^{2+}X^-$ 态,可能有很多泵浦方法。这些泵浦方法包括构成分子的组分激发后的反应性形成、用带电粒子(电子、轻离子或重离子)直接激发碱金属卤化物或光泵。对于铯卤化物,还可用亚稳态的氦或氖进行碰撞激发转移。

在电子束泵浦条件下,碱金属卤化物离子准分子的上能态是通过缓冲气体的原子离子和分子离子的两体或三体碰撞电荷转移和缓冲气体的亚稳态中性碱金属卤化物的彭宁(Penning)电离形成的。以充有缓冲气体 He 的 CsF 为例,由电子束激发缓冲气体 He,产生 He 的原子和分子的亚稳态和离子 $He^*$、$He_2^*$、$He^+$ 和 $He_2^+$ 等[30,31]。这些物质与基态 CsF 通过下面的电荷转移和彭宁电离生成离子准分子的上能态($Cs^{2+}F^-$):

$$He^+ + CsF \longrightarrow Cs^{2+}F^- + He \qquad (k = 1\times10^{-9}\ cm^3/s) \tag{2.55}$$

$$He_2^+ + CsF \longrightarrow Cs^{2+}F^- + 2He \qquad (k = 1.5\times10^{-9}\ cm^3/s) \tag{2.56}$$

$$He^+ + He + CsF \longrightarrow Cs^{2+}F^- + 2He \qquad (k = 5\times10^{-29}\ cm^6/s) \tag{2.57}$$

$$He_2^+ + He + CsF \longrightarrow Cs^{2+}F^- + 3He \qquad (k = 5\times10^{-29}\ cm^6/s) \tag{2.58}$$

$$He^*(2^3S) + CsF \longrightarrow Cs^{2+}F^- + He + e \qquad (k = 2\times10^{-10}\ cm^3/s) \tag{2.59}$$

$$He^*(2^1S) + CsF \longrightarrow Cs^{2+}F^- + He + e \qquad (k = 2\times10^{-10}\ cm^3/s) \tag{2.60}$$

$$He_2^* + CsF \longrightarrow Cs^{2+}F^- + 2He + e \qquad (k = 2\times10^{-10}\ cm^3/s) \tag{2.61}$$

$$Cs^{2+}F^- \longrightarrow Cs^+\ F + h\nu \qquad (k = 5\times10^8 \sim 10^9\ s^{-1}) \tag{2.62}$$

在低压条件下,来自 $He_2^+$ 的能量转移效率预期是很低的,泵浦能量主要储存在 $He^+$ 中。电荷转移反应通道式(2.55)可能占主要地位。可是,当气压增加时,He 的原子离子被它的分子离子所取代,这时,电荷转移反应通道式(2.56)的贡献会增加。在余辉第一阶段,电荷转移反应起主要作用。大约 100 ns 以后,由于大部分能量被寿命较长的中性物质所携带,这时彭宁电离过程式(2.59)~(2.61)可能成为主要过程。$Cs^{2+}F^-$ 与电子的离解复合是离子准分子的上能态重要的猝灭过程,即

$$Cs^{2+}F^- + e \longrightarrow CsF^*(\text{不稳定}) \longrightarrow Cs^* + F(\text{或 } Cs + F^*) \qquad k = 0.071\lambda^3 A/\sqrt{T_e} \tag{2.63}$$

在 4 eV 的电子温度下,速率常数为 $1.5\times10^{-7}\ cm^3/s$。离子准分子的上能态也可以被电子超弹性碰撞到低能级而猝灭,其速率常数为 $10^{-8} \sim 10^{-7}\ cm^3/s$。

(2) 稀有气体碱金属离子准分子

1985 年,N.G.Basov 等人对稀有气体碱金属离子准分子 $(RgA)^+$ 进行了概括性的分析,最先提出把这类离子准分子作为潜在的激光介质的设想[27,28]。$(RgA)^+$ 离子准分子的下能态与 $Rg(^1S_0) + A^+(^1S_0)$ 渐进态相关;而其上能态与 $Rg^+(^2P^0) + A(^2S)$ 渐进态相关。但对于 He,其上能态与 $He^+(^2S) + A(^2S)$ 相关。所有的稀有气体碱金属离子准分子的上能态 $Rg^+A$ 都是紧束缚态。这个态的结合能是由稀有气体离子对碱金属原子极化引起的,其数值随着稀有气体的质量

增加而增加，随着碱金属质量的增加而减少，其分布范围在0.35 eV($Xe^+$ Li)到0.85 eV($He^+$ K)之间[32]。下能态 $RgA^+$ 是一个非常弱的束缚态，在一般的实验条件下分解为 Rg + $A^+$。例如，$(XeCs)^+$ 的上能态的结合能为0.59 eV，而其下能态的结合能为0.11 eV。实验上，J. Fiedler, M. Schumann, P. Millar, M. Mantel 和邢达等人分别用高能 Ar 离子束、电子束和 LPX 激发加热的碱金属蒸气与一种或两种稀有气体混合物，获得了22种稀有气体碱金属离子准分子的荧光谱(见表2.9)[33]。其分布范围在63.82 nm($He^+$ K)到188.90 nm($Xe^+$ Li)之间。这些荧光谱并非单一的连续谱，而是由若干个相隔很近的谱带组成。说明上能态实际上是由多重能级组成。同时还发现，在辐射过程中，普遍存在着由于碱金属蒸气的光电离引起的吸收及由激发物质引起的瞬间吸收。

N. G. Basov, P. Millar, 邢达, H. M. J. Bastiaens, M. Mantel, M. Schumann, I. V. Kochetov, J. L. Lawless 和 F. T. J. L. Lankhorst 等人对电子束和 LPX 泵浦下的几个具体的 $(RgA)^+$ 系统的动力学过程进行了不同程度的分析[33]。预期 $Rg^+$ A 离子准分子的形成和辐射衰变的产生过程为

$$Rg^+ + A + M \longrightarrow Rg^+A + M \tag{2.64}$$

$$Rg^* + A^+ + M \longrightarrow Rg^+A + M \tag{2.65}$$

$$Rg_2^+ + A \longrightarrow Rg^+A + Rg \tag{2.66}$$

$$Rg^+A \longrightarrow Rg + A^+ + h\nu \tag{2.67}$$

其中，M 表示稀有气体 Rg 或缓冲气体。在激发的初始阶段，预期借助 $Rg^+$ 来形成的通道式(2.64)是起主要作用的。含有 $Rg^*$ 的亚稳态形成通道式(2.65)对大多数稀有气体碱金属离子准分子来说是放热的，并且具有较高的速率常数。如果 $Rg^+$ A 的势阱深度比大很多，$Rg^+$ A 离子准分子的形成也包含反应通道式(2.66)，这个通道在低压下是低效的。从以上可以判断，前级粒子的产生过程对稀有气体碱金属离子准分子的形成起着关键的作用。$Rg^+$ A 离子准分子的主要猝灭过程是电子－离子的离解复合。用上述方程组是不能完整地描述所有 $Rg^+$ A 离子准分子的形成和辐射过程的，因为每一个反应通道对于不同物质的混合物或混合物中不同物质比所起的作用是不同的。

**表2.9　已观察到荧光谱的稀有气体碱金属离子准分子及其跃迁波长**　　nm

| | | | | | | | |
|---|---|---|---|---|---|---|---|
| $He^+$ Li | $He^+$ Na | $He^+$ K | $Ne^+$ Li | $Ne^+$ Na | $Ne^+$ K | $Ne^+$ Rb | $Ar^+$ Li |
| 66.78 | 65.76 | 63.82 | 80.70 | 79.40 | 77.18 | 76.66 | 124.54 |
| $Ar^+$ Na | $Ar^+$ K | $Ar^+$ Rb | $Ar^+$ Cs | $Kr^+$ Li | $Kr^+$ Na | $Kr^+$ K | $Kr^+$ Rb |
| 121.30 | 115.04 | 113.70 | 112.26 | 149.75 | 144.95 | 135.70 | 133.85 |
| $Kr^+$ Cs | $Xe^+$ Li | $Xe^+$ Na | $Xe^+$ K | $Xe^+$ Rb | $Xe^+$ Cs | | |
| 131.58 | 188.90 | 182.90 | 167.38 | 164.10 | 160.50 | | |

(3) 稀有气体卤化物离子准分子

R. Sauerbrey 等人最早提出了稀有气体卤化物离子准分子的概念[29]。卤素分子(XY)一般是以离子键结合的,具有 $X^+Y^-$ 的形式。若以一个与卤素分子($X^+Y^-$)中的一价卤素正离子($X^+$)等电子序的稀有气体二价正离子($Rg^{2+}$)取代这个卤素正离子,就有可能形成离子键结合的离子准分子的上能态 $Rg^{2+}Y^-$,其下能态为 $Rg^+Y$。并且假设在上能态平衡核间距附近下能态的势能曲线是平坦的。预期通过电荷转移跃迁,$Rg^{2+}Y^-$ 发生辐射。辐射的最短波长估计为 64 nm($Ne^{2+}F^-$)。可能除了 $Ne^{2+}F^-$,其他 $Rg^{2+}Y^-$ 化合物相对于自电离是稳定的。$Rg^{2+}Y^-$ 离子准分子可以通过二价正离子 $Rg^{2+}$ 和一价负离子 $Y^-$ 的复合而形成。二价正离子 $Rg^{2+}$ 可以通过稀有气体原子的外层电子的两步电离或内层电子的一步光电离来形成。前一过程在低光子能量下有较大的截面;而后一过程在高光子能量下有较大的截面。一价负离子 $Y^-$ 可以通过低能光电子与卤素分子的附着来形成。1992 年,王骐、周赤等人用 LPX 激发,观察到了 $Kr^{2+}F^-$ 和 $Ar^{2+}F^-$ 离子准分子的荧光谱[34~37],其中心波长分别为 148 nm 和 125 nm。他们同时利用推导的修正的 Rittner 势,采用 ab initio Gaussian 80 程序,计算了稀有气体卤化物离子准分子势能曲线、光谱常数、辐射波长、相关的能级寿命、自发发射和受激发射系数及增益截面,从而给出了产生 XUV 激光的有关参数和依据,初步认为稀有气体卤化物离子准分子可能是获得 XUV 波段激光的最佳选择之一[38]。

(4) 异核稀有气体离子准分子

从 1958 年到 1975 年,人们用放电和电子束激发所有其他异核稀有气体的混合物,观察到了与 He/Ne 情况类似的两个至五个中心谱带。Y. Tanaka 等人将这些谱带的来源确认为异核稀有气体分子离子$(GN)^+$ 的辐射谱。这些光谱对应于 $G^+N$ 电子态到 $GN^+$ 电子态的电荷转移跃迁[39]。其中 G 是较轻的稀有气体元素,N 是较重的稀有气体元素。他们还提出了用这些物质实现从可见到 VUV 区激光振荡的可能性。从现在的等电子序原理来看,由于$(GN)^+$ 分子离子与稀有气体卤化物准分子具有相似的电子结构,因此异核稀有气体离子准分子确实应该有实现激光振荡的可能性。表 2.10 为观察到荧光谱的异核稀有气体离子准分子及其跃迁波长。对高能电子束激发 Ne/Kr 混合物的动力学分析表明,$Ne^+Kr$ 离子准分子主要通过 $Ne^+$ 和 Kr 的三体碰撞过程而形成,即

$$Ne^+ + Kr + M \longrightarrow Ne^+Kr + M \quad (k \approx 10^{-32}\ cm^6/s) \tag{2.68}$$

其中,M 是 Ne 或者 Kr。$Ne^+$、Kr 的产额,主要受中性粒子对其猝灭和电子对前级粒子猝灭的影响,即

$$Ne^+Kr + Kr \longrightarrow Kr_2^+ + Ne \quad (k = 1.4 \times 10^{-10}\ cm^3/s) \tag{2.69}$$

$$Ne^+Kr + Ne \longrightarrow Ne_2^+ + Kr \quad (k = 3.5 \times 10^{-10}\ cm^3/s) \tag{2.70}$$

$$Ne^+ + e + M \longrightarrow Ne + M \quad (k = 7 \times 10^{-29}\ T_e^{-2/3}\ cm^6/s) \tag{2.71}$$

**表 2.10　已观察到荧光谱的异核稀有气体离子准分子及其跃迁波长　　nm**

| | |
|---|---|
| $(HeNe)^+$ | 410,423 |
| $(HeAr)^+$ | 143 |
| $(HeKr)^+$ | 119,127 |
| $(HeXe)^+$ | 101,113 |
| $(NeAr)^+$ | 220 |
| $(NeKr)^+$ | 166,181 |
| $(NeXe)^+$ | 134,155 |
| $(ArXe)^+$ | 329,347,508,545 |

(5) 同核稀有气体离子准分子

除了上述提到的几种离子准分子外，1988年，前联邦德国 Wurzburg 大学的 H. Langhoff 将稀有气体第三谱带的来源解释为同核稀有气体离子准分子跃迁的结果，并提出其实现可调谐激光振荡的可能性[40]。这使人们对稀有气体第三谱带又发生极大的兴趣。在 20 世纪 60 年代中期，有关稀有气体第三谱带的现象开始有大量报道。在此之前，就已发现了稀有气体的第一和第二谱带，并已确认它们来源于稀有气体中性准分子 $Rg_2^*$ 的两个最低的束缚态$^3\Sigma_u^+(1_u,0_u^-)$和$^1\Sigma_u^+(0_u^+)$到离解的基态$^1\Sigma_g^+(0_g^+)$的跃迁。其中第一谱带来源于这两个束缚态的较高的振动能级，即右转变点；而第二谱带来源于这两个振动能级的弛豫能级，即这两个激发态的最低振动能级。因此，新发现的谱带就称为第三谱带。到目前为止，已经发现了所有稀有气体的第三谱带。第三谱带的参数依赖于气体的泵浦方式及能量输入的功率和时间。它们的波长范围几乎覆盖了整个 VUV 和 XUV 波段(400 ~ 70 nm)，并且有很宽的带宽，从数十纳米到 100 nm 不等(见表 2.11)[33]。在这一谱带，有两个或更多谱带中心，谱带中心的位置随着泵浦方式和压强的改变而改变。

**表 2.11　稀有气体第三谱带的波长范围　　nm**

| He | Ne | Ar | Kr | Xe |
|---|---|---|---|---|
| 70 ~ 80 | 90 ~ 110 | 160 ~ 300 | 170 ~ 500 | 170 ~ 500 |

有关电子束泵浦同核 Ar 离子准分子的动力学过程将在第 4 章给出详细的介绍。

(6) 三原子离子准分子

除了双原子离子准分子外，1997 年，Ph. Delaporte 等人用冷阴极电子枪横向激发处于高温高压下的稀有气体碱金属混合物，首次观察到中心波长分别位于 159 nm、190 nm、160 nm 和 135 nm 的 $Kr_2^+Cs$，$Xe_2^+Cs$，$Kr_2^+Rb$ 和 $Ar_2^+Cs$ 稀有气体碱金属三原子离子准分子的荧光谱带[41,42]。这是 N. G. Basov 所预期的结果。在电子束泵浦下，这些离子准分子的形成主要借助于三体过程

$$Rg_2^+ + A + M \longrightarrow Rg_2^+A + M \tag{2.72}$$

$$Rg^+A + Rg + M \longrightarrow Rg_2^+A + M \tag{2.73}$$

假设反应式(2.72) 和式(2.73) 的速率常数分别为 $k_1$ 和 $k_2$，则对于 $Kr_2^+Cs$，$k_1 \approx 10^{-30}$ $cm^6/s$，$k_2 \approx 5 \times 10^{-30}$ $cm^6/s$。上述实验都是用非选择性激发完成的。1997 年，S. Moeller 等人将碱金属(A) 和 Xe 掺杂到液 He 冷却的 Ar 基质中，用同步辐射作为选择性激发手段，测量到$(XeA)^+$离子准分子的 VUV 辐射谱，并首次观察到中心波长分别位于 252 nm 和 236 nm 的$(Xe_2Li)^+$ 和$(Xe_2Na)^+$ 三原子离子准分子的荧光谱带[43]。

2. 碰撞截面[44]

碰撞截面是因为具有面积的量纲而得名，在几何上可以对它作一个比喻，可以想象在垂直于粒子的入射方向上有一块面积，凡是通过此面积的粒子一定发生了碰撞。碰撞截面包含两个概念：反映相互碰撞粒子的大小；反映粒子发生相互作用的概率。下面从宏观角度介绍碰撞截面。

假设一个粒子(如电子) 在一群静止而又不规则分布的小球(如原子) 中间运动，这个粒子可能和这些小球发生碰撞，运动的粒子和任一个小球的碰撞完全是偶然的。可以认为粒子经过距离 $x$ 而不碰撞的概率是 $x$ 的某一函数 $F(x)$。另一方面，可以认为粒子在 $dx$ 距离上受到碰撞的概率 $dP$ 与 $dx$ 成正比，若用 $Q$ 表示比例系数，则

$$dP = Qdx \tag{2.74}$$

而通过 $dx$ 距离不碰撞的概率应等于$(1 - Qdx)$。通过距离$(x + dx)$ 而不碰撞的概率可由两种方法表示：一种方法是，这个概率是函数 $F(x + dx)$；另一种方法是通过距离$(x + dx)$ 的事件，可看做由两个步骤所组成的复合事件。这种复合事件的概率等于两个单纯事件概率的乘积，即 $F(x)(1 - Qdx)$。因此可以写出

$$F(x + dx) = F(x)(1 - Qdx) \tag{2.75}$$

用泰勒(Taylor) 级数展开函数 $F(x + dx)$，取一级近似得

$$F(x) + \frac{dF(x)}{dx}dx = F(x)(1 - Qdx)$$

或

$$\frac{dF(x)}{F(x)} = -Qdx \tag{2.76}$$

对上式积分得

$$F(x) = Ce^{-Qx} \tag{2.77}$$

因为经过距离 $x = 0$ 而不碰撞的概率必定等于 1，所以积分常数 $C = 1$。

$$F(x) = e^{-Qx} \tag{2.78}$$

上式表示粒子经过距离 $x$ 不碰撞的概率随距离 $x$ 的增加按指数规律减小。

由于指数 $Qx$ 是没有量纲的数值，所以 $Q$ 的量纲是长度的倒数。在 $x$ 与$(x + dx)$ 间受到碰

撞的粒子,必不碰撞地通过 $x$ 而在 $dx$ 范围内受到碰撞。我们知道,一个粒子在前后连续两次碰撞之间所行进的距离称为自由程,因此自由程为 $x$ 的概率等于 $e^{-Qx}(Q dx)$。按照求平均值的公式,平均自由程为

$$\bar{\lambda} = \int_0^\infty xQe^{-Qx}dx \tag{2.79}$$

用分部积分法求定积分得

$$\bar{\lambda} = \frac{1}{Q} \tag{2.80}$$

由此可以看出,比例常数 $Q$ 等于平均自由程的倒数。式(2.78)可改写为

$$F(x) = e^{-x/\bar{\lambda}} \tag{2.81}$$

还可以对比例常数 $Q$ 给出一种我们特别感兴趣的解释。对于 $Q$ 的量纲可以表示为

$$[Q] = \frac{L^2}{L^3} = L^{-1} \tag{2.82}$$

假设单位体积中所有不动的靶粒子数为 $n$,把每一个靶粒子用半径为 $r_0$、截面为 $q$ 的小圆形靶来代替。当外来投射粒子从这些靶粒子间穿过时,投射粒子和靶粒子发生碰撞,因而引起偏转。$nq$ 的量纲为

$$[nq] = \frac{L^2}{L^3} = L^{-1} \tag{2.83}$$

我们把面积 $q$ 叫做碰撞有效截面,而 $r_0$ 是碰撞有效截面的半径。乘积 $nq$ 表示单位体积内有效截面的总和。$Q$ 的量纲与 $nq$ 的量纲相符,因此 $Q$ 可以解释为单位体积内有效截面的总和,并以 $nq$ 表示,即

$$Q = nq \tag{2.84}$$

将上式代入式(2.74)得

$$dP = nq dx \tag{2.85}$$

显然,投射粒子在单位距离上受到碰撞的概率等于 $nq$。若靶粒子浓度 $n = 1$,则投射粒子在单位距离上受到碰撞的概率为 $q$。

从以上讨论可以看出,碰撞截面既有粒子半径的概念,又有概率的概念。

对于碰撞截面具有粒子半径的概念,还可以用简单的方法进一步说明。如果一个外来的半径为 $r_1$ 的粒子以速度 $v$ 射入一群静止而又不规则分布的半径为 $r_2$ 的小球中。若小球的浓度为 $n$,在 $t$ 时间内,这一外来粒子曲折行进的距离为 $vt$,参看图2.16,沿行进的曲折路程作一圆筒,其半径为

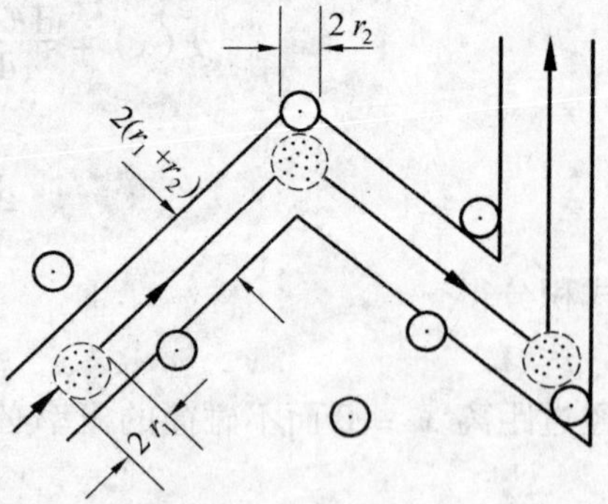

图 2.16 粗略计算平均自由程的示意图

$(r_1+r_2)$，则中心在圆筒内的小球必被外来粒子碰撞。在 $t$ 时间内，此曲折圆筒的体积为 $\pi(r_1+r_2)^2vt$，内含 $\pi(r_1+r_2)^2vtn$ 个小球，即为外来粒子与小球的碰撞次数，因此得出平均自由程

$$\bar{\lambda}=\frac{t\text{时间内行进距离}}{t\text{时间内碰撞次数}}=\frac{vt}{\pi(r_1+r_2)^2vtn}=\frac{1}{\pi(r_1+r_2)^2n} \tag{2.86}$$

由此式看出，碰撞截面即为 $\pi(r_1+r_2)^2$。以上推算平均自由程时，假设外来粒子运动，而所有的小球是静止的，因此所得的结果显然不够准确，但可供参考。

如果入射的粒子是电子，静止的粒子是气体原子，由于电子的半径远小于原子的半径，故可以写出电子在气体原子中运动的平均自由程的近似公式

$$\bar{\lambda}_e=\frac{1}{\pi r_2^2 n}=\frac{1}{q_2 n} \tag{2.87}$$

式中，$q_2$ 是气体原子的截面。比较准确的计算，$q_2$ 应该用原子作用的有效截面 $q$ 来代替，即

$$\bar{\lambda}_e=\frac{1}{qn}=\frac{1}{Q} \tag{2.88}$$

虽然这里很方便地得到总有效截面 $Q$ 等于平均自由程 $\bar{\lambda}$ 的倒数，但看不出有效截面包含概率的概念。

3. 反应速率常数

为了更好地理解反应速率常数的求解过程，我们首先介绍与化学反应速率有关的一些概念，以便了解反应速率常数是如何描述化学反应进行快慢的[45]。在介绍化学反应速率常数之前，首先应该介绍化学反应速率的概念。化学反应速率就是化学反应进行的快慢程度。如果一个反应的计量式为

$$a\mathrm{A}+b\mathrm{B}\rightarrow e\mathrm{E}+f\mathrm{F} \tag{2.89}$$

其中，A，B，E，F 分别表示参加反应的反应物和生成物，$a,b,e,f$ 为反应式的系数，则上式可以表示为

$$\sum_i \nu_i R_i=0 \tag{2.90}$$

式中，$\nu_i$ 为化学计量系数，它对于生成物为正，反应物为负；$R_i$ 为反应物或生成物的物质的量。对于如式(2.89) 所示的反应式，$\nu_A=-a,\nu_B=-b,\nu_E=e,\nu_F=f$。

根据反应进度 $\xi$ 的定义

$$\xi=\frac{N_i(t)-N_i(0)}{\nu_i} \tag{2.91}$$

式中，$N_i(t)$ 为 $t$ 时刻第 $i$ 种物质的粒子数，则反应速率 $\dot{\xi}$ 被定义为

$$\dot{\xi}=\frac{d\xi}{dt} \tag{2.92}$$

式中，$t$ 为反应时间。根据式(2.91) 可得

$$\dot{\xi} = \frac{1}{\nu_B} \frac{dN_B}{dt} \tag{2.93}$$

所以对于式(2.89) 所示的反应可写为

$$\dot{\xi} = -\frac{1}{a}\frac{dN_A}{dt} = -\frac{1}{b}\frac{dN_B}{dt} = \frac{1}{e}\frac{dN_E}{dt} = \frac{1}{f}\frac{dN_F}{dt} \tag{2.94}$$

上式定义的反应速率与物质 B 的选择无关。在任一反应瞬间,反应速率有唯一确定的值,反应速率的单位是 $mol \cdot s^{-1}$。

对于任意反应系统,式(2.94) 均能正确地表示出反应进行的快慢程度。但具体应用此式时,必须测定一种物质的物质的量的变化,往往不是十分方便。因此结合具体的反应系统,人们常常采用一些其他形式来定义反应速率,只是所采用的具体形式不能与式(2.94) 的基本定义相抵触。

对于恒容反应(气体激光的实验往往是在恒容的条件下进行的),体积 $V$ 为常数,常用单位体积的反应速率 $\gamma$ 表示反应进行的快慢,即

$$\gamma = \frac{\dot{\xi}}{V} = \frac{1}{\nu_B}\frac{d(N_B/V)}{dt} = \frac{1}{\nu_B}\frac{dn_B}{dt} \tag{2.95}$$

式中,$n_B = N_B/V$,表示参加反应物质 B(反应物或生成物) 的浓度,在气体激光器中该浓度对应于粒子数密度。对式(2.89) 反应有

$$\gamma = -\frac{1}{a}\frac{dn_A}{dt} = -\frac{1}{b}\frac{dn_B}{dt} = \frac{1}{e}\frac{dn_E}{dt} = \frac{1}{f}\frac{dn_F}{dt} \tag{2.96}$$

在反应进程中,反应物不断消耗,$dN_B/dt$ 或 $dn_B/dt$ 为负值。为保持反应速率为正值,故前面加一负号,对产物则取正号,$\gamma$ 的单位是 $mol \cdot m^{-3} \cdot s^{-1}$。

注意当直接用 $dn_B/dt$ 表示反应速率时,对于前面所提到的任意化学反应,用不同物质表示的反应速率具有关系

$$-\frac{dn_A}{dt} : -\frac{dn_B}{dt} : \frac{dn_E}{dt} : \frac{dn_F}{dt} := a : b : e : f \tag{2.97}$$

显而易见,对于此种表示法,用不同物质表示反应速率时,其值不同。如果存在一个既能表示出反应速率的快慢,又与浓度无关的常数,那么用它来表示反应进行的快慢更为方便。这样就引入了反应速率常数这一物理量。

我们再来介绍基元反应。基元反应是由反应物分子(或离子、原子等) 直接作用,一步转变为生成物的反应。绝大多数化学反应都要经过若干个基元反应才能完成。对于基元反应,其反应速率与反应物浓度的关系,可以用质量作用定律来表示。质量作用定律的表述为:在一定温度下,基元反应速率与各反应物浓度适当方次的乘积成正比。反应物浓度的方次等于反应式中该反应物的系数。如果式(2.89) 的反应为基元反应,则根据质量作用定律,其反应速率方程式可表示为[45,46]

$$\gamma = -\frac{1}{a}\frac{\mathrm{d}n_{\mathrm{A}}}{\mathrm{d}t} = kn_{\mathrm{A}}^{a}n_{\mathrm{B}}^{b} \tag{2.98}$$

式中，$k$ 是比例常数，不随浓度而改变，称为反应速率常数。其物理意义是，反应物浓度都是1个浓度单位时的反应速率。$k$ 值的大小取决于参加反应物质的本性、温度等。另外，$k$ 值与浓度和时间所采用的单位，以及按哪一种反应物来表示反应速度有关。速率常数 $k$ 是化学动力学中的一个重要的动力学量。因为要表征一个反应体系的速率特征，只有用 $k$ 才能摆脱浓度的影响，否则的话就必须注明在什么浓度时的反应速率，显然极不方便。

4. 碰撞截面与反应速率常数的关系

下面我们把碰撞截面、粒子速度分布函数与反应速率常数的关系加以分析，并求出速率常数的表达式。假设 A 粒子为靶粒子，B 粒子为入射粒子。先分析 A 粒子为单位粒子数密度，B 粒子粒子数密度为 $n_{\mathrm{B}}$ 的情况。如果把单位体积内这一个 A 粒子看做是静止不动的，那么单位体积、单位时间内有多少个 B 粒子与 A 粒子发生碰撞呢？假设每个 B 粒子的速度都等于 $v$，且碰撞截面 $\sigma$ 与 $v$ 无关。$v\sigma$ 表示底面积为 $\sigma$ 高为 $v$ 的圆柱体体积。位于这个圆柱体内的 B 粒子，在 1 秒钟内能穿过 $\sigma$，而穿过面积 $\sigma$ 的 B 粒子就表示和 A 粒子碰撞。所以共有 $n_{\mathrm{B}}(v\sigma)$ 个 B 粒子穿过面积 $\sigma$。若把这个结果 $n_{\mathrm{B}}(v\sigma)$ 除以 $n_{\mathrm{B}}$，就是单位粒子数密度 A 粒子与单位粒子数密度 B 粒子与在单位体积、单位时间内发生的某种碰撞次数[47]，即

$$k = v\sigma \tag{2.99}$$

若把速度 $v$ 用平均速度来表示，则速率常数为

$$k = \bar{v}\sigma \tag{2.100}$$

实际上，靶粒子并非静止不动，因此需用两种粒子相对速度的平均值 $\bar{v}_{\mathrm{r}}$ 代替 $\bar{v}$，即

$$k = \bar{v}_{\mathrm{r}}\sigma \tag{2.101}$$

式中，$\sigma$ 为碰撞截面，并认为与粒子相对速度无关。从上式可以看出，两体碰撞速率常数的单位常用 $\mathrm{cm}^3 \cdot \mathrm{s}^{-1}$ 表示。

严格分析，碰撞截面并非与粒子相对速度无关。为此 $\sigma$ 需用 $\sigma(v_{\mathrm{r}})$ 来表示。同时每个入射粒子与靶粒子的相对速度都不相等，但总可以找到一个归一化的相对速度分布函数 $f(v_{\mathrm{r}})$。

粒子相对速度在 $v_{\mathrm{r}} \sim v_{\mathrm{r}} + \mathrm{d}v_{\mathrm{r}}$ 内的概率为

$$\frac{\mathrm{d}n_{v_{\mathrm{r}}}}{n} = f(v_{\mathrm{r}})\mathrm{d}v_{\mathrm{r}} \tag{2.102}$$

考虑到每个入射粒子相对速度并不都相等，并且碰撞截面与相对速度有关。在这种情况下，单位体积、单位时间内有多少个 B 粒子（包括一切相对速度的）和 A 粒子相碰撞呢？参照原来简化的表达式 $n_{\mathrm{B}}(v\sigma)$，可以写出表达式 $\int_0^{\infty}[n_{\mathrm{B}}f(v_{\mathrm{r}})\mathrm{d}v_{\mathrm{r}}][v_{\mathrm{r}}\sigma(v_{\mathrm{r}})]$。这里 $[n_{\mathrm{B}}f(v_{\mathrm{r}})\mathrm{d}v_{\mathrm{r}}]$ 表示单位体积内相对速度在 $v_{\mathrm{r}} \sim v_{\mathrm{r}} + \mathrm{d}v_{\mathrm{r}}$ 范围内的 B 粒子数。考虑到相对速度可能在 $0 \sim \infty$ 范围内，所以需要对此范围加以积分。为了得到单位浓度 A 粒子与单位浓度 B 粒子，在单位时间内

发生的碰撞次数,同样需要将所得结果除以 B 粒子的粒子数密度 $n_B$。最后得到一般情况下和碰撞截面有关的速率常数表达式[44]

$$k = \int_0^\infty v_r \sigma(v_r) f(v_r) \mathrm{d}v_r \tag{2.103}$$

式中 $v_r$ 为相互碰撞粒子的相对速度;$\sigma(v_r)$ 为与相对速度有关的碰撞截面;$f(v_r)$ 为归一化的相对速度分布函数。

#### 2.2.2.2 稀有气体氟化物离子准分子实验研究

1.实验装置

采用激光等离子体软 X 射线 LPX 为泵浦源,获得离子准分子的实验装置,与测量 LPX 辐射特性时所使用的基本相同(如图 2.9 所示)。但由于实验要使用腐蚀性气体如 $F_2$ 和 $NF_3$ 等,微量的泄漏都会导致真空紫外单色仪,尤其是光栅的损坏。因此实验使用了 LiF 作为输出窗片,使靶室与真空单色仪完全隔离。这样,根据计算,可以看到只能测量到辐射波长大于 105 nm 的 $Ar^{2+}F^-$,$Kr^{2+}F^-$ 和 $Xe^{2+}F^-$ 离子准分子的辐射信号。

实验中使用的稀有气体均为高纯气体(体积分数大于99.99%),而 $F_2$ 和 $NF_3$ 气体体积分数为99.9%,并分别加 He(体积分数99.999%)稀释成体积分数 7% 和 14% 的混合气体。靶材料仍选用 1 mm 的 Ta 板。YAG 激光器的有效入射能量为 500 mJ,脉宽 15 ns,在靶面上得到的功率密度为 $5\times10^{10}$ W/cm²。

由于 LPX 辐射的分布很广,在离子准分子 $Ar^{2+}F^-$ 的 121.9 nm,$Kr^{2+}F^-$ 的 152.7 nm 及 $Xe^{2+}F^-$ 的 224 nm 理论预计值附近,也存在 LPX 的谱线,这将会给测量和识别带来麻烦,因此必须尽量将离子辐射和 LPX 辐射分离开。在实验中采用了空间分离和时间分离两种方法。所谓空间分离是指适当选择测量取向方位,以避开 LPX 辐射,而只测量离子准分子辐射。时间分离的方法是指利用 Boxcar 取样门开启位置的不同来实现分离离子准分子谱与 LPX 谱的目的。根据 Sauerbrey[48~50] 等人的研究结果,离子准分子信号大约在激光到来后 100 ns 左右才出现。而等离子体干扰信号大多集中于激光脉冲到来后 200 ns 左右才出现。但实际上与离子准分子具有相同辐射波长的等离子体干扰信号并不一定都在激光脉冲到来后 200 ns 时出现,也有可能有少许信号与离子准分子辐射出现时间相差不多,所以实验当中应该利用空间分离、时间分离和谱比较识别等各种方法解决这个问题。

2.氟化氩离子准分子 $Ar^{2+}F^-$ 的真空紫外辐射

在 LPX 泵浦下,可以形成二价正离子 $Ar^{2+}$,为了形成离子准分子,尚需要有氟负离子 $F^-$。参考电子束和放电泵浦稀有气体氟化物准分子激光器的 $F^-$ 形成机制,可以考虑使用含有 $F_2$ 或 $NF_3$ 的混合气体介质。当 LPX 泵浦时,电子与 $F_2$ 或 $NF_3$ 发生附着过程

$$F_2 + e \longrightarrow F + F^-$$

$$NF_3 + e \longrightarrow NF_2 + F^-$$

其电子可能的来源有两个:一是激光等离子体的逃逸电子,二是LPX对周围介质的光电离过程产生的光电子。由于泵浦区位于等离子体周围的某个区域内,而不是在等离子体本身的区域,可以估计到这时来自等离子体的自由电子,由于等离子体整体电中性的束缚,将不会太多,而主要的电子来源是介质的光电离过程。

当靶室中气体配比为 Ar 45 Torr /He 42 Torr /$F_2$ 3 Torr时,在114 nm至130 nm区域内观察到了一个 LPX 谱区中所没有的较弱的连续谱(图 2.17)。在同样条件下对 Ar或 He/$F_2$ 气体 LPX 激发谱扫描没有发现该连续谱,说明它确实来自 Ar/He/$F_2$ 混合气体,且与理论计算的 $Ar^{2+}F^-$ 离子准分子 121.9 nm 辐射波长符合得很好[14]。

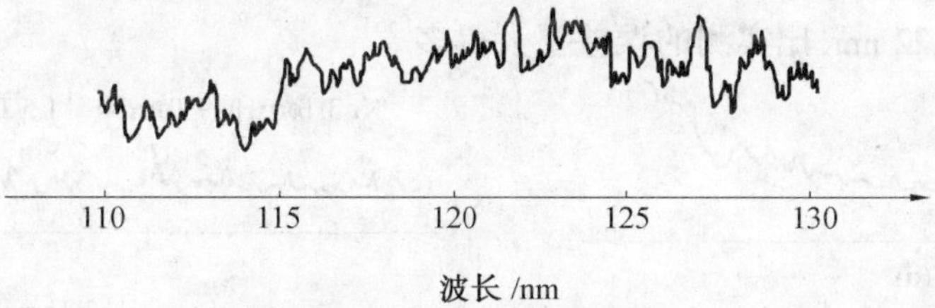


图 2.17 $Ar^{2+}F^-$ 离子准分子辐射

为了提高其辐射强度,尝试将气体配比改变,减少 Ar 的含量至 30 Torr,He/$F_2$ 的含量至 30Torr,即在 Ar 30Torr/He 28Torr/$F_2$ 2Torr的气体配比下,在114 nm至134 nm波长范围内出现了更明显的连续辐射,如图2.18(a)和(b)所示[35,36]。其中(a)为以光开关为同步触发器时测到的谱,(b)为以 YAG电源为同步触发器时测到的谱。在其他条件不变时,对LPX谱,Ar和 He/$F_2$ 的 LPX 激发谱都进行了测量,它们分别如图 2.18(c) 和(d) 所示。虽然图(a) 和(b) 中有些线状谱在 LPX(图 2.18(c)) 中可以找到,是来自 LPX 泵浦源的干扰信号,但连续谱辐射包络却未在任何其他条件下出现过。因此可以确信其来源为 $Ar^{2+}F^-$ 离子准分子的连续辐射。

由 $Ar^{2+}F^-$ 的辐射谱估算的包络峰值位于 125 nm 左右,理论计算值 121.9 nm[14],偏差 3.1 nm,而与 Sauerbrey 和 Langhoff[29] 的理论计算值 101 nm 偏差 24 nm。谱图上估算出的辐射总带宽约为 10 nm,与计算所得的 9.2 nm 相差不大。对 193 nm附近的 Ar/He/$F_2$ 混合气体 LPX 混合激发谱也进行了测量,没有出现中性准分子 $Ar^+F^-$ 的辐射。

从 $Ar^{2+}F^-$ 的辐射谱中可以看到,其辐射最强峰值靠近长波方向,但在短波方向也出现了较弱的次高峰,分别位于 115 nm,120 nm 左右,这与束缚 - 自由跃迁的 Franck - Condon 原理所预言的一致。其短波方向的次高峰可归结为上能级高振动态产生的跃迁,其结果是使跃迁能量增大,波长变短。

从荧光强度随气体配比的变化可以看到,气体介质密度高时虽然可以提高泵浦区的离子准分子产额,但密度过高时也会导致对离子准分子辐射的吸收和离子准分子猝灭,导致辐射变弱。详细的动力学过程分析将在下面讨论。

3.氟化氪离子准分子真空紫外辐射

在混合气体配比为 Kr 3 Torr/He 10.3 Torr/$NF_3$ 1.7Torr 时，在 142 nm ~ 150 nm 波长区域内出现了一个连续谱辐射，如图 2.19 所示[34]。为了判断这个连续谱的来源，在其他条件不变时，对仅充 Kr 以及仅充 He 气体的 LPX 激发谱分别进行了测量，均未出现类似的连续谱。当靶室重新充 Kr 3Torr/He 10.3Torr/$NF_3$ 1.7Torr 时，148nm 的谱带重新出现。但强度变弱，短波长方向连续谱也几乎消失，经检查是靶面老化造成 LPX 泵浦减弱，使得该连续谱变弱。更换靶后又可重新得到这个连续辐射。因此可以肯定该辐射的来源是 Kr/$NF_3$ 混合气体受到 LPX 激励后产生的跃迁。根据计算，离子准分子 $Kr^{2+}F^-$ 的跃迁的波长为 152.7 nm，与测量到的 148 nm 符合得很好。观察到的谱带总宽约为 6 nm 左右，比计算的 12 nm 窄一半左右。而 Sauerbrey 等计算的 $Kr^{2+}F^-$ 跃迁波长为 122 nm，比实测的误差要大得多[29]。

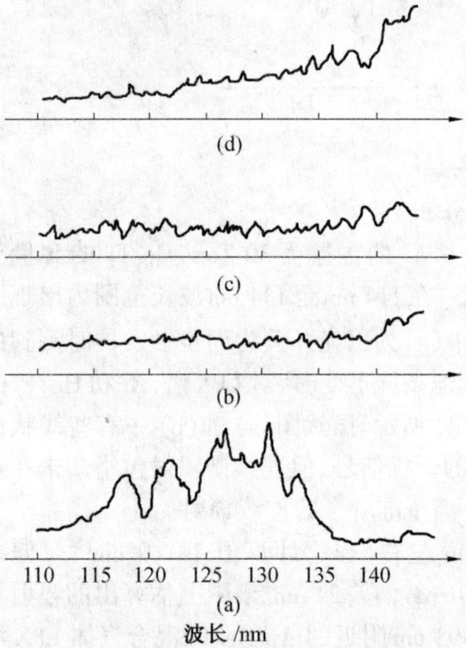

图 2.18　$Ar^{2+}F^-$ 离子准分子辐射

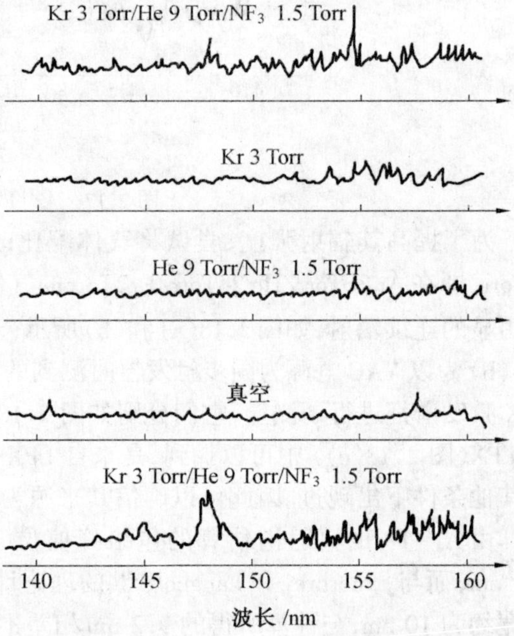

图 2.19　$Kr^{2+}F^-$ 离子准分子辐射

从 $Kr^{2+}F^-$ 的辐射谱中可以看出，在 148 nm 和 148.6 nm 左右有两个较强的峰值；而在短波长方向有一个较弱的连续带，其中心波长位于 145 nm，这个较弱的连续谱可以归结为来自上能级高振动态的跃迁，其跃迁波长较短且强度相对较弱，这与 Franck - Condon 原理的结论是相符的。

当使用 He/$F_2$ 混合气体时，在相同的谱区内测到了同样的连续辐射。图 2.20(a) 是混合气体配比为 Kr 3Torr/He 15 Torr/$F_2$ 1.1 Torr 时测到的 $Kr^{2+}F^-$ 谱，这时 148 nm 的辐射刚刚能分辨出来。当改变气体为 Kr 4Torr/He 20.9 Torr/$F_2$ 1.6 Torr 时可以得到图 2.20(b) 中的谱图，可以看到 148 nm 附近的辐射变强。当气体配比为 Kr 5.4 Torr/He 10 Torr/$F_2$ 0.8Torr 时(图 2.20 (c))，

$Kr^{2+}F^-$ 辐射增强。在图2.20(a)～(c)的三个谱图中，可以看到一些来自LPX的干扰信号，也有一些线状谱是来自$He/F_2$混合气体的，在更高的气压下，$Kr^{2+}F^-$ 辐射很快消失。

在实验中，曾多次出现 $Kr^{2+}F^-$ 的谱带变窄现象[35]，如图2.21所示。其中(a)的配气条件为Kr 3Torr/He 9Torr/$NF_3$ 1.47 Torr。这时在146 nm处出现了一个尖峰，其周围连续谱变弱。(b)的配气条件为Kr 3Torr/He 14Torr/$F_2$ 1Torr。在148 nm处出现尖峰，周围连续谱也变弱。

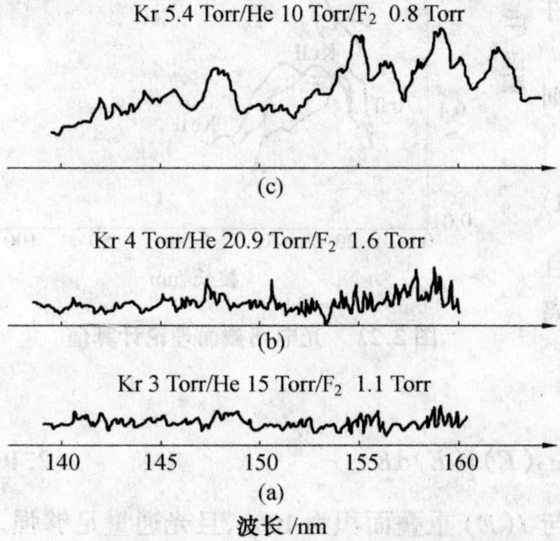


图2.20　$Kr^{2+}F^-$ 离子准分子辐射

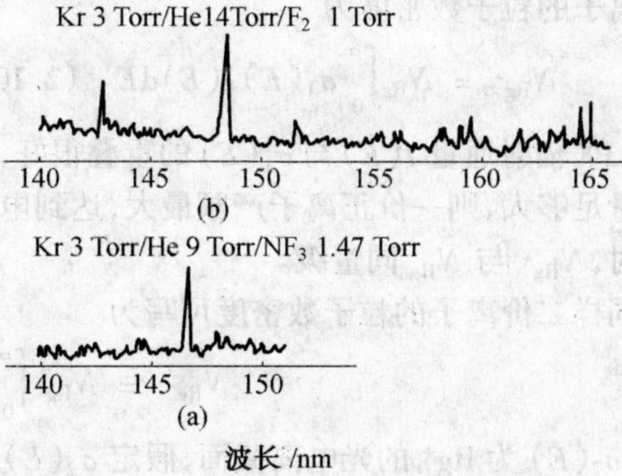


图2.21　$Kr^{2+}F^-$ 离子准分子的谱带变窄

我们知道，谱带变窄、强度增强是准分子受激发射的重要标志之一。虽然准分子的自发辐射带很宽，但当在某一波长处优先发生受激辐射时，产生了一个上能级粒子快速跃迁通道，使得绝大部分激发态粒子由此通道跃迁，同时其他辐射过程相对减弱。$Kr^{2+}F^-$ 离子准分子的受激辐射截面计算值为 $2.36\times10^{-17}\ cm^2$，如果离子准分子密度到达 $10^{15}\ cm^{-3}$，则增益系数可达 $1\%\ cm^{-1}$ 以上，则受激过程是可能发生的。

### 2.2.2.3　稀有气体氟化物离子准分子的动力学

稀有气体氟化物离子准分子由稀有气体正离子和氟负离子组成，因此这里先分别介绍稀有气体正离子和氟负离子的形成过程，再介绍稀有气体正离子和氟负离子形成离子准分子的反应过程。

1.正离子的形成与猝灭

在LPX激光激励下，稀有气体正离子的形成通道为

$$Rg + h\nu \xrightarrow{\sigma_1} Rg^+ + e$$

$$Rg^+ + h\nu \xrightarrow{\sigma_2} Rg^{2+} + e$$

$$Rg + h\nu \xrightarrow{\sigma_3} Rg^{2+} + 2e$$

从理论上对 Ne,Ar,Kr 和 Xe 的原子和一价正离子的光电离截面的计算结果如图 2.22 所示[36]。结果表明,在 40 ~ 100 nm 区间稀有气体原子的光电离截面具有 $10^{-18}$ ~ $10^{-17}$ $cm^2$ 量级,而在 20 ~ 50 nm 间稀有气体一价正离子具有 $10^{-19}$ ~ $10^{-18}$ $cm^2$ 量级的光电离截面。说明在我们的 LPX 泵浦条件下,可以有效地产生 $Rg^{2+}$ 离子。

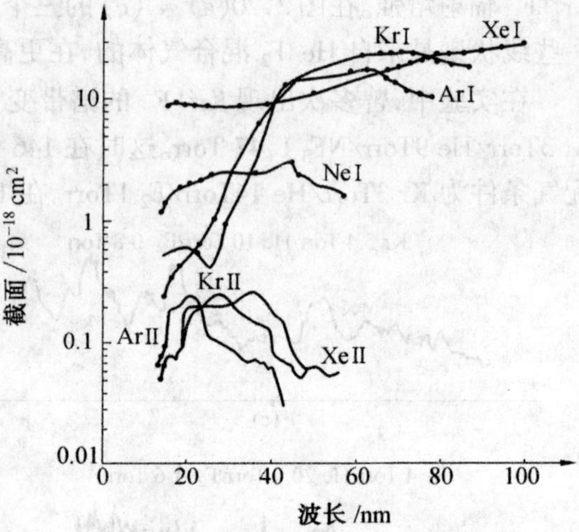


图 2.22　光电离截面理论计算值

设稀有气体原子的一次光电离截面为 $\sigma_1$,则一价离子的粒子数密度为

$$N_{Rg^+} = N_{Rg}\int_0^\infty \sigma_1(E)I(E)\mathrm{d}E \quad (2.104)$$

如果 LPX 辐射通量 $I(E)$ 与 $\sigma_1(E)$ 的重叠很好,且光通量足够大,则一价正离子产额最大,达到电离饱和时,$N_{Rg^+}$ 与 $N_{Rg}$ 同量级。

同样二价离子的粒子数密度可写为

$$N_{Rg^{2+}} = N_{Rg^+}\int_0^\infty \sigma_2(E)I(E)\mathrm{d}E \quad (2.105)$$

其中,$\sigma_2(E)$ 为 $Rg^+$ 的光电离截面,假定 $\sigma_2(E)$ 与 $I(E)$ 重叠面积为 10%,且光通量足够强,则 $N_{Rg^{2+}}$ 将达到 $10^{15}$ $cm^{-3}$ 量级。

正离子(一价和二价)的猝灭主要通过与电子和负离子的三体复合,而两体复合速率很慢,这里不予考虑,即有

$$Rg^+ + F^- + M \xrightarrow{k_1} Rg^+F^- + M \quad (2.106)$$

$$Rg^{2+} + F^- + M \xrightarrow{k_2} Rg^{2+}F^- + M \quad (2.107)$$

$$Rg^+ + e + M(e) \xrightarrow{\alpha_1} Rg^* + M(e) \quad (2.108)$$

$$Rg^{2+} + e + M(e) \xrightarrow{\alpha_2} Rg^{+(*)} + M(e) \quad (2.109)$$

其中 $\alpha_1$ 和 $\alpha_2$ 为电子与 $Rg^+$ 和 $Rg^{2+}$ 的三体复合系数,则正离子的速率方程为

$$\frac{\mathrm{d}N_{Rg^+}}{\mathrm{d}t} = N_{Rg}\int_0^\infty \sigma_1(E)I(E)\mathrm{d}E - N_{Rg^+}\int_0^\infty \sigma_2(E)I(E)\mathrm{d}E - k_1N_{F^-}N_{Rg^+} - \alpha_1 n_e N_{Rg^+} \quad (2.110)$$

$$\frac{\mathrm{d}N_{Rg^{2+}}}{\mathrm{d}t} = N_{Rg^+}\int_0^\infty \sigma_2(E)I(E)\mathrm{d}E - \alpha_2 n_e N_{Rg^{2+}} - k_2N_{F^-}N_{Rg^{2+}} \quad (2.111)$$

对于电子与离子的三体复合速率系数,Bates 曾给出了估算公式

$$\alpha_1,\alpha_2 \approx 10^{-19}[T_e(K)/300]^{-9/2}(cm^6/s) \quad (2.112)$$

对于 $T_e \approx 1$ eV，则

$$\alpha_1, \alpha_2 \approx 10^{-26} (\text{cm}^6/\text{s}) \tag{2.113}$$

一般来讲它比正、负离子速率小一个量级以上。

2. 负离子的形成与猝灭

(1) 附着速率系数

对于电子与 $F_2$ 和 $NF_3$ 分子的两体附着过程，设一个电子的附着碰撞频率为 $\nu_a$，它在时间 d$t$ 内被附着的概率为 $\nu_a$d$t$，则速率系数为

$$k_a = \frac{\nu_a}{N_F} \tag{2.114}$$

其中 $N_F$ 为 $F_2$ 或 $NF_3$ 的粒子密度。电子的附着减少速率为 $-k_a n_e N_F$。

一般说，电子附着速率系数可表示为电子平均能的函数。$F_2$ 与 $NF_3$ 分子的电子附着速率系数如图 2.23 所示。

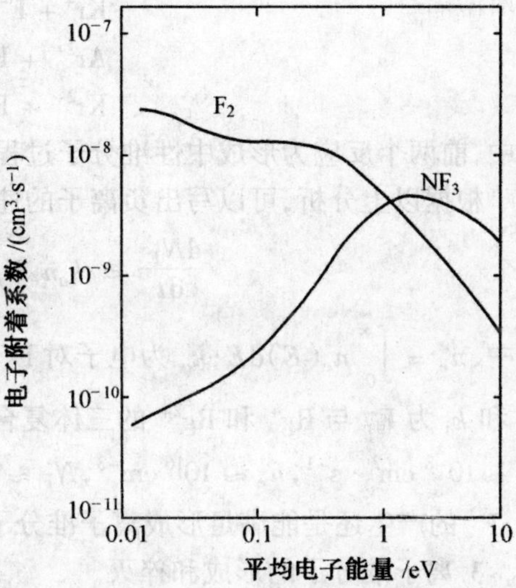


图 2.23 $F_2$ 与 $NF_3$ 对电子的附着速率系数

(2) LPX 泵浦下的电子能量

在 LPX 为泵浦源时，由于等离子体电中性条件的约束，等离子体的自由电子不可能脱离等离子体大量地逃逸出来，因而其周围泵浦区的电子将主要来自光电离过程。这种光电离电子源曾被用来作高能短脉冲激励源来使用，其电子能量分布表达式为

$$n_e(E, t) = N\sigma(E) I(E, t)/E \tag{2.115}$$

其中，$N$ 为被光子电离的粒子密度，$I(E)$ 为 LPX 通量分布，$\sigma(E, t)$ 为光电离截面，$E = hc/\lambda - E_i$，$E_i$ 为电离能。可见只有在光电离截面 $\sigma(E)$ 与 LPX 光通量分布有最大重合时才有高的光电子产额。

在实验中，光电子的来源主要有：He，Ar 或 Kr 和 $F_2$ 或 $NF_3$ 的光电离，$Kr^+$ 和 $Ar^+$ 的二次光电离。其中由于 He，Ar 或 Kr 的含量占绝大多数，所以只需考虑它们的一次电离过程，从测量结果看到 LPX 分布的峰值位于 25 eV 以下，所以对于电离限为 24.6 eV 的 He 原子来说，其光电子能量大多处于 1 eV 以下。对于 Kr 或 Ar 原子，虽然其电离限较低，光电子能量较高，但其含量比 He 小得多(例如 $Kr^{2+}F^-$) 时，其光电子的影响要相对小。因而可以在这种条件下推断光电子的分布大多处于 1 eV 左右或更低。如果假设激光能量有 10% 转换为 LPX 泵浦能量，则可以估计出其电子密度可达 $10^{16}$ cm$^{-3}$ 量级。实际上其他电离过程的贡献可能使电子密度更高些。

(3) 负离子的形成与猝灭

$F^-$ 的产生过程为

$$F_2 + e \longrightarrow F + F^- \tag{2.116}$$

$$NF_3 + e \longrightarrow NF_2 + F^- \tag{2.117}$$

损耗通道主要有

$$Ar^+ + F^- + M \longrightarrow Ar^+F^- + M \tag{2.118}$$

$$Kr^+ + F^- + M \longrightarrow Kr^+F^- + M \tag{2.119}$$

$$Ar^{2+} + F^- + M \longrightarrow Ar^{2+}F^- + M \tag{2.120}$$

$$Kr^{2+} + F^- + M \longrightarrow Kr^{2+}F^- + M \tag{2.121}$$

其中,前两个反应为形成中性准分子过程,后两个反应为形成离子准分子的过程。

根据以上分析,可以写出负离子的速率方程

$$\frac{dN_{F^-}}{dt} = k_a n_e N_F - k_n N_{F^-} N_{Rg^+} - k_i N_{F^-} N_{Rg^{2+}} \tag{2.122}$$

其中,$n_e = \int_0^\infty n_e(E)\,dE$;$k_a$ 为电子对 $F_2$ 或 $NF_3$ 的附着速率系数;$N_F$ 为 $F_2$ 或 $NF_3$ 的粒子密度;$k_n$ 和 $k_i$ 为 $F^-$ 与 $Rg^+$ 和 $Rg^{2+}$ 的三体复合速率系数;$N_{Rg^+}$ 和 $N_{Rg^{2+}}$ 为 $Rg^+$ 和 $Rg^{2+}$ 的粒子密度。$k_a \approx 10^{-8}\ cm^3 \cdot s^{-1}$,$n_e \approx 10^{16}\ cm^{-3}$,$N_F \approx 10^{15}\ cm^{-3}$。由此可见,尽管有中性准分子形成过程的竞争,$F^-$ 的产生还是能满足形成离子准分子的需要。

3. 离子准分子的形成和猝灭

离子准分子可能的形成通道主要有

$$Rg^{2+} + F^- + M \longrightarrow Rg^{2+}F^- + M \tag{2.123}$$

$$Rg^+F^- + h\nu \longrightarrow Rg^{2+}F^- + e \tag{2.124}$$

由于中性准分子寿命较短,且 $Rg^+F^-$ 的光电离阈值比单独的 $Rg^+$ 要高,因此第二个通道影响不大,因而只讨论直接三体复合过程,下面对它进行计算。

对于正、负离子 $X^+$ 与 $Y^-$ 的三体复合反应过程为

$$X^+ + Y^- + Z \longrightarrow X^+Y^- + Z \tag{2.125}$$

在密度很低时,其速率系数取决于

$$k_i \approx \alpha_{RE} = \frac{4}{3}\pi R^3 N \bar{v}_\pm \left(\frac{1}{\lambda_+} + \frac{1}{\lambda_-}\right) \tag{2.126}$$

其中,$\bar{v}_\pm$ 为正负离子平均相对迁移速率;$\lambda_\pm$ 为正负离子平均自由程;$R = \frac{2}{3}\left|\frac{q_1 q_2}{kT}\right|$,$q_1$ 和 $q_2$ 为两个离子的电荷。对于离子准分子,由于正离子电荷增大为原来一价离子时的 2 倍,并且由于电场作用加大,导致相对速率 $\bar{v}$ 增大,碰撞概率增多,平均自由程减小。因而对于离子准分子,$\alpha_{RE}$ 要比相应的中性准分子至少提高一个量级。由于中性准分子的 $k_n$ 为 $10^{-25}\ cm^6 \cdot s^{-1}$ 量级,因而离子准分子的三体复合反应速率在 $10^{-24}\ cm^6 \cdot s^{-1}$ 量级。对于实验中的条件,环境气体的密度在 $10^{17}\ cm^{-3}$ 量级,而有效两体反应速率在 $10^{-6}\ cm^3 \cdot s^{-1}$ 量级。

离子准分子的猝灭主要考虑到电子的消激发,其速率系数为

$$k \approx 7.1 \times 10^{-2} \frac{\lambda^3}{\sqrt{T_e}} A \tag{2.127}$$

其中,$\lambda$ 为以 cm 为单位的辐射波长;$A$ 为自发辐射系数,对于 $T_e \approx 1$ eV 的电子,$Ar^{2+}F^-$ 和 $Kr^{2+}F^-$ 的消激发速率均为 $10^{-7}$ $cm^3 \cdot s^{-1}$ 量级。$n_e \approx 10^{16}$ $cm^{-3}$,$Rn_e \approx 10^9$。可见比形成速率小一个量级。

离子准分子的速率方程可写为

$$\frac{dN_i}{dt} = k_i N_{F^-} N_{Rg^{2+}} - AN_i - kn_e N_i \tag{2.128}$$

其中,第一项为泵浦速率,第二项为自发辐射,第三项为电子碰撞激发,其中 $kn_e \approx 10^9$,$A \approx 10^9$,二者处于同量级。

对该动力学方程的定量分析需求解 $n_e$、$N_{F^-}$、$N_{Rg^+}$、$N_{Rg^{2+}}$ 以及 $N_i$ 的联立方程,由于 $\sigma(E)$ 与 $I(E)$ 的分布无法用解析求解,只能用数值方法,而由于速率系数等的不确定性,数值解的精确性难以保证。因此下面只定性地对实验数据给予解释。

从离子准分子的速率方程可以看到,辐射项 $AN_i$ 的大小取决于 $N_i$ 的数量,而 $N_i$ 又取决于泵浦速率和电子消激发两项的大小。使用 $F_2$ 时,其作用体现在两方面,一方面由于对低能电子的附着速率大,$F^-$ 的产额大,$N_{F^-}$ 增大使得 $k_i N_{F^-} N_{Rg^{2+}}$ 即泵浦增加;另一方面电子附着速率增大使得电子密度降低,消激发项 $kn_e N_i$ 减少,因而使用 $F_2$ 时比使用 $NF_3$ 时荧光峰值要高。其次泵浦项中另一个关键因素是 $N_{Rg^{2+}}$,为提高此项,在 $\sigma$ 和 $I$ 一定的条件下,只能增加 Rg 的含量,因而 Kr 的比例大时 $Kr^{2+}F^-$ 的荧光强度要提高。

当总气压提高时,各种气体均按比例增加,在一定范围内,这对于 $Rg^{2+}F^-$ 的形成有好处,因为气压增加使得 $Rg^{2+}$,$F^-$ 及 e 的产额都有所增加,但达到一定程度之后,$Rg^{2+}F^-$ 的形成达到饱和,不再增加,总气体密度增大只能导致消激发因素和吸收因素的影响增大。

## 2.3 光场感生电离(OFI)及其激励的 X 光激光

20 世纪 80 年代中期以来,基于啁啾脉冲放大(Chirped-Pulse-Amplification,CPA)技术的脉宽可以短于 10 fs,脉冲能量可以大于 100 mJ,激光强度可以达到 $10^{20}$ W/cm$^2$ 以上的紧凑型超短脉冲、超高功率激光器的出现,不仅开创了现代激光物理学最有前途的分支 —— 超强辐射物理和技术(强场物理),而且也为用于产生高次谐波、超快 X 射线源、强激光场中原子的电离特性、基于强激光场的光场感生电离 X 射线激光和非线性生物医学光学的研究提供了理想的驱动源[51~55]。

随着超短脉冲、超高功率激光器的发展,激光强度的大幅度提高,激光场强已经达到可以和原子中核与外层电子之间的库仑场相比,激光场与物质的相互作用进入了一个崭新的领域,产生了许多微扰理论无法解释的现象,也就是说微扰理论已不再适用。1993 年,法国的 Mevel 等人[56],利用贝尔实验室 Trevor 等人研制的具有抛物面反射电镜的、高分辨率的无磁场飞行时间(Time-of-Flight,TOF)电子能谱仪,对He、Ne等稀有气体,在激光强度为$6.2\times10^{13}\sim1.5\times10^{15}\ W/cm^2$之间的强激光场电离的电子能谱进行了较为系统的测量,由所测量的电子能谱可以清楚地看到随着激光强度的增强,电子谱中的Stark共振峰和阈上电离峰逐渐消失,即电离过程由多光子电离表现出隧道电离的特性。许多新现象的产生促进了强激光场中原子或分子电离的理论和实验的研究进展,理论上发展了非微扰理论以及准静态隧道电离理论等理论模型,实验上也由研究最初的多光子电离和阈上电离,发展为以隧道电离(Tunneling Ionization,TI)或越过势垒电离(Over-the-Barrier Ionization,OBI)为主要过程的光场感生电离。所谓的光场感生电离(Optical-Field-Induced Ionization,OFI)是指原子在强激光场的作用下,当相应的激光电场超过原子的库仑电场时,能够使原子迅速发生隧道电离或越过势垒电离,从而将原子直接电离至所需的离子态,例如对于氢原子,当激光强度大于$3.5\times10^{16}\ W/cm^2$时,相应的激光电场将超过氢原子的库仑电场($E_a=5.1\times10^9\ V/cm$),能够使氢原子迅速发生电离。与传统的电子碰撞电离相比,光场感生电离不需要产生与原子进行碰撞并使原子发生电离的高能电子,因此,光场感生电离是一种直接电离的过程,属于强场物理领域。

X射线激光是波长位于电磁波谱的X射线波段的短波长激光,原则上它是利用受激辐射放大原理在X射线波段形成的相干辐射,由于现阶段大都处于小信号增益区,因此主要是放大的自发辐射。X射线激光是目前可以得到的瞬间亮度最高、频带窄、波长最短的相干光源。X射线激光的这些特点使得它在生物活体细胞和亚细胞结构中的X射线激光成像,激光产生的等离子体状态诊断,高密度集成电路光刻等需要极高的时间和空间分辨的微观过程的研究领域具有广阔的应用前景[57~60]。目前获得的X射线激光放大,主要是利用能量很高的激光脉冲照射到固体靶上产生等离子体,自由电子通过逆轫致辐射吸收激光能量而被加热到足够高的温度,然后通过碰撞电离产生所需的离子[61~62]。由于需要产生碰撞电离所需的高能电子,使得泵浦激光的脉冲能量很高,甚至达到几百焦耳以至更高,从而也使得泵浦激光器不仅体积庞大而且运行费用昂贵,所以世界范围内只有为数不多的几个实验室可以开展相应的工作。为使X射线激光得到广泛的应用,以减小泵浦激光器的体积和运行费用为目的的台上X射线激光机制的研究在X射线激光研究领域一直备受人们的关注。

自从1988年[63]和1989年[64]加拿大的Corkum,Burnet提出了基于OFI的复合机制和电子碰撞机制,十几年来,这两种机制一直被认为是很有希望实现台上X射线激光的新的泵浦机制。它们都是以超短脉冲、超高功率激光器为驱动源,利用光场感生电离的阈值特性,将原子直接电离至所需的离子态,从而获得产生激光所需的离子和适合温度的电子,复合机制是通过光场感生电离产生的离子与冷电子的三体复合实现粒子数反转;电子碰撞机制是通过光场感生电离产生的低温离子与高能电子的碰撞实现粒子数反转。与传统的基于高能电子碰撞电离X射线激光相比,基于OFI的泵浦机制所用的超短脉冲、超高功率激光器,无论是体积上还是费用上都有了很大程度的降低,并且基于OFI的泵浦机制要求泵浦激光器产生较高的功率密度,而不是大的激光能量,所以对于脉宽很窄的超短脉冲、超高功率激光器欲达到较高的功率密度,即激光强度,产生较强的电场强度,较低的泵浦能量即可满足要求,从而使得X射线激光可以有较高的重复频率,这对于一些实际应用具有重要的意义。基于OFI的泵浦机制还有如下的两个优点:第一,有可能相对于某一离子的基态产生粒子数反转。这是因为OFI和随后的三体复合过程快于相关共振谱线的辐射衰减速率,所以与激发态之间的跃迁相比,可获得更短的激光波长。第二,与传统的基于电子碰撞电离X射线激光相比,基于OFI的X射线激光能更有效地运转。这是由于它们具有高的量子效率和等离子体特性的可控制性。等离子体特性的可控制性是指通过控制泵浦激光的波长和偏振特性,可在很大范围内控制电子温度。基于光场感生电离的X射线激光的研究,给台上X射线激光的研究注入了新的活力,必将为X射线激光真正走向实际应用开辟一条新的途径。

### 2.3.1 强场电离理论

在能够产生多光子效应的强光源出现之前,物质在光照射下的电离表现为:原子中的电子吸收单光子,根据选择定则从束缚态跃迁到连续态,这一过程可由爱因斯坦的光电效应定律来描述。

激光器的诞生使得研究原子的多光子过程成为可能,由于原子与激光相互作用的过程与激光源的性能(强度及脉冲持续时间)密切相关,因而激光强度每提高一个数量级或激光脉冲每缩短一个数量级几乎都导致了新现象的发现。表2.12中将原子与强激光场的相互作用,根据激光强度的量级大致划分成几个区域,并列出了重要的相互作用过程。

表2.12 原子与强激光场相互作用的几个区域

| 激光强度 /(W · cm⁻²) | 电场强度 /(V · cm⁻¹) | 主要过程 |
|---|---|---|
| $1\times10^{10}\sim3.5\times10^{12}$ | $2.75\times10^{6}\sim0.01E_a$* | 激光感生束缚态间共振、多光子电离、阈上电离 |
| $3.5\times10^{12}\sim3.5\times10^{16}$ | $0.01E_a\sim E_a$ | 多光子电离、阈上电离、隧道电离、越过势垒电离、高次谐波 |
| $3.5\times10^{16}\sim(5.4\times10^{18})\lambda^{-2}$(λ取微米) | $E_a\sim E_r$** | 隧道电离、越过势垒电离 |
| $>(5.4\times10^{18})\lambda^{-2}$(λ取微米) | $>E_r$ | 内壳层光激发和光电离、多光子散射、电离抑制和局部化 |

* $E_a = e/a_o^2 = 5.1\times10^9$ V/cm,原子外壳层电子所受的原子核束缚电场;

** $E_r = 2m_e c\omega_o/e$,电子在激光场中的颤动能$[U_P = e^2E_0^2/4(m_e\omega_0)^2]$等于其静止能量($\varepsilon_o = m_ec^2$)时的激光电场,这时原子与激光场的相互作用进入相对论区。

强激光场下的原子或离子的非共振电离,一般根据Keldysh绝热参数$\gamma$的大小被分为两种类型,即多光子电离(Multiphoton Ionization)和隧道电离(Tunneling Ionization)。当绝热参数$\gamma>1$时,原子或离子的电离,可以用多光子电离过程来描述,当绝热参数$\gamma<1$时,可以用隧道电离过程来描述。Keldysh绝热参数的表达式为[65]

$$\gamma = (E_i/2U_p)^{1/2} \tag{2.129}$$

式中，$E_i$ 代表被电离的原子或离子的电离势能(Ionization Potential)；$U_p$ 是来自于激光场中的有质动力势(Ponderomotive Potential)。

在光强 $10^{13}$ W/cm$^2$ 量级以上的激光场中自由电子或者原子都要受到强场固有的有质动力势的影响。所谓的有质动力势或颤动能(Quiver Energy)是指带电粒子对外加电磁场的一种响应运动。如果激光场的电场用平面波电场来描述[66]，即

$$\boldsymbol{E}(t) = E_0\cos(\omega t)\boldsymbol{e}_x + \alpha E_0\sin(\omega t)\boldsymbol{e}_y \tag{2.130}$$

则在平面波电场中，自由电子的有质动力势或颤动能为

$$U_p = \frac{e^2E_0^2}{4m_e\omega^2}(1+\alpha^2) = 9.33\times10^{-14}I_0\lambda^2(\text{eV}) \tag{2.131}$$

式中，$e$ 是电子的电荷；$m_e$ 为电子的质量；$I_0$ 是激光场的峰值光强(W/cm$^2$)；$\omega$ 是激光场的角频率；$\lambda$ 是激光场的波长(μm)；$\alpha$ 为偏振参量($\alpha=0$ 时为线偏振光，$\alpha=1$ 时为圆偏振光)。

#### 2.3.1.1 多光子电离和阈上电离

多光子电离是指原子或离子中的电子同时吸收电离所需的最少数目的光子，通过一系列虚能级从基态跃迁到连续态的电离过程。对于吸收 $N$ 个光子的多光子电离过程可用式

$$A^{n+} + N\hbar\omega \longrightarrow A^{(n+1)+} + e \tag{2.132}$$

来描述[65]，其中 $N\hbar\omega > E_{ion}$，$A^{n+}$ 和 $A^{(n+1)+}$ 分别表示 $n$ 价和 $n+1$ 价的正离子，$\hbar$ 为普朗克常数。

阈上电离[67~68]是指电子可以吸收多于多光子电离时所需的最少数目的光子，并伴随有自由－自由跃迁。自从 1965 年 Hall 等人[69]利用红宝石激光器实现了碘负离子的多光子电离后，经过对多光子电离及阈上电离的大量研究发现，对于较低激光强度(约小于 $10^{13}$ W/cm$^2$)下的多光子电离和阈上电离，可以在最低阶微扰理论的框架内得到满意的解释。但在较高激光强度(约大于 $10^{13}$ W/cm$^2$)下，实验中测得的阈上电离的电子能谱显示出与微扰理论相矛盾的特征，也就是说在较高激光强度下，微扰理论已不再适用。

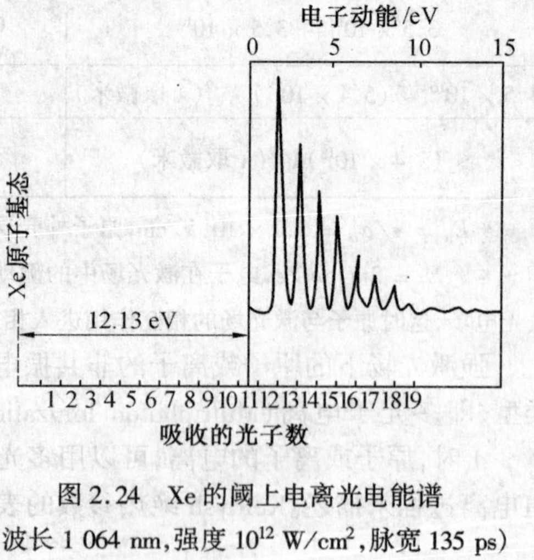


图 2.24 Xe 的阈上电离光电能谱

(波长 1 064 nm，强度 $10^{12}$ W/cm$^2$，脉宽 135 ps)

早期的多光子电离实验都是以探测离子产额为研究手段。20 世纪 70 年代末期，飞行时间电子谱仪的出现为研究电离过程提供了更直接、更有力的探测手段。较低强度(约小于 $10^{13}$ W/cm$^2$)、较长脉冲(约大于 10 ps)激光场中典型的阈上电离光电子能谱如图 2.24 所示，其主要特点是：

(1) 由多个间距为一个光子能量的尖峰组成，峰的中心位置与光强无关，由式

$$E = E_g(0) + nh\nu(n = 0,1,2,\cdots) \tag{2.133}$$

确定,其中 $E_g(0)$ 是无场时的原子基态能量,$n$ 是吸收的多余光子数,$\nu$ 是激光频率。

(2) 峰的数目随着光强的增大而增多。

(3) 峰的高度随着 $n$ 的增大而迅速下降。

上述特征都可以在最低阶微扰理论的框架中得到满意的解释。其物理图像是,谱中的各个单峰相应于一系列终态相互独立的电离过程。

在较高强度(约 $10^{13}$ W/cm$^2$)下,阈上电离实验的电子能谱显示出与微扰理论相矛盾的新特征,如最高峰转移、低能峰抑制等,如图 2.25 所示。为了解释这些现象,人们作了许多理论尝试。但在光电子能量 ≈ 电离能 ≈ 电子颤动能的典型条件下,始终未能给出定量描述。本书只简要地介绍有关的定性解释。

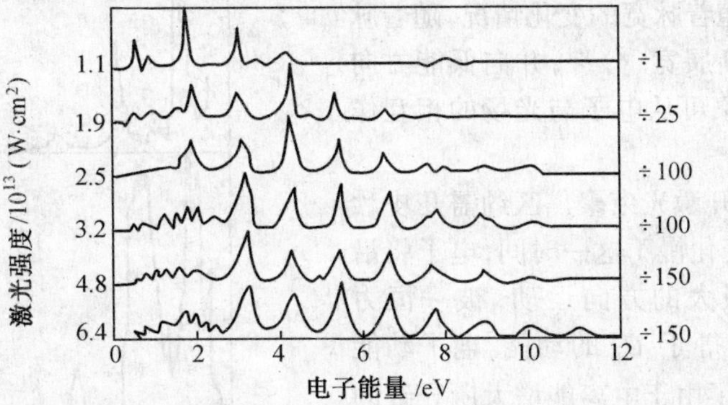


图 2.25 Xe 阈上电离电子能谱随激光强度的变化

(1) 最高峰转移。即当激光强度提高时,最高峰不再是最低阶($n = 0$),而转移到某个较高阶峰,这一现象被认为是各电离终态之间的非微扰耦合的结果[61]。原子首先发生阈上电离将电子发射到连续态,然后自由电子与激光场相互作用,通过吸收或发射光子而在各连续终态间跃迁,导致电子在某一电离终态上的最大布居。

(2) 低能峰抑制。随着光强的增大,最低阶峰的幅值降低直至完全消失。随后第二个最低阶($n = 1$) 峰也被抑制 … 这一现象又称为低能电离通道关闭,可归因于激光场感生的原子态移位。

于是一个自由电子的总动能为平动动能与 $U_p$ 之和

$$E_{\text{total}} = \frac{1}{2} m_e < v >^2 + U_p \tag{2.134}$$

这里 $< v >$ 是一个周期内的平均平动速度。由于有质动力能在 $10^{13}$ W/cm$^2$ 光强以下可达几个电子伏,因而阈上电离过程中产生的慢电子将受其影响。

由于强场感生的原子极化,原子的所有能级都会有某种程度的移动。这就是 AC Stark 移动或有质动力移动。由于 Rydberg 态的束缚能很小,它们的能级移动实质上就由 $U_p$ 给出,而那些较深的束缚态在外场中只作微小、缓慢的振动，相应的极化和能级移动也相当小，因此，Rydberg 态和连续态相对于较低束缚态有一个近似为 $U_{\mathrm{p}}$ 的上移，导致原子的电离能增加，如图 2.26 所示。

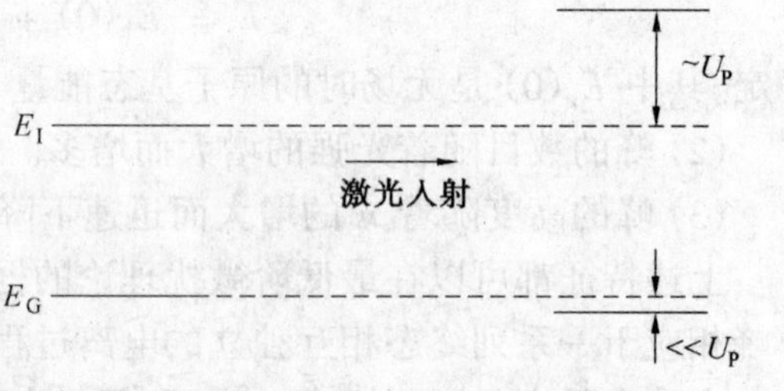


图 2.26　原子电离能的有质动力移动或 AC Stark 移动示意图

当有质动力能随光强增大到足以使

$$0 \leqslant E_g(0) + nh\nu \leqslant U_{\mathrm{p}} \tag{2.135}$$

时，$n$ 个光子吸收电离的通道就被关闭，相应 $n$ 值的峰也被抑制。

除了激光强度以外，激光脉冲持续时间也是影响光电子能谱的一个重要因素。图 2.27 中给出了 Xe 的光电子能谱随着脉宽的变化情况。随着脉宽的缩短，电离峰逐渐展宽、分裂，并向低能方向移动（红移）。这些现象可从电子与光场的相互作用情况来理解。

通常电离电子离开激光束聚焦区约需几皮秒的时间。如果光场的变化慢于这一时间，电子将沿着有质动力势梯度最大的方向运动，被一恒力 $\nabla U_{\mathrm{p}}$ 加速而获得一份等于 $U_{\mathrm{p}}$ 的动能。电子动能的这一增量近似抵消了由于电离能增大所导致的初始动能下降，因而位于光场之外的电子谱仪测不到谱的峰值移动。

当激光脉冲变窄时，阈上电离峰开始变宽并发生移动，这是因为在很短的脉冲区间内，电子来不及穿过聚焦光束和被加速，因而只能获得很少的能量。这时电子谱仪所探测到的仅仅是电子在电离过程中获得的初始动能。即短脉冲会引起阈上电离峰的红移和展宽。至于精细结构的出现一般可用 AC Stark 移动引起的束缚态的多光子共振电离来解释。

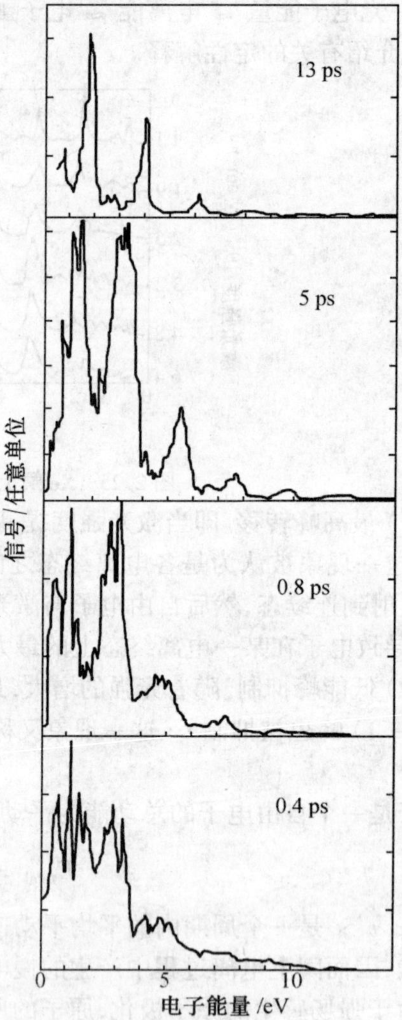


图 2.27　不同脉宽时 Xe 的光电子能谱

为了考察更高激光强度对光电子谱的影响，可以将电离过程大体分为两类。第一类，即上述的多光子电离，多发生在较高频率、较低强度（约小于 $10^{14}\ \mathrm{W/cm^2}$）激光场中。电子吸收多个光子，经过一系列虚的(非共振时) 或实的(共振时) 束缚能级,最终被激发到连续区。在那里电子可以继续吸收光子形成阈上电离峰,这一过程是周期性的,且相对缓慢,因为多光子跃迁的矩阵元很小。

第二类电离又可分为两种情形。当激光频率很低时,可将激光电场近似看成静态场。处于激光场中的原子,其势能被激光电场调制而发生畸变,即原子的库仑电场与激光电场在其偏振方向相叠加而形成了一个合成势垒。随着激光强度的增大,势垒被压低,使得电子可以贯穿它成为自由电子,即发生了隧道电离。当激光电场增大到某个临界值,使势垒高度降低到等于或低于原子的电离电势时,电子就能够直接越过它而成为自由电子。这一过程称为越过势垒电离。相应于临界场强的激光强度称为阈值电离激光强度,可以简单地由 Augst 等人[65] 提出的一维准经典库仑势垒压制电离(Barrier-Suppression Ionization, BSI) 模型来估算。将电离能为 $E_i$ 的原子电离到电荷态 $Z$ 所需的激光强度为

$$I_{th} = 4.0 \times 10^9 E_i^4 / Z^2 (\mathrm{W/cm^2}) \tag{2.136}$$

其中,$E_i$ 是原子(或离子) 的电离能,$Z$ 是电离产生离子的电荷数。

电子越过势垒后,在沿着有质动力势被加速而离开原子核时,其波包要受到核的散射。这一过程的快速性和非周期性增加了光电子能谱的背景,而且这种背景随着光强的增大而急剧增强,从而破坏了谱的周期性规则结构。正因为如此,高强度(约大于 $10^{15}$ W/cm$^2$) 时的电子能谱中不再有明显的阈上电离峰存在。

### 2.3.1.2 隧道电离

隧道电离是指处于激光场中的原子或离子的库仑电场被激光电场非对称地压制,使原子或离子束缚电子的势垒形状发生畸变,随着激光强度的增大,势垒逐渐被压低,使得电子可以贯穿势垒成为自由电子的电离过程[70~72]。当激光电场增大到某个临界值,使势垒高度降低到等于或低于原子或离子的电离电势时,电子就能够直接越过它而成为自由电子,这一过程称为越过势垒电离[65]。图 2.28 和图 2.29 中以氢原子为例分别给出了氢原子处于激光场中前后两种情况下的势垒形状,从中可以看到原子势垒的形状被激光电场的压制情况[72]。

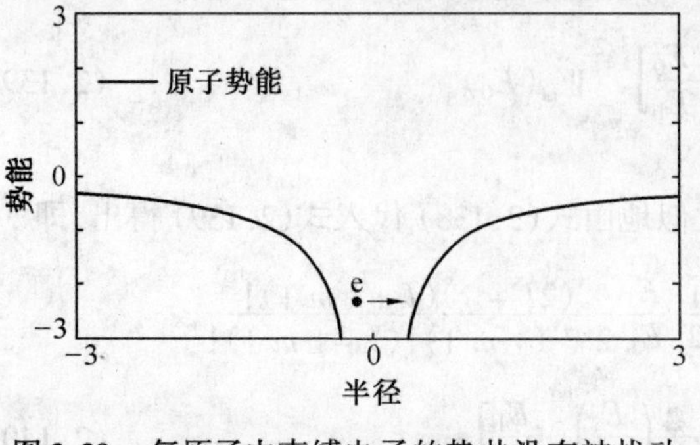


图 2.28 氢原子中束缚电子的势井没有被扰动时的情形

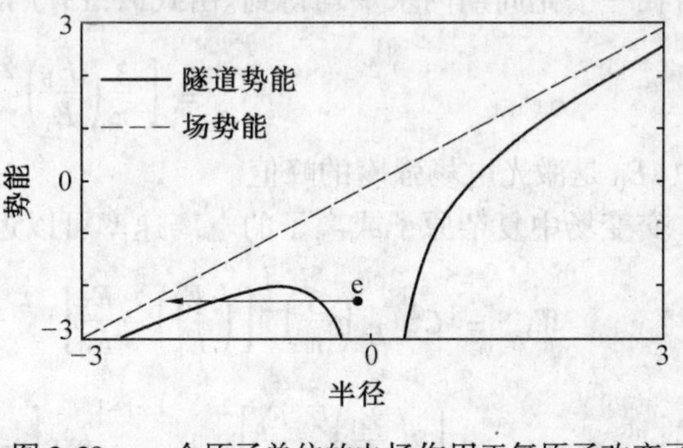


图 2.29 一个原子单位的电场作用于氢原子改变了势井的形状使得电子通过隧道脱离原子

#### 2.3.1.3 强场电离的准静态隧道电离理论

对强场电离进行描述的众多理论模型中，1986年，由 Ammosov，Delone 和 Krainov 等人[71] 提出的准静态隧道电离模型（即 ADK 模型）与实验中测量的结果符合得很好，而且该模型相对于非微扰理论等理论模型形式简单，因此本书重点介绍此模型。准静态隧道电离模型是指在被电离的原子或离子的电离势能远远小于激光场中的有质动力势，即 $E_{\mathrm{ion}} \ll U_{\mathrm{p}}$ 的条件下，电离速率与光频无关，原子或离子的电离过程可用隧道电离来描述，而且电离速率的计算可以采用准静态近似，也就是时间交变场中的电离速率可以通过静态场中的电离速率在一个光周期内求平均而得到[64,71]。

(1) 静态场 $E_{\mathrm{s}}$ 中的电离速率

静态场中类氢离子的电离速率[64]

$$W_{\mathrm{st}} = 4\left(\frac{E_{\mathrm{i}}}{E_{\mathrm{h}}}\right)^{\frac{5}{2}} \frac{E_{\mathrm{b}}}{E_{\mathrm{s}}} \exp\left[-\frac{2}{3}\left(\frac{E_{\mathrm{i}}}{E_{\mathrm{h}}}\right)^{\frac{3}{2}} \frac{E_{\mathrm{b}}}{E_{\mathrm{s}}}\right] \omega_0 \tag{2.137}$$

式中，$E_{\mathrm{h}}$ 是氢原子的电离能（$E_{\mathrm{h}} = 13.6\ \mathrm{eV}$）；$E_{\mathrm{b}}$ 是氢原子在第一玻尔半径处的原子场强（$E_{\mathrm{b}} = 5.1 \times 10^9\ \mathrm{V/cm}$）；$E_{\mathrm{s}}$ 是静态场强；$\omega_0$ 为频率的原子单位（$\omega_0 = 4.1 \times 10^{16}\ \mathrm{s}^{-1}$）

静态场中非类氢的复杂原子或离子的电离速率[64]

$$W_{\mathrm{st}} = C^2_{n^* l^*} \frac{1}{2} \frac{E_{\mathrm{i}}}{E_{\mathrm{h}}} \frac{(2l+1)(l+|m|)!}{2^{|m|}(|m|)!(l-|m|)!} \left[2\left(\frac{E_{\mathrm{i}}}{E_{\mathrm{h}}}\right)^{\frac{3}{2}} \frac{E_{\mathrm{b}}}{E_{\mathrm{s}}}\right]^{2n^*-|m|-1} \exp\left[-\frac{2}{3}\left(\frac{E_{\mathrm{i}}}{E_{\mathrm{h}}}\right)^{\frac{3}{2}} \frac{E_{\mathrm{b}}}{E_{\mathrm{s}}}\right] \omega_0 \tag{2.138}$$

式中，$n^*$ 为有效量子数（$n^* = Z/(E_{\mathrm{i}}/E_{\mathrm{h}})^{1/2}$）；$Z$ 为原子的剩余电荷数；$l$ 是轨道量子数；$m$ 是磁量子数。其余符号的意义同式（2.137），且式（2.137）、（2.138）适用范围为 $(E_{\mathrm{i}}/E_{\mathrm{h}})^{3/2} E_{\mathrm{b}}/E_{\mathrm{s}} \gg 1$。

(2) 随时间变化的交变场中的电离速率

线偏振交变场中的电离速率公式可以通过静态场电离速率公式中的 $E_{\mathrm{s}}$ 由 $E_0 \cos \omega t$ 代替，然后在一个光周期内求平均得到。由式（2.137）得到交变场中类氢离子的电离速率为

$$W_{\mathrm{Lin}} = \left[\frac{3}{\pi}\left(\frac{E_{\mathrm{h}}}{E_{\mathrm{i}}}\right)^{\frac{3}{2}} \frac{E_0}{E_{\mathrm{b}}}\right]^{1/2} W_{\mathrm{st}}(E_0) \tag{2.139}$$

式中，$E_0$ 是激光电场强度的峰值。

交变场中复杂原子或离子的电离速率可以近似地由式（2.138）代入式（2.139）得出，即

$$W_{\mathrm{Lin}} = C^2_{n^* l^*} \left(\frac{3}{\pi}\right)^{\frac{1}{2}} \left[\left(\frac{E_{\mathrm{i}}}{E_{\mathrm{h}}}\right)^{\frac{3}{2}} \frac{E_{\mathrm{b}}}{E_0}\right]^{-\frac{1}{2}} \frac{1}{2} \frac{E_{\mathrm{i}}}{E_{\mathrm{h}}} \frac{(2l+1)(l+|m|)!}{2^{|m|}(|m|)!(l-|m|)!} \times \left[2\left(\frac{E_{\mathrm{i}}}{E_{\mathrm{h}}}\right)^{\frac{3}{2}} \frac{E_{\mathrm{b}}}{E_0}\right]^{2n^*-|m|-1} \exp\left[-\frac{2}{3}\left(\frac{E_{\mathrm{i}}}{E_{\mathrm{h}}}\right)^{\frac{3}{2}} \frac{E_{\mathrm{b}}}{E_0}\right] \omega_0 \tag{2.140}$$

在准经典近似 $n^* \gg 1$，且 $l \ll n$ 的情况下，得到[70]

$$C_{n^*l^*} = \left(\frac{2e}{n^*}\right)^{n^*} \frac{1}{(2\pi n^*)^{1/2}} \tag{2.141}$$

将式(2.141)代入式(2.140)得

$$W_{\text{Lin}} = \left(\frac{3n^{*3}E_0}{\pi Z^3 E_b}\right)^{\frac{1}{2}} \frac{Z^2}{2n^{*2}}\left(\frac{2e}{n^*}\right)^{2n^*} \frac{1}{2\pi n^*} \frac{(2l+1)(l+|m|)!}{2^{|m|}(|m|)!(l-|m|)!} \times \left[2\left(\frac{E_i}{E_h}\right)^{\frac{3}{2}} \frac{E_b}{E_0}\right]^{2n^*-|m|-1} \exp\left[-\frac{2}{3}\left(\frac{E_i}{E_h}\right)^{\frac{3}{2}} \frac{E_b}{E_0}\right]\omega_0 \tag{2.142}$$

$l$ 和 $m$ 的值分别取 1,0 时得到

$$W_{\text{Lin}} = \left(\frac{3e}{\pi}\right)^{\frac{3}{2}} \frac{Z^2}{n^{*4.5}}\left(\frac{4eZ^3E_b}{n^{*4}E_0}\right)^{2n^*-1.5} \exp\left[-\frac{2}{3}\left(\frac{E_i}{E_h}\right)^{\frac{3}{2}} \frac{E_b}{E_0}\right]\omega_0 \tag{2.143}$$

将 $\left(\frac{3e}{\pi}\right)^{\frac{3}{2}} = 4.182$ 及 $4e = 10.873$ 代入式(2.143)应该得到

$$W_{\text{Lin}} = 4.182\frac{Z^2}{n^{*4.5}}\left(10.873\frac{Z^3E_b}{n^{*4}E_0}\right)^{2n^*-1.5} \exp\left[-\frac{2}{3}\left(\frac{E_i}{E_h}\right)^{\frac{3}{2}} \frac{E_b}{E_0}\right]\omega_0 \tag{2.144}$$

由以上的推导、分析发现,早期对隧道电离的电离速率公式进行讨论,并被广泛引用[73]的文献[71]中的描述线偏振强光场中原子及其各阶离子隧道电离的电离速率公式,将式(2.144)误写为

$$W_{\text{Lin}} = 1.611\frac{Z^2}{n^{*4.5}}\left(10.873\frac{Z^3E_b}{n^{*4}E_0}\right)^{2n^*-1.5} \exp\left[-\frac{2}{3}\left(\frac{E_i}{E_h}\right)^{\frac{3}{2}} \frac{E_b}{E_0}\right]\omega_0 \tag{2.145}$$

由式(2.144)和式(2.145)可以得到式(2.144)与式(2.145)的比值为2.60,所以在激光强度相同时,利用式(2.144)计算的电离速率高于利用式(2.145)计算的电离速率[74~75]。

由于圆偏振光两个偏振分量的合成矢量的大小在一个光周期内保持不变,所以激光场为圆偏振时,可以用静态场中的电离速率公式代替交变场中的电离速率公式,即

$$W_{\text{Cir}} = W_{\text{st}} = \frac{3e}{2\pi}\frac{Z^2}{n^{*4}}\left(\frac{4eZ^3E_b}{n^{*4}E_0}\right)^{2n^*-1} \exp\left[-\frac{2}{3}\left(\frac{E_i}{E_h}\right)^{\frac{3}{2}} \frac{E_b}{E_0}\right]\omega_0 \tag{2.146}$$

(3) 阈值激光强度

利用式(2.144)和式(2.146)可以计算达到某一电离速率所要求的阈值激光强度。所谓的电离所需的阈值激光强度 $I_{\text{th}}$ 或临界激光强度 $I_{\text{cr}}$,较常用的定义是,脉冲持续时间 $\tau_p$ 内的电离概率大于1时所需的激光强度,即

$$P = W\tau_p > 1 \tag{2.147}$$

下面考察一下由于公式(2.145)中的错误,对阈值激光强度计算的影响。表2.13中列出了分别利用式(2.144)和式(2.145)计算的在电离速率为 $10^{12}\ \text{s}^{-1}$ 时,产生Xe原子的八价离子所需

的阈值激光强度 $I_1, I_2$。由表 2.13 中 $I_2 - I_1$ 与 $I_1$ 的比值可以看到当电离速率为 $10^{12}\ s^{-1}$ 时，对于 Xe 的 1 价和 2 价离子由于式(2.145) 的错误引起的误差大于 10%，而对于高于 2 价的离子误差小于 10%；电离速率为 $10^{14}\ s^{-1}$ 时的计算结果是，对于 Xe 的 1 价、5 价和 8 价离子由于式(2.145) 的错误引起的误差分别为 23.06%、10.08% 和 8.54%，因此在以往的一些文献中引用式(2.145) 进行电离速率、阈值激光强度等理论计算时，对于低价离子由于式(2.145) 的错误引起的误差比较大，对计算结果有较大的影响；而对于高价离子，误差较小，对计算结果的影响也较小。

**表 2.13　电离速率为 $10^{12}\ s^{-1}$ 时，利用式(2.144) 和式(2.145) 计算的产生 Xe 的各价离子所需的阈值激光强度**

| Xe 的各价离子 | $Xe^{1+}$ | $Xe^{2+}$ | $Xe^{3+}$ | $Xe^{4+}$ | $Xe^{5+}$ | $Xe^{6+}$ | $Xe^{7+}$ | $Xe^{8+}$ |
|---|---|---|---|---|---|---|---|---|
| 电离能 /eV | 12.127 | 21.2 | 32.1 | 45.5 | 57.0 | 68.0 | 96.0 | 110.0 |
| $I_1$ 阈值强度 /(W · cm$^{-2}$) | 4.792E13 | 1.412E14 | 3.553E14 | 8.295E14 | 1.353E15 | 1.957E15 | 5.528E15 | 7.435E15 |
| $I_2$ 阈值强度 /(W · cm$^{-2}$) | 5.488E13 | 1.570E14 | 3.890E14 | 9.009E14 | 1.460E15 | 2.100E15 | 5.931E15 | 7.948E15 |
| $(I_2 - I_1)/I_1$ | 14.54% | 11.06% | 9.49% | 8.62% | 7.87% | 7.29% | 7.28% | 6.90% |

#### 2.3.1.4　准经典阈上电离理论模型

实验上已经观测到，通过光场感生电离产生的电子超过电磁场中自由电子相干振荡(Coherent Oscillation) 的过剩能量，过剩的电子能量被称做阈上电离能(Above Threshold Ionization, ATI)。在基于光场感生电离复合机制和电子碰撞机制的 X 射线激光研究中，电子能量(或温度) 都是一个至关重要的参数，所以人们特别关心光场感生电离后电子的剩余能量的大小。1989 年 Corkum 和 Burnett 等人[64,66] 在准经典极限 $h\nu \ll E_{ion} \ll U_p$ 条件下，提出了一个准经典阈上电离理论模型，较好地解释了光场感生电离产生的电子的阈上电离能，以及不同偏振光场下电子能量的不同[64,66,76,77]。因此，本书有关强场电离产生的电子能量的理论，基于 Corkum 和 Burnett 等人提出的准经典阈上电离理论模型，下面对经典的阈上电离的理论模型作一简要的介绍。

在准经典极限 $h\nu \ll E_{ion} \ll U_p$ 条件下，该理论模型将电子获得能量的过程分为两步：首先电子吸收电离能离开原子，成为自由电子，然后与激光场相互作用；第二步电子与激光场的相互作用，用经典的方法进行描述，即可描述为电子在振荡的激光场中作经典的加速运动，电子获得的能量包括两个部分，即与激光场相互作用的有质动力势(颤动能) 部分和平动动能部分。对于超短脉冲，有质动力势在激光脉冲结束时将返还给激光场(有质动力势是指带电粒子对外加电磁场的一种响应运动，对于超短脉冲，激光场与电子的相互作用的时间很短，有质动力势并没有转化为电子的动能) 而平动动能部分将保留下来，称为电子的剩余能量。下面定性描述一下激光场分别为线偏振和圆偏振时的情况[75]。

在入射的激光电场是线偏振时，一个给定的离子态趋向于在电场的峰值附近电离，此时电子的初速度近乎为零,然后在驱动激光电场的作用下作经典的振荡运动。如果电子并不是正好在电场的峰值处电离产生,则电子的整个运动包括驱动激光电场作用下的振荡运动(颤动能)加上一个小的平动速度。在一个实际的实验中,对于较长的光脉冲,激光场与电子的相互作用的时间较长,有质动力势则转化为电子的动能,而对于超短光脉冲,激光场与电子的相互作用的时间很短,有质动力势没有足够的时间转化为电子的动能,所以随着激光脉冲的离去,电子的“颤动能”将消失,形象地说将被激光场带走,即所谓的返还给激光场,最后电子的剩余能量仅为小的平动动能部分。

在入射的激光电场是圆偏振时,电场的大小总是相同的,但是它的方向以光频旋转,整个的电场可以被看做是两个正交的线偏振场,二者之间有 90° 的相位差。在任何时刻电子被电离的概率都是相同的,但是通常考虑其中一个场为峰值,相应的正交场的值为零。因此,电子的运动包括两个正交方向上的振荡运动,平动速度远大于线偏振光的情况,这是因为相对于其中的一个电场,电子是在位相差为 90° 时产生的。在激光脉冲结束时,电子仍保留较大的平动速度。

### 2.3.1.5 圆偏振光场感生电离的电子能量分布

在基于光场感生电离复合机制和电子碰撞机制 X 射线激光研究中,电子能量(或温度)都是一个至关重要的参数。然而,仅用通常的平均电子能量已不能充分描述远离平衡态的 OFI 等离子体,因为许多微观动力学过程,如电子碰撞激发、消激发以及三体复合等过程的速率都与电子能量的分布(即电子能谱)密切相关。这里在准静态隧道电离理论模型和准经典阈上电离理论模型的基础上,给出一个描述圆偏振光场电离电子能量分布的简单模型,并将其数值计算结果与现有的理论计算及实验结果进行比较以给出其适用范围[75,78~80]。

1. 光场感生电离的电子有质动力势及其剩余能

准经典阈上电离理论模型中引入了一个特定的电离时刻 $t_0$,并认为电离后电子与激光场的相互作用可以用经典的方法进行描述,即可描述为电子在振荡的激光场中作经典的加速运动,且满足初始条件 $v(t_0)=0$。

电子作经典的加速运动的激光电场为

$$\boldsymbol{E}(t) = E_0\sin(\omega t)\boldsymbol{e}_x + \alpha E_0\cos(\omega t)\boldsymbol{e}_y \tag{2.148}$$

电离电子在激光电场作用下的牛顿运动方程为

$$m_e\frac{\mathrm{d}\boldsymbol{v}}{\mathrm{d}t} = -e[E_0\sin(\omega t)\boldsymbol{e}_x + \alpha E_0\cos(\omega t)\boldsymbol{e}_y] \tag{2.149}$$

由式(2.149)得

$$m_e\frac{\mathrm{d}v_x}{\mathrm{d}t} = -eE_0\sin(\omega t) \tag{2.150}$$

$$m_e\frac{\mathrm{d}v_y}{\mathrm{d}t} = -e\alpha E_0\cos(\omega t) \tag{2.151}$$

由式(2.150)和式(2.151)得到电子的运动方程为

$$\begin{cases} v_x = v_0\cos(\omega t) + v_{0x} \\ v_y = -v_0\alpha\sin(\omega t) + v_{0y} \end{cases} \tag{2.152}$$

其中，$v_0 = eE_0/(m_e\omega)$，设电离时刻为 $t_0$，由初始条件 $v_x(t_0) = v_y(t_0) = 0$ 得 $v_{0x} = -v_0\cos(\omega t_0)$ 和 $v_{0y} = v_0\alpha\sin(\omega t_0)$，代入式(2.152)得

$$\begin{cases} v_x = v_0\cos(\omega t) - v_0\cos(\omega t_0) \\ v_y = -v_0\alpha\sin(\omega t) + v_0\alpha\sin(\omega t_0) \end{cases} \tag{2.153}$$

由式(2.153)得到电子的平均动能为

$$\frac{1}{2}m_e\langle v_x^2\rangle + \frac{1}{2}m_e\langle v_y^2\rangle = \frac{1}{2}m_e v_0^2\frac{\omega}{2\pi}\int_0^{\frac{2\pi}{\omega}}[(\cos(\omega t) - \cos(\omega t_0))^2 + \alpha^2(\sin(\omega t) - \sin(\omega t_0))^2]\mathrm{d}t = \frac{e^2E_0^2}{4m_e\omega^2}(1+\alpha^2) + \frac{e^2E_0^2}{4m_e\omega^2}2(\cos^2(\omega t_0) + \alpha^2\sin^2(\omega t_0)) \tag{2.154}$$

式(2.154)中的第一项为电子在激光场中的有质动力势 $U_p$，第二项为平动动能，所以由式(2.154)得电子在激光场中的有质动力势 $U_p$ 为式(2.131)，式中的 $I_0$ 应为电离时刻所对应的激光强度，因此求得电离时刻的 $I_0$ 是准确估计各参数的重要一步。

由式(2.131)可以看到，在电场强度和激光波长相同的情况下，$U_p$ 的值随偏振参量值的不同而变化。即 $U_p$ 的值随偏振参量 $\alpha$ 值的增大而增大，并且在 $\alpha$ 等于0，即线偏振光的情况下，$U_p$ 的值最小；在 $\alpha$ 等于1，即圆偏振光的情况下，$U_p$ 的值为最大。另外，在激光强度和波长相同的情况下，$U_p$ 的值与偏振参量 $\alpha$ 的值无关，而且在激光强度一定时，$U_p$ 的值随激光波长的增大而增大。

对于超短脉冲，有质动力势部分在激光脉冲结束时将返还给激光场，而平动动能部分保留下来，这部分能量也被称为阈上电离能(Above Threshold Ionization Energy)，所以单个电子在激光场中的剩余能量为

$$\varepsilon = 2U_p\frac{\cos^2(\omega t_0) + \alpha^2\sin^2(\omega t_0)}{1+\alpha^2} \tag{2.155}$$

由式(2.155)可以看到，电子在激光场中的剩余能量，在激光场的强度和波长一定的情况下，与激光场的偏振参量 $\alpha$ 有关，并且在激光场不是圆偏振时，与电离时刻的 $t_0$ 有关。也就是说，由于激光场的偏振参量 $\alpha$ 以及电离时刻激光电场的位相值 $\omega t = \varphi$ 不同，导致电子剩余能量的不同。所以用式(2.155)对不同位相值的电子剩余能量进行平均，可得到平均的阈上电离能，即电子的平均剩余能量为

$$\langle\varepsilon\rangle = U_p\left[\frac{2\int_0^{\frac{\pi}{2}}W(E(\varphi),E_i,Z)\left(\frac{\cos^2(\varphi)+\alpha^2\sin^2(\varphi)}{1+\alpha^2}\right)\mathrm{d}\varphi}{\int_0^{\frac{\pi}{2}}W(E(\varphi),E_i,Z)\mathrm{d}\varphi}\right] \tag{2.156}$$

式中，$W(E(\varphi),E_i,Z)$ 是交变场中复杂原子或离子的电离速率，它可由电场大小的值

$E(\varphi) = E_0\sqrt{\sin^2(\varphi) + \alpha^2\cos^2(\varphi)}$ 代入静态场中复杂原子或离子的电离速率公式(2.138)得到。

图2.30(a)和(b)分别给出了利用式(2.156)计算的在激光强度为 $1 \times 10^{18}\ \mathrm{W/cm^2}$,波长为 0.8 μm 的情况下,产生1价、2价和4价、6价Ne离子时,产生电子的平均剩余能量随偏振参量 $\alpha$ 的变化曲线。对于(a)和(b)都在 $\alpha = 0$,即光场为线偏振时电子的剩余能量最小。由图2.30(a)可以看到伴随低价离子而产生的电子的剩余能量,相对于偏振参量 $\alpha$ 的值在 0 ~ 1 之间有一个最大值;由图2.30(b)可以看到随着电离能的增大,电子的剩余能量相对于偏振参量 $\alpha$ 值的增大而增大,并在 $\alpha = 1$,即光场为圆偏振时电子的剩余能量达到最大值,而且这个最大值为电离时刻的激光强度下的有质动力势。

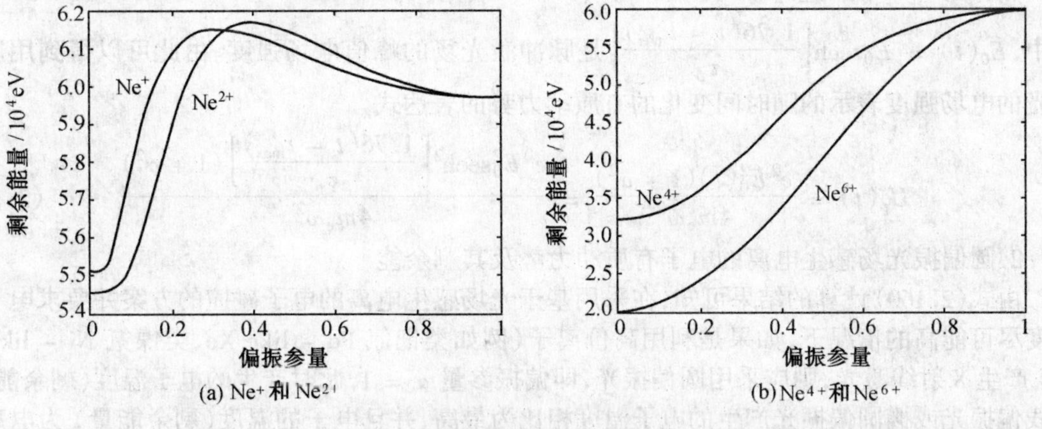


图2.30 光场感生电离电子的剩余能随偏振参量 $\alpha$ 的变化

基于光场感生电离的复合机制是通过离子与冷电子三体复合实现粒子数反转,且三体复合率与电子温度的9/2次方成反比,所以电子温度越低越有利于基于光场感生电离的复合机制X射线激光的实现。从上面的讨论可以看出,线偏振光场($\alpha = 0$)是产生复合机制X射线激光的最佳激励方案。基于光场感生电离的电子碰撞机制是通过低温离子与高能电子的碰撞实现粒子数反转,所以在采用电子碰撞的方案时,由图2.30可知,在要求电子的温度尽可能高的情况下,如果是利用低价离子产生X射线激光,则应采用偏振参量 $\alpha$ 的值为 0 ~ 1 之间的某一数值的椭圆偏振光,以使电子的温度最高,如果是利用高价离子产生X射线激光,则应采用圆偏振光,即偏振参量 $\alpha = 1$,此时电子的温度(剩余能量)为电离时刻的激光强度所对应的有质动力势 $U_p$。式(2.131)所给出的有质动力势 $U_p$ 的表达式对应的激光场的电场强度和激光强度都为峰值时的情形。式中的 $E_0$ 和 $I_0$ 都为常量,而实际的激光脉冲为高斯型或双曲正割型等,所以电离时刻的激光强度和电场强度的值随时间变化,也就是说上述两式中的激光强度和电场强度的值是随时间变化的。当电离激光为双曲正割型脉冲时,光强随时间变化关系为

$$I(t) = I_0 \operatorname{sech}^2\left[\frac{1.76(t - t_{max})}{\tau_p}\right] \tag{2.157}$$

式中，$\tau_p$ 是脉冲宽度；$t_{max}$ 是脉冲达到峰值的时刻。

由式(2.157)和式(2.131)可以得到用脉冲激光的激光强度表示的随时间变化的有质动力势的表达式

$$U_p(t) = 9.33 \times 10^{-14} I_0 \operatorname{sech}^2\left[\frac{1.76(t - t_{max})}{\tau_p}\right]\lambda^2 \quad (eV) \tag{2.158}$$

由式(2.157)可得到脉冲激光相应的电场

$$\begin{aligned}\boldsymbol{E}(t) &= E_0 \operatorname{sech}\left[\frac{1.76(t - t_{max})}{\tau_p}\right][\sin(\omega t)\boldsymbol{e}_x + \alpha\cos(\omega t)\boldsymbol{e}_y] = \\ &E_0(t)[\sin(\omega t)\boldsymbol{e}_x + \alpha\cos(\omega t)\boldsymbol{e}_y]\end{aligned} \tag{2.159}$$

其中，$E_0(t) = E_0 \operatorname{sech}\left[\frac{1.76(t - t_{max})}{\tau_p}\right]$是脉冲激光场的峰值电场强度。由此可以得到用脉冲激光的电场强度表示的随时间变化的有质动力势的表达式

$$U_p(t) = \frac{e^2 E_0^2(t)(1 + \alpha^2)}{4m_e\omega^2} = \frac{e^2 E_0^2 \operatorname{sech}^2\left[\frac{1.76(t - t_{max})}{\tau_p}\right](1 + \alpha^2)}{4m_e\omega^2} \tag{2.160}$$

2.圆偏振光场感生电离的电子有质动力势及其剩余能

由式(2.160)计算的结果可知，在采用基于光场感生电离的电子碰撞的方案并要求电子的温度尽可能高的情况下，如果是利用高价离子(例如类钯氙 Pd - like Xe、类镍氪 Ni - like Kr等)产生X射线激光，则应采用圆偏振光，即偏振参量 $\alpha = 1$，此时产生的电子温度(剩余能量)与线偏振光或椭圆偏振光产生的电子温度相比为最高，并且电子的温度(剩余能量)为电离时刻的有质动力势 $U_p$。下面仅对圆偏振光的情况进行讨论。由式(2.158)可知，用脉冲激光的激光强度表示的随时间变化的有质动力势与激光的偏振参量 $\alpha$ 的值无关；用脉冲激光的电场强度表示的随时间变化的有质动力势与激光的偏振参量 $\alpha$ 的值有关，由式(2.160)可得圆偏振光，即偏振参量 $\alpha = 1$ 时的电子的有质动力势为

$$U_p(t) = \frac{e^2 E_0^2(t)}{2m_e\omega^2} = \frac{e^2 E_0^2 \operatorname{sech}^2\left[\frac{1.76(t - t_{max})}{\tau_p}\right]}{2m_e\omega^2} \tag{2.161}$$

由式(2.155)可得圆偏振光的电子的剩余能为电离时刻的有质动力势 $U_p$，由于电子的有质动力势式(2.160)为随时间变化的量 $U_p(t)$，所以电子的剩余能也为随时间变化的量，即

$$\varepsilon(t) = U_p(t) = \frac{e^2 E_0^2(t)}{2m_e\omega^2} \tag{2.162}$$

由式(2.162)可知，激光脉冲结束后，任意时刻 $t_i$ 电离产生的电子，其剩余能 $E(t) = E(t_i)$ 就由参量 $t_i$ 唯一地确定了。其中的激光脉冲 $E_0(t)$ 可以是双曲正割型、高斯型或其他任意时间函数。

3. 描述圆偏振光场感生电离的电子能量分布模型的建立

正如前面所述，许多微观动力学过程，如电子碰撞激发、消激发以及三体复合等过程的速率都与电子能量的分布密切相关。由于目前还没有既易于理解又相对简单适用的描述圆偏振光场的电子能量分布的函数，所以对圆偏振光场的电子能量分布的函数的研究显得尤为重要。本节在准静态隧道电离理论模型和准经典阈上电离理论模型的基础上，利用上述所推导的圆偏振光场感生电离的电子剩余能的表达式，给出描述圆偏振光场电离电子能量分布的简单模型。该模型基于如下简化和假设：

(1) 在较低电子密度(小于 $10^{19}$ $cm^{-3}$) 时，激光脉冲的持续时间(通常为几十飞秒至小于 500 fs) 短于电子 - 电子碰撞时间(大于 1 ps)，故在计算电子能量分布时忽略了电子 - 电子碰撞导致的等离子体热化；

(2) 在圆偏振激光场中，电子 - 离子碰撞也不再重要。这是因为电离后自由电子的经典运动轨迹决定了电子不再回到相对静止的离子附近，或者电离电子的高颤动能使得电子 - 离子碰撞截面大大减小。因而源于电子 - 离子碰撞的逆韧致吸收也被忽略；

(3) 强场电离后离子的剩余电子具有远远高于激光频率的自然频率，因而交变场电离速率对激光频率的依赖很弱，可用准静态隧道电离速率公式来计算，即用 ADK 模型计算电离速率；

(4) 在圆偏振激光场作用下，原子的电离通常为逐级电离[81]。

电子能量分布函数所描述的是单位能量间隔里电子的数目。由于电离产生的电子的数目和电子的能量都为随时间变化的量，因此可以通过描述单位时间里电子数目变化的表达式以及描述单位时间里电子能量变化的表达式求得单位能量间隔里电子数目的表达式，即电子能量分布函数。所以下面分为两步在分别求得单位时间里电子数日及电子能量变化的表达式的基础上，给出电子能量分布函数的表达式。

第一步，求单位时间里电子数目变化的表达式。

设电离产生的最高电荷态为 $Z_{\max}$，电荷态 $j$ 在时刻 $t$ 的相对离子数(离子数密度) 为 $N_j(t)$，从电荷态 $j-1$ 到电荷态 $j$ 的电离速率为 $W_j(E(t))$，并且电离速率的值根据假设(3) 由准静态隧道电离速率公式(2.146) 求得。根据假设(4) 原子的电离为逐级电离的情况下，各电荷态相对粒子数随时间的演变规律可由一阶耦合微分方程组

$$\begin{cases} \dot{N}_0(t) = -W_1(E(t))N_0(t) \\ \cdots \\ \dot{N}_j(t) = W_j(E(t))N_{j-1}(t) - W_{j+1}(E(t))N_j(t) \\ \cdots \\ \dot{N}_{Z_{\max}}(t) = W_{Z_{\max}}(E(t))N_{Z_{\max}-1}(t) \\ \sum_{j=0}^{Z_{\max}} N_j(t) = 1 \end{cases} \tag{2.163}$$

给出。设时刻 $t$ 发生的各阶电离所产生的相对电子数为 $n(t)$，则根据式(2.163)，由各电荷态相对粒子数随时间的变化率，可求得单位时间里电子数目变化的表达式为

$$\frac{\mathrm{d}n(t)}{\mathrm{d}t} = \sum_{j=1}^{Z_{\max}} W_j(E(t))N_{j-1}(t) \tag{2.164}$$

第二步，求单位时间里电子能量变化的表达式。

由式(2.162)可知，在某一时刻产生的电子的剩余能量由电离时刻的激光场的电场强度或激光强度唯一地确定，并且对于圆偏振光，电子的剩余能为电离时刻的电子的有质动力势。由式(2.162)可以求得单位时间里电子能量变化的表达式为

$$\frac{\mathrm{d}\varepsilon(t)}{\mathrm{d}t} = \frac{3.52}{\tau_{\mathrm{p}}}\varepsilon(t)\cdot \mathrm{th}\left[\frac{1.76(t_{\max}-t)}{\tau_{\mathrm{p}}}\right] \tag{2.165}$$

式中，th[ ] 为双曲正切函数。

由式(2.164)和式(2.165)可知，单位时间里电子数目及电子能量的变化，由电离时刻的 $t$ 值唯一地确定，所以单位能量间隔里电子的数目，也由电离时刻的 $t$ 值唯一地确定。又由式(2.162)可知，电离时刻的 $t$ 值唯一地确定了在某一时刻产生的电子的剩余能量。因此，以电离时刻 $t$ 为中间变量，通过电离时刻 $t(0 \sim t_{\max})$ 的改变，相应地给出电离产生的电子的剩余能，同时给出由电离时刻的 $t$ 值唯一地确定的单位时间里电子数目及电子能量的变化值，从而得到单位能量间隔里电子数目的值。也就是以电离时刻 $t$ 为中间变量，可以计算出 $\mathrm{d}n(t)/\mathrm{d}\varepsilon(t)-\varepsilon(t)$ 曲线，即得出电离后电子的初始能量分布 $f_{\mathrm{e}}(\varepsilon)$。由式(2.164)和式(2.165)可得单位能量间隔里电子的数目，即电离后电子的能量分布函数为

$$\frac{\mathrm{d}n(t)}{\mathrm{d}\varepsilon(t)} = \frac{\mathrm{d}n(t)}{\mathrm{d}t}\bigg/\frac{\mathrm{d}\varepsilon(t)}{\mathrm{d}t} = 0.284\frac{\sum_{j=1}^{Z_{\max}} W_j(E(t))\cdot\tau_{\mathrm{p}}\cdot N_{j-1}(t)}{\varepsilon(t)\cdot \mathrm{th}[1.76(t_{\max}-t)/\tau_{\mathrm{p}}]} \tag{2.166}$$

4. 对建立的电子能量分布模型的讨论

为了验证所建立的描述圆偏振光场感生电离产生的电子能量分布函数的可靠性，下面将利用所建立的电子能量分布函数计算的结果与文献[82]的实验中利用圆偏振光场测量的 He 等离子体光场感生电离产生的电子能量分布以及其他文献中的数值模拟结果进行对比。为与文献[82]中的实验结果进行对比，模拟条件与文献[82]中的实验条件一致，圆偏振光场的峰值强度为 $I_0 = 6\times10^{15}\ \mathrm{W/cm^2}$，脉冲宽度 $\tau_{\mathrm{p}} = 180\ \mathrm{fs}$，波长 $\lambda = 820\ \mathrm{nm}$，氦气的气压维持在 $2\times10^{-8}$ torr（相应的离子密度为 $n_{\mathrm{i}} = 7\times10^{8}\ \mathrm{cm^{-3}}$），计算结果如图 2.31 所示。

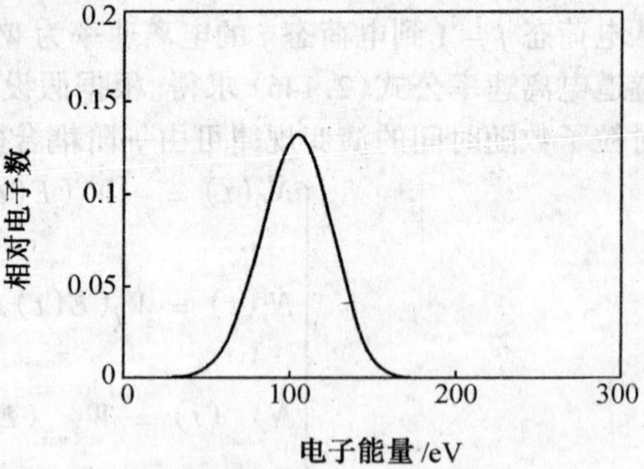


图 2.31　计算出的 He 的 OFI 等离子体电子能谱

由图 2.31 可得,电子能谱的峰值位置是 105 eV,即 $E_{\text{peak}}^{(1)} = 105$ eV。根据 ADK 模型和 BSI 模型计算出的 He 二阶电离阈值光强 $I_{\text{th}}$ 分别为 $8.29 \times 10^{15}$ W/cm$^2$ 和 $9 \times 10^{15}$ W/cm$^2$,在文献[82]的实验中 $I_0 < I_{\text{th}}$,所以图 2.31 中的单峰电子分布是 He 的一阶电离产生的,并且用所建立的模型计算的电子能量分布曲线的形状与实验结果相似,文献[82]的图 2 中测量的峰值位于 $E_{\text{peak}}^{(2)} = 62$ eV。

5.线偏振光场感生电离的电子能量分布模型

若激光场为线偏振,在计算电子剩余能量时应采用式(令 $\alpha = 0$)

$$\varepsilon(t) = 2 \times 9.33 \times 10^{-14} I_0 \text{sech}^2\left[\frac{1.76(t - t_{\max})}{\tau_{\text{p}}}\right]\lambda^2 \frac{\cos^2(\omega t) + \alpha^2\sin^2(\omega t)}{1 + \alpha^2} \tag{2.167}$$

此时仍然采取上述方法可以得到线偏振光场作用下,电离后电子的能量分布函数为

$$\frac{\mathrm{d}n(t)}{\mathrm{d}\varepsilon(t)} = \frac{\mathrm{d}n(t)}{\mathrm{d}t}\Big/\frac{\mathrm{d}\varepsilon(t)}{\mathrm{d}t} = \frac{\sum\limits_{j=1}^{Z_{\max}} W_j(E(t)) \cdot \tau_{\text{p}} \cdot N_{j-1}(t)}{2\varepsilon(t) \cdot [-\omega\tan(\omega t)\tau_{\text{p}} - 1.76\text{th}(1.76(t - t_{\max})/\tau_{\text{p}})]} \tag{2.168}$$

由式(2.166)和式(2.168)可见,电子能量分布与原子种类(决定电离率)、峰值光强(决定电子剩余能)、电离时刻的激光电场的位相值以及脉冲形状等因素有关。由式(2.168)也可以看到,由超短脉冲作用下的光场感生电离产生的电子能量分布远不同于稳态的 Maxwell 分布[83,84]。

### 2.3.2 原子参数及激光参数的计算理论

在X射线激光的研究中,原子物理有着重要的作用。为了定量地解释发生在等离子体中的基本过程,探讨激光机理和进行X射线激光实验的理论设计和实验结果的数据分析等,都需要有精确的原子参数。尽管进入20世纪90年代以来,实验技术有了很大进步,但原子参数的实验数据仍然十分有限,大量的原子数据还需通过理论方法进行计算。

为了解决实际应用中所需的大量数据,一般有两个方法可以采用,一是建立相应的原子数据库,这个数据库应包括离子能级、跃迁概率以及基本原子过程的截面及相应的速率系数等基本的原子参数,数据也应包括实验数据和详细的精确的理论计算。另一个方法是采用各种近似方法,编制相应的计算机程序,对基本的原子参数进行理论计算,以满足实际的需要。这些基本的原子参数包括离子能级、跃迁概率、电子碰撞激发及它们的逆过程的截面或速率系数等。

#### 2.3.2.1 离子的电子碰撞激发[57]

电子与原子(离子)的碰撞可能引起电子能级间的跃迁。根据能量守恒,向上跃迁时电子动能要大于或等于跃迁的阈值能量。设初始动能为 $\varepsilon_{\text{i}}$ 的自由电子与处于基态的离子 $X_{\text{o}}^{i+}$ 碰撞,离子被激发到 $X_{\text{u}}^{i+}$ 态,末态电子的动能为 $\varepsilon_{\text{f}}$,反应式为

$$X_{\mathrm{o}}^{i+} + e(\varepsilon_{\mathrm{i}}) \rightarrow X_{\mathrm{u}}^{i+} + e(\varepsilon_{\mathrm{f}}) \tag{2.169}$$

单电子跃迁的允许跃迁遵循光学选择定则，但其他跃迁亦有相应的概率。接近阈值时非允许跃迁实际上更可能大于允许跃迁。对于光学允许跃迁，截面可用有关两个态的偶极矩阵元表示。即电子与离子碰撞这种非弹性散射可考虑为在原子场中入射电子的自由 - 自由跃迁时吸收或诱导发射一个光子。碰撞激发截面可用 Bethe 近似解析公式表示为

$$\sigma_{\mathrm{ou}} = \frac{2(2\pi R_{\mathrm{y}})^2}{\sqrt{3}\varepsilon_{\mathrm{i}} h\nu_{\mathrm{ou}}} f_{\mathrm{ou}} g_{\mathrm{ou}} a_0^2 \tag{2.170}$$

式中，$R_\infty$ 为里德伯(Rydbery)常数，$R_\infty = 2\pi^2 m_{\mathrm{e}} e^4 / h^2$；$f_{\mathrm{ou}}$ 为吸收振子强度；$h\nu_{\mathrm{ou}}$ 为能级间的能量差；$h\nu_{\mathrm{ou}} = |\varepsilon_{\mathrm{f}} - \varepsilon_{\mathrm{i}}| = |E_{\mathrm{u}} - E_{\mathrm{o}}| = \Delta E_{\mathrm{ou}}$；$g_{\mathrm{ou}}$ 为自由 - 自由 Gount 因子；$a_0$ 为 Bohr 半径。

单位时间单位体积发生的离子的碰撞激发数为 $n_0 n_{\mathrm{e}} R_{\mathrm{ou}}$，其中 $n_0$ 为基态粒子数密度，式中的 $R_{\mathrm{ou}} = \langle \sigma_{\mathrm{ou}} v \rangle$ 为对速度分布函数 $f_{\mathrm{e}}(v)$ 平均的碰撞激发速率系数，它的定义为

$$R_{\mathrm{ou}} = \int_{v_{\min}}^{\infty} v f_{\mathrm{e}}(v) \sigma_{\mathrm{ou}} \mathrm{d}v \tag{2.171}$$

由式(2.171)可求得 $R_{\mathrm{ou}}$ 对电子能量分布函数 $f_{\mathrm{e}}(\varepsilon)$ 平均的碰撞激发速率系数

$$R_{\mathrm{ou}} = \int_{\Delta E_{\mathrm{ou}}}^{\infty} f_{\mathrm{e}}(\varepsilon) v \sigma_{ou}(\varepsilon) \mathrm{d}\varepsilon \tag{2.172}$$

其中，$\varepsilon$ 为电子动能，$v$ 与 $\varepsilon$ 的关系为 $v = \sqrt{2\varepsilon / m_{\mathrm{e}}}$。

#### 2.3.2.2 亚稳能级的单极激发[57]

现在从原子中电子的空间分布有关的性质(宇称)来考虑原子中的电子跃迁。由波函数的对称性出发，它的状态可分为偶性和奇性两类。一个简便的方法是用某一状态的电子组态来判别它的宇称，即把原子中各电子的 $l$ 量子数相加，如得到偶数则电子组态是偶性的，如果是奇数则组态是奇性的。普遍的选择定则是跃迁只能发生于不同宇称的状态间，即

$$\text{偶性态}(\sum_i l = \text{偶数}) \Leftrightarrow \text{奇性态}(\sum_i l = \text{奇数}) \tag{2.173}$$

不同状态间能否有跃迁首先考虑这一条，然后按耦合的类型($LS$ 或 $JJ$)考虑其他定则。

电子 - 离子碰撞是一种非弹性碰撞，在电子能量超过阈值时非电偶极跃迁远小于电偶极跃迁截面，然而在接近阈值时非电偶极跃迁截面可以和电偶极跃迁截面一样大，特别是靶离子的宇称没有变化的跃迁，称之为单极跃迁，在接近阈值时很大。事实上，在高度剥离的等电子系列闭合壳层离子(类氦、类氖、类镍和类钕离子)亚稳能级(电离势大的能级)单极激发，例如从类氖离子的 $1s^22s^22p^6$ 激发到 $1s^22s^22p^53p$，是从 $2p \rightarrow 3p$ 的宇称没有变化的单极激发，类镍离子的 $1s^22s^22p^63s^23p^63d^{10} \rightarrow 1s^22s^22p^63s^23p^63d^94d$，它们的截面是同类离子中最大的。这是一种主量子数之差 $\Delta n = 1$ 的跃迁，进入能产生 X 射线激光跃迁的上能级，这是一亚稳能级，因为下能级到基态是电偶极允许跃迁，辐射衰变速率很大，从而形成上下能级间的粒子数反转。图 2.32 给出了等电子系列闭合壳层离子电子碰撞激发产生 X 射线激光的原理性示意图。

### 2.3.2.3 三体复合机制[57]

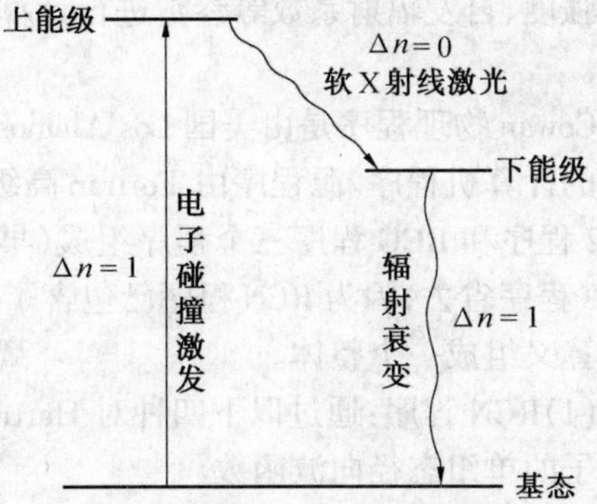


图 2.32 闭合壳层离子的电子碰撞激发原理性示意图

离子的电子碰撞复合(三体复合)是高温高密度等离子体内发生的重要原子物理过程,它的反应速率随电子温度的降低而迅速增大并且近似地与终态离子能级的主量子数的四次方成正比。图 2.33 为三体复合 X 射线激光的机理。在泵浦源的作用下靶物质被加热并电离,形成高剥离度的离子和自由电子组成的等离子体,在快速冷却过程中离子与自由电子三体碰撞复合。由于三体复合速率与主量子数的四次方成正比,所以在冷却过程中优先复合到离子的高壳层,形成高激发态的离子。高激发态的离子通过碰撞或级联辐射而消激发,跃迁到较低的能态。如果下能级消激发速率快于上能级的占据速率,则会在上下能级之间出现粒子数反转。如果等离子体中出现粒子数反转的区域足够大,时间足够长,几何条件足够好,就会形成 X 射线激光。

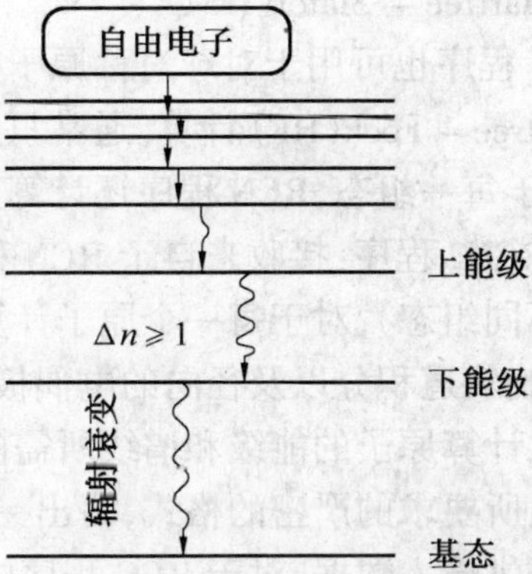


图 2.33 三体复合 X 射线激光的离子能级原理图

和电子碰撞泵浦相比,三体复合机制的特点是产生 X 射线激光跃迁的上下能级主量子数之差 $\Delta n \geqslant 1$,因此有利于获得短波长激光,量子效率比较高,约为 10% ~ 20%。而且在复合机制中,产生激光的波长与有效电荷 $Z$ 的平方成反比,即产生激光的波长将随 $Z$ 的提高而迅速变短,因此产生同样波长的激光,复合机制所需的泵浦能量比电子碰撞机制小得多。正是由于复合机制具有上述的优点,因此世界上许多著名实验室都在大力研究复合机制,希望以较低的泵浦能量获取饱和的 X 射线激光输出。但是,从在实验上成功观测到激光增益已有近二十年的时间,可激光输出远没做到饱和。这说明复合机制的研究要远比碰撞泵浦机制复杂、困难得多。事实上,复合机制中影响增益饱和的因素有很多,而且这些因素相互制约,对所创造的状态要求非常苛刻,若不在理论上进行深入的、细致的、全面的研究,就难以找到利用复合机制做到增益饱和的途径。

### 2.3.2.4 Cowan 程序简介

随着计算技术的发展,许多程序都可进行基本原子参数的计算,在众多的程序中,Cowan 物理程序[85](Cowan Physics Code) 由于其涉及面广,计算精度高,可对原子、离子的能级、广义振子强度、自发辐射系数等参数进行计算，因而在国内外X射线激光及原子物理学等领域广为使用。

Cowan物理程序是由美国Los Alamos国家实验室的Robert D. Cowan编写的用于原子参数计算的计算机程序。源程序由Fortran高级语言写成。整个Cowan物理程序软件包由RCN程序、RCN2程序和RCG程序三个程序组成(早先的程序包还包括HF程序，到最新的微型机版本已将HF程序省去，因为RCN程序已包含了HF程序的所有功能)，这三个程序各自独立地完成有关计算又组成一个整体。

(1)RCN程序：通过以下四种对Hartree - Fock方程的齐次微分方程近似之一来计算球对称原子的单组态径向波函数。

① Hartree(H)；

② Hartree - Fock - Slater(HFS)；

③ Hartree - Plus - Statistical - Exchange(HX)；

④ Hartree - Slater(HS)

RCN程序也可用于对球对称原子(组态的中心场能)或该组态的特定LS项的能量进行真实的Hartree - Fock(HF)计算。通常只使用HX方法或是中心场HF方法。除了计算径向波函数之外，对于每一组态，RCN程序还计算各种径向积分和原子的总能量。

(2)RCN2程序：接收来自于RCN程序的径向波函数(对于一个或多个原子或离子的一个或多个不同组态)，对于每一个原子计算不同的双组态径向积分，重叠积分，组态相互作用库仑积分，自旋轨道积分以及径向的电偶极和电四极积分。在它的最一般的使用选项下，RCN2程序自动地对计算原子的能级和谱线所需的所有量进行计算。以计算原子的能级和谱线的RCG程序的输入所要求的严密的格式，写出一个包含这个信息的文件，即为利用RCG进行能级和谱线计算提供输入数据。对于RCG程序中的平面波玻恩计算，RCN2程序中的径向多极积分的计算被求贝赛尔函数的径向积分的计算所取代。

(3)RCG程序：计算原子结构和光谱理论中的各种矩阵元的角度因子，这些因子主要包括：

① 每一组态的中心场能的奇异(单位矩阵)系数；

② 单组态直接和交互库仑相互作用和自旋轨道相互作用径向积分的系数，以及包含于哈密顿(能级)矩阵元计算中的直接和交互组态相互作用库仑径向积分的系数；

③ 磁偶极矩阵元以及电偶极和电四极约化矩阵元的角度系数。这些系数可作为实验能级数据最小二乘拟合程序(如RCE)的输入。

同时，RCG程序对于总的角动量$J$的每一个可能的值建立能量矩阵，对每一个矩阵进行对角化求得特征值(能级)和特征向量(在各种可能角动量耦合表象中的多组态中间耦合波函数)，然后计算磁偶极、电偶极和电四极辐射谱的波长，振子强度，辐射跃迁概率，辐射寿命等。对于自由电子，通过参数选择，还可以计算光电离截面，自电离跃迁概率，总的寿命以及平面波玻恩近似的电子碰撞激发强度等。

## 2.3.3 基于OFI的X射线激光实验研究装置

基于OFI的X射线激光实验研究装置一般主要分为:扩束－聚焦系统、真空室及气体靶室系统、X射线辐射时间积分谱测试系统等三个部分。图2.34和图2.35分别给出了典型的实验装置的照片和对应的实验装置示意图[75,86]。

图2.34 实验装置的照片

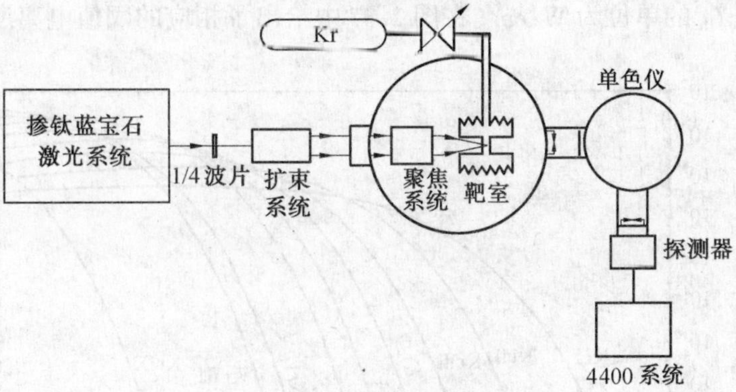


图2.35 实验装置示意图

飞秒激光系统出射的线偏振激光经扩束聚焦系统聚焦于真空室的靶室内,由靶室出射的短波长X射线激光经真空紫外单色仪分光后通过单色仪出射狭缝处的探测器进行放大。在光电倍增管输出信号比较弱的情况下,由光电倍增管输出的信号需经前置放大器进行预放,如果光电倍增管输出信号比较强,则可以不使用前置放大器,最后由4400信号检测和分析系统对X射线辐射谱线的时间积分谱进行测量。当需要将飞秒激光输出的线偏振光转换成圆偏振光时,由图中的 1/4 波片完成。

### 2.3.4 基于 OFI 的电子碰撞机制的理论和实验研究

基于 OFI 的电子碰撞激发机制主要有三个代表性的系统:Ne - like Ar(Ar IX),Ni - like Kr(Kr IX) 和 Pd - like Xe(Xe IX),在本书中将以 Ni - like Kr(Kr IX) 系统为例对基于 OFI 电子碰撞机制的动力学进行讨论[75]。

#### 2.3.4.1 圆偏振光场感生电离的类镍氪系统电离参数计算

这里利用前面给出的电离速率、阈值光强和光场感生电离产生的电子有质动力势、剩余能以及建立的圆偏振激光场感生电离产生的电子能量分布函数,对圆偏振光场感生电离的类镍氪系统电离参数进行计算。

1.类镍氪系统电离速率以及阈值光强的计算

根据式(2.146) 计算了圆偏振光场下的 Kr I 至 Kr IX 的电离速率随光强的变化关系,进而根据阈值激光强度 $I_{th}$ 的定义计算出光场电离所需的阈值激光强度。图 2.36 中给出了利用 ADK 模型计算出的 Kr I 至 Kr IX 的圆偏振光场电离速率随激光强度的变化曲线。利用 ADK 模型在求得了电离速率随激光强度的变化之后,根据 ADK 模型可以计算阈值激光强度 $I_{th}$。在利用 ADK 模型计算阈值激光强度时,对于激光脉冲宽度 $\tau_p = 105$ fs,相应地应有 $W_{Cir} > 10^{13}\ s^{-1}$,所以利用 ADK 模型计算的阈值激光强度是电离速率为 $10^{13}\ s^{-1}$ 时所对应的激光强度。同时,阈值激光强度可以利用 BSI 模型进行计算。表 2.14 中列出了分别利用 ADK 模型和 BSI 模型计算的阈值激光强度 $I_{tha}$、$I_{thb}$,$I_{th}$ 的单位为 W/cm²。在图 2.37 中给出了相应的阈值电离激光强度与电离能的关系曲线。

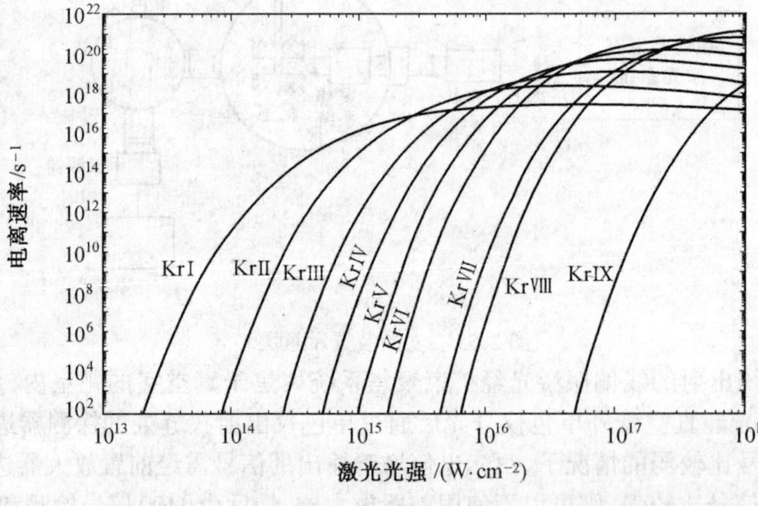


图 2.36 用 ADK 模型计算出的 Kr I 至 Kr IX 的电离率随激光强度的变化曲线

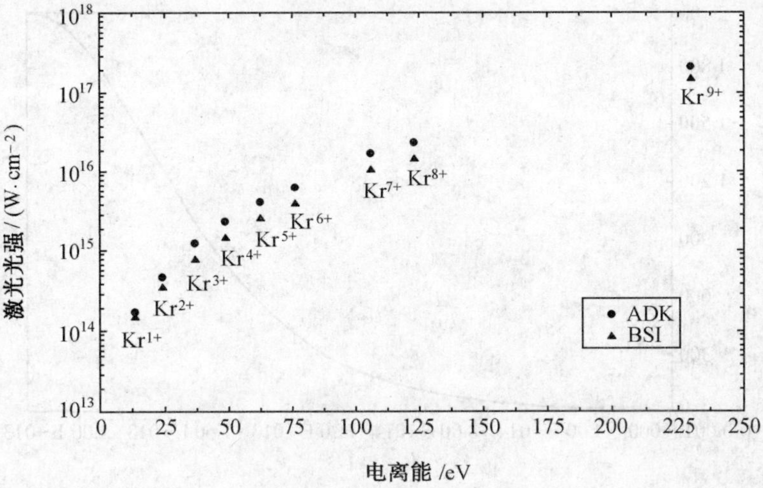


图 2.37 用 ADK 和 BSI 模型计算出的 Kr I 至 Kr IX 的阈值光强与电离能的关系

**表 2.14 利用 ADK 模型以及 BSI 模型计算产生 Kr 的各价离子所需的阈值激光强度**

| Kr 离子 | $Kr^{1+}$ | $Kr^{2+}$ | $Kr^{3+}$ | $Kr^{4+}$ | $Kr^{5+}$ | $Kr^{6+}$ | $Kr^{7+}$ | $Kr^{8+}$ | $Kr^{9+}$ |
|---|---|---|---|---|---|---|---|---|---|
| $E_i$/eV | 13.999 | 24.359 | 36.95 | 49.0 | 62.50 | 76.3 | 106.0 | 123.0 | 230.8 |
| $I_{tha}$/(W·cm$^{-2}$) | 1.749E14 | 4.967E14 | 1.245E15 | 2.265E15 | 3.930E15 | 6.174E15 | 1.640E16 | 2.308E16 | 1.963E17 |
| $I_{thb}$/(W·cm$^{-2}$) | 1.536E14 | 3.521E14 | 8.285E14 | 1.441E15 | 2.441E15 | 3.766E15 | 1.031E16 | 1.431E16 | 1.401E17 |

2.类镍氪系统电子剩余能的计算

在圆偏振光场情况下，电离产生的电子的剩余能与电离时刻的有质动力势相同，与激光强度、波长等有关，而与具体的原子系统无关。图 2.38 中给出了根据式(2.162) 计算出的 $I_0$ = $3.5\times10^{16}$ W/cm$^2$，$\tau_p$ = 105 fs，$\lambda$ = 800 nm时的双曲正割型圆偏振光场电离电子剩余能随电离时刻 $t$ 的变化曲线。

3.类镍氪系统电子能量分布的计算

根据式(2.163)，可给出氪原子的各电荷态相对粒子数随时间的演变规律的一阶耦合微分方程组。用四阶龙格－库塔法或吉尔法对上述耦合微分方程组进行数值求解，可得到每一时刻的各组分相对粒子数。图 2.39 中给出了在峰值光强为 $3.5\times10^{16}$ W/cm$^2$、脉冲宽度为 105 fs时，计算出的 Kr 的中性原子和前八个电荷态相对粒子数随时间的变化曲线。从图中可见，随着激光强度逐渐增大，最后达到峰值光强，各阶电荷态依次出现，同时在峰值光强为 $3.5\times10^{16}$ W/cm$^2$ 的情况下，电荷态 Kr IX 的相对粒子数从小于1逐渐增大到1，并最终成为等离子体中唯一的成分。由于在上述峰值光强范围内，Kr X 的电离率远远小于前八个电荷态的电离率(如图 2.36 所示)，因而速率方程中忽略了 $W_9$ 项的贡献。

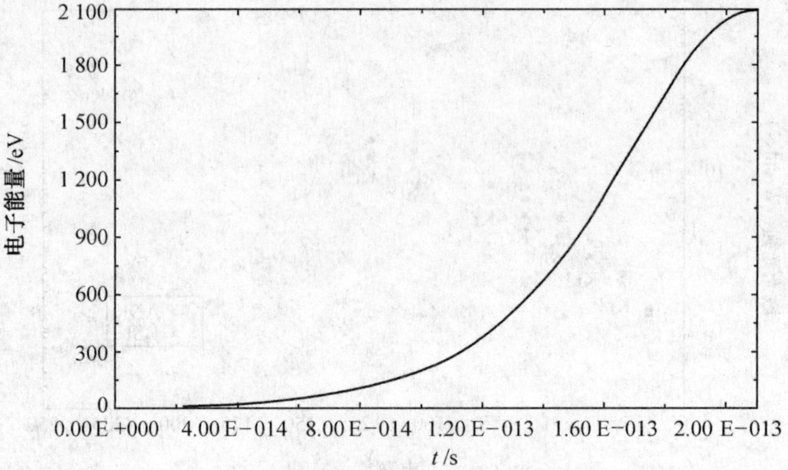


图 2.38　光场电离电子剩余能随电离时刻 $t$ 的变化

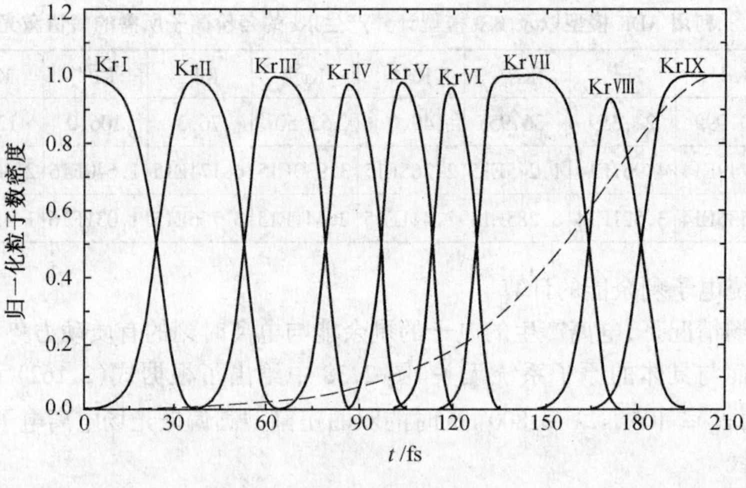


图 2.39　Kr I 至 Kr IX 相对粒子数随时间演变(图中虚线表示光强随时间变化)

根据计算出的电离速率及各电荷态随时间的变化的粒子数等,由式(2.166)可求得单位能量间隔里电子的数目,即电离后电子的能量分布函数。图 2.40 中给出了峰值光强为 $3.5\times10^{16}$ W/cm$^2$,脉冲宽度为 105 fs,入射激光波长为 800 nm,初始粒子数密度为 $1\times10^{17}$ cm$^{-3}$ 时,产生类镍氪(Kr IX) 等离子体的初始电子能量分布。由图 2.40 可知,类镍氪等离子体的初始电子能量分布有八个显著的峰,这八个峰分别对应于电离产生的八个电子,八个峰对应的电子能量分别为:16.56 eV,43.85 eV,106.09 eV,187.64 eV,319.26 eV,491.84 eV,1 276.27 eV 和 1 737.67 eV。

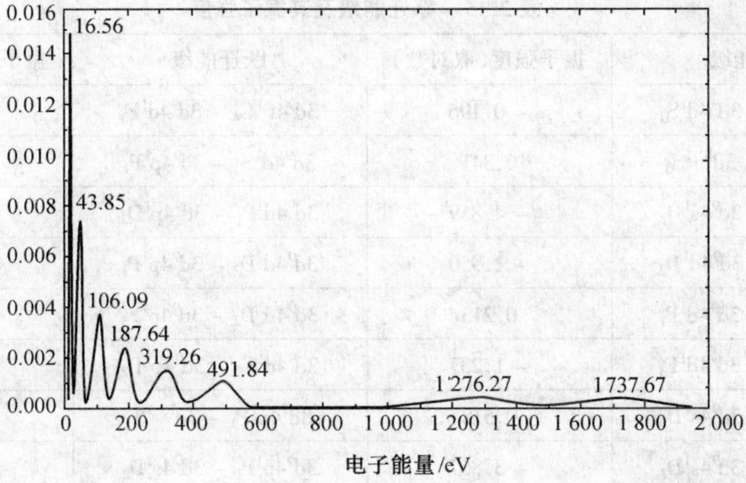


图 2.40 峰值光强为 $3.5\times10^{16}$ W/cm$^2$ 时 Kr IX 等离子体中初始电子能量分布

#### 2.3.4.2 类镍氪系统原子参数的计算

对于类镍氪系统,所要计算的原子参数主要包括类镍氪系统的能级、振子强度、自发辐射衰变速率、能级寿命、电子碰撞激发截面及电子碰撞激发速率系数等。其中能级、振子强度、自发辐射衰变速率、能级寿命等参数可直接由 Cowan 程序计算得出。由于电子碰撞激发速率与实际的电子能量分布密切相关,对于电子能量为 Maxwell 分布的平衡态系统,电子碰撞激发速率系数可由 Cowan 程序直接计算得出,而对于实际研究的飞秒激光脉冲驱动的基于 OFI 电子碰撞激发机制的类镍氪系统来说,由式(2.166)可知,其电子能量分布远不同于平衡态的 Maxwell 分布,因而电子碰撞激发速率系数不能由 Cowan 程序直接计算得出。

由偶极跃迁输出部分可以得到各能级的能量值,跃迁波长,振子强度,自发辐射衰减速率等原子参数。受篇幅限制,在表 2.15 中仅给出部分偶极跃迁能级及其振子强度的数值。

Cowan 程序对由 RCN 程序输入文件 IN36 组态卡中的组态确定的类镍氪系统的所有单态和三重态能级,都进行了计算。在表 2.15 中给出的仅是部分跃迁能级振子强度的数值。

由于类镍氪系统的电子能量分布远不同于平衡态的 Maxwell 分布,而导致类镍氪系统的电子碰撞激发速率系数不能由 Cowan 程序直接计算得出。由前面知识可知,要求得某一具体电子能量分布下的电子碰撞激发速率系数,只要知道电子碰撞激发截面 $\sigma_{ou}$ 对能量 $\varepsilon$ 的函数 $\sigma_{ou}(\varepsilon)$,然后对电子能量分布函数 $f_e(\varepsilon)$ 进行积分即可,于是问题转化为求电子碰撞激发截面 $\sigma_{ou}(\varepsilon)$ 的值。由电子碰撞激发截面 $\sigma_{ou}(\varepsilon)$ 与碰撞强度 $\Omega_{ij}$ 的关系式

$$\Omega_{ij} = g_i k_i^2 \sigma_{ij} \tag{2.174}$$

可知,通过碰撞强度 $\Omega_{ij}$ 的值可以求得电子碰撞激发截面 $\sigma_{ou}(\varepsilon)$ 的值。其中,$g_i$ 为初态的统计权重,$k_i^2$ 为入射电子的能量($Ry$),激发截面单位为 $\pi a_0^2$。并且碰撞强度 $\Omega_{ij}$ 的值可由 Cowan 程序直接在平面波玻恩近似下求出。

**表 2.15 跃迁能级及其振子强度**

| 跃迁能级 | 振子强度(取对数) | 跃迁能级 | 振子强度(取对数) |
|---|---|---|---|
| $3d^94f\,^1P_1-3d^94d^1S_0$ | -0.196 | $3d^94f\,^1G_4-3d^94d^1F_3$ | 0.668 |
| $3d^94f\,^1P_1-3d^{10}\,^1S_0$ | 0.341 | $3d^94d^1S_0-3d^94p^1P_1$ | -0.209 |
| $3d^94f\,^1P_1-3d^94s^1D_2$ | -4.859 | $3d^94d^1P_1-3d^94p^1D_2$ | -0.570 |
| $3d^94f\,^1P_1-3d^94d^1D_2$ | -1.950 | $3d^94d^1D_2-3d^94p^1P_1$ | -0.631 |
| $3d^94f\,^1D_2-3d^94d^1P_1$ | 0.213 | $3d^94d^1D_2-3d^94p^1F_3$ | 0.518 |
| $3d^94f\,^1D_2-3d^94d^1F_3$ | -1.237 | $3d^94d^1F_3-3d^94p^1D_2$ | 0.115 |
| $3d^94f\,^1F_3-3d^94s^1D_2$ | 0.518 | $3d^94p^1P_1-3d^{10}\,^1S_0$ | -0.242 |
| $3d^94f\,^1F_3-3d^94s^1D_2$ | -3.867 | $3d^94p^1P_1-3d^94s^1D_2$ | -0.243 |
| $3d^94f\,^1F_3-3d^94d^1G_4$ | -3.222 | $3d^94f\,^3P_1-3d^94d^3S_1$ | -4.694 |
| $3d^94f\,^3P_2-3d^94d^3S_1$ | 0.064 | $3d^94f\,^3P_0-3d^94d^3S_1$ | -0.227 |
| $3d^94f\,^3P_2-3d^94d^3D_3$ | -1.992 | $3d^94f\,^3P_0-3d^94d^3D_1$ | -4.405 |
| $3d^94f\,^3P_2-3d^94d^3D_2$ | -2.577 | $3d^94f\,^3P_0-3d^94s^3D_1$ | -5.842 |
| $3d^94f\,^3P_2-3d^94d^3D_1$ | -0.430 | $3d^94f\,^3D_3-3d^94d^3P_2$ | 0.347 |
| $3d^94f\,^3P_2-3d^94s^3D_3$ | -4.767 | $3d^94f\,^3D_3-3d^94d^3F_4$ | -0.552 |
| $3d^94f\,^3P_2-3d^94s^3D_2$ | -4.221 | $3d^94f\,^3D_3-3d^94d^3F_4$ | -2.023 |
| $3d^94f\,^3P_2-3d^94s^3D_1$ | -4.751 | $3d^94f\,^3D_3-3d^94d^3F_3$ | -2.316 |
| $3d^94f\,^3P_1-3d^94d^3S_1$ | 0.138 | $3d^94f\,^3D_2-3d^94d^3P_2$ | -2.034 |
| $3d^94f\,^3P_1-3d^94d^3D_2$ | -3.822 | $3d^94f\,^3D_1-3d^94d^3P_2$ | -4.058 |
| $3d^94f\,^3P_1-3d^94d^3D_1$ | -1.831 | $3d^94f\,^3D_1-3d^94d^3P_2$ | -0.893 |
| $3d^94f\,^3P_1-3d^94s^3D_2$ | -4.864 | $3d^94f\,^3G_5-3d^94d^3F_4$ | 0.832 |
| $3d^94f\,^3D_1-3d^94d^3P_0$ | -0.057 | $3d^94f\,^3G_4-3d^94d^3F_4$ | -1.078 |
| $3d^94f\,^3D_1-3d^94d^3F_2$ | -1.825 | $3d^94f\,^3G_4-3d^94d^3F_3$ | 0.760 |
| $3d^94f\,^3F_4-3d^94d^3D_3$ | 0.539 | $3d^94f\,^3G_3-3d^94d^3F_4$ | -2.329 |
| $3d^94f\,^3F_4-3d^94d^3G_5$ | -0.916 | $3d^94f\,^3G_3-3d^94d^3F_3$ | -0.312 |
| $3d^94f\,^3F_4-3d^94d^3G_4$ | -1.077 | $3d^94f\,^3G_3-3d^94d^3F_2$ | 0.579 |

续表 2.15

| 跃迁能级 | 振子强度(取对数) | 跃迁能级 | 振子强度(取对数) |
|---|---|---|---|
| $3d^94f\,^3F_4 - 3d^94d^3G_3$ | -1.693 | $3d^94d^3S_1 - 3d^94p^3P_2$ | 0.143 |
| $3d^94f\,^3F_3 - 3d^94d^3G_3$ | -2.153 | $3d^94d^3S_1 - 3d^94p^3P_1$ | -0.585 |
| $3d^94f\,^3F_3 - 3d^94d^3D_2$ | 0.611 | $3d^94d^3S_1 - 3d^94p^3P_0$ | -1.389 |
| $3d^94f\,^3F_3 - 3d^94d^3G_4$ | -5.064 | $3d^94d^3P_2 - 3d^94p^3D_3$ | -0.176 |
| $3d^94f\,^3F_3 - 3d^94d^3G_3$ | -1.557 | $3d^94d^3P_2 - 3d^94p^1D_2$ | -2.034 |
| $3d^94f\,^3F_2 - 3d^94d^3D_3$ | -3.340 | $3d^94d^3P_2 - 3d^94p^3D_1$ | -4.058 |
| $3d^94f\,^3F_2 - 3d^94d^3D_2$ | -5.142 | $3d^94d^3P_2 - 3d^94p^3D_2$ | -0.515 |
| $3d^94f\,^3F_2 - 3d^94d^3D_1$ | 0.389 | $3d^94d^3P_1 - 3d^94p^3D_1$ | -0.402 |
| $3d^94f\,^3F_2 - 3d^94d^3G_3$ | -1.521 | $3d^94d^3P_0 - 3d^94p^3D_1$ | -1.862 |
| $3d^94d^3D_3 - 3d^94p^3P_2$ | 0.093 | $3d^94d^3G_5 - 3d^94p^3F_4$ | 0.820 |
| $3d^94d^3D_2 - 3d^94p^3P_2$ | -1.885 | $3d^94d^3G_4 - 3d^94p^3F_4$ | -0.433 |
| $3d^94d^3D_2 - 3d^94p^3P_1$ | -0.868 | $3d^94d^3G_4 - 3d^94p^3F_3$ | 0.694 |
| $3d^94d^3D_1 - 3d^94p^3P_2$ | -2.887 | $3d^94d^3G_3 - 3d^94p^3F_4$ | -2.535 |
| $3d^94d^3D_1 - 3d^94p^3P_1$ | -0.778 | $3d^94d^3G_3 - 3d^94p^3F_3$ | -0.907 |
| $3d^94d^3D_1 - 3d^94p^3P_0$ | -0.171 | $3d^94d^3G_3 - 3d^94p^3F_2$ | 0.307 |
| $3d^94d^3D_3 - 3d^94p^3F_4$ | -0.452 | $3d^94p^3P_2 - 3d^94s^3D_3$ | 0.122 |
| $3d^94d^3D_3 - 3d^94p^3F_3$ | -0.055 | $3d^94p^3P_2 - 3d^94s^3D_2$ | -2.489 |
| $3d^94d^3D_3 - 3d^94p^3F_2$ | -1.471 | $3d^94p^3P_2 - 3d^94s^3D_1$ | -2.403 |
| $3d^94d^3D_2 - 3d^94p^3F_3$ | -2.294 | $3d^94p^3P_1 - 3d^94s^3D_1$ | -0.211 |
| $3d^94d^3D_2 - 3d^94p^3F_2$ | -0.849 | $3d^94p^3P_1 - 3d^94s^3D_1$ | -1.493 |
| $3d^94d^3D_1 - 3d^94p^3F_2$ | -0.876 | $3d^94p^3P_0 - 3d^94s^3D_1$ | -0.543 |
| $3d^94d^3F_4 - 3d^94p^3D_3$ | 0.581 | $3d^94p^3F_4 - 3d^94s^3D_3$ | 0.415 |
| $3d^94d^3F_3 - 3d^94p^3D_3$ | -0.951 | $3d^94p^3F_3 - 3d^94s^3D_3$ | -0.242 |
| $3d^94d^3F_3 - 3d^94p^3D_2$ | 0.479 | $3d^94p^3F_3 - 3d^94s^3D_2$ | 0.114 |
| $3d^94d^3F_2 - 3d^94p^3D_3$ | -1.647 | $3d^94p^3F_2 - 3d^94s^3D_3$ | -3.404 |
| $3d^94d^3F_2 - 3d^94p^3D_2$ | -0.310 | $3d^94p^3F_2 - 3d^94s^3D_2$ | -0.374 |
| $3d^94d^3F_2 - 3d^94p^3D_1$ | -0.674 | $3d^94p^3F_2 - 3d^94s^3D_1$ | -0.139 |

于是,实际的计算步骤就是:首先对所研究的类镍氪系统用Cowan程序计算出平面波玻恩近似的电子碰撞强度 $\Omega_{ij}$ 的值,进而求出电子碰撞激发截面 $\sigma_{ou}(\varepsilon)$ 的值,最后用截面 $\sigma_{ou}(\varepsilon)$ 对电子能量分布函数 $f_e(\varepsilon)$ 进行积分就得到了电子碰撞激发速率系数 $R_{ou}$。在表2.16和表2.17中分别给出了由类镍氪离子的基态 $3d^{10}\ ^1S_0$ 跃迁到部分单态能级和三重态能级的电子碰撞激发截面 $\sigma(\varepsilon)$ 的值。

**表 2.16　由基态跃迁到单态能级的电子碰撞激发截面 $\sigma(\varepsilon)$ 的值**

| $3d^{10}\ ^1S_0 - 3d^94d\ ^1S_0$ | | $3d^{10}\ ^1S_0 - 3d^94p\ ^1P_1$ | | $3d^{10}\ ^1S_0 - 3d^94f\ ^1P_1$ | |
|---|---|---|---|---|---|
| $\varepsilon(Ry)$ | $\sigma(\varepsilon)/cm^2$ | $\varepsilon(Ry)$ | $\sigma(\varepsilon)/cm^2$ | $\varepsilon(Ry)$ | $\sigma(\varepsilon)/cm^2$ |
| 10.69 | 3.82E − 18 | 7.81 | 2.24E − 18 | 12.02 | 3.20E − 18 |
| 14.64 | 2.84E − 18 | 10.70 | 1.74E − 18 | 16.46 | 2.50E − 18 |
| 20.03 | 2.14E − 18 | 14.64 | 1.43E − 18 | 22.53 | 2.06E − 18 |
| 27.42 | 1.62E − 18 | 20.05 | 1.22E − 18 | 30.84 | 1.77E − 18 |
| 37.54 | 1.23E − 18 | 27.45 | 1.06E − 18 | 42.22 | 1.56E − 18 |
| 51.38 | 9.36E − 19 | 37.57 | 9.36E − 19 | 57.79 | 1.38E − 18 |
| 70.34 | 7.04E − 19 | 51.43 | 8.12E − 19 | 79.11 | 1.21E − 18 |
| 96.29 | 5.26E − 19 | 70.41 | 6.95E − 19 | 108.29 | 1.05E − 18 |
| 131.80 | 3.91E − 19 | 96.38 | 5.85E − 19 | 148.24 | 8.86E − 19 |
| 180.42 | 2.89E − 19 | 131.93 | 4.86E − 19 | 202.92 | 7.41E − 19 |
| 246.98 | 2.13E − 19 | 180.60 | 3.98E − 19 | 277.77 | 6.11E − 19 |
| 338.08 | 1.56E − 19 | 247.22 | 3.23E − 19 | 380.23 | 4.98E − 19 |
| 462.79 | 1.15E − 19 | 338.41 | 2.59E − 19 | 520.49 | 4.01E − 19 |
| 633.50 | 8.44E − 20 | 463.24 | 2.07E − 19 | 712.48 | 3.21E − 19 |
| 867.18 | 6.18E − 20 | 634.12 | 1.64E − 19 | 975.30 | 2.55E − 19 |
| 1 187.06 | 4.52E − 20 | 868.03 | 1.29E − 19 | 1335.06 | 2.01E − 19 |
| 1 624.93 | 3.31E − 20 | 1 188.22 | 1.01E − 19 | 1 827.52 | 1.58E − 19 |
| 2 224.32 | 2.42E − 20 | 1 626.52 | 7.88E − 20 | 2 501.64 | 1.23E − 19 |
| 3 044.81 | 1.77E − 20 | 2 226.50 | 6.12E − 20 | 3 424.41 | 9.62E − 20 |
| 4 167.94 | 1.29E − 20 | 3 047.78 | 4.73E − 20 | 4 687.57 | 7.45E − 20 |
| 5 705.37 | 9.45E − 21 | 4 172.02 | 3.65E − 20 | 6 416.67 | 5.76E − 20 |
| 7 809.90 | 6.91E − 21 | 5 710.94 | 2.81E − 20 | 8 783.58 | 4.43E − 20 |

从表2.16和表2.17中类镍氪离子的基态$3d^{10}\,{}^1S_0$跃迁到部分单态能级和三重态能级的电子碰撞激发截面$\sigma(\varepsilon)$的值可以看到，在电子能量相同的情况下，由类镍氪离子的基态跃迁到三重态能级的电子碰撞激发截面比跃迁到单态能级的电子碰撞激发截面小1～2个数量级，所以对于所考虑的类镍氪激光系统，在后面所进行的计算中，可以不考虑三重态能级的影响。在能级寿命等参数的计算中，实际上已包括了三重态能级的影响。

表2.17 由基态跃迁到三重态能级的电子碰撞激发截面$\sigma(\varepsilon)$的值

| $3d^{10}\,{}^1S_0-3d^94s\,{}^3D_2$ | | $3d^{10}\,{}^1S_0-3d^94p\,{}^3P$ | | $3d^{10}\,{}^1S_0-3d^94f\,{}^3P_1$ | |
|---|---|---|---|---|---|
| $\varepsilon(Ry)$ | $\sigma(\varepsilon)/cm^2$ | $\varepsilon(Ry)$ | $\sigma(\varepsilon)/cm^2$ | $\varepsilon(Ry)$ | $\sigma(\varepsilon)/cm^2$ |
| 6.28 | 4.17E－19 | 7.72 | 3.23E－20 | 11.82 | 1.71E－20 |
| 8.60 | 3.09E－19 | 10.57 | 2.52E－20 | 16.18 | 1.34E－20 |
| 11.77 | 2.32E－19 | 14.47 | 2.06E－20 | 22.15 | 1.10E－20 |
| 16.11 | 1.76E－19 | 19.81 | 1.76E－20 | 30.32 | 9.49E－21 |
| 22.06 | 1.33E－19 | 27.12 | 1.54E－20 | 41.51 | 8.35E－21 |
| 30.20 | 1.00E－19 | 37.12 | 1.34E－20 | 56.82 | 7.37E－21 |
| 41.34 | 7.49E－20 | 50.82 | 1.16E－20 | 77.78 | 6.44E－21 |
| 56.59 | 5.56E－20 | 81.39 | 9.17E－21 | 106.47 | 5.55E－21 |
| 77.46 | 4.12E－20 | 111.41 | 7.67E－21 | 145.75 | 4.71E－21 |
| 106.04 | 3.03E－20 | 152.51 | 6.32E－21 | 199.51 | 3.93E－21 |
| 145.15 | 2.23E－20 | 208.77 | 5.15E－21 | 273.11 | 3.24E－21 |
| 198.70 | 1.64E－20 | 285.78 | 4.16E－21 | 373.85 | 2.64E－21 |
| 271.99 | 1.20E－20 | 391.20 | 3.32E－21 | 511.76 | 2.12E－21 |
| 372.33 | 8.81E－21 | 535.50 | 2.64E－21 | 700.53 | 1.70E－21 |
| 509.67 | 6.45E－21 | 733.04 | 2.08E－21 | 958.94 | 1.35E－21 |
| 697.67 | 4.72E－21 | 1 003.43 | 1.63E－21 | 1 312.66 | 1.06E－21 |
| 955.02 | 3.45E－21 | 1 373.57 | 1.27E－21 | 1 796.86 | 8.37E－22 |
| 1 307.30 | 2.52E－21 | 1 880.23 | 9.95E－22 | 2 459.66 | 6.54E－22 |
| 1 789.52 | 1.84E－21 | 2 573.79 | 7.71E－22 | 3 366.96 | 5.08E－22 |
| 2 449.62 | 1.34E－21 | 3 523.19 | 5.96E－22 | 4 608.93 | 3.94E－22 |
| 3 353.21 | 9.85E－22 | 4 822.78 | 4.59E－22 | 6 309.01 | 3.04E－22 |
| 4 590.11 | 7.19E－22 | 6 601.75 | 3.52E－22 | 8 636.21 | 2.34E－22 |

在求得了电子碰撞激发截面 $\sigma(\varepsilon)$ 的值之后，得到类镍氪系统的电子能量分布函数，根据电子碰撞激发速率系数与电子碰撞激发截面及电子能量分布函数 $f_e(\varepsilon)$ 的关系得到电子碰撞激发速率系数的数值。在表 2.18 中给出了类镍氪系统有关跃迁的电子碰撞激发与消激发速率系数，在表 2.19 中给出类镍氪系统有关跃迁的自发辐射衰减速率系数。

**表 2.18　类镍氪系统有关跃迁的电子碰撞激发与消激发速率系数**

| 跃迁能级 | $R/(cm^3 \cdot s^{-1})$ | 跃迁能级 | $R/(cm^3 \cdot s^{-1})$ |
|---|---|---|---|
| $3d^{10}\,^1S_0 - 3d^94s^3D_2$ | $2.089 \times 10^{-11}$ | $3d^94d^1S_0 - 3d^94f\,^1P_1$ | $3.144 \times 10^{-9}$ |
| $3d^{10}\,^1S_0 - 3d^94p^1P_1$ | $1.055 \times 10^{-10}$ | $3d^94d^1S_0 - 3d^94p^1P_1$ | $8.257 \times 10^{-10}$ |
| $3d^{10}\,^1S_0 - 3d^94d^1S_0$ | $1.287 \times 10^{-10}$ | $3d^94p^1P_1 - 3d^94s^1D_2$ | $9.642 \times 10^{-10}$ |
| $3d^{10}\,^1S_0 - 3d^94f\,^1P_1$ | $1.715 \times 10^{-10}$ | $3d^94p^1P_1 - 3d^{10}\,^1S_0$ | $3.516 \times 10^{-11}$ |

由于不考虑三重态能级的影响，所以在表 2.18 和表 2.19 中，仅给出了类镍氪系统单态能级间有关跃迁计算的参数。在表 2.20 中也仅给出可由 Cowan 程序直接计算得出的有关单态能级的数据。其中的 $E_l(cm^{-1})$、$\tau(s)$ 和 $A_s(s^{-1})$ 分别表示能级的能量值、能级寿命和总自发辐射衰减速率。

**表 2.19　类镍氪系统有关跃迁的自发辐射衰减速率系数**

| 跃迁能级 | $A_s/s^{-1}$ |
|---|---|
| $3d^94f\,^1P_1 - 3d^94d^1S_0$ | $9.076 \times 10^9$ |
| $3d^94f\,^1P_1 - 3d^{10}\,^1S_0$ | $2.548 \times 10^{12}$ |
| $3d^94d^1S_0 - 3d^94p^1P_1$ | $4.098 \times 10^{10}$ |
| $3d^94p^1P_1 - 3d^94s^1D_2$ | $9.508 \times 10^9$ |
| $3d^94p^1P_1 - 3d^{10}\,^1S_0$ | $2.812 \times 10^{11}$ |

**表 2.20　类镍氪系统有关能级的计算数据**

| 序号 | 能级 | $E_l/cm^{-1}$ | $\tau/s$ | $A_s/s^{-1}$ |
|---|---|---|---|---|
| 5 | $3d^94f\,^1P_1$ | 1 317 540 | $1.153 \times 10^{-12}$ | $2.603 \times 10^{12}$ |
| 4 | $3d^94d^1S_0$ | 1 171 278 | $2.014 \times 10^{-11}$ | $4.965 \times 10^{10}$ |
| 3 | $3d^94p^1P_1$ | 855 981 | $1.014 \times 10^{-11}$ | $2.958 \times 10^{11}$ |
| 2 | $3d^94s^1D_2$ | 698 055 | $9.995 \times 10^{33}$ | 0.0 |
| 1 | $3d^{10}\,^1S_0$ | – 1 894 | $9.995 \times 10^{33}$ | 0.0 |

根据计算出的类镍氪系统的有关能级的数值，可以作出其简化的能级图。

### 2.3.4.3 类镍氪系统增益系数的估算

1.增益系数的公式[87]

增益系数是激光器的一个重要参数,它的定义为光束传播方向上单位长度内光强的增长率。用 $n_u$、$n_1$ 和 $g_u$、$g_1$ 分别表示激光上下能级的粒子数密度和统计权重。按照受激辐射的基本原理,可推得峰值增益系数的表达式为

$$G = n_u F\sigma_{stim} = \Delta n\sigma_{stim} \tag{2.175}$$

式中,$n_u$ 为上能级粒子数密度;$F$ 为反转因子;$\sigma_{stim}$ 为受激发射截面;$\Delta n$ 为反转粒子数密度;反转因子 $F$ 的表达式为

$$F = 1 - \frac{n_1 g_u}{n_u g_1} \tag{2.176}$$

式中,$n_u$ 为上能级粒子数密度;$n_1$ 为下能级粒子数密度;$g_u$ 为上能级的统计权重;$g_1$ 为下能级的统计权重;受激发射截面 $\sigma_{stim}$ 的表达式为

$$\sigma_{stim} = \frac{\pi r_0 f_{lu}\lambda^2}{\Delta\lambda}\frac{g_1}{g_u} \tag{2.177}$$

式中,$\lambda$ 为激光波长(Å);$r_0$ 为经典电子半径,$r_0 = e^2/mc^2 = 2.8 \times 10^{-13}$ cm;$f_{lu}$ 为吸收振子强度。

在式(2.177)中未对谱线轮廓也未对谱线宽度作具体说明。为此,将式(2.177)乘以一个归一化的线型函数 $\varphi_x(\nu)$,线型函数的下标 x 用来标记某一特定线型。同样,用 $\Delta\lambda_x$ 表示某一特定线型的线宽,于是得受激发射截面 $\sigma_{stim}$ 的表达式为

$$\sigma_{stim} = \frac{\pi r_0 f_{lu}\lambda^2}{\Delta\lambda_x}\frac{g_1}{g_u}\varphi_x(\nu) \tag{2.178}$$

将式(2.178)代入式(2.175)得

$$G_x(\nu) = \Delta n\sigma_{stim} = \left(n_u - \frac{g_u}{g_1}n_1\right)\frac{\pi r_0 f_{lu}\lambda^2}{\Delta\lambda_x}\frac{g_1}{g_u}\varphi_x(\nu) \tag{2.179}$$

增益系数与反转粒子数密度 $\Delta n$ 和受激发射截面 $\sigma_{stim}$ 成正比。$G_x(\nu)$ 为线型为 x 的随频率 $\nu$ 变化的增益曲线。当频率 $\nu$ 取中心频率 $\nu_c$(即波长 $\lambda$ 为中心波长 $\lambda_c$ 时),即可求得峰值增益系数。由式(2.175)可知,若求得反转粒子数密度 $\Delta n$ 和受激发射截面 $\sigma_{stim}$ 的数值就可求得增益系数的值,对于受激发射截面 $\sigma_{stim}$,主要是求得线型函数 $\varphi_x(\nu)$ 与谱线宽度 $\Delta\lambda_x$ 的数值。

2.线型函数与谱线宽度

对洛伦兹轮廓,即等离子体中带电粒子碰撞引起的斯塔克加宽典型的谱线轮廓,线型函数为

$$\varphi_s(\lambda) = \frac{2}{\pi}\left[1 + \frac{4(\lambda - \lambda_c)^2}{\Delta\lambda_s}\right]^{-1} \tag{2.180}$$

当波长 $\lambda$ 为中心波长 $\lambda_c$ 时,线型函数为

$$\varphi_s(\lambda_c)=\frac{2}{\pi}=0.64 \tag{2.181}$$

对于X射线激光最合适的等离子体状态，具有洛伦兹轮廓的碰撞加宽不如多普勒加宽那么重要，这是因为在斯塔克加宽占优势的高密度状态下，常因密度太大而产生碰撞混合过程，不能维持粒子数反转。

激光谱线的多普勒加宽由质量为 $M$ 的激射离子的无规则运动引起，激射离子的速度由动力学温度 $kT_i$ 决定，典型的多普勒效应谱线加宽轮廓为高斯型，线型函数为

$$\varphi_d(\lambda)=\left(\frac{4\ln 2}{\pi}\right)^{1/2}\exp\left[-4\ln 2\left(\frac{\lambda-\lambda_c}{\Delta\lambda_d}\right)^2\right] \tag{2.182}$$

当波长 $\lambda$ 为中心波长 $\lambda_c$ 时，线型函数为

$$\varphi_d(\lambda_c)=\left(\frac{4\ln 2}{\pi}\right)^{1/2}=0.94 \tag{2.183}$$

谱线的半宽度(半高全宽)的比率为

$$\frac{\Delta\lambda_d}{\lambda_c}=\frac{2(2\ln 2)^{1/2}}{c}\left(\frac{kT_i}{M}\right)^{1/2}=7.7\times10^{-5}\left(\frac{kT_i}{\mu}\right)^{1/2} \tag{2.184}$$

式中的 $kT_i$ 为用 eV 表示的离子动力学温度，$M$ 是原子质量，$\mu\approx 2Z$ 为原子质量数。

对于能级寿命比较短的X射线激光系统，其自然加宽对谱线加宽有较大的影响，光谱线的自然加宽是由于处于激发态的原子具有一定的寿命而引起的。处于激发态的原子具有一定的寿命，由测不准关系可知，原子的激发态能量具有一定的自然宽度，所以原子从平均寿命为 $\tau_2$ 的高能级跃迁到平均寿命为 $\tau_1$ 的低能级时辐射出的光谱线的频率具有一定的宽度，此种加宽被称为自然加宽。自然加宽也具有上述的洛伦兹线型，谱线宽度为

$$\Delta\nu_N=\frac{1}{2\pi}\left(\frac{1}{\tau_2}+\frac{1}{\tau_1}\right) \tag{2.185}$$

式中，$\tau_2$ 是原子上能级的寿命；$\tau_1$ 是原子下能级的寿命。

由式(2.181)和式(2.183)可知，峰值增益系数公式对斯塔克加宽谱线要乘以0.64，对多普勒加宽谱线要乘以0.94。

3.反转粒子数密度

由峰值增益系数的公式(2.175)可知，为了确定系统的峰值增益系数，需求得反转粒子数密度 $\Delta n$ 的最大值 $\Delta n_{max}$。计算 $\Delta n_{max}$ 数值的公式为

$$\Delta n_{max}=n_i^2\left(R_{upper}-\frac{1}{3}R_{lower}\right)\left(\frac{1}{\tau_{upper}}+n_iR_{out}\right)^{-1} \tag{2.186}$$

其中，$n_i$ 为离子数密度，$R_{upper}$、$R_{lower}$ 分别是激光上下能级的电子碰撞激发速率系数，$R_{out}$ 是激光上能级的电子碰撞消激发速率系数，$\tau_{upper}$ 为激光上能级的能级寿命。将表2.20中的数据代入式(2.186)，并代入相应的离子数密度 $n_i$ 的数值，即可求得反转粒子数密度的最大值 $\Delta n_{max}$，其中离子数密度 $n_i$ 的数值是根据气体的压强和温度通过式

$$n_i = \frac{p}{kT} \tag{2.187}$$

计算的。式中，$p$ 为气体的压强；$k$ 为玻耳兹曼常数（$k = 1.3807 \times 10^{-23}\ \mathrm{J \cdot K^{-1}}$）；$T$ 为气体的温度。计算时气体的温度取为室温（即 $T = 298$ K）。实验中，气体的压强为0.1333 kPa ~ 十几千帕（即1 Torr ~ 十几托），在表2.21中给出通过式（2.187）计算的不同气体压强对应的离子数密度 $n_i$ 的数值。

在表2.22中给出通过式（2.187）计算的不同离子数密度对应的反转粒子数密度的最大值 $\Delta n_{max}$。

**表2.21　不同气体压强对应的离子数密度的数值**

| $p$/kPa | 0.133 3 | 0.266 6 | 0.400 0 | 0.533 3 | 0.666 6 | 0.799 9 | 0.933 3 | 1.066 6 |
|---|---|---|---|---|---|---|---|---|
| $N/10^{16}\mathrm{cm^{-3}}$ | 3.239 | 6.478 | 9.716 | 12.955 | 16.194 | 19.433 | 22.671 | 25.910 |
| $p$/kPa | 1.199 9 | 1.333 2 | 1.466 5 | 1.599 9 | 1.733 2 | 1.866 5 | 1.999 8 | 2.133 2 |
| $N/10^{16}\mathrm{cm^{-3}}$ | 29.149 | 32.388 | 35.627 | 38.865 | 42.104 | 45.343 | 48.582 | 51.820 |

**表2.22　不同离子数密度对应的反转粒子数密度的最大值**

| 离子数密度 $n_i/\mathrm{cm^{-3}}$ | 反转粒子数密度的最大值 $\Delta n_{max}/\mathrm{cm^{-3}}$ |
|---|---|
| $1 \times 10^{17}$ | $1.87 \times 10^{13}$ |
| $3.2 \times 10^{17}$ | $1.88 \times 10^{14}$ |

反转粒子数密度 $\Delta n$ 的最大值 $\Delta n_{max}$ 可通过求得激光上下能级的粒子数密度 $n_u$、$n_l$ 和统计权重 $g_u$、$g_l$ 的数值而得到。对于通常的激光系统，激光上下能级的粒子数密度 $n_u$、$n_l$ 的数值，在求得了激光上下能级的激发与消激发速率以及相关能级的自发辐射衰减速率系数等参数之后，可以通过求解有关能级上的粒子数密度随时间变化的微分方程组，即速率方程组来求得。在计算中主要考虑表2.20中所示的五个能级，根据各能级的粒子数密度随时间的变化，列出速率方程组

$$\begin{cases}
\dfrac{\mathrm{d}n_1}{\mathrm{d}t} = -(R_{12} + R_{13} + R_{14} + R_{15})n_e n_1 + R_{31}n_e n_3 + A_{51}n_5 + A_{31}n_3 \\
\dfrac{\mathrm{d}n_2}{\mathrm{d}t} = R_{12}n_e n_1 + R_{32}n_e n_3 + A_{32}n_3 \\
\dfrac{\mathrm{d}n_3}{\mathrm{d}t} = R_{13}n_e n_1 + R_{43}n_e n_4 - R_{31}n_e n_3 - R_{32}n_e n_3 + A_{43}n_4 - (A_{32} + A_{31})n_3 \\
\dfrac{\mathrm{d}n_4}{\mathrm{d}t} = R_{14}n_e n_1 - (R_{45} + R_{43})n_e n_4 + A_{54}n_5 - A_{43}n_4 \\
\dfrac{\mathrm{d}n_5}{\mathrm{d}t} = R_{15}n_e n_1 + R_{45}n_e n_4 - A_{54}n_5 - A_{51}n_5 \\
n_0 = n_1 + n_2 + n_3 + n_4 + n_5
\end{cases} \tag{2.188}$$

其中 $R$ 为激发与消激发的速率系数，$n_e$ 为电子数密度，$n_j(j=1,2,3,4,5)$ 为表 2.20 中的序号所示的各能级的粒子数密度，$n_0$ 为各能级的粒子数密度之和，$A$ 为自发辐射系数。

假设光场感生电离后产生的离子都处于离子的基态，则在离子数密度 $n_i$ 为 $1\times10^{17}\ \mathrm{cm^{-3}}$ 时，各 $n_j$ 的初值，即初始条件为 $n_1=1\times10^{17}\ \mathrm{cm^{-3}}$，$n_2=n_3=n_4=n_5=0\ \mathrm{cm^{-3}}$。对于类镍氪系统，光场感生电离产生八价的氪离子，所以产生的电子数密度值为 $n_e=8\times10^{17}\ \mathrm{cm^{-3}}$。最后将上述的初始条件及表 2.18 和表 2.19 中给出的各能级的激发与消激发速率和相应的自发辐射衰减速率系数代入式(2.188)，利用四阶龙格－库塔法对速率方程组式(2.188)进行求解，从而可以得到激光上能级和激光下能级的粒子数密度 $n_4$、$n_3$ 随时间的变化情况。

将激光上下能级粒子数密度 $n_4$、$n_3$ 及其统计权重 $g_u$、$g_l$ 的数值代入式(2.176)，即可得到反转粒子数密度 $\Delta n$ 的值随时间的变化情况，及其最大值 $\Delta n_{max}$。其中统计权重 $g_u$、$g_l$ 的数值由 Cowan 程序直接给出，$g_u$、$g_l$ 的数值分别为 1、3。反转粒子数密度 $\Delta n$ 的值随时间的变化情况如图 2.41 所示。由图 2.41 可以看到反转粒子数密度 $\Delta n$ 的最大值 $\Delta n_{max}=2.06\times10^{14}\ \mathrm{cm^{-3}}$，所对应的时刻为 1.5 ns，并且反转粒子数密度 $\Delta n>0$ 的时间持续 0.25 μs。但是由表 2.20 可知，激光上能级 $3d^94d^1S_0$ 和激光下能级 $3d^94p^1P$ 的寿命分别为 20 ps 和 10 ps，而且泵浦激光脉冲的脉宽仅为 105 fs，可以断定，反转粒子数密度 $\Delta n>0$ 的持续时间不会达到 0.25 μs，也就是说通过式(2.188) 计算的各能级的粒子数密度随时间的变化与实际情况之间存在偏差。

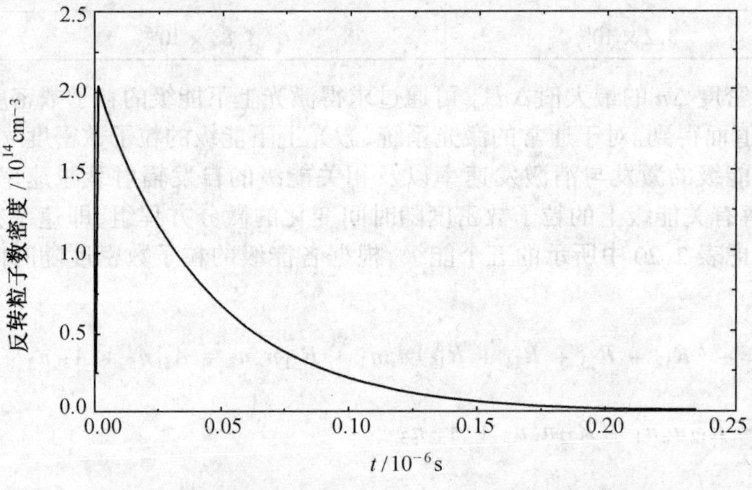


图 2.41　反转粒子数密度 $\Delta n$ 随时间的变化情况

下面来分析一下存在偏差的原因。在计算的速率方程组(2.188) 中，采用的各能级的激发与消激发速率系数都为常数，而实际情况是否这样呢？碰撞激发与消激发的速率系数是通过碰撞激发截面与电子能量分布函数的积分而得到。前面推导出的电子能量分布函数所描述的是光场感生电离刚刚结束时的电子能量分布，因此是各能级间的碰撞激发截面与这个电子能量分布函数的积分而得到的，碰撞激发与消激发的速率系数所描述的也只能是光场感生电离刚刚结束时的情况。但对于实际情况，随着电子与离子的碰撞激发与消激发，电子能量分布函数将发生变化，也就是说在电子与离子的碰撞过程中，电子能量分布函数将随时间发生变化，而不是停留在光场感生电离刚刚结束时的情形。由于电子能量分布函数在碰撞过程中随时间发生变化，因此电子能量分布函数与碰撞激发截面的积分也将随时间变化，即碰撞激发与消激发的速率系数随时间变化，而不应该是常数。

由此可以推断偏差来自于式(2.188)中所采用的各能级的激发与消激发速率系数都采用了常数，而更直接的原因是电子能量分布函数的模型尚没有描述出电子与离子的碰撞过程中，电子能量分布函数随时间的变化情况。所以建立的电子能量分布函数的模型能够描述光场感生电离刚刚结束时的情况，但在进一步的各能级粒子数密度随时间变化的速率方程组求解中受到限制。文献[77]中认为，在激光上能级寿命的时间间隔里，电子能量分布函数可以被认为不随时间发生变化，也就是说在激光上能级寿命的时间间隔里，可以把各能级的激发与消激发速率系数当作常数，所以利用式(2.188)进行计算的最初很短的时间段里可以认为是正确的。随着电子与离子的碰撞，高能电子的消耗，离子的激发与消激发过程将减弱，所以图2.41中，反转粒子数密度 $\Delta n > 0$ 的持续时间将远小于 0.25 μs，反转粒子数密度 $\Delta n$ 达到最大值 $\Delta n_{max}$ 的时刻也将远远小于1.5 ns，并且 $\Delta n_{max}$ 的数值将小于图中所示的值 $2.06 \times 10^{14}\ cm^{-3}$。由于在激光上能级寿命的时间间隔里，各能级的激发与消激发速率系数可以当作常数，可以利用式(2.186)计算反转粒子数密度的最大值 $\Delta n_{max}$，并且利用式(2.186)的计算结果小于图 2.41 中给出的反转粒子数密度的最大值。所以在进一步利用反转粒子数密度的最大值 $\Delta n_{max}$ 进行计算时，$\Delta n_{max}$ 的数值采用式(2.186)的计算结果，即表 2.22 中的计算结果。

4.类镍氪系统增益系数的估算

在求得了反转粒子数密度之后，如果知道谱线宽度，就可以对增益系数进行估算，所以为计算增益系数，还得对谱线宽度进行计算。在对谱线宽度进行计算之前，首先来考察一下为获得类镍氪 32.8 nm 的 X 射线激光放大，谱线宽度的数值应该满足的条件。当反转粒子数密度的最大值 $\Delta n_{max}$ 取表 2.22 中的计算结果 $1.87 \times 10^{13}\ cm^{-3}$，且不考虑具体的线型函数与谱线宽度时，对于中心波长 31.7 nm，代入相应的数值，由式(2.179)得

$$g_x(\nu_0) = 9.6627 \times 10^{-5} \frac{\varphi_x(\nu_0)}{\Delta\lambda_x/\lambda_c} \tag{2.189}$$

由式(2.181)和式(2.183)可知，对于斯塔克加宽和多普勒加宽 $\varphi_x(\nu_0)$ 的值分别为0.64和0.94。所以峰值增益系数主要取决于谱线的半宽度的比率 $\Delta\lambda_x/\lambda_c$ 的值，式中的 $\lambda_c$ 为中心波长。

X 射线激光 ASE 的一般目标是获得单程放大 $e^5 = 150$ 倍[87]，即增益长度积 $gL = 5$。在 Lemoff 等人[88]的实验中，类钯氙(Pd - like Xe)系统的最大的增益长度为8.4 mm，若以此来推断相似条件下的类镍氪(Ni - like Kr)系统的峰值增益系数，则相应的峰值增益系数的值应大于 $6\ cm^{-1}$，即由式(2.189)得

$$\Delta\lambda_x/\lambda_c < 1.610\,5 \times 10^{-5}\varphi_x(\nu_0) \tag{2.190}$$

所以为获得150倍的单程放大，对于斯塔克加宽和多普勒加宽由式(2.190)得谱线的半宽度的比率应分别满足

$$\Delta\lambda_s/\lambda_c < 1.030\,7 \times 10^{-5} \tag{2.191}$$

$$\Delta\lambda_d/\lambda_c < 1.513\,8 \times 10^{-5} \tag{2.192}$$

也就是说对于中心波长32.8 nm，只有谱线宽度满足 $\Delta\lambda_s < 3.267\,3 \times 10^{-4}$ nm 或 $\Delta\lambda_d < 4.798\,7 \times 10^{-4}$ nm，才能获得150倍的单程放大，才能获得类镍氪31.7 nm的X射线激光放大。当反转粒子数密度的最大值 $\Delta n_{max}$ 取表2.22中的计算结果 $1.88 \times 10^{14}$ cm$^{-3}$ 时，则谱线宽度可以大于上面计算的数值。

在对反转粒子数密度的最大值为 $1.87 \times 10^{13}$ cm$^{-3}$ 情况下所允许的最大谱线宽度进行估算之后，下面利用式(2.179)，对类镍氪系统的峰值增益系数进行估算，其中反转粒子数密度的最大值 $\Delta n_{max}$ 的数值取表2.22中的计算结果。在前面已经提到，对于X射线激光最合适的等离子体状态，具有洛伦兹轮廓的碰撞加宽不如多普勒加宽那么重要，所以谱线加宽首先考虑多普勒加宽，即谱线的半宽度的比率由式(2.184)给出，对于式(2.184)中的离子动力学温度 $kT_i$ 的数值，在原子的温度为室温(0.025 eV)情况下，根据动量守恒，利用图2.40中电子能量分布的八个峰值所对应的电子能量的数值进行计算得

$$\frac{\Delta\lambda_d}{\lambda_c} = 1.918 \times 10^{-6} \tag{2.193}$$

在中心波长为31.7 nm时，由式(2.193)可以得到 $\Delta\lambda_d = 6.118 \times 10^{-5}$ nm，相应的 $\Delta\nu_d = 1.804 \times 10^{10}$ Hz。

将表2.20中的激光上、下能级的能级寿命的数值代入式(2.185)可以得到谱线的自然加宽为 $\Delta\nu_N = 2.360 \times 10^{10}$ Hz。由 $\Delta\nu_N$ 和 $\Delta\nu_d$ 可以得到，在考虑多普勒加宽和自然加宽的情况下，谱线加宽为 $\Delta\nu = 4.164 \times 10^{10}$ Hz，相应的 $\Delta\lambda = 1.412 \times 10^{-4}$ nm，将 $\Delta\lambda$ 的数值代入式(2.179)，可以得到粒子数密度分别为 $1 \times 10^{17}$ cm$^{-3}$ 和 $3.2 \times 10^{17}$ cm$^{-3}$ 时，即不同气体压强下的峰值增益系数的值分别为14 cm$^{-1}$、141 cm$^{-1}$。

总之，对于中心波长32.8 nm的类镍氪系统，谱线加宽在考虑多普勒加宽和自然加宽的情况下，理论上可以获得较高的峰值增益系数。在粒子数密度为 $1 \times 10^{17}$ cm$^{-3}$ 和 $3.2 \times 10^{17}$ cm$^{-3}$ 时，理论上的峰值增益系数分别为14 cm$^{-1}$、141 cm$^{-1}$。即使谱线宽度进一步增大，通过对电子温度的控制，仍有可能获得较大的峰值增益系数。在峰值增益系数 $g = 14$ cm$^{-1}$ 的情况下，只要增益长度 $L > 0.4$ cm，即可满足增益长度积 $gL > 5$ 的要求，所以对于上述的峰值增益系数，在增益长度足够大的情况下，有可能获得类镍氪系统32.8 nm的X射线激光放大。

#### 2.3.4.4 类镍氪系统的实验研究

当激光功率密度达不到获得类镍氪系统32.8 nm的X射线激光放大的要求时，实验中会观

察到另外一种强场现象,即高次谐波现象。本书简单地介绍由图 2.34 实验装置给出的以氪气为介质对在不同能量、不同气体密度、不同偏振条件下的氪的高次谐波结果[89]。

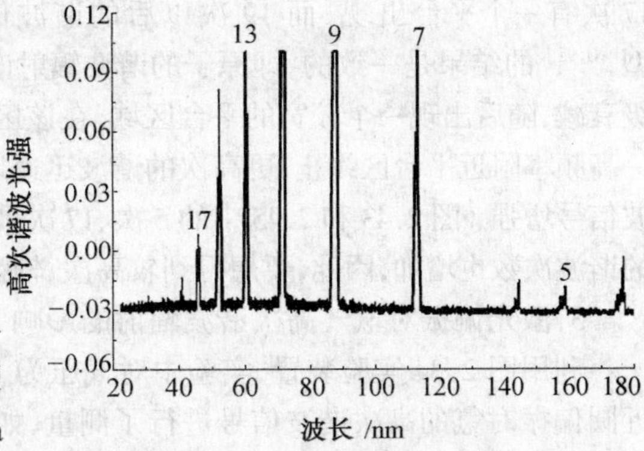


图 2.42 高次谐波谱(泵浦激光为线偏振光,能量为 8 mJ,气压为 0.74 kPa)

1. 气体密度对氪气高次谐波辐射的影响

在研究气体密度对高次谐波辐射的影响、寻找最佳的气体密度时,用 Boxcar 门积分器作为单色仪的信号记录系统。在保持激光能量 8 mJ 不变的情况下,对气体气压分别为 0.74 kPa,1.62 kPa 和 2.97 kPa 时的谐波进行了测量,如图 2.42 ~ 2.44 所示。

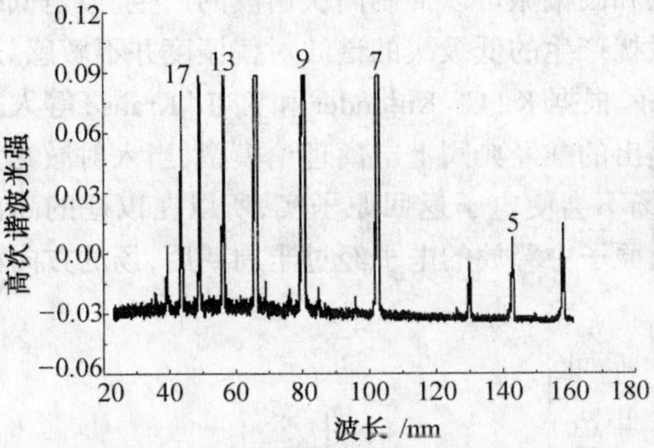


图 2.43 高次谐波谱(泵浦激光为线偏振光,能量为 8 mJ,气压为 1.62 kPa)

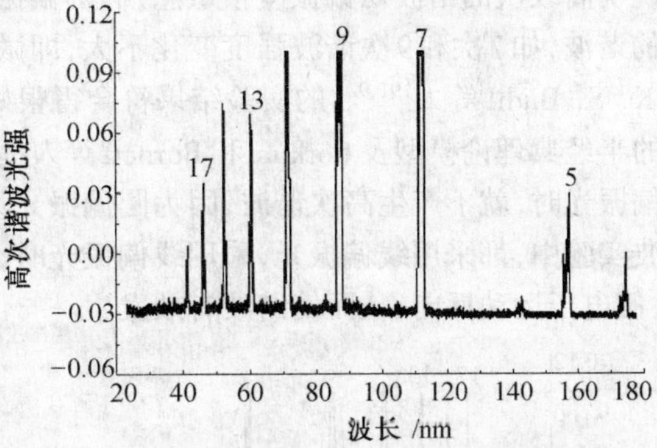


图 2.44 高次谐波谱(泵浦激光为线偏振光,能量为 8 mJ,气压为 2.97 kPa)

从图中可以看到,气体密度较低时(0.74 kPa),各谐波的相对强度较弱,随着气体密度增加到 1.62 kPa,各谐波的强度也在增加,但气体密度继续增加到 2.97 kPa,各谐波的相对强度反而降低。主要原因有两个:(1) 激光与气体靶相互作用的过程中,气体密度超过一定值后,如继续升高,气体电离的概率增大,电子产额也将迅速增加,而电子密度增加,就会使谐波在传播过程中相位失配变得明显,从而影响谐波信号的强度。(2) 随着气体密度的上升,使得背景气体对谐波信号的吸收也迅速增加,从而抑制了谐波辐射随气体密度的平方上升的趋势。因此,为了使实验中谐波信号足够强,气体密度不能太低,但从上面的分析可以看出,气体密度过高对谐波信号的增强并无益处,从实验结果来看,气体密度在 10 Torr 左右,谐波信号较强。

2. 激光能量对氪气高次谐波辐射的影响

保持气体密度在 10 Torr(1.3 kPa) 左右,取激光能量为 8 mJ 和 35 mJ,测得的谐波辐射如图 2.43 和 2.45 所示,从图中可以看到:(1) 在两种不同的激光功率密度下,谐波辐射从第 7 次到第

17 次有一个平台出现，而 19 次以后的谐波信号，其强度迅速下降，这和二能级原子理论模型[90,91] 的结果是一致的，即原子的谐波辐射谱中，最初几次的谐波强度会随谐波次数的增加逐级衰减，随后出现一个较宽的平台区域，在该区域内各次谐波基本上具有相同的强度，最后在某一高频率附近平台区终止，更高次的谐波迅速地衰减为零。(2) 随着激光功率密度的上升，同次谐波信号增强（图 2.43 和 2.45 中的 5 次、17 次、19 次比较明显），而且随着功率密度的提高，能观测的谐波次数也增加，因此，要想得到较高次、较强的谐波辐射，入射激光能量不能太低。

3. 激光偏振对氪气高次谐波辐射的影响

利用图 2.34 实验装置，实验中对气压为 1.4 kPa，激光能量为 35 mJ，泵浦激光为线偏振和近圆偏振时氪的高次谐波信号进行了测量，如图 2.45 和图 2.46 所示。从图中可以看到，在近圆偏振的情况下，各谐波信号的相对强度较弱，有的谐波信号已经观测不到。由图 2.46 明显看出 Kr 的高级次的谐波已经被抑制，13 次和 15 次的谐波强度明显减弱，更高级次的谐波已经消失。这说明高级次的谐波对偏振度很敏感，椭圆偏振和圆偏振可以抑制高次谐波的产生。但是低级次的谐波，如 7 次和 9 次谐波强度变化不大，即微扰产生的低级次的谐波对偏振度并不敏感。这和 K. S. Budil 等人[91,92] 的实验结果符合得很好。根据 K. C. Kulander 和 J. J. Krause 等人提出的半经典理论模型及 Corkum 和 Burnett 等人提出的准经典阈上电离理论模型，当入射激光为圆偏振光时，就不产生高次谐波，因为圆偏振光场不会使电子返回原子实，所以在以往的高次谐波实验中，都采用线偏振光，采用线偏振光时，原子中释放的电子经过半周期后，场的方向相反，使电子运动反向，从而使谐波有效发生。

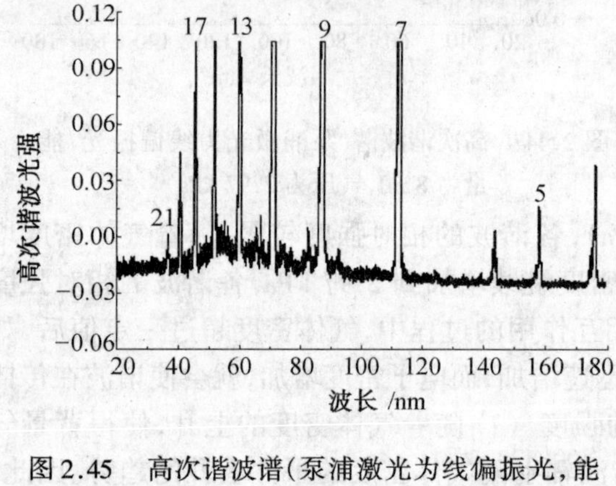


图 2.45 高次谐波谱（泵浦激光为线偏振光，能量为 35 mJ，气压为 1.4 kPa）

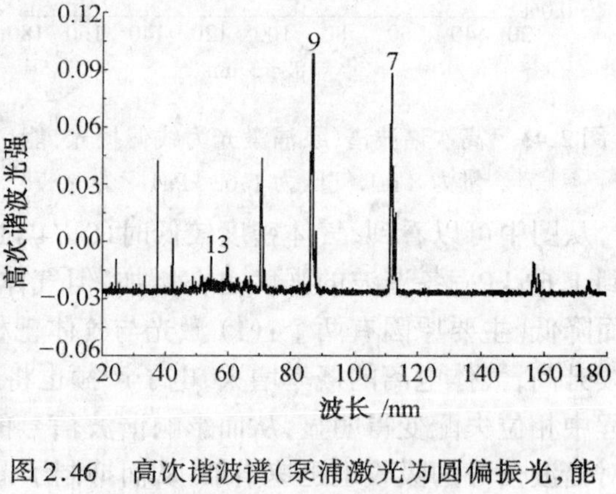


图 2.46 高次谐波谱（泵浦激光为圆偏振光，能量为 35 mJ，气压为 1.4 kPa）

当激光功率达到一定强度时，就会观察到 Ni - like Kr 32.8 nm 的 X 射线激光放大。2001 年，法国的 S.Sebban 等人[93,94] 组成的研究小组基于 OFI 电子碰撞激发机制 Ni - like Kr 32.8 nm 软 X 射线激光放大，采用重复频率 10 Hz，脉宽 35 fs，波长 800 nm 的掺钛蓝宝石（Ti: sapphire）激光系统作为驱动源，使用的激光能量达 700 mJ，获得了 Ni - like Kr 32.8 nm 的 X 射线激光放大。同年,也获得了基于 OFI 电子碰撞激发机制 Pd - like Xe 41.8 nm 软 X 射线饱和激光放大,实验中聚焦功率密度高于 $3 \times 10^{17}$ W/cm$^2$,获得的增益长度积的值达到 15。这是迄今为止基于 OFI 的 X 射线激光研究中所达到的最大的增益长度积和最高的重复频率。

### 2.3.5 基于 OFI 的复合机制类硼氮系统的理论和实验研究

基于 OFI 的复合机制以类硼氮系统为主要代表,在本书中将以类硼氮系统为例对基于 OFI 复合机制的动力学进行讨论[77,95]。

#### 2.3.5.1 类硼氮系统电离参数的计算

1.类硼氮系统电离速率的计算

电离速率是计算所有电离参数的基础。图 2.47 给出了由公式(2.144) 计算的 NI 至 NV 线偏振光场电离速率随激光强度的变化曲线。

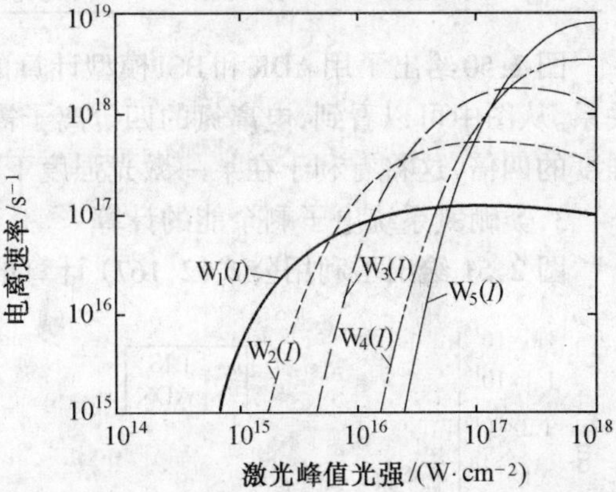


图 2.47 用 ADK 模型计算出的 NI 至 NV 的电离速率随激光强度的变化曲线

图 2.48 给出了 NI 至 NV 线偏振光场电离速率随时间的变化曲线($E_0 = 1.936 \times 10^9$ V/cm, $\tau_p = 105 \times 10^{-15}$ s)。随着激光电场强度值的增加,在电离时刻的峰值处(210 fs),NI 至 NV 的电离速率依次达到最大值。图 2.49 给出了 $E_0 = 2.449 \times 10^9$ V/cm 时的 NI 至 NV 线偏振光场电离速率随时间的变化曲线,从图中可以看到,在电离时刻的峰值处(210 fs),NI 的电离速率达到最大值。

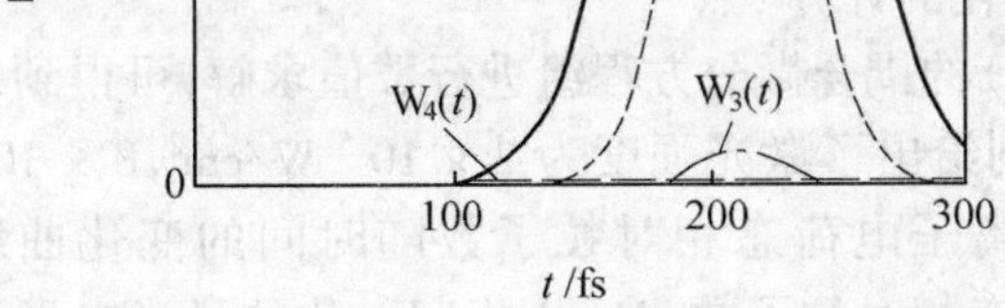


图 2.48 用 ADK 模型计算的 NI 至 NV 的电离速率随时间的变化曲线($E_0 = 1.936 \times 10^9$ V/cm)

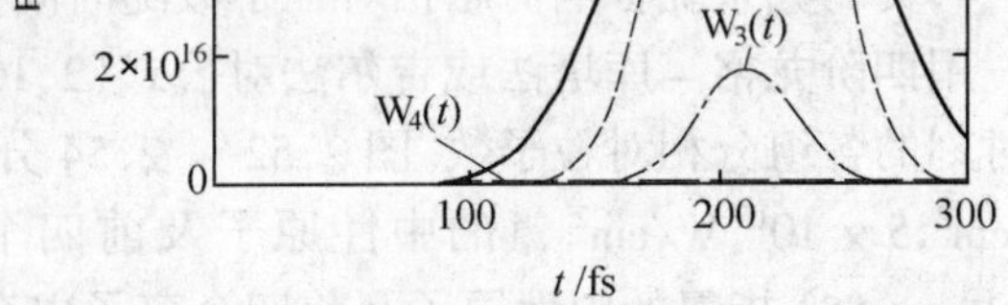


图 2.49 用 ADK 模型计算的 NI 至 NV 的电离速率随时间的变化曲线($E_0 = 2.449 \times 10^9$ V/cm)

2.类硼氮系统阈值激光强度的计算

利用 ADK 模型以及 BSI 模型计算的产生氮的各价离子所需的阈值激光强度,如表 2.23 所示。

表 2.23 利用 ADK 模型以及 BSI 模型计算产生氮的各价离子所需的阈值激光强度

| N 离子 | $N^{1+}$ | $N^{2+}$ | $N^{3+}$ | $N^{4+}$ | $N^{5+}$ |
|---|---|---|---|---|---|
| $E_i$/eV | 14.534 | 29.601 | 47.448 | 77.472 | 97.888 |
| $I_{tha}$/(W · cm$^{-2}$) | 1.517E14 | 7.076E14 | 2.109E15 | 8.102E15 | 1.349E16 |
| $I_{thb}$/(W · cm$^{-2}$) | 1.785E14 | 7.678E14 | 2.253E15 | 9.006E15 | 1.469E16 |

图 2.50 给出了用 ADK 和 BSI 模型计算的 NI 至 NV 线偏振光场的阈值激光强度与电离能的关系。从图中可以看到,电离氮的四价离子需要的激光强度大约是电离氮的三价离子所需激光强度的四倍。这将有利于在某一激光强度下,氮的三价离子的产生。

3.类硼氮系统电子剩余能的计算

图 2.51 给出了利用公式(2.167) 计算的光场电离电子剩余能随电离时刻变化曲线。

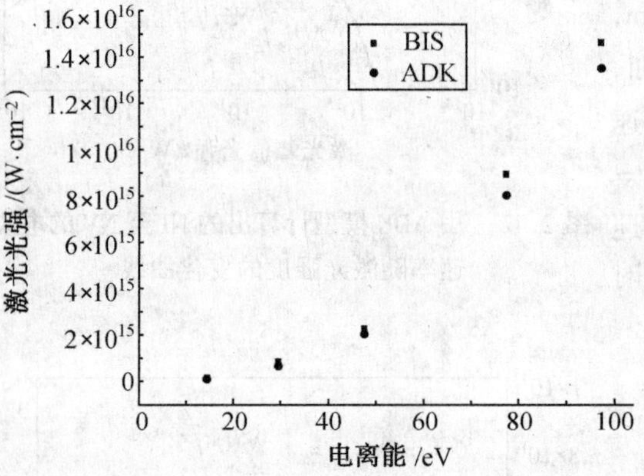


图 2.50 用 ADK 和 BSI 模型计算出的 NI 至 NV 的阈值光强与电离能的关系

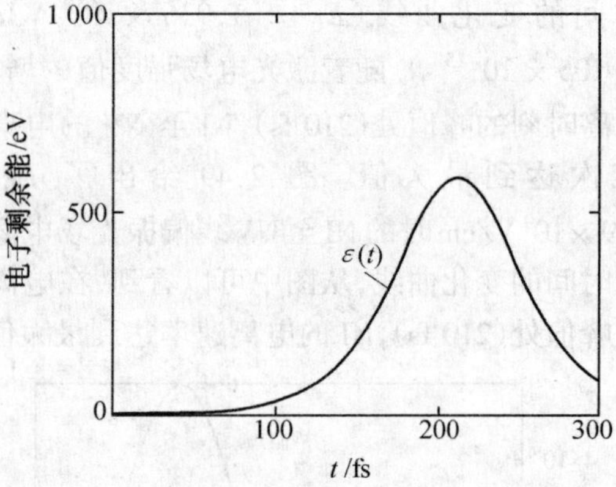


图 2.51 光场感生电离电子剩余能随电离时刻 $t$ 的变化

4.类硼氮系统各电荷态相对粒子数随时间变化的计算

用四阶龙格 - 库塔法或吉尔法对公式(2.163) 的耦合微分方程组进行数值求解,可得到每一时刻的各组分相对粒子数。图 2.52 ~ 2.54 分别给出了激光强度为 $2 \times 10^{15}$ W/cm$^2$,$8 \times 10^{15}$ W/cm$^2$,$5 \times 10^{15}$ W/cm$^2$ 氮的中性原子及前四个离子电荷态相对粒子数随时间的变化曲线($z(1) \cdots z(5)$ 指氮的中性原子及前四个离子电荷态相对粒子数,$M(t)$ 指归一化的激光电场强度)。从图中可以看到,随着峰值光强的增大,各阶电荷态出现的时刻逐渐提前,持续时间逐渐缩短,在激光强度为 $5 \times 10^{15}$ W/cm$^2$ 时,氮的三价离子的相对粒子数成为等离子体中唯一的成分。因此,类硼氮 45.21 nm 激光系统的最佳激光强度为 $5 \times 10^{15}$ W/cm$^2$。

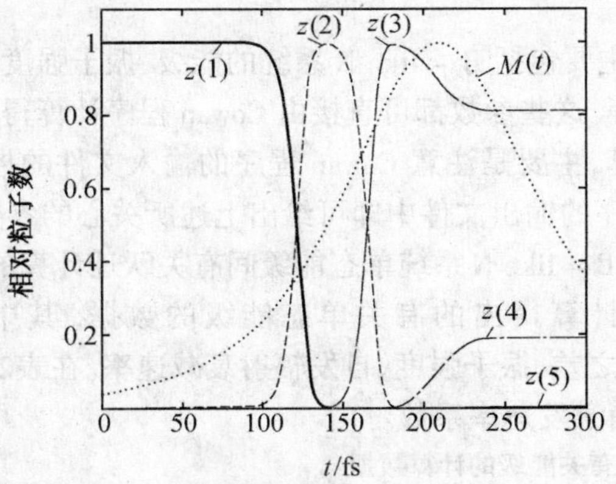


图 2.52 氮的中性原子和前四个离子态的相对粒子数随时间的变化（$I = 2 \times 10^{15}$ $W/cm^2$）

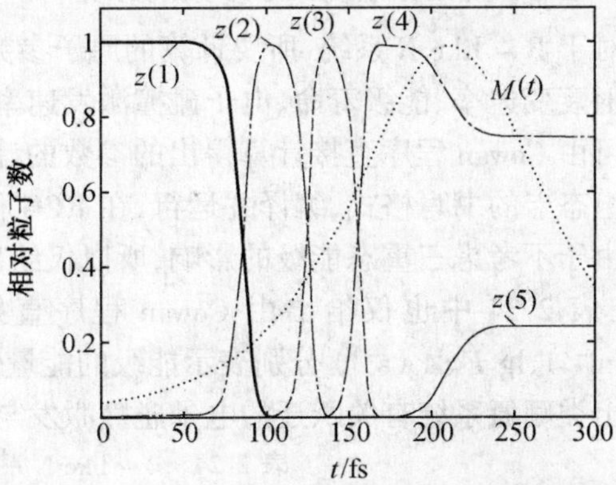


图 2.53 氮的中性原子和前四个离子态的相对粒子数随时间的变化（$I = 8 \times 10^{15}$ $W/cm^2$）

5.类硼氮系统初始电子能量分布的计算

在峰值光强为 $5 \times 10^{15}$ $W/cm^2$，脉冲宽度为 105 fs，入射激光波长为 795 nm 的情况下，利用公式(2.168)计算了类硼氮等离子体的初始电子能量分布，如图 2.55 所示。从图中可以看到类硼氮等离子体的初始电子能量分布有三个显著的峰，这三个峰分别对应于电离产生的三个价电子的相对粒子数分布，三个峰对应的电子能量分别为：29 eV，129 eV，357 eV。对图 2.55 积分求平均可得电子的平均能量为 199.836 eV，从而用平均电子能量来估算的电子平均温度为 133.324 cV。

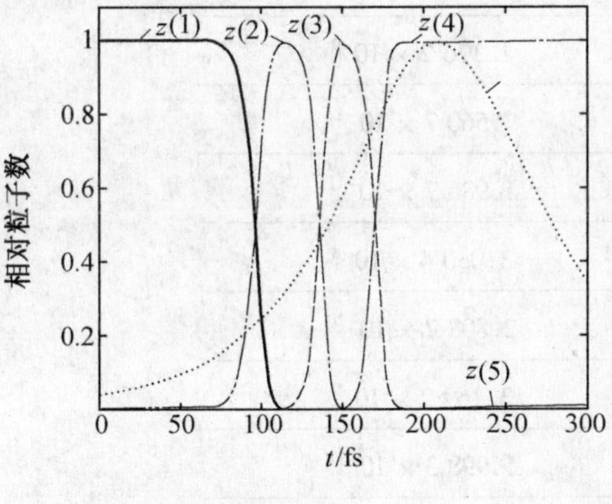


图 2.54 氮的中性原子和前四个离子态的相对粒子数随时间的变化（$I = 5 \times 10^{15}$ $W/cm^2$）

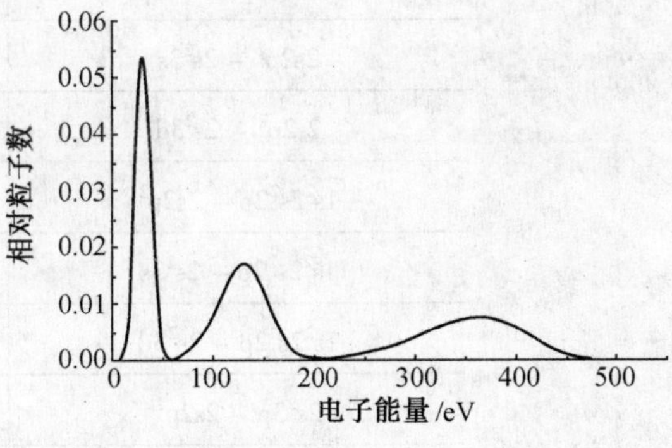


图 2.55 NII 等离子体中初始电子能量分布

### 2.3.5.2 类硼氮系统原子参数的计算

对于 B – like N 系统,所要计算的原子参数主要包括 B – like N 系统的能级、振子强度、自发辐射衰变速率、能级寿命、电子碰撞激发速率等。这些参数都可直接由 Cowan 程序计算得出。对于可由 Cowan 程序直接计算得出的参数的计算,主要是注意 Cowan 程序的输入文件的控制卡和组态卡的书写格式,编译并运行,在 RCG 程序的输出文件中即可给出上述所关心的参数。

由于不考虑三重态能级的影响,所以仅给出 B – like N 系统单态能级间有关跃迁计算的参数。在表 2.24 中也仅给出由 Cowan 程序直接计算得出的有关单态能级的数据,其中的 $\Delta E(\mathrm{cm}^{-1})$、$\lg F$、$A_s(\mathrm{s}^{-1})$ 分别表示能级的能量值之差、振子强度、自发辐射衰减速率。在表2.25 中给出类硼氮系统有关跃迁的电子碰撞激发与消激发速率系数。

**表 2.24　B – like N 系统有关能级的计算数据**

| 跃迁能级 | $\Delta E/\mathrm{cm}^{-1}$ | lg $F$ | $\lambda/\text{Å}$ | $A_s/\mathrm{s}^{-1}$ |
|---|---|---|---|---|
| $2s^23s^2S - 1s^22s^22p^2P$ | $226.093\times10^3$ | – 1.076 | 442.295 | $2.863\times10^9$ |
| $2s^23d^2D - 1s^22s^22p^2P$ | $271.488\times10^3$ | – 0.023 | 368.341 | $4.659\times10^{10}$ |
| $2s^2p^{22}P - 1s^22s^22p^2P$ | $135.282\times10^3$ | – 0.149 | 739.194 | $8.658\times10^9$ |
| $2s^2p^{22}S - 1s^22s^22p^2P$ | $118.131\times10^3$ | – 0.942 | 846.517 | $1.063\times10^9$ |
| $2s^2p^{22}D - 1s^22s^22p^2P$ | $93.997\times10^3$ | – 0.431 | 1063.863 | $2.187\times10^9$ |

**表 2.25　类硼氮系统有关跃迁的电子碰撞激发与消激发速率系数**

| 跃迁能级 | $R/(\mathrm{cm}^3\cdot\mathrm{s}^{-1})$ |
|---|---|
| $1s^22s^22p - 2s^23p$ | $1.176\,2\times10^{-9}$ |
| $2s2p^2 - 2s^23s$ | $7.560\,7\times10^{-12}$ |
| $2s2p^2 - 2s^23d$ | $1.986\,7\times10^{-11}$ |
| $1s^22s^22p - 2s2p^2$ | $3.030\,4\times10^{-8}$ |
| $1s^22s^22p - 2s^23s$ | $2.808\,7\times10^{-10}$ |
| $1s^22s^22p - 2s^23d$ | $3.169\,2\times10^{-9}$ |
| $2s^23p - 2s2p^2$ | $5.998\,3\times10^{-11}$ |
| $2s^23p - 2s^23s$ | $2.219\,0\times10^{-8}$ |
| $2s^23p - 2s^23d$ | $4.656\,6\times10^{-8}$ |

根据计算出的 B – like N 系统的有关能级的数值,可以作出 B – like N 系统简化的能级图。图 2.56 是根据上述的计算结果作出的 B – like N 系统的简化的能级图。

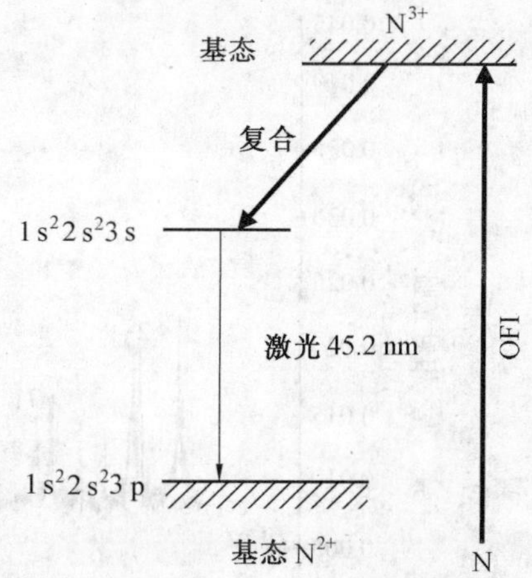


图 2.56 氮的三能级简图

### 2.3.5.3 类硼氮系统增益系数的估算

X 射线激光 ASE 的一般目标是获得单程放大 $e^5 = 150$ 倍,即增益长度积 $gL = 5$。从理论上计算可以知道,在气压为 0.13 kPa(1 Torr),离子数密度 $n_i$ 为 $3.24 \times 10^{16}\ cm^{-3}$,反转离子数密度的最大值 $\Delta n_{max}$ 为 $8.4 \times 10^{15}\ cm^{-3}$,峰值增益系数 $g = 7.495\ cm^{-1}$ 的情况下,只要增益长度 $L > 0.8$ cm,即可满足增益长度积 $gL > 5$ 的要求。而在气压为 0.26 kPa(2 Torr),离子数密度 $n_i$ 为 $6.48 \times 10^{16}\ cm^{-3}$,反转离子数密度的最大值 $\Delta n_{max}$ 为 $3.24 \times 10^{16}\ cm^{-3}$,峰值增益系数 $g = 29.979\ cm^{-1}$ 的情况下,增益长度只要 $L > 0.2$ cm,即可满足增益长度积 $gL > 5$ 的要求。

### 2.3.5.4 氮的高次谐波谱和离子谱之间的阈值界限

要想实现 B – like N 45.21 nm 的 3s – 2p 跃迁激光放大和 Ni – like Kr 32.8 nm 的 X 射线激光放大,确保实验时激光与物质相互作用区域具备一定的激光功率密度是首要的条件。如果激光功率密度较低,以原子为主要成分,则会观察到强场物理的另外一种现象 —— 高次谐波;只有激光功率密度达到所需要的值,才能观察到需要的离子态,从而产生激光放大。这里从激光功率密度的角度,考察了氮的高次谐波和离子谱之间的阈值界限[96,97]。

图 2.57 所示为在泵浦激光为线偏振光,能量为 34 mJ,气压为 1.33 kPa 的条件下获得的氮的基于 OFI 的 X 射线辐射谱。

图中的标号分别是实验观察到的明显的谱线。对这一氮的基于 OFI 的 X 射线辐射谱的识别,可以判断此次实验中,激光与物质相互作用区域的等离子体的成分,从而判断激光与物质相互作用区域所达到的激光功率密度的大小。

这 19 条谱线是由哪几价离子产生的?虽然 Cowan 物理程序的涉及面广,计算精度高,对原子、离子的能级、广义振子强度、自发辐射系数等参数可以进行计算,但要使用 Cowan 物理程序,必须首先知道所要计算的原子或离子的原子序数,电离数,组态标志等。对于在实验中观察到的谱线,产生这些谱线的离子状态、谱线跃迁的能级和跃迁的波长等数据,正是要知道的。在这种情况下,Cowan 物理程序无法解决问题。要想获得实验中观察到的每条谱线的来源,可以通过另外一种方法,即查找已建立的相应原子数据库,从这些数据库中查到的谱线跃迁的能级、跃迁的波长、离子状态等一系列参数,来帮助识别和确定从实验中观察到的每条谱线的来源,为进一步的实验研究和理论分析提供依据。

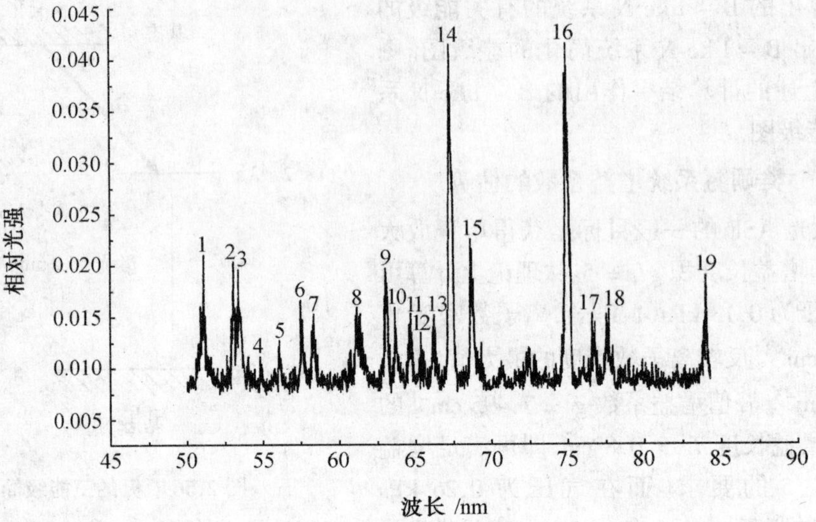


图 2.57　高次谐波谱泵浦激光为线偏振光，能量为 34 mJ，气压为 1.33 kPa

在此查找的原子数据库是美国国家标准局给出的原子光谱数据（Atomic Spectra Database Lines Data）。从网上获得氮的波长在 50 ~ 90 nm 之间可能的跃迁能级谱线共有 462 条，表2.26 中给出了从网上查到的部分数据。

**表 2.26　网上查到的部分氮气谱线**

| | 粒子种类 | $\lambda$/Å | $E_i$/cm$^{-1}$ – $E_k$/cm$^{-1}$ | 组　态 | $J_i$ – $J_k$ |
|---|---|---|---|---|---|
| 1 | N III | 553.446 | 131 004.3 – 311 690.3 | $2s2p^2 - 2s^2(^1S)4p$ | 1/2 – 1/2 |
| 2 | N IV | 554.137 | 404 522.4 – 584 983.3 | $2s(^2S)3p - 2s(^2S)7s$ | 1 – 0 |
| 3 | N IV | 555.126 | 404 522.4 – 584 661.6 | $2s(^2S)3p - 2p(^2P^o_{1/2})4p$ | 1 – 1 |
| 4 | N II | 559.762 | 32 688.8 – 211 336.16 | $2s^2(^1S)2p^2 - 2s^22p4d$ | 0 – 1 |
| 5 | N IV | 569.045 | 0.0 – 175 732.9 | $2s^2 - 2p^2$ | 0 – 2 |
| 6 | N IV | 569.450 | 0.0 – 175 608.1 | $2s^2 - 2p^2$ | 0 – 1 |
| 7 | N II | 572.069 | 15 316.2 – 190 120.24 | $2s^2(^1S)2p^2 - 2s^22p3d$ | 2 – 1 |
| 8 | N III | 572.945 | 203 074.6 – 377 611.3 | $2p^3 - 2s2p(^1P^o)3p$ | 5/2 – 3/2 |
| 9 | N III | 572.992 | 203 088.9 – 377 611.3 | $2p^3 - 2s2p(^1P^o)3p$ | 3/2 – 3/2 |
| 10 | N III | 573.102 | 203 088.9 – 377 577.9 | $2p^3 - 2s2p(^1P^o)3p$ | 3/2 – 1/2 |
| 11 | N II | 574.650 | 15 316.2 – 189 335.16 | $2s^2(^1S)2p^2 - 2s^22p3d$ | 2 – 3 |
| 12 | N II | 576.232 | 15 316.2 – 188 857.37 | $2s^2(^1S)2p^2 - 2s^22p3d$ | 2 – 2 |
| 13 | N III | 577.296 | 57 187.1 – 230 408.6 | $2s2p^2 - 2p^3$ | 1/2 – 3/2 |
| 14 | N III | 577.310 | 57 187.1 – 230 404.3 | $2s2p^2 - 2p^3$ | 1/2 – 1/2 |
| 15 | N III | 577.495 | 57 246.8 – 230 408.6 | $2s2p^2 - 2p^3$ | 3/2 – 3/2 |

从这462条谱线中，通过逐一筛选，挑选出19条谱线，这19条谱线与图2.57实验中测得的氮气的谱线符合得很好，表2.27中给出了测得的各谱线与Internet网上NIST Atomic Spectra Database Lines Data查到的19条谱线的对应情况，其中$\lambda_R$和$\lambda_E$分别为从Internet网上和实验中测得的谱线波长，$Ra$为$|\lambda_E - \lambda_R|$与$\lambda_R$的比值。

由表2.27可以看到各条谱线符合的很好，由此可以确定实验条件下的等离子体的主要成分。在所考察的19条谱线中，有13条谱线来源于氮的1价离子，有5条谱线来源于氮的2价离子，可以说，此时的等离子体主要由氮的1价和2价离子构成，也就是说在图2.57的实验中所测得的氮气辐射谱主要来源于1价和2价氮离子，即$N^{1+}$和$N^{2+}$。同时，可以根据1价氮离子($N^{1+}$)和2价氮离子($N^{2+}$)的辐射谱线的强弱，判断等离子体中氮的1价和2价离子的多少。图中标号为14和标号为16的谱线，相对应的波长为67.306 nm和74.946 nm，它们分别是1价氮离子($N^{1+}$)的$2s^2(^1S)2p^2 - 2s^2 2p(^2P^0)3s$和$2s^2(^1S)2p^2 - 2s^2 2p3s$辐射跃迁，图中标号为15的谱线是2价氮离子($N^{2+}$)的$2s^2(^1S)2p - 2s\ 2p^2$的辐射跃迁，这三条谱线的波长都在光栅和无窗光电倍增管的中心波长70 nm左右，因此，光栅的衍射效率和无窗光电倍增管的放大倍数对这三条谱线来说应该是差不多的。从这三条谱线的强度来看，来源于1价氮离子的标号为14和标号为16的谱线强度大于来源于2价氮离子的标号为15的谱线强度，由于谱线强度的大小，与产生辐射谱线的相应离子的数量多少有关，因此，可以从这三条谱线的强弱，粗略地判断实验中产生等离子体的氮的1价离子多于氮的2价离子。由ADK模型以及BSI模型计算的产生氮的各价离子所需的阈值激光强度值可推断出，实验中激光与物质相互作用区域所达到的激光功率密度的大小应该在$10^{14}$ W/cm$^2$的数量级上。

当入射激光能量只有9 mJ时，无论气体密度低还是气体密度高，获得的都是氮的高次谐波的一级辐射谱。当功率继续增加时，不但出现了氮的第5 ~ 19次的高次谐波一级辐射谱，也出现了氮的高次谐波11 ~ 19次的二级辐射谱，与此同时，观察到了明显的氮的一价离子的辐射谱，即对应波长为63.501 nm(从Internet网上NIST Atomic Spectra Database Lines Data查到的谱线波长为63.520 nm)氮的$2s^2(^1S)2p^2 - 2s^2 2p(^2P^0)3d$辐射跃迁。为了从实验图中更好地展示氮的原子高次谐波谱向氮的离子谱的转化规律，对不同实验中观察的实验图进行处理，如图2.58及图2.59所示。实验结果表明随着泵浦功率密度的增加，高次谐波消失，离子跃迁谱线开始出现。为了从理论上对实验中获得的氮高次谐波谱和离子谱之间的阈值界限作进一步的研究，利用2.3.5的理论，计算了不同激光功率密度下氮的中性原子和低价离子的相对粒子随时间的变化曲线，如图2.60及图2.61所示。

**表 2.27　实验中测得的氮气谱线与网上查到的氮气谱线的对应情况**

| | $\lambda_E$/nm | $\lambda_R$/nm | $Ra$/% | 粒子种类 | 组　态 |
|---|---|---|---|---|---|
| 1 | 51.137 | 51.076 | 0.001 2 | NI | $2s^2(^1S)2p^2-2s^2\,2p(^2P^0)4d$ |
| 2 | 53.092 | 53.086 | 0.000 1 | NII | $2s2p^2-2s^2(^1S)3p$ |
| 3 | 53.421 | 53.464 | 0.000 8 | NI | $2s^2(^1S)2p^2-2s^2\,2p(^2P^0)3d$ |
| 4 | 54.834 | 54.782 | 0.000 9 | NI | $2s^2(^1S)2p^2-2s^2\,2p(^2P^0)4s$ |
| 5 | 56.099 | 55.976 | 0.002 2 | NI | $2s^2(^1S)2p^2-2s^2\,2p(^2P^0)4d$ |
| 6 | 57.504 | 57.465 | 0.000 7 | NI | $2s^2(^1S)2p^2-2s^2\,2p(^2P^0)3d$ |
| 7 | 58.359 | 58.392 | 0.000 6 | NI | $2s^2(^1S)2p^2-2s^2\,2p(^2P^0)3d$ |
| 8 | 61.185 | 61.012 | 0.002 8 | NI | $2s^2(^1S)2p^2-2s^2\,2p(^2P^0)4s$ |
| 9 | 63.050 | 62.967 | 0.001 3 | NI | $2s^2(^2S)2p^3-2s\,2p^2(^4P)3s$ |
| 10 | 63.650 | 63.520 | 0.002 0 | NI | $2s^2(^1S)2p^2-2s^2\,2p(^2P^0)3d$ |
| 11 | 64.693 | 64.750 | 0.000 9 | NI | |
| 12 | 65.359 | 66.029 | 0.010 1 | NI | $2s^2(^1S)2p^2-2s(^2S)2p^3$ |
| 13 | 66.229 | 66.153 | 0.001 1 | NII | $2s^2p^2-2s\,2p(^3P^0)3s$ |
| 14 | 67.306 | 67.200 | 0.001 6 | NI | $2s^2(^1S)2p^2-2s^2\,2p(^2P^0)3s$ |
| 15 | 68.637 | 68.634 | 0.000 04 | NII | $2s^2(^1S)2p-2s\,2p^2$ |
| 16 | 74.946 | 74.837 | 0.001 5 | NI | $2s^2(^1S)2p^2-2s^2\,2p3s$ |
| 17 | 76.565 | 76.435 | 0.001 7 | NII | $2s^2(^1S)2p-2s\,2p^2$ |
| 18 | 77.641 | 77.597 | 0.000 6 | NI | $2s^2(^1S)2p^2-2s(^2S)2p^3$ |
| 19 | 83.951 | 83.827 | 0.001 5 | NII | $2s^2(^1S)3p-2s^2(^1S)8s$ |

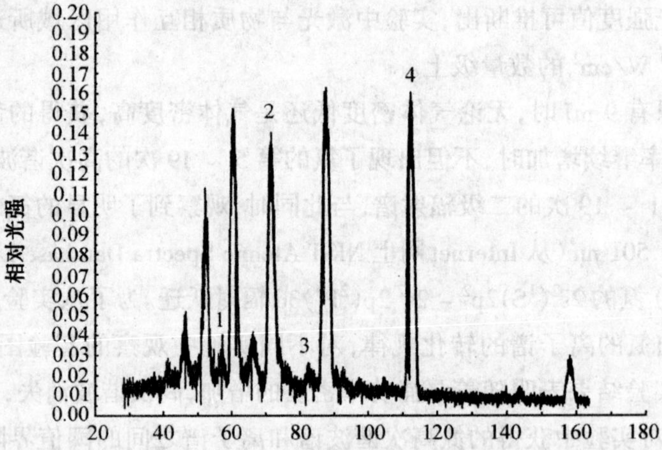


图 2.58　氮的高次谐波谱及离子谱线(激光能量约为 $1.0\times10^{14}$ W/cm$^2$,气压为 1.03 kPa)

1—NI:$2s^2(^1S)2p^2-2s^22p(^2P^0)3d$;2—11 次谐波一级谱

3—19 次谐波二级谱;4—7 次谐波一级谱

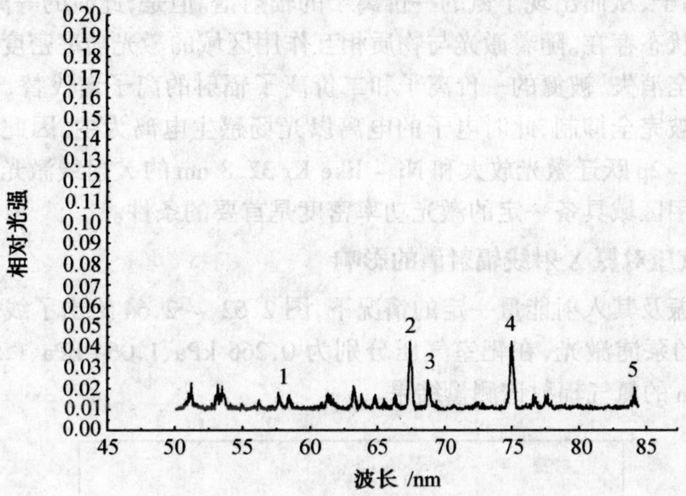


图 2.59　氮的离子谱线(激光能量约为 $7.5\times10^{14}$ W/cm$^2$,气压为 1.03 kPa)

1—NI:$2s^2(^1S)2p^2-2s^22p(^2P^0)3d$;2—NI:$2s^2(^1S)2p^2-2s^22p(^2P^0)3s$;3—NII:$2s^2(^1S)2p-2s2p^2$

4—NI:$2s^2(^1S)2p^2-2s^22p3s$;5—NII:$2s^2(^1S)3p-2s^2(^1S)8s$

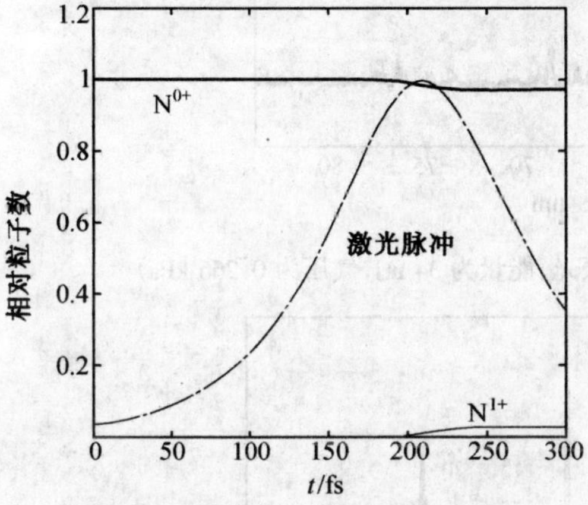


图 2.60　激光能量为 $1.0\times10^{14}$ W/cm$^2$氮的中性原子和各价电荷态的相对粒子数

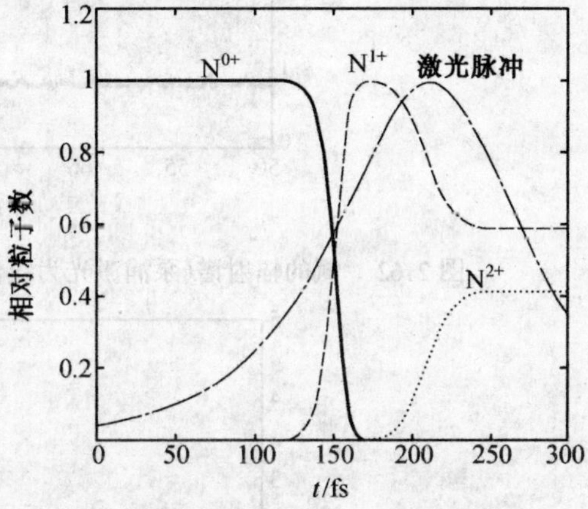


图 2.61　激光能量为 $7.5\times10^{14}$ W/cm$^2$氮的中性原子和各价电荷态的相对粒子数

从图中可以看到,随着激光功率密度的提高,激光产生等离子体的成分从氮的中性原子转变到氮的一价离子和二价离子的组合成分,这一变化规律与实验观察到的现象十分符合。

从上面的分析可以看到,在入射激光能量较低时,观察到的只是氮的高次谐波一级辐射谱,随着入射激光能量的提高,氮的高次谐波一级辐射谱的强度在增强,由于光栅的分光作用,出现了氮的高次谐波的二级辐射谱。同时,由于激光与物质相互作用区域的激光功率密度的提高,产生了氮的一价离子,从而出现了氮的一价离子的辐射谱。但是,此时的等离子体的成分大部分仍然以氮的原子状态存在。随着激光与物质相互作用区域的激光功率密度的进一步提高,高次谐波的辐射谱完全消失,被氮的一价离子和二价离子辐射的离子谱代替,也就是说,强场高次谐波辐射的发生被完全抑制,此时电子的电离以光场感生电离为主。因此,要想实现 B - like N 45.21 nm 的 3s - 2p 跃迁激光放大和 Ni - like Kr 32.8 nm 的 X 射线激光放大,确保实验时激光与物质相互作用区域具备一定的激光功率密度是首要的条件。

#### 2.3.5.5 不同气压对氮 X 射线辐射谱的影响

当泵浦激光的偏振及其入射能量一定的情况下,图 2.62 ~ 2.64 给出了线偏振的、靶室窗口处的能量为 34 mJ 的泵浦激光,在靶室气压分别为 0.266 kPa、1.064 kPa、1.596 kPa 的情况下,波长为 50 ~ 80 nm 的氮气辐射谱测量结果。

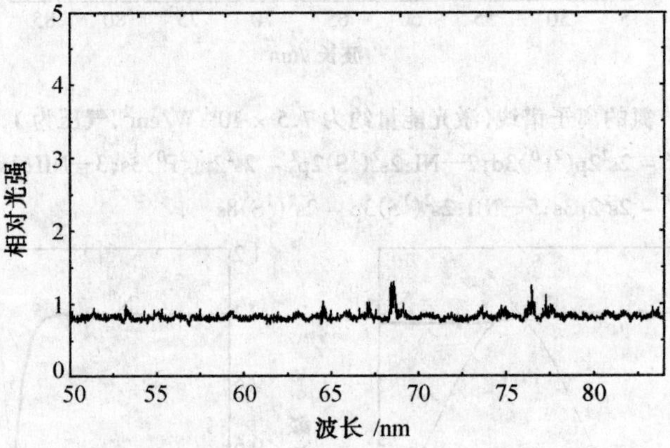


图 2.62　氮的辐射谱(泵浦激光为线偏振光,能量为 34 mJ,气压为 0.266 kPa)

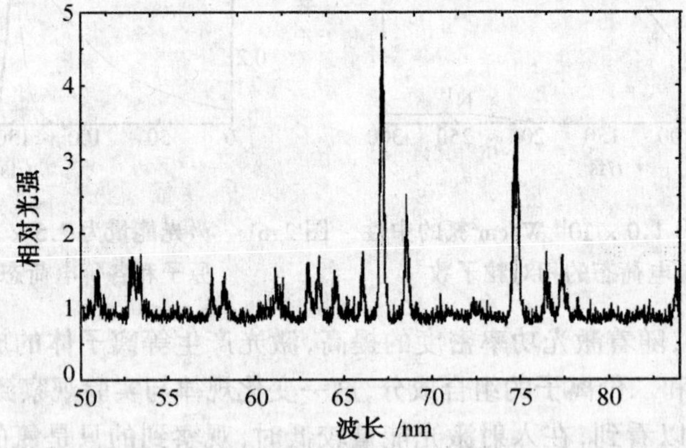


图 2.63　氮的辐射谱(泵浦激光为线偏振光,能量为 34 mJ,气压为 1.064 kPa)

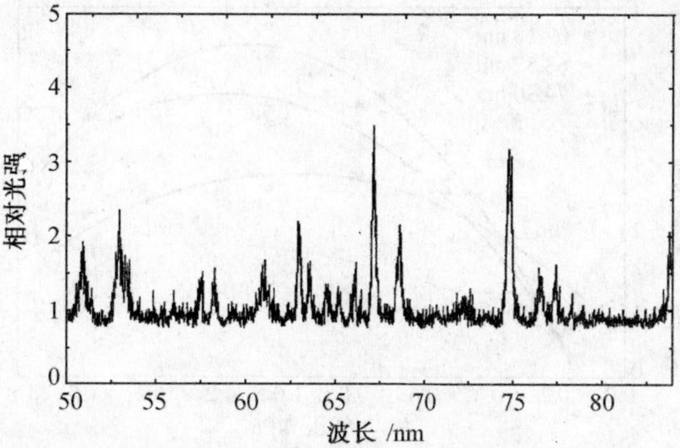


图 2.64 氮的辐射谱(泵浦激光为线偏振光,能量为 34 mJ,气压为 1.596 kPa)

由图可以看到,随着气压由 0.266 kPa 逐渐增大,波长为 67.18 nm 的谱线强度也逐渐增强,并且在气压为 0.98 ~ 1.09 kPa(8 Torr 左右)时,谱线强度最强。波长为 74.30 nm 谱线的强度也是随着气压的逐渐增大而逐渐增强,并且在气压为 1.33kPa 时,谱线强度最强。上述的两条谱线随着气压的进一步增大,谱线强度变弱,也就是说在泵浦激光的偏振及其入射能量一定的情况下,靶室气压存在一个最佳值,而且对于每一条谱线所对应的靶室气压的最佳值不同。靶室的气压过低,产生离子的数量太少,所以谱线的强度较弱,另一方面,也并不是靶室的气压越高越好,主要是由于粒子数密度过高,电离引起的折射将使入射光束发生散焦,从而限制了入射光束在轴向的传播,也使得泵浦激光的强度降低,减少了产生激光所需的高价离子的数量,所以靶室气压存在一个最佳值。为了比较清晰地看出谱线强度随气压的变化情况,图 2.65 中以波长为 67.18 nm、68.57 nm 和 74.30 nm 的三条谱线为例,给出了这三条谱线的强度随靶室气压的变化情况,图中的正方形、圆点和三角形分别代表波长为 67.18 nm、68.57 nm 和 74.30 nm 的三条谱线实验测量的数据,其中的曲线是对测量的数据点进行多项式拟合而得到的。由图2.65 很容易看到对于每一条谱线靶室气压存在一个最佳值,图中细的虚线和粗的虚线分别是波长为 67.18 nm 和波长为 74.30 nm、68.57 nm 的谱线强度在不同气压下的比值经多项式拟合之后的结果,由谱线强度的比值可以看到,在靶室气压为 0.266 ~ 1.596 kPa 时,波长为67.18 nm 的谱线强度始终最强。

1999 年在日本 NTT 基础研究实验室工作的陆培祥等人[98~100],利用重复频率为 10 Hz,脉宽为 100 fs,能量为 25 mJ,波长为 790 nm 的掺钛蓝宝石(Ti:sapphire)激光器,聚焦透镜的焦距为 40 cm,焦斑直径为 50 $\mu$m,聚焦后的功率密度可达 $1.3\times10^{16}$ W/cm$^2$,实现了 B - like N 45.21 nm 的 3s - 2p 跃迁的激光放大,获得了增益系数为 9.6 cm$^{-1}$,增益长度积为 3.84,同时也获得了氧的二价离子 2p3s($^3$p) - 2p$^2$($^3$p) 之间 37.4 nm 的跃迁激光放大,在他们的实验中,有一个明显的特点,那就是实验在低密度下进行,例如观察 B - like N 45.21 nm 的 3s - 2p 跃迁的激光放大

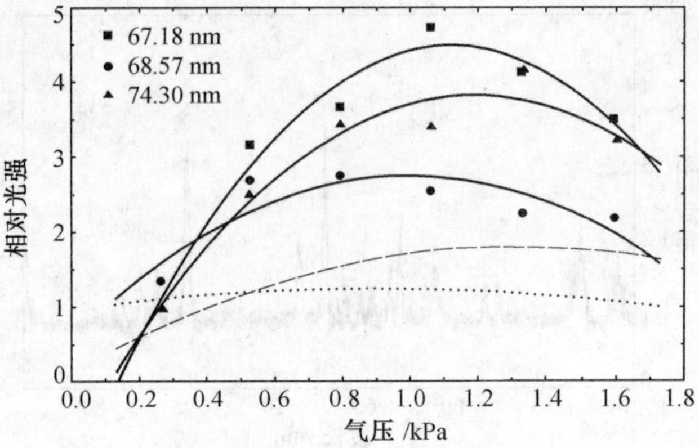


图 2.65　谱线强度相对于气压的变化情况

时，气压为 0.13 kPa(1 Torr)，观察氧的二价离子 $2p3s(^3p)-2p^2(^3p)$ 之间 37.4 nm 的跃迁激光放大时，气压为 0.20 kPa(1.5 Torr)。作者认为：在低密度下进行实验，不但忽略、甚至完全排除与高气体密度相关非 OFI 的物理过程导致的复杂离子产生的散焦现象，而且高密度加大碰撞加热，不利于三体复合机制。

近年来，随着超短脉冲、超高功率激光器的不断发展，特别是日本的 NTT 基础研究实验室的陆陪祥等人和法国的 S.Sebban 等人组成的研究小组在实验上所取得的进展，基于 OFI 的 X 射线激光的研究越来越得到人们的关注。随着基于 OFI 的 X 射线激光的理论和实验研究的不断深入，基于 OFI 的 X 射线激光的研究必将得到进一步的发展，基于 OFI 的 X 射线激光的研究在 X 射线激光的研究领域，特别是在台上 X 射线激光的研究领域必将占据越来越重要的地位。

## 2.3.6　超短脉冲激光与团簇的相互作用

原子团簇由于其内部的密度接近于固体的密度，可以通过碰撞过程增强对激光能量的吸收，提高 X 射线的转换效率，这是获得高能量转换效率、台式 X 射线光源和 X 射线激光源、高能离子源和中子源的一种新方案。团簇兼有气体靶所固有的均匀性和固体靶所固有的高密度等优点，避免了固体靶所固有的密度梯度和高的热传导等缺点，因此其对激光的吸收率甚至比固体靶还要高。即使用小规模的短脉冲激光加热团簇所产生的等离子体也能够提供一种强的 X 射线辐射源，获得较高的 X 射线转化效率。这给台式 X 射线激光的实现带来了很大的希望[88,93,98,101,102]。

最初 Mcpherson 等[103] 在波长 248 nm，功率密度 $(15\sim80)\times10^{17}$ W/cm$^2$ 的超短激光与 Xe、Kr 团簇相互作用中观察到异常的内壳层 X 射线辐射以及高电离态的离子，随后 Ditmire 等[104] 利用 $D_2$ 团簇实现了台式聚变。Mcpherson 等在实验中观察到原子内壳层 X 射线辐射，并认为团簇在与激光相互作用过程中产生了空心原子。如果产生这种空心原子的数量足够多，或者弄清楚空心原子产生的物理机制，团簇将可以成为潜在的 X 射线激光增益介质。在短短几年内，激光与团簇相互作用的研究取得了长足的进展。许多实验表明，强度在$10^{16}$ ~ $10^{18}$ W/cm$^2$的激光与团簇相互作用时能产生很强的光子能量在100 ~ 5 000 eV的X射线辐射，并在实验中观察到千电子伏的电子和兆电子伏的离子，说明激光与团簇相互作用过程中有很高的能量转换效率。

#### 2.3.6.1 超短脉冲强激光与团簇相互作用基本模型[105]

目前国际上有三种模型描述团簇与激光的相互作用过程。Mcpherson等利用外壳层电子电离的集体相关运动模型解释团簇内产生内壳层空穴以及高电离态离子的机制，并进而解释团簇内反常的X射线辐射。这种模型本身并不完善，理论也不很清楚，无法给出定量的描述。Rose-Petruck等[106]提出“电离点火”模型，指出由于团簇内部离子产生的电场与激光场的共同作用引起团簇内部离子的迅速电离，从而产生高电离态的离子，但这种模型只能模拟较小的团簇。第三种描述激光与团簇相互作用的模型是Ditmire等提出的流体动力学模型。虽然流体动力学模型尚不能描述高能离子能谱的特征，但是最近的实验[103,104]表明流体动力学模型能较好地解释团簇的膨胀过程、团簇的共振吸收效应、高电离态离子以及高能离子的产生等实验现象。由于流体动力学模型把团簇近似看成是等离子体小球，因而要求团簇足够大（直径210 nm以上），团簇在膨胀过程中，绝大多数电子仍然留在团簇内部，使之能近似为一等离子体球。因此，对于激光与较大团簇的相互作用，流体动力学模型是一个较好的近似模型。该模型认为超短脉冲强激光与团簇相互作用过程大致可包括激光能量的吸收、原子的离化和团簇的膨胀三个过程。

1.团簇的形成

团簇（clusters）是几个乃至上千个原子、分子或离子通过物理或化学结合力组成的相对稳定的微观聚集体，尺寸从几埃至几百埃不等，其物理和化学性质随所包含的原子数目而变化。团簇的基本制备方法有两种：一是用粒子（包括分子、离子、电子和光子）轰击靶物质而溅射出团簇；二是蒸发（热蒸发和激光蒸发）气体原子或使固态靶气化经超声喷嘴后冷却凝聚而成。在方法二中，当高压气体通过喷嘴进入真空时，在绝热膨胀过程中，随机的热运动能量转化成径向的定向运动动能，导致气体内部温度下降，结果在室温下，通过原子或分子之间的相互作用能形成团簇。形成团簇的特性主要是由气源的温度和压强、喷嘴的形状和口径大小以及形成的原子间的键的强度来确定。

Hagena参量给出了生成的团簇的尺寸与背景气压、气体温度以及气体常量之间的关系，其表达式为

$$\Gamma^* = \kappa \frac{(d/\tan \alpha)^{0.85}}{T_0^{2.29}} p_0 \tag{2.194}$$

其中，$d$是气体阀门喷嘴的直径（μm），$\alpha$是高压气体的膨胀半角（对声速$\alpha = 45°$，对超声速$\alpha < 45°$），$p_0$是气体的背景压强（mbar），$T_0$是高压气体膨胀前的温度（K），$\kappa$是与气体相关的常数，对于Ar气$\kappa = 1\,650$。形成团簇Hagena参量要满足$100 < \Gamma^* < 300$的条件，形成的团簇内

的原子数目 $N_c$ 与 $\Gamma^{*2.0\sim2.5}$ 成比例，具体数值还与实验条件中所用的气阀结构有关，需要在实验中测量。

2. 团簇的电离机制

在超短脉冲强激光与团簇相互作用过程中，原子的主要电离机制是直接的光电离和碰撞电离。光电离在激光与团簇作用的初始阶段是最重要的，因为它产生了形成等离子体的初始电子。在激光脉冲的前沿，光电离的主要机制是隧穿电离。V. Ammosov 等人利用周期平均隧穿电离率对光电离率进行了计算，其表达式为

$$W_{\text{tun}} = \omega_{\text{a}} \frac{(2l+1)(l+|m|)!}{2^{|m|}|m|!(l+|m|)!}\left(\frac{2e}{n^*}\right)^{n^*} \frac{I_{\text{p}}}{2\pi n^*}\left[\frac{2E}{\pi(2I_{\text{p}})^{3/2}}\right]^{1/2} \times \left[\frac{2(2I_{\text{p}})^{3/2}}{E}\right]^{2n^*-|m|-1} \exp\left[\frac{2(2I_{\text{p}})^{3/2}}{3E}\right] \tag{2.195}$$

其中，$l$ 和 $m$ 是角量子数，$\omega_{\text{a}}$ 是频率的原子单位（$\omega_{\text{a}} = 4.13\times10^{16}\ \text{s}^{-1}$），$n^*$ 是有效主量子数，$n^* = Z[2I_{\text{p}}]^{-1/2}$，$I_{\text{p}}$ 是离化势（eV），$E$ 是激光能量（原子单位）。由此公式可以计算出，飞秒脉冲产生大的隧穿电离所需要的激光功率密度大于 $10^{14}\ \text{W}\cdot\text{cm}^{-2}$，如当 100 fs 的脉冲激光其最大功率密度达到 $3\times10^{14}\ \text{W}\cdot\text{cm}^{-2}$ 时，可使中性 Ar 原子的离化率达到 100%。

碰撞电离来源于电子与离子之间的非弹性碰撞。一旦光电离产生部分电子，由于簇内具有很高的密度，碰撞离化将产生高电荷态。对于热电子，其速度遵守麦克斯韦分布。Lotz 给出了一个求碰撞离化概率的经验公式，通过对电子的麦克斯韦分布求平均得到离化率为

$$W_{k_{\text{B}}T} = n_{\text{e}} \frac{a_{\text{i}} q_{\text{i}}}{I_{\text{p}}(k_B T)^{1/2}} \int_{I_{\text{p}}/k_{\text{B}}T}^{x} \frac{\text{e}^{-x}}{x}\,\text{d}x \tag{2.196}$$

其中，$n_{\text{e}}$ 是电子密度，$a_{\text{i}} = 4.5\times10^{-14}\ \text{eV}^2\cdot\text{cm}^{-3}$，为经验常数，$q_{\text{i}}$ 是离子的外壳层电子数。对于大多数团簇的条件，这个概率是非常高的。因此，该离化机制能够很好地解释了为什么在激光强度低于团簇的隧穿离化阈值时仍能获得高电荷态的离子。另外一方面，团簇中的电子由于在激光电场中进行 quiver 振荡，将与离子碰撞造成电离。这部分由激光场驱动的电子将具有更高的温度（超热电子）。由这些电子引起的周期平均碰撞离化率可近似地表示为

$$W_{\text{laser}} \approx n_{\text{e}} \frac{a_{\text{i}} q_{\text{i}}}{2\pi I_{\text{p}} m_{\text{p}}^{1/2} U_{\text{p}}^{1/2}}\left[\left(3 + y + \frac{3}{32}y^2\right)\cdot\ln\left(\frac{1+\sqrt{1-y/2}}{1-\sqrt{1-y/2}}\right) - (7/2 + 3y/8)\cdot\sqrt{1-y/2}\right] \tag{2.197}$$

其中，$y = \dfrac{I_{\text{p}}}{U_{\text{p}}}$，$U_{\text{p}}$ 为有质动力势，其余参数同式(2.196)。

3. 团簇的加热机制

激光在团簇中的能量沉积主要是通过碰撞逆韧致吸收过程进行，还可能伴有共振吸收过程。如果将团簇看做一个均匀介质球，电子均匀分布于团簇内，且团簇内无温度梯度，采用 Drude 介电常数模型，可以得到团簇内单位体积的加热率为

$$\frac{\partial U}{\partial t}=\frac{9\omega^2\omega_p^2\nu}{8\pi}\frac{1}{9\omega^2(\omega^2+\nu^2)+\omega_p^2(\omega_p^2-6\omega^2)}\mid E_0\mid^2 \tag{2.198}$$

其中,$U$ 为团簇单位体积内的能量,$\omega$ 激光频率,$\omega_p$ 为等离子体频率(或称德拜频率),$\nu$ 为电子与离子的碰撞频率。

4.团簇的膨胀机制

当激光打到团簇上时,主要有两个力作用在团簇上使团簇发生膨胀:第一个是与超热电子相关联的压力,被加热了的电子向外膨胀推动冷的重离子一起向外运动,其特征膨胀速度为离子声速:$v\approx\left(\frac{ZkT_e}{m_i}\right)^{\frac{1}{2}}$;作用于团簇的另一个力来源于团簇上的电荷集结。团簇内最热的电子会有一个足够大的平均自由程以至于它们能够自由地直接流出团簇,而且,如果电子的能量大得足以克服团簇上的电荷集结时,它们将完全离开团簇。如果电荷集结足够大的话,团簇将以类似于分子光电离的方式经历一个库仑爆炸。对于小团簇在强激光场中爆炸可用库仑爆炸模型较好地来描述。对大的团簇,仅用库仑爆炸模型来描述是很不准确的,还必须考虑电子和离子的运动和场强。

### 2.3.6.2　超短脉冲激光与团簇靶实验

实验数据在中科院物理所激光物理开放实验室的 Quanra - Ray TSA 型钛宝石飞秒激光装置上获得[107,108]。实验装置示意图如图2.66所示,飞秒激光器输出激光脉宽为150 fs,单脉冲输出能量为5 mJ,中心波长为800 nm,重复频率为10 Hz。激光光束经 $f/6$ 透镜聚焦于喷嘴下方1 mm处,焦点处的激光峰值功率密度为$5\times10^{15}$ W/cm$^2$。团簇靶由Ar或Kr气通过高压喷嘴喷入真空靶室绝热自由膨胀产生,喷嘴直径为800 $\mu$m,脉冲气阀控制气体脉冲宽度是200 $\mu$s,喷气时间与激光脉冲通过外触发同步完成。实验时气体阀的背景气压可在0 ~ 8 MPa之间变化。喷气前的真空度为$6\times10^{-4}$ Pa,喷气时靶室真空度维持在$(2\sim9)\times10^{-2}$ Pa,CCD对信号积分时间设为600 s。

利用一台平焦场光栅谱仪进行谱的测量,该谱仪包括一个日立的变栅距凹面光栅(1 200 l/mm)和一个半径为3 725 mm的前置轮胎镜。该谱仪具有100 $\mu$m的空间分辨能力,测谱范围为4 ~ 45 nm,谱线分辨率不低于1 000。测量结果由PI公司的背向照明1 024 × 1 024软X光CCD相机记录,CCD像素大小为13 $\mu$m。

1.超短脉冲激光与Ar团簇相互作用

实验上比较了在150 fs,5 mJ激光脉冲作用下,不同Ar气背景气压的条件下激光能量的吸收和软X射线辐射的情况。实验结果表明,在2 MPa背景气压时气体对激光能量表现出较强的吸收,并且软X射线产额明显增加,表明这个压强下已有Ar团簇的产生。借助Hagena参量可以对形成的团簇大小进行估计。已有一些实验在$\Gamma^*>10^3$的条件下,通过Reyleigh散射测得形成的团簇内包含大约100个原子[109]。在本实验中,2 MPa背景气压时$\Gamma^*\approx6\times10^3$。

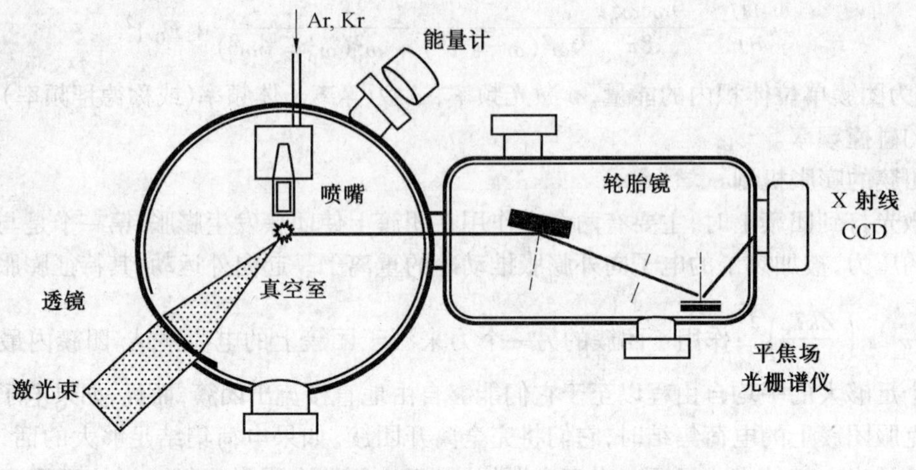


图 2.66　飞秒激光与原子团簇相互作用实验装置示意图

在 2 MPa 背景气压时，由 CCD 获得 Ar 的谱图如图 2.67 所示。从图中可以看出，在 13 ~ 23 nm 范围内获得了信噪比非常好的 Ar 的软 X 射线辐射谱；谱线主要来源于 ArVIII、ArX 和 ArXII 离子（ArXI 和 ArIX 离子在 13 ~ 23 nm 范围的谱很少）。文献[110]中利用 45 fs、80 mJ 的激光脉冲激励 Ar 气，研究了 OFI 情况下 Ar 的软 X 射线辐射，观察到的 X 射线辐射大部分来源于 ArVII 和 ArVIII 离子的辐射。同图 2.67 的实验结果对比，图 2.67 中，(1) X 射线辐射显著增强，信噪比大幅度提高；(2) 观察到了更高阶离子的 X 射线辐射，说明膨胀后等离子体内的电子温度更高。

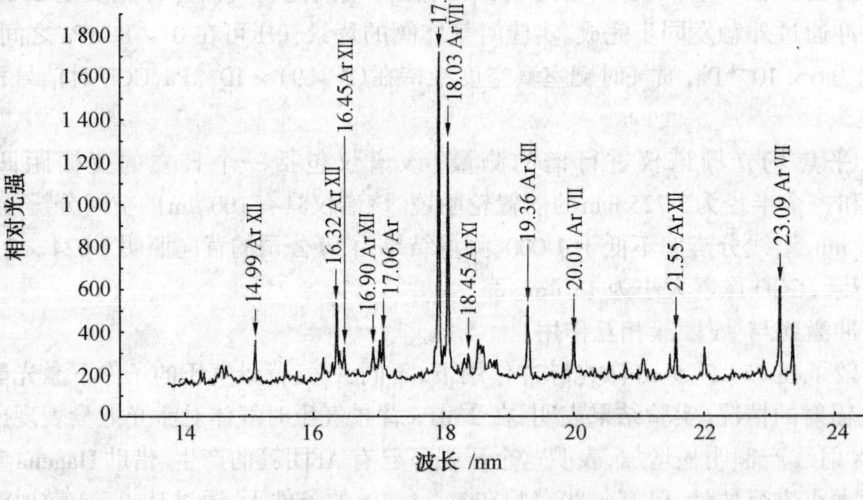


图 2.67　150 fs, $5 \times 10^{15}$ W/cm$^2$ 脉冲激励 Ar 团簇获得的软 X 射线辐射谱

按照 Lemoff 等人的理论,通过光场感生电离把 Ar 气电离到七阶离子,激光强度需要 $2 \times 10^{16}$ W/cm$^2$,而 ArIX 离子的产生需要 $1.6 \times 10^{18}$ W/cm$^2$的激光功率密度,超过所用的激光功率密度近两个数量级。这说明形成团簇后产生的等离子体的过程及结果完全不同于 OFI 气体靶时的情形,此时是通过碰撞加热、共振吸收和碰撞电离在等离子体内获得了更高的电子温度和更高阶的离子。激光泵浦团簇时,最初的电子虽仍由光场感生电离产生,但随着团簇内的电子密度的迅速增加,高密度等离子体对入射激光场产生屏蔽效应,碰撞电离快速占据主导地位,伴随着碰撞逆轫致吸收使激光能量沉积在团簇内的自由电子上。随着团簇的不断膨胀,当团簇内的电子密度 $n_e$ 满足 $n_e/n_c = 3$(其中 $n_c = m_e\omega^2/4\pi e^2$ 是临界电子密度)时,团簇内的电子对激光场产生共振吸收,电子被快速加热,通过碰撞电离过程,有可能获得更高阶的电离状态。本实验中,激光入射能量在 5 mJ 左右,脉宽也比较宽,为 150 fs,这样的激光功率密度直接激励气体靶,通过光场感生电离是不能够产生高达十一阶的 Ar 离子状态的。在文献[104] 的实验条件下,通过光场感生电离可以产生 ArIX 和 ArVIII 离子,但由于入射激光是线偏振,等离子体内的电子温度比较低( < 30 eV),此时主要是通过三体复合过程产生了 ArVIII 和 ArVII 离子的软 X 射线辐射。

在文献[111] 中,L. M. Chen 等人给出了激光能量分别为 30 mJ 和 3 mJ 的情况下,Xe 团簇对激光能量的吸收以及 $Xe^{7+}$ 10.8 nm XUV 辐射强度随激光脉宽的变化情况。在入射激光能量小(3 mJ) 的情况下,发现 Xe 团簇对激光能量的吸收和 XUV 辐射强度反而随激光脉宽的增加而增加。同样的情况可以推论到 Ar 团簇。在入射的激光能量较小的情况下(5 mJ),如果激光脉宽过窄,Ar 团簇还没有来得及膨胀到共振吸收的状态,激光脉冲就已经结束了。而增加激光脉宽虽然使光强幅值减小,却增加了激光与团簇相互作用的时间,在整个激光脉冲持续时间内,随着团簇的不断膨胀,在激光脉冲结束前,团簇内有可能达到共振吸收的状态,通过共振吸收快速加热电子,获得更高温度的电子,增加了 XUV 辐射的强度和团簇的电离度。这一现象完全不同于 OFI 时的情形,在 OFI 中 X 射线的辐射强度随激光强度的减小而迅速减弱。

文献[112] 中,T. Mocek 等人,利用 25 fs 的激光脉冲激励氩团簇靶,获得了 ArVIII, ArIX 和 ArX 在 4 ~ 18 nm 波段的谱线。由于此时的激光脉宽较窄,主要是碰撞加热,没有共振吸收。文献最后提到利用更宽的激光脉宽有可能观察到更高的电离状态,100 fs 时,可以得到 Ar 的十阶离子。图 2.67 所示的工作利用 150 fs 的激光脉冲获得了 Ar 的十阶和十一阶离子,实验结果验证了 T. Mocek 等人的推断。

2. 超短脉冲激光与 Kr 团簇相互作用

图 2.68 给出 Kr 气背景气压分别为 1 MPa 和 2 MPa 时 CCD 上记录的谱图。可以看出 2 MPa 时谱线的强度和信噪比明显优于 1 MPa 时的结果。实际上,当背景强度小于 0.2 MPa 时,在此谱区没观测到谱线,氪对入射激光的吸收明显减弱,说明在 0.2 MPa 时没有氪团簇形成。从能量变化的情况来看,2 MPa 时与团簇相互作用前后能量计显示的变化分别为 1.80 mJ 和 1.60 mJ,能量吸收效率达到 11.1%,0.2 MPa 时的变化情况分别为 1.80 mJ 和 1.70 mJ,能量吸收效率为

6.78%,接近光场感生电离时气体靶对激光的吸收效率。原因在于大的背景气压有利于大的团簇生成,一方面增加了和激光相互作用的原子数,另一方面大的团簇具有更大的空间电荷容纳能力,能更长时间地将电子束缚在团簇内,增加了碰撞电离时间,也使电离度和辐射强度获得增加。

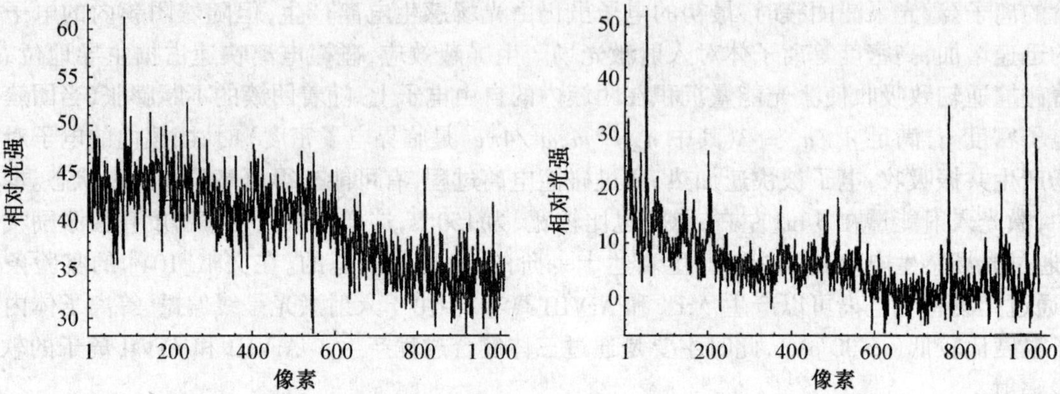

(a)1MPa (b)2MPa

图 2.68　不同背景气压时的 EUV 辐射谱

在相同的泵浦激光脉冲条件下,将背景气压增加到 3 MPa,获得的谱线纵向方向的长度明显增加,同时谱线的强度大大减弱,如图 2.69。背景气压为 2 MPa 时,11.55 nm Kr IX 谱线在 CCD 上的长度大约为 75 个像素长,强度分布有一个尖锐的峰值,两侧不是严格的对称。辐射能

(a)

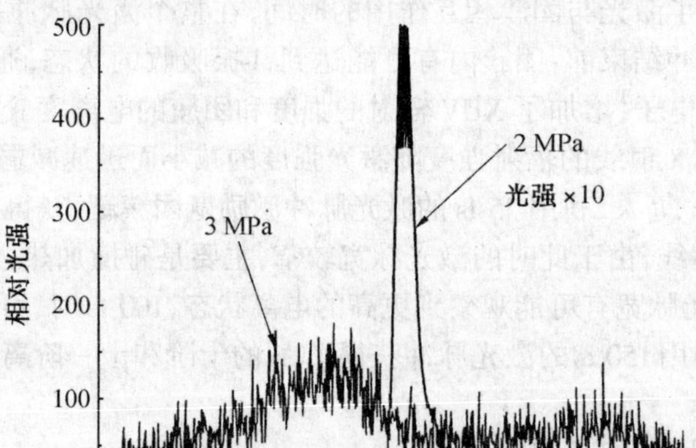


图 2.69　150 fs,$5\times10^{15}$ W/cm$^2$ 脉冲激励 Kr 团簇获得的软 X 射线辐射谱

量主要来源于膨胀后的团簇，说明此时形成的团簇及其膨胀后的尺寸较 3 MPa 时的小，辐射能量主要来源于一个集中区域，此时的能量吸收效率为 6.78%。而 3 MPa 时谱线长度约为 360 个像素长，并且强度分布有两个宽的峰，虽然能量计显示此时的能量吸收效率为26.92%，但辐射的能量密度减弱。

实验时气体阀的背景气压为 2 MPa，在这个工作压强下，氪对入射激光表现出很强的吸收，表明这个压强下已有氪团簇的产生。喷氩气前的真空度为$6\times10^{-4}$ Pa，喷氪气时靶室真空度维持在$(2\sim9)\times10^{-2}$ Pa，CCD对信号积分时间为600 s。入射泵浦激光为线偏振光时，由CCD获得 Kr 的谱图如图 2.70 所示。从图中可以看出，在4 ~ 25 nm波段范围，辐射谱主要来源于$Kr^{7+}$，$Kr^{8+}$ 和 $Kr^{9+}$ 离子。在 10 ~ 13 nm 观测到很强的软 X 射线辐射，在该区域 $Kr^{8+}$ 和 $Kr^{9+}$ 离子具有丰富的辐射谱，是一种潜在的高效率、无碎屑的软 X 射线辐射。

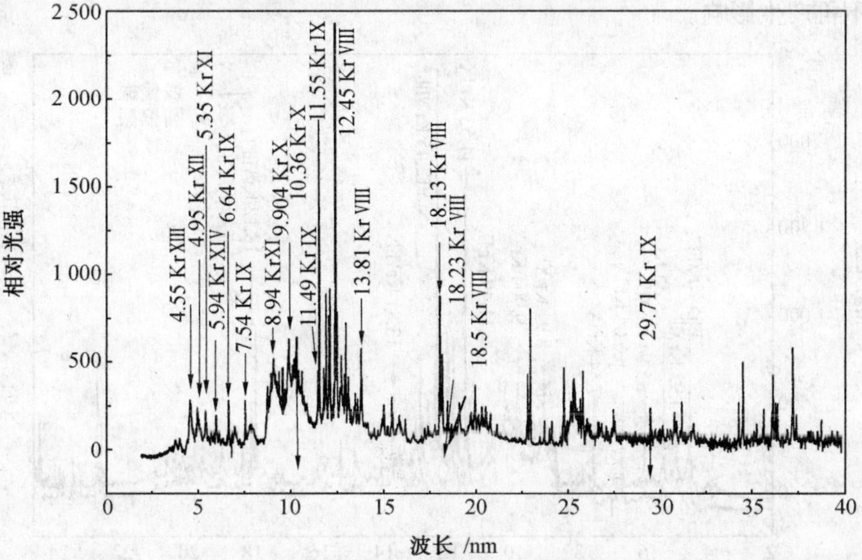


图 2.70 150 fs，$5\times10^{15}$ W/cm$^2$ 脉冲激励 Kr 团簇获得的软 X 射线辐射谱

在实验中观察到 $Kr^{13+}$ 和 $Kr^{14+}$ 离子谱线。而通过光场感生电离产生十三价的氪离子需要 $8\times10^{17}$ W/cm$^2$ 的激光功率密度，至少超过所用的激光功率密度两个数量级。在文献[112] 中，T. Mocek 等人利用20 fs，3 TW Ti：Sapphire 激光器泵浦 Kr 气体靶，在功率密度为 $1\times10^{17}$ W/cm$^2$ 时获得的 Kr 的 6 ~ 19 nm 谱线结果和图 2.70 的结果基本相同，而图 2.70 实验所采用的功率密度比其低至少近一个数量级。这说明形成团簇后产生的等离子体的过程及结果完全不同于 OFI 气体靶时的情形，此时等离子体内可获得更高的电子温度和电子密度。本实验中，激光入射能量不超过 5 mJ，脉宽也比较宽，为 150 fs，这样低的激光功率密度直接激励气体靶，通过光场感生电离是不能够产生高达十三价的 Kr 离子状态的，在 $8\times10^{14}$ W/cm$^2$ 时，只观察到 Kr 中的高次谐波，这说明本实验中确有团簇生成。

基于 OFI 的电子碰撞机制是通过光场感生电离产生的低温离子与高能电子的碰撞实现集居数反转的,当泵浦激光为圆偏振时,产生电子的温度高于泵浦激光为其他偏振的情况,可以获得更高电离度的离子和更强的辐射。实验中分别采用线偏振和圆偏振泵浦激光激励 Kr 团簇,在其他实验条件都相同的情况下,获得的 Kr 在 4 ~ 20 nm 的谱线基本相同,线偏振时谱线的强度比圆偏振时略高,如图 2.71 所示。但在气体靶中,在基本相同的泵浦功率密度下,观察到的高次谐波对偏振态的依赖却非常明显。在 OFI 中,圆偏振和线偏振激光激励对不同机制表现不同作用,前者对电子碰撞机制有利,后者则对气体的复合机制有利。而在超短强激光脉冲与团簇相互作用时,偏振特性对等离子体的状态影响不大。主要原因在于激励团簇靶时的物理过程与光场感生电离的过程完全不同,最初的电子虽由光场感生电离产生,但随后电子与离子间的碰撞电离占据主导地位,激光脉冲的偏振情况对电子对于激光能量的吸收和电子与离子的碰撞电离不再产生影响。

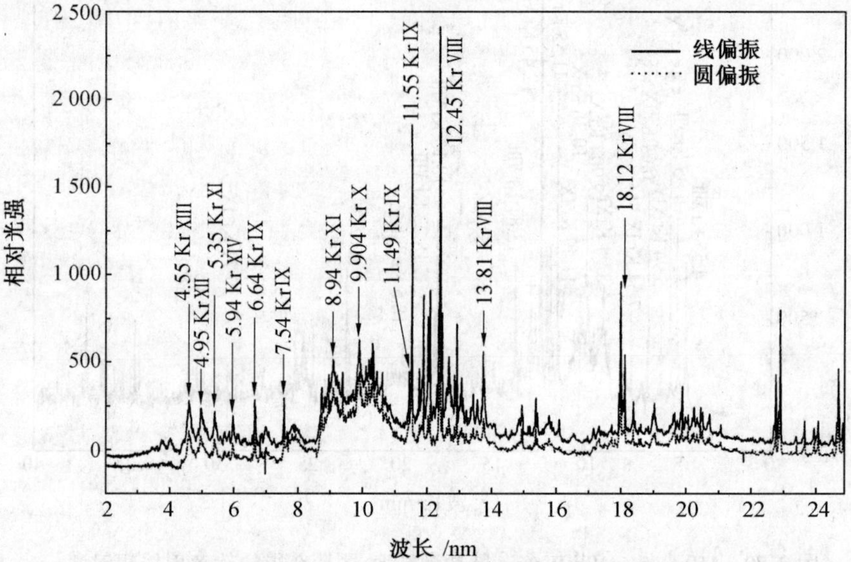


图 2.71　不同偏振光条件下的 EUV 辐射谱对比

## 参考文献

[1] LUHS W, HUBE M, SCHOTTELIUS U, et al. He-Ne Laser Pumped Dimmer Lasers[J]. Optics Communications, 1983, 48(4): 265-269.

[2] 赫兹堡. 分子光谱与分子结构:双原子分子光谱:第一卷[M]. 北京: 科学出版社, 1983.

[3] 夏慧荣, 王祖赓. 分子光谱学和激光光谱学导论[M]. 上海: 华东师范大学出版社, 1989.

[4] W 戴姆特瑞德. 激光光谱学: 基本概念和仪器手段[M]. 北京: 科学出版社, 1989.

[5] 徐光宪, 黎乐民, 王德民. 量子化学基本原理和从头计算法:中册[M]. 北京: 科学出版社, 1985.

[6] JEUNG G. Theoretical Study on Low-lying Electronic States of $Na_2$[J]. Journal of Physics B: Atomic, Molecular and Optical Physics, 1983, 16: 4289-4297.
[7] 曾谨言. 量子力学:卷 I[M]. 北京: 科学出版社, 2004.
[8] 曹建颖. $Na_2$ A-X 激光振荡探索及红外光谱识别[D]. 哈尔滨: 哈尔滨工业大学, 1984.
[9] 王骐, 曹建颖, 王凤义, 等. 相干光泵激光振荡判据[J]. 哈尔滨工业大学学报, 1985, 增刊(激光与激光技术专辑): 7-15.
[10] VERMA K K, STWALLEY W C. Optically Pumped Laser Lines of $Na_2$ Pumped by $Kr^+$ (6471Å) and He-Ne (6328Å) Lasers: Identification of Old Lines and Prediction of Possible New Lines[J]. Journal of Applied Physics, 1981, 52(9): 5419-5425.
[11] 王乃彦. 新兴的强激光[M]. 北京: 原子能出版社, 1992.
[12] 项志遴, 俞昌旋. 高温等离子体诊断技术:上册[M]. 上海: 上海科学技术出版社, 1982.
[13] OXENINS J. Kinetic Theory of Particles and Photons[M]. Berlin: Springer-Verlag, 1986.
[14] 周赤. 稀有气体氟化物离子准分子真空紫外辐射及动力学过程[D]. 哈尔滨: 哈尔滨工业大学, 1992.
[15] SULLIVAN G O. The Origin of Line-free XUV Continuum Emission from Laser-produced Plasmas of the Electrons $62 \leqslant Z \leqslant 72$[J]. Journal of Physics B: Atomic, Molecular and Optical Physics, 1983, 16: 3291-3304.
[16] MOCHIZUKI T, YABE T, OKADA K, et al. Atomic-number Dependence of Soft X-ray Emission from Various Targets Irradiated by a 0.53 $\mu$m-Wavelength Laser[J]. Physical Review A, 1986, 33(1): 525-539.
[17] BRIDGES J M, CROMER C L, MCLLRATH T J. Investigation of a Laser-produced Plasma VUV Light Source[J]. Applied Optics, 1986, 25(13): 2208-2214.
[18] CARROLL P K, KENNEDY E T, SULLIVAN G O. Laser-produced Continua for Absorption Spectroscopy in the VUV and XUV[J]. Applied Optics, 1980, 19(9): 1454-1462.
[19] OFFENBERGER A A, FEDOSEJEVS R. KrF Laser Produced Plasmas[J]. Laser and Particle Beams, 1989, 7(3): 393-403.
[20] ROGOYSKI A M, CHARALAMBOUS P, HILLS C P, et al. Characterization and Optimization of a Laser Generated Plasma Source of Soft X-rays[J]. Laser and Particle Beams, 1988, 6(2): 225-234.
[21] WELLEGEHAUSEN B, HUBE M, JIN F. Investigations on Laser Plasma Soft X-ray Sources Generated with Low Energy Laser Systems[J]. Applied Physics B: Lasers & Optics, 1989, 49: 173-178.
[22] WIESER J, MURNICK D E, ULRICH A, et al. Vacuum Ultraviolet Rare Gas Excimer Light Source[J]. Review of Scientific Instruments, 1997, 68(3): 1360-1364.
[23] NAKANO H, NAKAYAMA T. Mechanism Associated with ArF and KrF Excimer Laser Ablation of Human Tooth Enamel[J]. Review of Laser Engineering(Japan), 1998, 26(spec. suppl.): 37-41.
[24] SASAKI W, KUBODERA S, KAWANAKA J. Efficient VUV Light Sources from Rare Gas Excimers and Their Applications[C]. SPIE, 1997, 3092: 378-381.
[25] SHAW M J. Prospects for High Average Power Electron-Beam-Pumped KrF Lasers for Inertial Confinement Fusion and Industrial Applications[C]. SPIE, 1997, 3092: 154-160.
[26] 蔡伯荣. 激光器件[M]. 长沙: 湖南科学技术出版社, 1988.
[27] BASOV N G, VOLTIK M G, ZUEV V S, et al. Feasibility of Stimulated Emission of Radiation from Ionic

Heteronuclear Molecules. I. Spectroscopy[J]. Soviet Journal of Quantum Electronics, 1985, 15(11): 1455-1460.

[28] BASOV N G, VOLTIK M G, ZUEV V S, et al. Feasibility of Stimulated Emission of Radiation from Ionic Heteronuclear Molecules. II. Kinetics[J]. Soviet Journal of Quantum Electronics, 1985, 15(11):1461-1469.

[29] SAUERBREY R, LANGHOFF H. Excimer Ions as Possible Candidates for VUV and XUV Lasers[J]. IEEE Journal of Quantum Electronics, 1985, QE-21(3):179-181.

[30] 邢达. $Cs^{2+}F^{-}$离子准分子的相对论电子束激励[J]. 中国激光, 1996, A23(11):1016-1020.

[31] YANG T T, GYLYS V T, BOWER R D, et al. Fluorescence from CsF Ionic Excimers Excited by an Electron Beam [J]. Journal of the Optical Society of America B, 1992, 9(8):1272-1277.

[32] PETKAU K, HAMMER J W, HERRE G, et al. Vacuum Ultraviolet Emission Spectra of the Helium and Neon Alkali Ions in the Range between 60 ~ 80 nm[J]. Journal of Chemical Physics, 1991, 94(12):7769-7774.

[33] 高劭宏. 电子束泵浦下氩 260 nm 中心谱区光腔效应及来源探讨[D]. 哈尔滨: 哈尔滨工业大学, 2001.

[34] WANG QI, ZHOU CHI, MA ZUGUANG. VUV Spectra from the Krypton-fluoride Ionic Excimer[J]. Applied Physics B: Lasers & Optics, 1995, B61: 301-302.

[35] WANG QI, MA ZUGUANG. Observation of Emission Spectra of Ionic Excimers[C]. Proceedings of 1992 International Conference on Lasers and Optoelectronics, 1992, 1979: 610-616.

[36] ZHOU CHI, WANG QI, MA ZUGUANG, et al. VUV Spectra of Rare-gas Fluoride Ionic Excimers[J]. IEEE Journal of Selected Topics in Quantum Electronics, 1995, 1: 872-875.

[37] 周赤, 王骐, 马祖光. 氟化氪真空紫外辐射的观察[J]. 中国激光, 1996, A23(4): 328-332.

[38] 王骐, 姚勇, 周赤, 等. 稀有气体卤化物离子准分子 XUV 跃迁参数计算[J]. 强激光与粒子束, 1992, 4(3): 397-404.

[39] TANAKA Y, YOSHINO K, FREEMAN D E. Emission Spectra of Heteronuclear Diatomic Rare Gas Positive Ions[J]. Journal of Chemical Physics, 1975, 62: 4484-4496.

[40] LANGHOFF H. The Origin of the Third Continua Emitted by Excited Rare Gases[J]. Optics Communications, 1988, 68(1):31-34.

[41] DELAPORTE P, VOITIK M, TANRRAS C, et al. $Kr_2^+$ Cs: A New Class of Triatomic Excimer Molecules[C]. SPIE, 1997, 3092: 386-389.

[42] DELAPORTE P, VOITIK M, SENTIS M. Observation of Triatomic Ionic Excimers: Emission Spectra of $Kr_2^+$ Cs[J]. Applied Physics Letters, 1997, 70(19): 2526-2528.

[43] MOELLER S, GÜRTER P. Fluorescence of Ionic Alkali Rare Gas Excimers in Matrices[J]. Journal of Luminescence (Netherlands), 1997, 72-74: 881-882.

[44] 陈宗柱. 电离气体发光动力学[M]. 北京: 科学出版社, 1996.

[45] 杜清枝, 杨继舜. 物理化学[M]. 重庆: 重庆大学出版社, 1997.

[46] 韩德刚, 高盘良. 化学动力学基础[M]. 北京: 北京大学出版社, 1987.

[47] 艾林 H, 林 SH, 林 SM. 基础化学动力学[M]. 王作新, 潘强余, 译. 北京: 科学出版社, 1984.

[48] MILLAR P S, PETERSEN T, WARWAR G, et al. Neutral and Ionic Excimer Molecules Produced by Reactive Kinetics in a Laser-produced Plasma[J]. Optics Letters, 1989, 14(3): 171-173.

[49] KUBODERA S, FREY L, WISOFF P J, et al. Emission from Ionic Cesium Fluoride Excimers Excited by a Laser-

produced Plasma[J]. Optics Letters, 1988, 13(6): 446-448.

[50] FREY L, KUBODERA S, WISOFF P J, et al. Spectroscopy and Kinetics of the Ionic Cesium Fluoride Excimer Excited by a Laser-produced Plasma[J]. Journal of the Optical Society of America B, 1989, 6(8):1529-1535.

[51] STRICKLAND D, MOUROU G. Compression of Amplified Chirped Optical Pulses[J]. Optics Communications, 1985, 56: 219-221.

[52] MAINE P, STRICKLAND D, BADO P, et al. Generation of Ultra High Peak Power Pulses by Chirped Pulse Amplification[J]. IEEE Journal of Quantum Electronics, 1988, 24: 398-403.

[53] BORGSTROM B S, FILL E, STARCZEWSKI T, et al. Time-resolved X-ray Spectroscopy of Optical-field-ionized Plasmas[J]. Laser and Particle Beams, 1995, 13(4): 459-468.

[54] CHEN JIANXIN, ZHOU SHUANGMU, CHEN RONG, et al. Depth-resolved Spectral Imaging of Rabbit Oesophageal Tissue Based on Two-photon Excited Fluorescence and Second-harmonic Generation[J]. New Journal of Physics, 2007, 9: 212.

[55] ZHOU SHUANGMU, CHEN JIANXIN, JIANG XINGSHAN, et al. Layered-resolved Microstructure and Spectroscopy of Mouse Oral Mucosa Using Multiphoton Microscopy[J]. Physics in Medicine and Biology, 2007, 52: 4967-4980.

[56] MEVEL E, BREGER P, TRAINHAM R, et al. Atoms in Strong Optical Fields Evolution from Multiphoton to Tunnel Ionization[J]. Physical Review Letters, 1993, 70(4): 406-409.

[57] 彭惠民,王世绩,邱玉波,等. X射线激光[M]. 北京: 国防工业出版社, 1997.

[58] LEE Y J, LEE J S, PARK Y S, et al. Synthesis of Large Monolithic Zeolite Foams with Variable Macropore Architectures[J]. Advanced Materials, 2001, 13(16): 1259-1263.

[59] IIHARA J, YAMAGUCHI A, YAMAGUCHI K. Development of a Specimen Fabrication Method for an Analytical Electron Microscope to Reduce the Effects of the Sample Matrix[J]. SEI Technical Review, 2001, 52(6): 99-102.

[60] IZUMI Y, TERANUMA O, SATO T, et al. Development of Flat Panel X-ray Image Sensors[J]. Sharp Technical Journal, 2001, 80(8): 25-30.

[61] MATTHEWS D L, HAGELSTEIN P L, ROSEN M D, et al. Demonstration of a Soft X-ray Amplifier[J]. Physical Review Letters, 1985, 54(2): 110-113.

[62] SUCKEWER S, SKINNER C H, MILCHBERG H, et al. Amplification of Stimulated Soft X-ray Emission in a Confined Plasma Column[J]. Physical Review Letters, 1985, 35(17): 1753-1756.

[63] CORKUM P B, BURNETT N H. Short-wavelength Coherent Radiation: Generation and Applications[C]. OSA Proceedings, 1988, Series. 2: 225.

[64] BURNETT N H, CORKUM P B. Cold-plasma Production for Recombination Extreme Ultra Violet Lasers by Optical-field-induced Ionization[J]. Journal of the Optical Society of America B, 1989, 6(6): 1195-1199.

[65] AUGST S, STRICKLAND D, MEYERHOFER D D, et al. Tunneling Ionization of Noble Gases in a High-intensity Laser Field[J]. Physical Review Letters, 1989, 63(20): 2212-2215.

[66] CORKUM P B, BURNETT N H, BRUNEL F. Above-threshold Ionization in the Long-wavelength Limit[J]. Physical Review Letters, 1989, 62(11): 1259-1262.

[67] AGOSTINI P, FABRE F, MAINFRAY G, et al. Free-free Transitions Following Six-photon Ionization of Xenon Atoms [J]. Physical Review Letters, 1979, 42(17): 1127-1130.

[68] KRUIT P, KIMMAN J, VAN DER WIEL M J. Absorption of Additional Photons in the Multiphoton Ionization Continuum of Xenon at 1064, 532 and 440 nm[J]. Journal of Physics B: Atomic, Molecular and Optical Physics, 1981, 14(19): L597-L602.

[69] HALL J L. Laser Double Quantum Photodetachment of $I^{-1}$[J]. Physical Review Letters, 1965, 14(25): 1013-1016.

[70] KELDYSH L V. Ionization in the Field of a Strong Electron Electromagnetic Wave[J]. Soviet Physics JETP, 1965, 20: 1307-1314.

[71] AMMOSOV M V, DELONE N B, KRAINOV V P. Tunnel Ionization of Complex Atomic Ions in an Alternating Electromagnetic Field[J]. Soviet Physics JETP, 1986, 64(6): 1191-1194.

[72] FITTINGGHOFF D N. Optical Field Ionization of Atoms and Ions Using Ultrashort Laser Pulses[D]. Oakland: University of California Ph. D. Thesis, 1993.

[73] DJACUI A, OFFENBERGER A A. Heating of Underdense Plasmas by Intense Short-pulse Lasers[J]. Physical Review E, 1994, 50(6): 4961-4968.

[74] 卢兴发，陈德应，夏元钦，等. 线偏振强光场中的原子电离[J]. 哈尔滨工业大学学报，1999, 31(6): 52-55.

[75] 卢兴发. OFI类镍氪系统X射线激光参数计算及实验系统研制[D]. 哈尔滨：哈尔滨工业大学，2000.

[76] LEMOFF B E, BARTY C P J, HARRIS S E. Femtosecond-pulse-driven Electron-excited XUV Lasers in Eight-times-ionized Noble Gases[J]. Optics Letters, 1994, 19(8): 569-571.

[77] 王骐，张杉杉，卢兴发，等. 光场电离类镍氪等离子体参数研究[J]. 光学学报，1999, 19(2): 201-205.

[78] BORGSTROM B S, FILL E, STARCZEWSKI T, et al. Time-resolved X-ray Spectroscopy of Optical-field-ionized Plasmas[J]. Laser and Particle Beams, 1995, 13(4): 459-468.

[79] KRUSHELNICK K M, TIGHE W, SUCKEWER S. Soft X-ray Spectroscopy of Sub Picosecond Laser-produced Plasmas[J]. Journal of the Optical Society of America B, 1996, 13(2): 395-401.

[80] 陈德应，卢兴发，夏元钦，等. 圆偏振光场电离电子能量分布的计算[J]. 光学学报，1999, 19(7): 884-888.

[81] FITTINGHOFF D N. Optical Field Ionization of Atoms and Ions Using Ultrashort Laser Pulses[D]. Oakland: University of California Ph.D Thesis, 1993.

[82] JANULEWICZ K A, GROUT M J, PERT G J. Electron Residual Energy of Optical-field-ionized Plasmas Driven by Subpicosecond Laser Pulses[J]. Journal of Physics B: Atomic, Molecular and Optical Physics, 1996, 29: 901-914.

[83] 陈建新，王骐，陈德应. 基于OFI线偏振光激励等离子体的电子能量分布讨论[J]. 中国激光，2001, A28(8): 701-704.

[84] 陈建新，王骐，夏元钦. 基于OFI线偏振激励低密度等离子体电离参数的研究[J]. 光学学报，2002, 22(4): 432-435.

[85] COWAN R D. The Theory of Atomic Structure and Spectra[M]. Oakland: University of California Press, 1981.

[86] 陈建新. 基于光场感生电离类硼氮及类镍氪系统理论和实验研究[D]. 哈尔滨：哈尔滨工业大学，2002.

[87] 埃尔顿 R C. X射线激光[M]. 北京：科学出版社，1996.

[88] LEMOFF B E, YIN G Y, GORDON III C L, et al. Demonstration of 10 Hz Femtosecond-pulse-driven XUV Laser at 41.8 nm in Xe IX[J]. Physical Review Letters, 1995, 74(9): 1574-1577.

[89] 王骐，陈建新，陈德应，等. 超短脉冲强激光场中氪的高次谐波研究[J]. 中国激光，2001，A28(9)：793-796.
[90] PLAJA L，ROSO-FRANCO L. Adiabatic Theory for High-order Harmonic Generation in a Two-level Atom[J]. Journal of the Optical Society of America B，1992，10-2213.
[91] BUDIL K S，SALIERES P，HUILLIER A，et al. Influence of Ellipticity on Harmonic Generation[J]. Physical Review A，1993，48(5)：R3437-R3440.
[92] NORMAND D，FERRAY M，LOMPRE L A，et al. Focused Laser Intensity Measurement at $10^{18}$ W/cm$^2$ and 1 053 nm[J]. Optics Letters，1990，15(23)：1400-1402.
[93] SEBBAN S，HAROUTUNIAN R，BALCOU PH，et al. Saturated Amplification of a Collisionally Pumped Optical-field-ionization Soft X-ray Laser at 41.8 nm[J]. Physical Review Letters，2001，86(2)：3004-3007.
[94] SEBBAN S，MOCEK T，HAROUTUNIAN R，et al. Collisional Optical-field Ionization Soft X-ray Lasers[C]. SPIE，2001，4505(12)：195-203.
[95] 陈建新，王骐，夏元钦. 基于 OFI 线偏振激励低密度等离子体电离参数的研究[J]. 光学学报，2002，22(4)：432-435.
[96] WANG QI，CHEN JIANXIN，XIA YUANQIN，et al. Experimental Study of Convertion from Atomic High-order Harmonics to X-ray Emission[J]. Chinese Physics，2003，12(5)：524-527.
[97] WANG QI，CHEN JIANXIN，XIA YUANQIN，et al. Influence of Laser Polarization on X-rays Emission from Low-density and High-density Optical-field Ionized Plasmas in Nitrogen[J]. OPTIK，2003，114:19-23.
[98] LU PEIXIANG，NAKANO H，NISHIKAWA T，et al. Study of Commercial Terawatt Femtosecond Laser-driven Table-top X-ray Lasers in Gases[C]. SPIE，1999，3886(11)：294-305.
[99] LU PEI XIANG，NAKANO H，NISHIKAWA T，et al. Calculations of Ionization Process and Gain for a Circularly Polarized 1 TW/100 fs Laser Driven Nickel-like Krypton X-ray Laser[C]. The Autumn Meeting of the Physical Society of Japan，1998.
[100] LU PEIXIANG，NAKANO H，NISHIKAWA T，et al. Demonstration of XUV Amplification to the Ground State in Low-charged Nitrogen Ions[J]. Optics Communication，1999，15(10)：71-78.
[101] DITMIRE T，TISCH J W G，SPRINGATE E，et al. High-energy Ions Produced in Explosions of Superheated Atomic Clusters[J]. Nature，1997，386：54-56.
[102] DITMIRE T，ZWEIBACK J，YANOVSKY V P，et al. Nuclear Fusion from Explosions of Femtosecond Laser-heated Deuterium Clusters[J]. Nature，1999，398：489-492.
[103] MCPHERSON A，THOMPSON B D，BORISOV A B，et al. Multiphoton-induced X-ray Emission at 4 ~ 5 keV from Xe Atoms with Multiple Core Vacancies[J]. Nature，1994，370：631-634.
[104] DITMIRE T，DONNELLY T，RUBENCHIK A M，et al. Interaction of Intense Laser Pulses with Atomic Clusters[J]. Physical Review A，1996，53(5)：3379-3402.
[105] 满宝元，张杰. 超短脉冲强激光与团簇的相互作用[J]. 物理学报，2000，29(5):29-34.
[106] ROSE-PETRUCK C，SCHAFER K J，WILSON K R，et al. Ultrafast Electron Dynamics and Inner-shell Ionization in Laser Driven Clusters[J]. Physical Review A，1997，55(2)：1182-1190.
[107] 程元丽，赵永蓬，肖亦凡，等. 氩团簇高信噪比 13 ~ 23 nm 软 X 射线辐射谱实验观察[J]. 物理学报，

2003, 52(10): 2453-2456.

[108] WANG QI, CHENG YUANLI, ZHAO YONGPENG, et al. X-ray and Extreme Ultraviolet Emission from Small-sized Kr Clusters Irradiated by 150 fs Laser Pulses[J]. Chinese Physics Letters, 2003, 20(8): 1309-1311.

[109] HAGENA O F, OBERT W. Cluster Formation in Expanding Supersonic Jets Effect of Pressure, Temperature Nozzle Size and Test Gas[J]. Journal of Chemical Physics, 1972, 56: 1793-1802.

[110] 陈建新，王骐，夏元钦，等. 激光偏振参量对光场感生电离电子碰撞机制等离子体电离参量的影响[J]. 光学学报，2003，3: 66-70.

[111] CHEN L M, PARK J J, HONG K H, et al. Measurement of Energetic Electrons from Atomic Clusters Irradiated by Intense Femtosecond Laser Pulses[J]. Physics of Plasmas, 2002, 9: 3595-3599.

[112] MOCEK T, KIM C M, SHIN H J, et al. Soft X-ray Emission from Small-sized Ne Clusters Heated by Intense, Femtosecond Laser Pulses[J]. Physical Review E, 2000, 62: 4461-4464.

# 第 3 章　气体放电泵浦

对于气体激光器来说，使用最多的激励方式是放电激励。放电激励，是指在电场作用下，阴极发射的电子，在激光介质中与粒子相互作用，使粒子获得激发的过程。

放电激励的第一种情况，主要是在电场的作用下产生自由电子，利用自由电子的能量进行激发。这种激发利用了电子与物质粒子相互作用时，产生碰撞过程（通常是非弹性碰撞），电子将其一部分动能交给了粒子，使粒子激发，这是电子直接激励过程，与此同时产生的过程是电子交换。由于电子是全同粒子，入射的自由电子与处于束缚态的电子是不可分的，自由电子可能进入原子内部，置换束缚态的电子。束缚态电子被置换成自由电子，而原自由电子进入原子内部成为束缚电子。这时，自由电子携带的动能，可以转变成位能，使原子处于激发态，这一过程可以获得单态到三重态的跃迁。除了这些电子直接激发的情况外，放电激励将主要靠间接激励过程，即电子激励先使中间产物获得激发，这一中间产物再与我们所期望获得粒子布居的粒子通过能量传递，使之获得激发。

放电激励的第二种情况，是利用高频电磁场（如射频激励）使激光介质被电离产生的自由电子，在电场中往返运动，继而产生第一种情况，使粒子获得激发。

放电激励的第三种情况，是靠自箍缩作用。当一高电压大电流通过气体介质时，产生的等离子体在洛伦兹力作用下会向轴线方向产生 $Z$ 箍缩（将中心轴称为 $Z$ 轴），即向轴线均匀压缩。这时自加热产生高温等离子体，这种高温使介质高度电离化，而成为一种可获短波长的激光介质。下面就几个具体问题进行一些讨论。

## 3.1　一般的气体放电泵浦

一般的气体放电泵浦主要有两种形式：一种是连续放电泵浦；另一种是脉冲放电泵浦。连续放电泵浦的激光器，如常见的 He - Ne 激光器和连续的 $CO_2$ 激光器等。脉冲放电泵浦的激光器，如 TEA $CO_2$ 激光器和准分子激光器等。不论是连续泵浦方式还是脉冲泵浦方式，对其动力学研究的基本方法和步骤是相同的。只是在连续放电泵浦的动力学中，更多地考虑稳态的过程，而在脉冲放电泵浦（特别是快脉冲放电泵浦）的动力学中要更加注意动态的过程对整个动力学过程的影响。这里我们没有分别介绍连续放电泵浦和脉冲放电泵浦，而是将两种方式所共用的动力学的基本概念、反应过程和建立动力学模型作一般考虑加以介绍。

### 3.1.1 气体中带电粒子的产生和消失

电离气体是由电子、离子和中性粒子(原子或分子)组成的混合物。与一般气体的差别在于电离气体中存在一定数量的带电粒子(主要是电子和正离子)。电离气体中的三种粒子之间相互作用。中性粒子和离子的运动对电离气体的力学性质起主要作用;而电子和离子的运动又对气体的电学性质起主要作用。由于电子的质量小,因此在电场的加速下很容易获得较大的速度,它对气体放电的电学性质影响更大。

带电粒子的产生和消失是一对紧密相连的过程,有时为了增强放电,就要使带电粒子的数量增加,以使更大的电流通过气体;有时需要抑制放电,那么就要使带电粒子的数量减少,并设法消除带电粒子,使气体从导电状态迅速恢复到绝缘状态。了解气体中带电粒子产生和消失的过程,对于理解电离气体是很重要的,它是电离气体中的两种基本过程,也是研究气体放电动力学的重要基础。

气体放电中的物理过程是带电粒子、光子、中性粒子等基本粒子之间以及它们与电极之间相互作用的总和。因此在研究带电粒子的产生和消失过程时,可适当地分为气体过程和电极过程两种,当然除此之外还有与容器壁有关的一些过程需要考虑。

#### 3.1.1.1 电极表面带电粒子产生和消失过程

在没有气体预电离(如紫外光预电离)的情况下,一般在放电的开始带电粒子主要由电极产生,进而在电场中加速击穿气体,最终形成放电。电极产生带电粒子主要由电极表面完成,电子表面发射按外界激发能量的不同方式主要分为以下四种形式[1]:

(1) 热电子发射。把电极加热到足够高的温度,其内部电子能量也随之升高。其中有一部分电子的能量足以克服阻碍它们逸出表面的势垒而脱离固体进入气体。这样得到的电子表面发射叫热电子发射。

(2) 光电子发射。如果用光辐射作用于电极表面,电极内电子吸收光子能量后,可以克服表面的势垒而逸出,这就是光电子发射。

(3) 次级电子(离子)发射。如果用一定能量的电子(或离子)轰击电极表面,也能引起电子(离子)发射,称之为次级发射或二次发射。

(4) 场致电子(离子)发射。当电极表面存在很强的电场时,强电场会使得电极表面势垒降低和变薄,这样电子就比较容易克服表面势垒而逸出,造成大量电子(离子)发射,这叫场致发射。有关场致发射,在第4章电子束泵浦中还将涉及。

带电粒子的消失过程可以分成两类,其一是由于正负电荷复合而变成中性粒子;其二是在外电场作用下,带电粒子进入电极而消失(构成外电路电流)。在稳定放电的情况下,带电粒子的产生和消失保持动态平衡。在放电熄灭过程中,带电粒子的消失占主导地位。

#### 3.1.1.2 气体中带电粒子产生过程

除了与电极表面有关的带电粒子产生和消失过程以外,还存在气体中的各种带电粒子的产生和消失过程,而且气体中的这些过程对激光的产生更为直接。这里我们将讨论气体中带电粒子产生的各种过程。

1.电子碰撞电离

下面我们简单说明电子碰撞电离的物理过程。当具有一定速度的自由电子接近原子时,价电子与自由电子通过电场相互作用,价电子的轨道发生畸变。价电子与自由电子接近时,自由电子受到斥力而减速,动能下降。它把能量交给了价电子,使价电子的位能升高。随着自由电子进一步靠近原子,极化作用就更强。价电子从自由电子中获得能量,当速度足够大时,就可能克服原子核的引力而产生电离。

电离碰撞次数占总碰撞次数的比率称为电离概率,它与电子能量有关。图 3.1 画出几种气体电离概率和电子能量关系的实验曲线。从图中可以看出,当电子能量小于电离能($eV_i$)时,电离概率等于零,当电子能量从电离能增加到 100 ~ 200 eV 时,电离概率一直增加,最大电离概率发生在电子能量为电离能的 5 ~ 10 倍范围内。

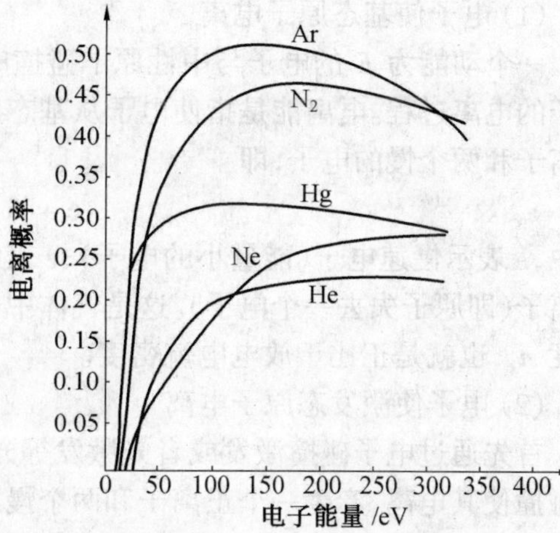


图 3.1　电离概率与能量的关系

根据电子碰撞电离的物理过程,可以对电离截面存在最大值给出解释。当自由电子能量很小时,价电子不能在其中获得足够能量,所以不会产生电离过程。当自由电子能量很大时,则它在原子附近停留的时间很短,极化作用来不及发展,电离作用较小,这是为什么电子能量很大时,电离概率反而下降的原因。如自由电子速度是如此大,以至于比价电子速度大得多,那么可能在价电子还没有来得及接近自由电子时,自由电子就早已飞过去了,所以电离作用不能发生。从上面的分析可以看出,太慢或太快的电子都不利于电子碰撞电离过程的发生,因此对应不同电子能量下的电离概率函数存在极大值。

原子电离概率曲线的特殊形状,不能从经典力学和经典电动力学来推导。因为我们不能把电子仅看成是具有一定质量和电荷的粒子,而必须考虑它们的波动性,所以必须用量子力学来分析。但是用量子力学分析得到的结果也只能根据一些点来画出这条曲线,而不能得出解析解,通常我们用比较简单的经验公式来近似表示电离概率曲线。在气体放电中的电子被加速到很高的能量,只有在气压非常低时才可能,在大多数场合,电子能量至多也就比电离能稍微大一些,因此电离概率按照初始一段考虑时,可表示为直线上升的模型,即[2]

$$P_i = a(V - V_i) \tag{3.1}$$

其中 $a$ 为比例系数,表 3.1 给出了几种气体对应的常数 $a$。

表 3.1　不同气体对应的常数 $a$

| 气体 | He | N | Ar | Hg | $H_2$ | Cs | 空气 |
| --- | --- | --- | --- | --- | --- | --- | --- |
| $a/10^2$ | 4.6 | 5.6 | 71 | 83 | 21 | 280 | 26 |

在 $P_i$ 达到最大值以后，可以作为近似的公式是[1]

$$P_i = a(V - V_i)e^{-(V-V_i)/b} \tag{3.2}$$

上述两式中的 $a$，$b$ 是经验常数，可以根据实验曲线求出。

根据与电子碰撞粒子的状态不同，可以把电子碰撞电离的类型分成四种：

(1) 电子使基态原子电离

一个动能为 $E$ 的电子与中性原子碰撞时，如果电子的动能大于原子的电离能，则会出现原子的电离过程。电离能是指使电子从基态原子直接电离所需的能量。该电离过程将产生一个正离子和两个慢的电子，即

$$\mathbf{e} + A \longrightarrow A^+ + 2e$$

其中，e 表示慢速电子(能量小的电子)；**e** 表示快速电子；A 表示基态原子；$A^+$ 表示一次电离的正离子(即原子失去一个电子)。这是气体中电离的主要形式。电子碰撞电离的速率正比于电子密度 $n_e$，也就是正比于放电电流密度。

(2) 电子使激发态原子电离

首先通过电子碰撞激发或者光激发等方式形成激发态的原子，然后快速电子与激发态原子碰撞使其电离，产生一个正离子和两个慢电子，即

$$\mathbf{e} + A^* \longrightarrow A^+ + 2e$$

其中，$A^*$ 表示激发态原子。该过程也可称为累积电离，它是气体中产生电离的一个很重要的形式。与基态原子直接电离相比，累积电离参与电离过程使电子的平均能量降低了，降低的程度决定于激发态能级与基态能级间能量差。上述反应虽然对于所有激发态粒子 $A^*$ 都是可能的，但是由于通常激发态的寿命为 $10^{-7}$ s 左右，而这种粒子与电子的碰撞频率在弱等离子体中至多为 $10^3\ s^{-1}$，所以除寿命特别长的亚稳态之外，几乎不发生累积电离过程。

(3) 电子使正离子进一步电离

$$\mathbf{e} + A^+ \longrightarrow A^{2+} + 2e$$

其中，$A^{2+}$ 表示二价正离子(即失去了两个电子的正离子)。由一价离子产生二价离子的电离能，比基态原子产生一价离子的电离能大得多，例如 Ar 的电离能为 15.8 eV，而 $Ar^+$ 的电离能则为 27.6 eV。因此要使正离子发生进一步电离，电子必须具有很大的能量。

(4) 电子使分子电离

对于分子的场合，电离过程与分子的势能曲线形状和所处的振动态有关。由于电离后产生的分子离子可以离解，也可以跃迁到离子的不同振动能级上，所以比原子场合更为复杂。如果忽略多价离子的产生，则双原子分子可能存在两个电离过程，即

$$\mathbf{e} + AB \longrightarrow (AB)^{+} + 2e \quad 直接电离$$

$$\mathbf{e} + AB \longrightarrow A^{+} + B + 2e \quad 离解电离$$

分子的离解电离,表示分子的电离和离解同时发生。

2.离子、中性粒子碰撞电离

正离子碰撞气体粒子所引起的电离可以用反应式

$$\mathbf{A}^{+} + B \longrightarrow A^{+} + B^{+} + e$$

来表示[1],其中 $\mathbf{A}^{+}$ 表示快速正离子。一般情况下,正离子的速度与气体原子的速度差不多,只有很小一部分正离子的动能达到电离能。因此在通常情况下,正离子碰撞电离的效果很差,有时甚至可以忽略这一效应。另外,正离子和原子发生非弹性碰撞时,原子所得的内能最多只有正离子动能的一半,如果发生电离碰撞,正离子至少需要 2 倍电离能的动能。而电子和正离子恰恰相反,电子和原子发生弹性碰撞,能量损失非常少,所以电子的动能容易达到电离能。电子和原子发生非弹性碰撞,能将其所具有的绝大部分动能转化为原子的内能,故正离子产生碰撞电离的效果远比电子的效果差。

由于正离子的质量远比电子的质量大,具有 2 倍电离能的动能的正离子,其速度也远比电子的速度小,快速电子将自己的部分能量传递给气体粒子这段时间内,能够离开气体粒子,气体粒子则获得很多能量而必然要改变自己的能态,因而就可能发生电离。与此相反,由于正离子的速度相当慢,它和气体粒子碰撞的全部时间内,气体粒子只受到变化很慢的电场作用,在许多情况下,原子从碰撞中没有获得足够的能量,当正离子离开原子时,它的电子系统又回到了正常状态,没有发生电离。实际上,开始发生碰撞电离时,正离子动能的阈值要比两倍的电离能大得多。

中性粒子与气体粒子碰撞所引起的电离可以用反应式

$$\mathbf{A} + B \longrightarrow A + B^{+} + e$$

来表示,其中 $\mathbf{A}$ 表示快速的中性粒子。在弱电离气体中,通常由于离子和中性粒子不具有引起电离那样大的动能,所以正离子和中性粒子的碰撞过程都可以忽略。另外,由于中性粒子不能被电场加速,所以除去热电离外,一般不存在高速中性粒子引起的电离过程。

3.彭宁电离

彭宁电离是指激发原子与基态原子碰撞时,激发原子的内能转移给基态原子并使基态原子电离,如果激发原子的内能远大于基态原子的电离能,碰撞结果可产生激发态的正离子,一般的反应式为

$$A^{*} + B \longrightarrow A + B^{+} + e$$

其中,$A^{*}$ 表示亚稳原子,这是一种第二类非弹性碰撞。发生彭宁电离的必要条件是激发原子的激发能大于和它相碰撞的原子的电离能。这时 $A^{*}$ 的激发能和 B 原子电离能的能量差,转变为电子的动能。因为亚稳原子的寿命远大于一般激发原子的寿命,所以与累积电离过程类似,只有亚稳原子才有明显的彭宁电离作用。

例如，$Ar(^3P_2)$激发态的激发能为11.49 eV，Hg原子的电离能为10.4 eV，因此$Ar(^3P_2)$与Hg碰撞会发生彭宁电离

$$Ar(^3P_2) + Hg \longrightarrow Ar + Hg^+ + e$$

实验测量表明，电子碰撞Ar原子的电离截面最大值约$3\times10^{-16}\ cm^2$；电子碰撞Hg原子的电离截面最大值约$4\times10^{-16} \sim 5\times10^{-16}\ cm^2$，而Ar与Hg的彭宁电离截面则为$3\times10^{-15}\ cm^2$，可见彭宁电离的效果是很好的。

4.热电离

气体加热到高温时，中性粒子的动能增加，其中也产生了能够引起碰撞电离的高速粒子，称这种由纯粹热运动产生的碰撞电离为热电离。在气体温度达到数千开以上的弧光等离子体中，这是一个主要的电离过程。热电离实际上是气体粒子之间发生第一类非弹性碰撞所产生的电离。一般的反应式为

$$\mathbf{A} + \mathrm{B} \longrightarrow \mathrm{A} + \mathrm{B}^+ + \mathrm{e}$$

其中，**A**表示快速运动的原子。我们知道，气体温度与气体粒子的平均动能关系有

$$\frac{1}{2}m\bar{v}^2 = \frac{3}{2}kT \tag{3.3}$$

式中，$\bar{v}^2$是气体粒子的平均速度，$k$是玻耳兹曼常数，$T$是气体热力学温度。若气体温度$T$为$10^4$ K，可算得气体粒子的平均动能仅为1.29 eV。一般气体原子的电离能为十几电子伏，所以要产生热电离，气体的温度必须非常高，只有这样气体热运动的能量才足够大。

热电离气体也是一个热平衡系统（中性粒子电离成正离子和电子；而正离子和电子又复合成中性粒子），在动态平衡下，电子、正离子、中性粒子都将保持一定的浓度，温度越高，热电离作用越显著，电子和正离子的浓度越大。

假设$n_e$为电子密度、$n_i$为离子密度、$n_a$为中性粒子密度，那么定义$\alpha = \dfrac{n_e}{n_a + n_e} = \dfrac{n_i}{n_a + n_i}$为电离度，$\alpha = 1$表示气体完全电离。在中性粒子、电子、离子处于完全热平衡状态下，可以推导电离度与气体的电离能、温度及热电离后总压强之间的关系，这就是热电离的沙哈(Saha)公式[1]

$$\frac{\alpha^2}{1-\alpha^2}p = \frac{(2\pi m_e)^{3/2}}{h^3}(kT)^{5/2}\exp\left(-\frac{eV_i}{kT}\right) \tag{3.4}$$

式中，$m_e$为电子质量，$h$为普朗克常量，$eV_i$为电离能，$p$为发生热电离后的总压力

$$p = p_e + p_i + p_a = (1+\alpha)nkT \tag{3.5}$$

$p_e$、$p_i$、$p_a$分别表示由电子、正离子及中性粒子所引起的压强；$n$为气体粒子的初始浓度。

把有关的物理常数代入式(3.4)，并用帕作为压力$p$的单位，则可写成

$$\frac{\alpha^2}{1-\alpha^2}p = 3.16\times10^{-2}\,T^{5/2}\exp\left(-\frac{eV_i}{kT}\right) \tag{3.6}$$

式中，$V_i$ 为电离电压(V)。在某一气压下，随 $T$ 的增加，$\alpha$ 由于 $T^{5/2}$ 和 $\exp\left(-\frac{eV_i}{kT}\right)$ 两项的增加而急剧增大，并在非常高的温度下趋近 1。热电离时在比较低的温度下也能得到高的电离度。但是为了达到热平衡的条件需要提高气体压强，增加粒子间的碰撞。实际上，在发生热电离那样高的温度下，电子的平均动能应该等于中性粒子的平均动能，因而电子碰撞电离也同时起着很大的作用，另外，在发生热电离时，往往还伴随有光致电离的作用。

5. 光致电离

当气体粒子吸收光子后也会发生电离，这就是光致电离，其反应式为

$$h\nu + A \longrightarrow A^+ + e$$

对于光致电离来说，由于电离后的电子可以具有任意的能量，所以大于电离能的光子才有可能产生光致电离过程，即

$$h\nu > eV_i \tag{3.7}$$

可算出产生光致电离的入射光波长 $\lambda_i$，即

$$\lambda_i < \frac{hc}{eV_i} = \frac{1\,234}{V_i} \tag{3.8}$$

式中，$\lambda_i$ 的单位是 nm。例如原子中铯原子具有最低电离电位($V_i = 3.89$ V)，代入上式得到使铯原子光电离的最长波长为 318.4 nm。对于其他原子则要求更短波长的光。这样，光致电离所要求的入射光波长很短，介于紫外和真空紫外光($\lambda < 200$ nm)范围。

然而实验发现，当光子波长 $\lambda > 318.4$ nm 时，能使某些气体发生光电离，而波长 $\lambda = 125$ nm 的光子可以电离差不多所有气体，其原因如下[1]。

(1) 与电子碰撞时所发生的累积电离一样，原子先被光激发，然后再吸收光子而电离。其作用过程可表示为

$$A + h\nu \longrightarrow A^*$$
$$A^* + h\nu \longrightarrow A^+ + e$$

当存在亚稳态时，这种现象特别容易发生，这个过程称为累积光电离。

(2) 一个激发原子和一个未激发原子结合成分子，这个分子的电离能比原子的激发能小。因此，在形成分子时它就电离了，即

$$A + A^* \longrightarrow A_2^+ + e$$

(3) 原子可同时吸收两个光子而产生一个光电子，这就是所谓双光子电离过程。此时，光子波长比由式(3.8)所决定的临界波长大一倍，一个气体粒子吸收了两个以上的光子而产生一个光电子的过程叫做多光子电离过程。双光子和多光子电离发生的概率与光强有关，一般在激光作用下产生的概率才比较大。

如果是 X 射线引起的电离也应该列入光致电离的过程。由于此时光子的能量远大于原子的电离能，所以可能产生三种不同情况的光致电离。

(1) 原子吸收 X 射线能量,使一个价电子脱离原子变成自由电子,这个自由电子可以具有很大的能量,可再使其他原子电离。

(2)X 射线能量被吸收,使一个内壳层电子脱离原子,外壳层电子随即跃迁到内壳层空位上,产生新的 X 射线,又可以引起气体电离。

(3)X 射线能量没有被完全吸收,只是将一部分光子能量交给了价电子,使原子电离。而减少能量以后的 X 射线仍可以继续使气体原子电离。

因为光子与电子有本质的差别,所以光致电离和电子碰撞电离也有本质的区别。光致电离是光形成的电磁场与物质相互作用的问题,而电子碰撞电离则是两个微观粒子的碰撞问题。此外,光致电离发生后,只存在两个粒子(一个离子和一个电子) 而电子碰撞电离发生后存在三个粒子(一个离子和两个电子)。从两个过程发生的概率来看,光致电离的最大概率发生在光子能量高于电离能0.1 ~ 1 eV范围内;电子碰撞电离的最大概率发生在电子能量为电离能的5 ~ 10 倍处;而当电子能量仅稍大于电离能时,电子碰撞电离的概率则很小。

#### 3.1.1.3　气体中带电粒子消失与转化

上面讨论了气体中带电粒子产生的过程,带电粒子产生以后,在运动的过程中其所带的电荷还要发生消失和转化,包括带电粒子进入电极而消失,电子和正离子复合,电荷转移等。关于带电粒子进入电极而消失的问题,这里我们不作讨论。气体中由于碰撞电离等产生的正离子和电子或负离子,在空间或者管壁相互中和,返回到原来中性的原子或分子状态,称这一过程为复合。对电子与正离子或者负离子与正离子在管壁上复合导致管壁发热的过程,我们也不作详细的介绍。重点介绍空间的电荷消失和转化过程。

1. 电子与正离子的复合

根据能量守恒,不论是发生电子复合还是离子复合,都要放出一定的能量。电子复合时,放出的能量等于原子或分子的电离能和电子动能之和;离子复合时,放出的能量等于电离能与原子与电子亲和势之差。首先我们介绍电子和正离子的复合,它存在以下几种类型。

(1) 辐射复合

电子与正离子复合时,电子被离子捕获从自由态变到束缚态,同时以光子的形式释放出多余的能量,即

$$e + A^{+} \longrightarrow A^{*} + h\nu$$

其中,$A^{*}$ 为激发态原子或分子,释放出的能量 $h\nu$ 应等于原子的电离能与电子的动能之和,即

$$h\nu = eV_{i} + E_{k}$$

其中,$E_k$ 表示电子的动能。由于电子的动能可以连续变化,因此辐射谱线是连续谱。关于复合辐射的情况,我们已经在第 2 章中给出了详细的介绍。

(2) 离解复合

由分子形成的正离子,它和电子的复合,往往通过一个很有效的方式,即使分子发生离解,

$$(AB)^+ + e \longrightarrow A^* + B^*$$

这就是所谓的离解复合,复合过程中多余的能量使分子(AB)离解为原子,而且离解的原子 A 和 B 并不一定处于基态。

实际上,离解复合可认为由两个阶段组成的,首先电子被分子捕获,形成一个不稳定的激发态分子$(AB)^*$。在该分子放出该电子再返回到离子状态之前,完成离解而分离成中性原子,即

$$(AB)^+ + e \rightleftharpoons (AB)^* \longrightarrow A^* + B^*$$

由于$(AB)^*$离解的寿命(约 $10^{-15}$ s)比自电离寿命(约 $10^{-14}$ s)短,因此$(AB)^*$发生离解的概率很大。

(3) 三体复合

三体复合是指复合过程中除了正负带电粒子外还有第三个粒子参与的复合,第三个粒子的作用在于吸收多余的能量。若电子与第三个粒子先作一次弹性碰撞,损失一部分能量,变成慢速电子,则被正离子捕获的概率大大增加。一个正离子与两个电子所发生的碰撞复合,变为一个中性激发粒子和一个电子,可表示为

$$A^+ + e + e \longrightarrow A_j^* + e$$

$A_j^*$ 是处于较高能态的激发态原子。假设离子的密度为 $n_i$,电子密度为 $n_e$,则对于上述反应,有

$$-\frac{dn_i}{dt} \propto n_i n_e^2$$

所以在电子数密度高时,有利于碰撞复合的发生。

电子温度高时,这种复合向辐射复合转移,即

$$A_j^* \longrightarrow A_l^* + h\nu$$

$A_l^*$ 是比 $A_j^*$ 能级低的激发态原子。整个过程称为电子碰撞辐射复合,它是光致电离的逆过程。

三体复合中的第三体不仅可以是电子,也可以是中性粒子,这时反应可以表示为

$$A^+ + e + B \longrightarrow A^* + B$$

因为与中性粒子发生弹性碰撞,电子能量损失很小,因而中性粒子在三体复合中不能起到像附加电子那样的作用,这种复合的复合系数相当小。中性粒子作为第三体的三体复合与气压具有依赖关系,这是一种缓慢的反应。

2. 正、负离子的复合

由于后面讲到的附着作用,在某些气体中,电子可以附着在中性粒子上,形成负离子。正离子与负离子互相吸引,最终复合到一起,称这种反应为正、负离子复合。

(1) 辐射复合

$$A^+ + B^- \longrightarrow AB + h\nu$$

这时正离子与负离子复合,并同时放出光子形成稳定的分子。与电子、正离子的碰撞辐射复合类似,这种复合过程发生的概率通常很小。

(2) 电荷中和复合

$$A^+ + B^- \longrightarrow A^* + B^*$$

相互中和的两体复合基本上是一个电荷转移的过程，负离子 $B^-$ 把它附着电子转移给正离子 $A^+$ 复合以后，两个中性粒子并不一定都处于基态，可以是一个处于基态另一个处于激发态，也可以是两个粒子都处于激发态。中和后的剩余能量将转变成两个中性粒子相对运动的动能。这种复合过程发生的概率相当大。

(3) 三体复合

$$A^+ + B^- + M \longrightarrow AB + M$$

其中，M 为作为第三体的中性粒子，称上述反应为正负离子的三体复合。

该反应的复合系数与气体压强有明显的依赖关系。当气压为 $10^5$ Pa 以下时，复合系数随压强的增大而增大，高于 $10^5$ Pa(1 个大气压）以后，复合系数随压强增大而减小。对复合系数与压强的关系，可以用简单的物理模型给予解释。在低气压下等离子体中正、负离子相对运动速度不因碰撞而衰减，因此离子的相对速度较大，即使它们之间多次碰撞也不能复合。在中等气压的等离子体中，正、负离子之间若存在中性气体粒子，离子的平均动能则向中性气体分子转移，这时只有碰撞后的离子平均动能小于正、负离子对的静电能时才发生复合。而在高气压(大于 $10^5$ Pa) 情况下，一对邻近的正负离子受库仑力互相吸引，但由于气压过高，离子平均自由程太小，因此这一对正负离子发生复合前要与中性粒子多次碰撞，也就是说遵照漂移运动的规律逐渐接近。这种情况下，离子复合系数与气体压强成反比。

3. 电子附着[2]

电子和原子碰撞，除了可以使原子被激发或电离以外，还可以发生电子附着过程。在第 2 章有关 LPX 泵浦稀有气体氟化物离子准分子一节，已经涉及电子与氟原子附着形成负离子的反应过程。从该反应过程可以看出，电子被原子或分子捕获形成负离子的现象称为电子附着。相反，称负离子放出电子的过程为脱离。由于附着削弱了电子的电离作用等影响，所以对放电起到抑制的作用。

电子附着在原子上时要释放出亲和势和电子的动能。亲和势是指电子从处于基态的负离子脱离而生成基态的中性粒子所需要的最低能量。因此电子结合得越强，亲和势就越大，原子或分子也就越容易形成负离子，称这样的原子或分子气体为负电性气体。如前面讲到的卤素原子气体为负电性气体，而稀有气体电子亲和势接近于零，所以不是负电性气体。

下面简单介绍几种重要的附着反应。

(1) 辐射附着

当电子接近中性粒子被捕获，并引起外层电子的重新排列时，被激发的负离子通过放出光子而变为稳定，称其为辐射附着。

$$A + e \longrightarrow A^- + h\nu$$

$$AB + e \longrightarrow AB^- + h\nu$$

一般情况下，这种附着的系数很小。

(2) 三体附着

三体附着是指在中性粒子与电子碰撞时，由于第三体的作用而使电子减速并被捕获形成附着的反应，即

$$A + e + M \longrightarrow A^- + M$$

其中，M可以是电子、原子或分子。此时，第三体吸收剩余的能量转变为其动能，所以反应不发生辐射。这种反应只在高气压气体中才起大的作用。很多场合，在大分子情况下得到与上述不同的附着过程，即

$$A + e + M \longrightarrow A \cdot M + e \longrightarrow A^- \cdot M \longrightarrow A^- + M$$

分子首先和第三体松散地结合，然后捕获电子形成负离子，最后放出第三体达到稳定。

(3) 碰撞附着

碰撞附着是三体附着的特殊情况，分子捕获电子后，暂时形成振动激发的负分子离子，它再与其他粒子碰撞放出动能而达到稳定，称这样的反应为碰撞附着，可表示为

$$AB + e \longrightarrow [AB^-]^*$$

$$[AB^-]^* + M \longrightarrow AB^- + M$$

(4) 离解附着

电子附着到分子上时，分子发生离解，并吸收电子的动能达到稳定，这就是离解附着反应，可表示为

$$AB + e \longrightarrow [AB^-]^* \longrightarrow A + B^-$$

这种反应作为生成负离子的反应，具有最大的反应系数。在第2章中讲到的氟离子的产生就是采用离解附着反应。

4. 电荷转移

离子和中性粒子碰撞时，不仅可以发生能量的交换，也可以发生电荷的转移。通常离子可以被电场加速而获得比中性粒子大的动能。当正离子与中性粒子碰撞时，正离子可以从中性粒子那里获得一个电子恢复到电中性，并仍保持较大的速度。原来的中性粒子变为正离子，并具有较低的速度。同样负离子与中性粒子碰撞时，也可以把多余的电子转移给中性粒子。以上过程就是电荷转移过程，可表示为

$$A^+ + B \longrightarrow A + B^+$$

这种过程显然与电离和复合过程不同，因为从外部来看，电荷没有增加也没有减少。

离子与同类中性粒子间发生电荷交换称为对称谐振电荷转移，即

$$A^+ + A \longrightarrow A + A^+$$

正离子和气体原子发生对称谐振电荷转移的有效截面比发生弹性碰撞的有效截面还要大。

正离子与不同种类的中性粒子发生电荷转移叫做非对称谐振电荷转移，可表示为

$$A^+ + B \longrightarrow A + B^+$$

两种粒子的电离能之差为正,则两个粒子的动能增加或者粒子获得激发。非对称谐振电荷转移的反应截面,当碰撞速度小时,随速度的增加而增加。当碰撞速度大到一定程度时,则随碰撞速度的增加而减小。

### 3.1.2 气体放电激光器动力学

气体作为工作介质获得激光输出,最早是由 Javan 和他的同事在对 He – Ne 气体辉光放电中获得的,在 1.15 μm 波长附近实现 5 条激光振荡谱线。1962 年 White 和 Rigden 获得 632.8 nm 红光激光输出,至今它仍是应用十分广泛的气体激光器之一。从此以后,采用气体放电方式获得了千余条激光输出。1963 年 Mathias 和 Parker 观察到氮分子激光跃迁;1964 年 Patel 发现了 $CO_2$ 激光跃迁,其输出波长在 10.6 μm 附近,目前该激光器已经发展成高功率激光器,并广泛应用于材料加工和医疗等领域;1970 年 Basov 等人首先获得 $Xe_2^*$ 准分子 176 nm 激光输出,目前放电激发的稀有气体卤化物准分子激光已经发展成熟,并得以广泛应用[3]。

在气体放电情况下,为了获得激光输出,必须对激光上能级进行有效的激发。气体放电选择性激发是指气体粒子在放电中被激发到某些特定的能级的激发过程。至今,国外已研究了约十种选择性激发反应(如电子碰撞激发,共振转移激发,电荷转移激发等)。这些选择性激发反应对在气体中获得特定的某两个能级间粒子数反转,从而产生特定频率的激光发射起着决定性的作用[1]。与光泵浦的选择性激发不同,气体放电选择性激发过程,往往并不是只对某一个能级进行激发,而是很多能级会被同时激发,只是各能级的激发概率不同。因此,如何使激光上能级获得较大的激发概率是至关重要的问题。下面我们分别介绍不同类型的选择性激发过程,并以具体的激光器动力学过程为例,深入地理解各种激发过程的物理本质。

#### 3.1.2.1 电子碰撞激发

1. 基本概念

气体放电中产生的电子,当电子的能量达到原子某个能级的激发能量时,它与原子碰撞,就有可能使后者从基态或者比较低的能级跃迁到高能级上去,这样的能量交换过程称为电子碰撞激发。这种碰撞过程通常属于非弹性碰撞过程。电子碰撞激发的一般反应式为

$$\mathrm{A} + \mathbf{e} \longrightarrow \mathrm{A}^* + \mathrm{e}$$

其中,A 表示基态原子;$A^*$ 表示激发态原子。

对于激发作用,也存在激发概率的问题。就是说,当电子能量大于激发能时,电子与原子碰撞,可能使原子激发,也可能没有使原子激发。电子碰撞原子使之获得激发的概率可采用电子碰撞激发截面来表示。电子碰撞使原子从基态跃迁到第 $i$ 个能级上的截面 $\sigma_{i1}$,根据玻尔近似可得[3]

$$\sigma_{i1} \propto \int_{K_{\min}}^{K_{\max}} | \psi_1 \mathrm{e}^{\mathrm{i}Kr} \psi_i^* | \mathrm{d}K$$

其中，$\boldsymbol{K}$ 是入射电子的波矢，$\psi_i$ 和 $\psi_1$ 分别是激发态 $i$ 和基态 1 的波函数。当入射电子的能量大于第 $i$ 个能级的激发能 $E_i$ 时，则有

$$\sigma_{i1} \propto |\int \psi_1 \psi_i^* r \mathrm{d}\tau|^2$$

在电子之间的能量交换可以忽略第一级近似的条件下，截面 $\sigma_{i1}$ 可近似表示为

$$\sigma_{i1} \propto A_{i1}$$

其中，$A_{i1}$ 是从能级 $i$ 到基态的自发跃迁概率。因此，光学跃迁概率大的能级之间电子碰撞激发的截面也大。光学跃迁概率大小可以用是否满足跃迁选择定则来衡量。一般满足跃迁选择定则的能级间跃迁是允许的，因此电子碰撞激发截面也较大；相比之下不满足跃迁选择定则的跃迁是被禁止，因此其电子碰撞激发概率非常小。

图 3.2 给出了汞原子几个能级的电子碰撞激发截面与电子能量的关系。可见，对于同一原子的不同能级，其激发截面曲线形状也不一样，当然，对于不同气体，其激发截面曲线更不一样。从这个图可以看出，当电子能量小于激发能时，激发截面等于零。在电子能量略大于激发能时，一般情况下，激发截面很快增加，在达到某一最大值后缓慢下降。汞原子的$^1P_1$ 能级与基态之间，是单重态到单重态的允许跃迁，因此如图 3.2 所示其相应的电子碰撞激发截面较大。根据选择定则，相对于基态，汞的 $6^3P_0$、$6^3P_1$、$6^3P_2$ 态与基态间跃迁都是单重态到三重态的禁戒跃迁，它们电子碰撞激发截面的极大值范围比$^1P_1$ 能级窄得多。

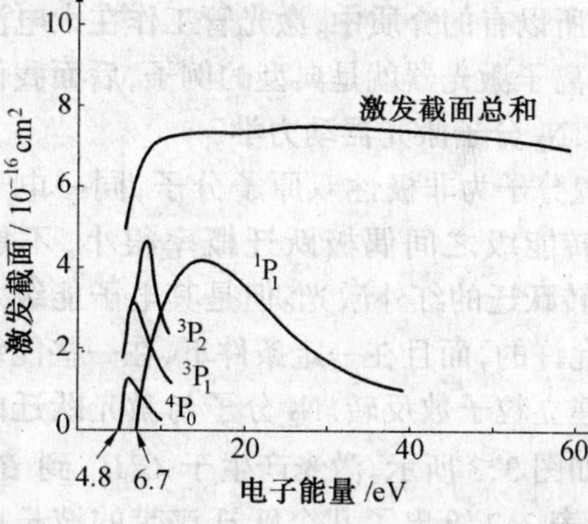


图 3.2　汞的激发截面与电子能量的关系

亚稳态的激发过程主要靠级联跃迁。电子碰撞激发到较高的非亚稳态能级上，再由这些能级级联跃迁到亚稳态能级上。从基态直接激发到亚稳态能级电子碰撞激发概率很小。

根据第 2 章的式(2.98)，我们用 $n_{\mathrm{i}}$ 表示处于 $i$ 能级的粒子数密度，$n_{\mathrm{e}}$ 表示电子密度，$n_1$ 表示基态原子粒子数密度，则电子碰撞激发原子到 $i$ 能级上的速率为

$$\frac{\mathrm{d}n_{\mathrm{i}}}{\mathrm{d}t} = k_{\mathrm{ex}} n_{\mathrm{e}} n_1 \tag{3.9}$$

其中，$k_{\mathrm{ex}}$ 为电子碰撞激发过程的反应速率常数。根据式(2.103)，假设电子能量符合麦克斯韦分布，则电子碰撞激发的反应速率常数 $k_{\mathrm{ex}}$ 可写成[1]

$$k_{\mathrm{ex}} = \int_{E_{\mathrm{ex}}}^{\infty} \left(\frac{8}{\pi m_{\mathrm{e}}}\right)^{1/2} \left(\frac{1}{kT_{\mathrm{e}}}\right)^{3/2} \sigma(E) \exp\left(-\frac{E}{kT_{\mathrm{e}}}\right) E \mathrm{d}E \tag{3.10}$$

式中，$E$ 为电子能量，$E_{\mathrm{ex}}$ 为 $i$ 能级的激发能，$T_{\mathrm{e}}$ 为电子温度，$m_{\mathrm{e}}$ 为电子质量，$k$ 为玻耳兹曼常

量，$\sigma(E)$ 为激发碰撞截面。

$$\frac{dn_i}{dt} = k_{ex} n_e n_1 = n_e n_1 \int_{E_{ex}}^{\infty} \left(\frac{8}{\pi m_e}\right)^{1/2} \left(\frac{1}{kT_e}\right)^{3/2} \sigma(E) \exp\left(-\frac{E}{kT_e}\right) E dE \tag{3.11}$$

由上式看出，电子碰撞激发原子到 $i$ 能级上的速率取决于电子密度 $n_e$、基态粒子密度 $n_1$、激发能 $E_{ex}$、激发碰撞截面 $\sigma(E)$ 和电子能量。当被激发的能级选定以后，$E_{ex}$ 和 $\sigma(E)$ 就确定下来了。由于一般在某一电子能量下电子碰撞激发截面最大，也就是说对于激发截面存在最佳的电子能量，所以控制电子能量使其接近最佳能量，对提高激发速率有利。然而，在气体放电中电子能量总是有一定的分布，即存在不同能量的电子，所以只能控制电子能量分布，使其在最佳能量附近的电子较多。此外，电子的密度 $n_e$ 和基态原子的密度 $n_1$ 也会影响激发速率，所以要获得较大的激发速率可以提高电子密度和基态原子密度的值。由于电子密度 $n_e$ 值可由电流密度决定，所以有的介质中，激光管工作在大电流密度的弧光放电状态下，会提高电子碰撞激发速率，氩离子激光器就是典型的例子，后面我们会给出较详细的介绍。

2. $N_2$ 分子激光器动力学

氮分子为非极性双原子分子，同一电子态内振－转能级之间偶极跃迁概率很小，不能产生振－转跃迁的红外激光。但是其电子能级之间跃迁是允许的，而且在一定条件下，在一些能级之间还能建立粒子数反转。$N_2$ 分子与激光跃迁的激光能级如图 3.3 所示。激光产生于 $C^3\Pi_u$ 到 $B^3\Pi_g$ 的跃迁。表 3.2 给出了几个跃迁谱带的波长以及跃迁的概率[4]，$v_3$ 和 $v_2$ 分别表示上下能级的振动量子数，从表中可以看出 $N_2$ 分子可以产生紫外激光输出。

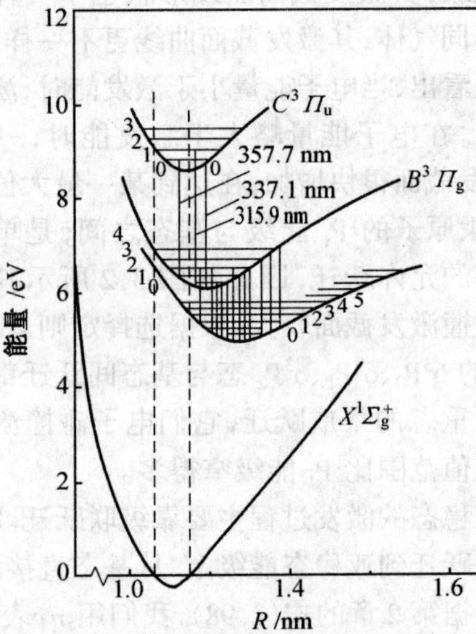


图 3.3　$N_2$ 分子简化能级图

下面我们分析在 $C^3\Pi_u$ 和 $B^3\Pi_g$ 态之间形成粒子数反转的可能性。首先分析两个能级的寿命。$C^3\Pi_u$ 态的自发辐射平均寿命为 40 ns，考虑分子之间碰撞发生的弛豫过程，实际的能级寿命还要短。相比之下 $B^3\Pi_g$ 态的寿命要长得多，达到 8 ~ 10 μs。由于上能级寿命远小于下能级寿命，所以在 $C^3\Pi_u$ 和 $B^3\Pi_g$ 态之间不利于建立粒子数反转，至少不大可能建立连续激光振荡。接下来分析两个能级的电子碰撞激发截面。当电子能量在14 ~ 16 eV 范围内时，电子碰撞激发 $C^3\Pi_u$ 态的截面约为 $\pi a_0^2$（$a_0$ 是氢原子玻尔第一轨道半径）；而激发 $B^3\Pi_g$ 态的截面约为 $0.6\pi a_0^2$，相差近一倍。因此，只要选择合适的放电条件，使激发 $C^3\Pi_u$ 态的速率远大于激发 $B^3\Pi_g$ 态的速率，那么就能在两个能级之间建立粒子数反转。而且可以预期,激发速率越高,激光能量转换效率也越高。从上面分析可以看出,$N_2$ 分子激光器只能工作在脉冲状态下。下面根据动力学过程估算一下对激发电脉冲宽度的要求。

**表 3.2　$N_2$ 分子 $C^3\Pi_u$ 和 $B^3\Pi_g$ 态跃迁波长及概率**

| $v_3(C^3\Pi_u)$ | $v_2(B^3\Pi_g)$ | 波长 /nm | 相对跃迁概率 |
|---|---|---|---|
| 0 | 0 | 337.1 | 0.254 |
| 0 | 1 | 357.7 | 0.185 |
| 0 | 2 | 380.5 | 0.081 |
| 1 | 0 | 315.9 | 0.117 |
| 1 | 1 | 297.7 | 0.014 |

根据 $N_2$ 分子的能级图 3.3,与激光产生有关的过程为

$$N_2(X^1\Sigma_g^+) + e \longrightarrow N_2(C^3\Pi_u) + e \tag{3.12}$$

$$N_2(B^3\Pi_g) + e \longrightarrow N_2(C^3\Pi_u) + e \tag{3.13}$$

$$N_2(X^1\Sigma_g^+) + e \longrightarrow N_2(B^3\Pi_g) + e \tag{3.14}$$

$$N_2(C^3\Pi_u) \longrightarrow N_2(B^3\Pi_g) + h\nu \tag{3.15}$$

$$N_2(C^3\Pi_u) \longrightarrow N_2(B^3\Pi_g) \tag{3.16}$$

我们以 3、2、1 分别代表 $C^3\Pi_u$ 态、$B^3\Pi_g$ 态和基态 $X^1\Sigma_g^+$ 态,$n_3$、$n_2$、$n_1$ 代表相应能级上的粒子数密度,则反应过程(3.12)、(3.13)、(3.14) 为与上述三个能级有关的电子碰撞激发过程,其电子碰撞激发速率分别表示为 $R_{13}$、$R_{23}$、$R_{12}$。反应过程(3.15) 对应 $C^3\Pi_u$ 态到 $B^3\Pi_g$ 态的自发辐射过程,自发发射系数为

$$A_{32} = \frac{1}{\tau_{32}}$$

反应过程(3.16) 对应 $C^3\Pi_u$ 态到 $B^3\Pi_g$ 态的弛豫过程,用 $K_{32}$ 表示弛豫的速率。假设在阈值条件下,可忽略受激发射。由于 $\tau_{31} \gg \tau_{32}$,所以可认为 $C^3\Pi_u$ 态到基态 $X^1\Sigma_g^+$ 态之间辐射跃迁概率接近于零。此外,如前所述,$\tau_{21} \gg \tau_{32}$,所以 3、2、1 能级上粒子数密度变化的速率方程可写成

$$\frac{dn_3}{dt} = R_{13}n_1 + R_{23}n_2 - \left(\frac{1}{\tau_{32}} + K_{32}\right)n_3 \tag{3.17}$$

$$\frac{dn_2}{dt} = R_{12}n_1 + \left(\frac{1}{\tau_{32}} + K_{32}\right)n_3 - R_{23}n_2 \tag{3.18}$$

$$\frac{dn_1}{dt} = -R_{12}n_1 - R_{13}n_1 \tag{3.19}$$

实际上 $n_1$ 的变化很小,可视为常数,于是得

$$n_3 + n_2 = (R_{12} + R_{13})n_1 t$$

上式的含义是,当观察时间足够短时,$n_2 = R_{12}n_1t$,$n_3 = R_{13}n_1t$ 可以成立,将其代入速率方程(3.17)可求得

$$n_3 = At + \frac{1}{2}(C - AB)t^2$$

$$n_2 = \frac{C}{R_{23}}t - n_3$$

式中,$A = R_{13}n_1$;$B = R_{23} + K_{32} + \tau_{32}^{-1}$;$C = R_{23}(R_{13} + R_{12})n_1$。如果达到粒子数反转,即 $n_3 \geqslant n_2$,并考虑 $R_{13} > R_{12}$,得

$$t \leqslant \frac{1}{\tau_{32}^{-1} + K_{32}} \approx \tau_{32}$$

上式表明,欲获得粒子数反转,激发电脉冲宽度必须短于 $C^3\Pi_u$ 态的寿命,也就是说要在短于 40 ns 的时间内实现粒子数反转。

3.Cu 蒸气激光器动力学

与 $N_2$ 分子激光器一样,Cu 蒸气激光器也是采用电子碰撞激发机制获得激光输出的。Cu 蒸气激光器的输出波长为 510.6 nm(绿光)和 578.2 nm(黄光)。其中 510.6 nm 谱线对应的上下能级分别为 $4p^2P_{3/2}$ 和 $4s^2D_{5/2}$;578.2 nm 谱线对应的上下能级分别为 $4p^2P_{1/2}$ 和 $4s^2D_{3/2}$。Cu 原子的基态为 $4s^2S_{1/2}$,激光上能级 $4p^2P_{3/2}$ 和 $4p^2P_{1/2}$ 向基态跃迁波长分别为 324.8 nm 和 327.4 nm。

Cu 蒸气激光器上能级是共振能级,具有很大的电子激发截面;下能级为亚稳态,电子碰撞激发截面很小,而且离基态较近。由于激光下能级为亚稳态,因此下能级的寿命比上能级长。这不利于激光下能级的及时排空,因此该激光器为“自限跃迁激光器”。也就是说,一旦激光形成,由于受激发射使下能级粒子数很快积累,经过 10 ~ 50 ns,上下能级间就不能满足粒子数反转要求了。只有等下能级排空以后才能再次实现激光输出。由于下能级是亚稳态,所以它的消激发只能依靠向管壁的扩散和与原子相碰撞。一般消激发过程约需要 10 ~ 100 μs。由此可见,Cu 蒸气激光器只能脉冲运转,理想状态下转换效率可达 25%,但由于实际条件的限制,一般效率仅可达 10% 左右。

为了使激光器正常运转,如果采用纯铜来获得必要的蒸气压,则工作温度必须大于 1 500 ℃,因此放电管需用陶瓷材料,并配备特制的加热炉。如果采用卤化铜,则可将工作温度降低到 400 ℃ 左右,从而克服了纯铜激光器的苛刻条件。显然,如果采用卤化铜作为工作介质,则首先需要将卤化铜分子离解形成 Cu 原子,然后再激发 Cu 原子获得激光输出。为此卤化铜激光器一般采用双脉冲放电激励。第一个脉冲使卤化铜分解成铜原子,称为分解脉冲;第二个脉冲使铜原子实现粒子数反转,称为激励脉冲。采用双脉冲放电激励,可获得较高的激光峰值功率。当然,卤化铜激光器也可以采用频率较高的重复脉冲放电方式激励,以获得较高的激光平均功率。这里着重介绍双脉冲放电激励下的激光器动力学。

现以 CuBr 激光器为例介绍与激光产生直接相关的过程。CuBr 激光器简化的能级结构如

图3.4所示，下面根据这些能级间的跃迁介绍激光器的激励过程。

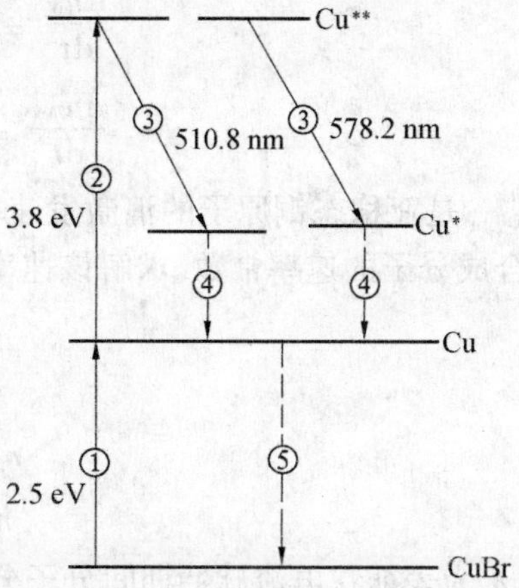


图3.4 CuBr激光器简化能级结构

(1) 分解过程

$$CuBr + e \longrightarrow Cu + Br + e$$

CuBr分子被电子碰撞而分解成Cu原子和Br原子。CuBr分子的离解能约2.5 eV。该过程同时也能使分解出的Cu原子激发到亚稳态。

(2) 激发过程

$$Cu + e \longrightarrow Cu^{**} + e$$

在激励脉冲的作用下，铜原子被电子碰撞激发到激光上能级，产生粒子数反转。为了使在分解过程中产生的铜亚稳态粒子充分地消激发，激励脉冲与分解脉冲之间必须有一段很小的延迟，一般约10 ~ 100 μs。

(3) 产生激光过程

$$Cu^{**} + h\nu \longrightarrow Cu^{*} + 2h\nu$$

满足粒子数反转条件以后产生激光输出，约经10 ~ 50 ns激光终止，这是由于下能级亚稳态粒子很快积累的结果。

(4) 消激发过程

$$Cu^{*} + He(或 Ne) \longrightarrow Cu + He(或 Ne)$$

铜的亚稳态原子通过与缓冲气体的碰撞及扩散到管壁而消激发，消激发时间约10 ~ 100 μs。

(5) 复合过程

$$Cu + Br + He \longrightarrow CuBr + He$$

铜原子和溴原子复合成CuBr分子。此过程时间较长，约0.1 ~ 1 ms。对于激光来说，不希望这个过程发生。采取的措施是控制双脉冲延时时间，使激励脉冲在铜原子和溴原子复合之前到来，延迟时间约为200 ~ 500 μs。

分解脉冲结束后，冷却等离子体中的铜正离子与电子复合、铜正离子与卤素负离子复合、激发态铜原子向亚稳态或基态的跃迁均被认为是快速弛豫过程。而铜亚稳态原子消激发、铜原子与卤素原子复合成分子过程被列入缓慢弛豫过程。假设分解脉冲后冷却等离子体中快速弛豫过程已经结束，只存在缓慢弛豫过程，因此冷却等离子体由基态和亚稳态铜原子、卤素原子及卤化铜分子所组成。用“A0”代表基态铜原子、“Am”代表亚稳态铜原子、“X”代表卤素原子、“AX”代表卤化铜分子，则冷却等离子体中各粒子数密度随时间变化的速率方程组可表示为

$$\frac{dn_{A0}}{dt} = k_m n_{Am} - k_{r0} n_{A0} n_X \tag{3.20}$$

$$\frac{dn_{Am}}{dt} = - k_m n_{Am} - k_{rm} n_{Am} n_X \tag{3.21}$$

$$\frac{dn_X}{dt} = -k_{r0}n_{A0}n_X - k_{rm}n_{Am}n_X \tag{3.22}$$

$$\frac{dn_{AX}}{dt} = k_{r0}n_{A0}n_X + k_{rm}n_{Am}n_X \tag{3.23}$$

其中,$k_m$ 是亚稳态铜原子的消激发速率常数;$k_{r0}$ 和 $k_{rm}$ 分别是基态和亚稳态铜原子与卤素原子复合成分子的速率常数。求解该速率方程的初始条件为

$$n_X(0) = \alpha n_0$$

$$n_{Am}(0) = \alpha\beta n_0$$

$$n_{A0}(0) = \alpha(1-\beta)n_0$$

$$n_{AX}(0) = (1-\alpha)n_0$$

式中,$\alpha$ 为表征在电流脉冲期间分子分解程度的系数;$\beta$ 表征亚稳态铜原子相对于分解分子数目的百分比系数;$n_0$ 为初始分子密度。

假设 $k_m = k_{r0} = k_{rm}$,并定义分解脉冲与激励脉冲的时间间隔为 $\Delta t$,则速率方程组的解为

$$n_X(\Delta t) = \frac{n_X(0)}{1 + k_r n_X(0)\Delta t}$$

$$n_{Am}(\Delta t) = \frac{n_{Am}(0)\exp(-k_m\Delta t)}{1 + k_r n_X(0)\Delta t}$$

$$n_{A0}(\Delta t) = \frac{n_X(0)}{1 + k_r n_X(0)\Delta t}\left[1 - \frac{n_{Am}(0)}{n_X(0)}\exp(-k_m\Delta t)\right]$$

$$n_{AX}(\Delta t) = n_{AX}(0) + n_X(0) - n_X(\Delta t)$$

速率方程组(3.20) ~ (3.23) 可用于分解脉冲之后,也可用于激励脉冲之后,差别在于初始条件不同。假设分解脉冲结束后的初始时刻为 $t_0$,则初始条件可写成

$$n_X(t_0) = n_X(\Delta t) + \alpha n_{AX}(\Delta t) \tag{3.24}$$

$$n_{Am}(t_0) = n_{Am}(\Delta t) + \alpha\beta n_{AX}(\Delta t) \tag{3.25}$$

$$n_{A0}(t_0) = n_{A0}(\Delta t) + \alpha(1-\beta)n_{AX}(\Delta t) \tag{3.26}$$

$$n_{AX}(t_0) = (1-\alpha)n_{AX}(\Delta t) \tag{3.27}$$

式(3.24) ~ (3.27) 的右端第一项表示在 $\Delta t$ 时刻,即分解脉冲结束后各粒子的粒子数密度;第二项表示在分解脉冲作用结束后的卤化铜分子,在激励脉冲作用下分解成溴原子以及基态和亚稳态铜原子的粒子数密度。应用上述初始条件,速率方程组(3.20) ~ (3.23) 的解为

$$n_X(t_0 + \Delta t) = \frac{n_X(t_0)}{1 + k_r n_X(t_0)\Delta t}$$

$$n_{Am}(t_0 + \Delta t) = \frac{n_{Am}(t_0)\exp(-k_m\Delta t)}{1 + k_r n_X(t_0)\Delta t}$$

$$n_{A0}(t_0+\Delta t)=\frac{n_X(t_0)}{1+k_r n_X(t_0)\Delta t}\left[1-\frac{n_{Am}(t_0)}{n_X(t_0)}\exp(-k_m\Delta t)\right]$$

$$n_{AX}(t_0+\Delta t)=n_{AX}(t_0)+n_X(t_0)-n_X(t_0+\Delta t)$$

根据上述方程可以分别计算出基态铜原子、亚稳态铜原子、卤化铜分子和卤素原子的粒子数密度随时间的演变情况，并可用于讨论产生激光的最佳工作条件、激光产生的时刻与激光脉宽等参数。

根据消激发过程的需要，在卤化铜蒸气激光器中一般要充以少许的缓冲气体 He 或 Ne。它们的作用是与 $Cu^*$ 碰撞，吸收 $Cu^*$ 的能量，使其尽快回到 Cu 的基态。

4.氩离子激光器动力学

基态氩原子的电子组态为 $1s^22s^22p^63s^23p^6$，最外层 $3p^6$ 失去一个电子形成氩离子基态 $Ar^+(3p^5)$。$3p^5$ 上一个电子被激发到高电子层上，形成氩离子的激发态。与激光有关的氩离子激发态是 $3p^44p$ 和 $3p^44s$，它们由很多能级组成。$3p^44p$ 中与激光跃迁有关的能级为 ${}^2S_{1/2}$，${}^2P_{1/2}$，${}^2P_{3/2}$，${}^2D_{3/2}$，${}^2D_{5/2}$，${}^4D_{3/2}$，${}^4D_{5/2}$；$3p^44s$ 中与激光跃迁有关的能级为 ${}^2P_{1/2}$，${}^2P_{3/2}$。它们之间跃迁产生 9 条谱线，其中 488.0 nm 和 514.5 nm 两条谱线最强。实验测定激光上能级 $3p^44p$ 的平均寿命约 8 ns，激光下能级 $3p^44s$ 的寿命约为 1 ns，比上能级短近一个数量级。因此，即使上下能级的电子碰撞激发速率相同，也能建立粒子数反转。

氩离子激光器一般采用弧光放电激发，这主要与激光上能级与基态氩原子之间的能量差太大有关。由于激光跃迁的上下能级都处在离子激发态，激光上能级的能量比氩原子基态高 35.5 eV，所以要使氩原子从基态直接激发到上能级，则电子能量需大于 35.5 eV。当然，也可以利用两步激发过程来减小对电子能量的要求：第一步，电子使氩原子电离，电子的能量须高于氩原子的电离能 15.7 eV；第二步，电子使氩基态离子激发到激光上能级，能量必须高于 19.8 eV。从上面分析可以看出，即使两步激发对电子能量的要求仍非常高。总之，要获得氩离子激光，要求用能量很大的电子去激发氩气。要获得高能量的电子，则需要减少电子与气体粒子的碰撞，以有利于其在电场中获得加速。为减小碰撞，要求较低的氩气气压。但是，气压太低会使产生激光的工作物质的粒子浓度太低。为了要获得一定能量的激光输出，只好采取增加电子浓度的办法，即加大放电电流密度，亦即运用弧光放电来激励氩离子激光器。

下面给出氩离子激光器的可能激发机理，并通过稳态情况下速率方程的求解来讨论各种激励机理。为建立速率方程方便，我们对各能级进行编号，氩原子基态为 1；氩原子亚稳态为 2；氩离子基态为 3；氩离子亚稳态为 4；激光下能级为 5；激光上能级为 6。

(1) 直接电离并激发

电子与氩原子碰撞后直接把氩原子电离并激发到离子的激发态，如图 3.5 所示。其反应式为

$$Ar(3p^6)+e\longrightarrow Ar^+(3p^44p)+2e \tag{3.28}$$

前面提到此时电子能量的阈值约 35.5 eV，当电子能量大于 60 eV 时激发截面出现极大值。由于要求电子能量相当高，因此在连续输出的氩离子激光器中这种激发过程不重要，而在上升时间小于 0.1 μs 的脉冲激光器中该过程变得相当重要。

根据反应过程式(3.28)，并考虑激光上能级的自发发射，激光上能级的粒子数密度随时间变化的速率方程为

$$\frac{\mathrm{d}n_6}{\mathrm{d}t} = k_1 n_1 n_e - \frac{n_6}{\tau_6} \tag{3.29}$$

其中，$n_e$ 是电子密度，$k_1$ 为反应过程(3.28)的反应速率常数，$\tau_6$ 为激光上能级自发发射寿命。上式实际上是假定激光上能级的粒子全部由电子直接碰撞激发产生，其损失完全由自发发射决定。

根据式(3.29)由稳态条件得

$$n_6 = k_1 n_1 n_e \tau_6$$

假如等离子体中电子温度变化不大，则可认为电子密度正比于电流密度，根据上式，激光上能级的粒子数密度应正比于电流密度。如果激光上能级的粒子数密度远大于激光下能级的粒子数密度，则激光的增益将正比于电流密度 $J$。

(2) 先电离后激发

首先氩原子电离成 $Ar^+(3p^5)$，基态的氩离子再与电子碰撞而激发到激光的上能级 $Ar^+(3p^44p)$，其碰撞机理如图 3.6 所示。这种激发过程为两步过程，其基态或亚稳态原子的电离过程为

$$Ar(3p^6) + e \longrightarrow Ar^+(3p^5) + 2e \tag{3.30}$$

$$Ar(3p^54s) + e \longrightarrow Ar^+(3p^5) + 2e \tag{3.31}$$

基态离子的电子碰撞激发过程为

$$Ar^+(3p^5) + e \longrightarrow Ar^+(3p^44p) + e \tag{3.32}$$

这种两步过程的激发，电子所需能量较低，为 16 ~ 20 eV，在连续输出的氩离子激光器中占主导地位。

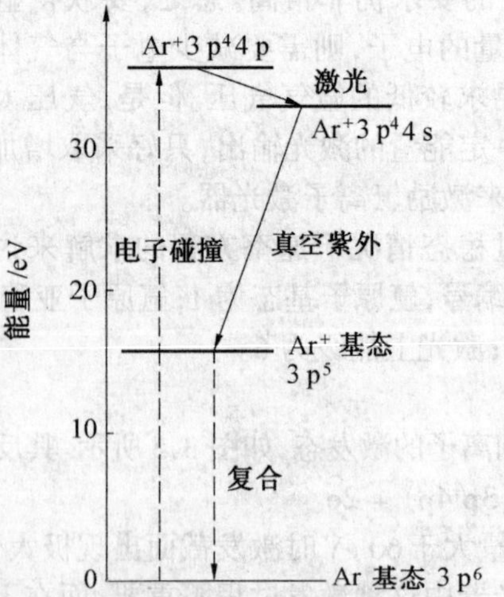


图 3.5　电子碰撞直接激发的跃迁过程

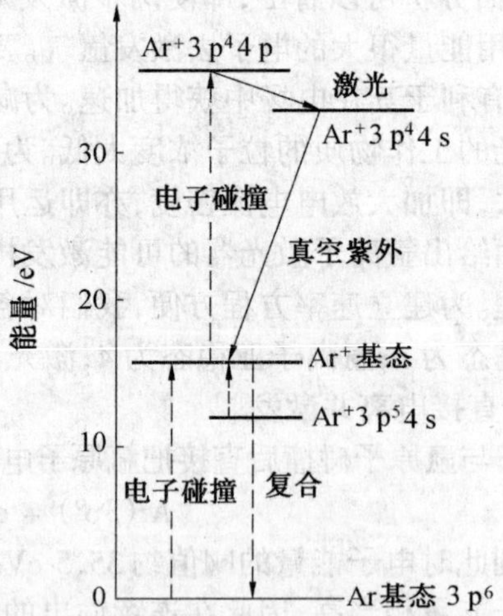


图 3.6　先电离后激发的跃迁过程

设电离过程式(3.30)和式(3.31)的反应速率常数分别为 $k_2$ 和 $k_3$,则基态氩离子粒子数密度随时间的变化可表示为

$$\frac{dn_3}{dt} = k_2 n_1 n_e + k_3 n_e n_2$$

因为等离子体是电中性的,其中离子基本为一价正离子,且大部分离子处于基态,所以

$$n_3 \approx n_e$$

设电子碰撞激发获得激光上能级粒子的反应过程式(3.32) 的反应速率常数为 $k_4$,则激光上能级粒子数密度随时间的变化可表示为

$$\frac{dn_6}{dt} = k_4 n_3 n_e - \frac{n_6}{\tau_6} = k_4 n_e^2 - \frac{n_6}{\tau_6}$$

上式表明,对于两步激发过程,激光上能级的粒子数密度正比于电流密度 $J$ 的平方 $J^2$。在大电流情况下会发生电子碰撞对激光上能级的消激发,如果这种过程占优势,则激光上能级的粒子数密度正比于 $J$。

(3) 先激发再电离激发

这也是两步过程,第一步首先使基态氩原子经电子碰撞激发到亚稳态能级 $Ar(3p^5 4s)$;第二步是电子碰撞亚稳态的氩原子,使其电离并激发到激光上能级 $Ar^+ (3p^4 4p)$,其过程如图 3.7 所示。反应式为

$$Ar(3p^6) + e \longrightarrow Ar(3p^5 4s) + e \quad (3.33)$$

$$Ar(3p^5 4s) + e \longrightarrow Ar^+ (3p^4 4p) + 2e \quad (3.34)$$

这种激发过程所需的电子能量介于前面两种模型之间,约 12 ~ 23 eV。因此,这个模型对阐明氩离子激光器的激发机理起了一定的作用。

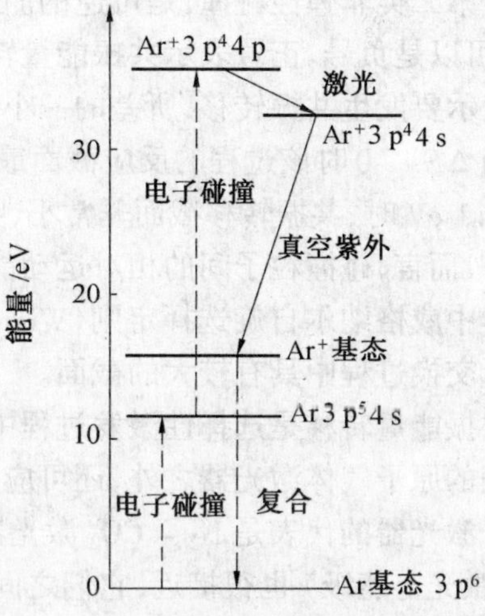


图 3.7　先激发再电离的跃迁过程

设电子碰撞基态氩原子激发到亚稳态的反应过程式(3.33) 的反应速率常数为 $k_5$,对亚稳态的电子碰撞消激发速率为 $k_6$,则

$$\frac{dn_2}{dt} = k_5 n_1 n_e - k_6 n_e n_2$$

考虑稳态过程,则亚稳态的粒子数密度为

$$n_2 = \frac{k_5 n_1}{k_6}$$

从上式看出,亚稳态 $n_2$ 与电流密度无关,这是因为产生亚稳态的激发过程和亚稳态的消激发过程都与电子密度成正比。

假设反应过程式(3.34)的反应速率常数为 $k_7$,则激光上能级的粒子数密度随时间的变化可表示为

$$\frac{\mathrm{d}n_6}{\mathrm{d}t} = k_7 n_2 n_e - \frac{n_6}{\tau_6}$$

根据稳态条件

$$n_6 = k_7 n_2 n_e \tau_6$$

由于 $n_2$ 与电流密度无关,所以激光上能级粒子数密度 $n_6$ 与电流密度 $J$ 成正比。

### 3.1.2.2 共振能量转移激发

1.基本概念

共振能量转移的一般反应式为

$$A^* + B \rightleftharpoons A + B^* \pm \Delta E$$

$A^*$ 和 $B^*$ 为 A 粒子和 B 粒子的激发态,$\Delta E$ 是粒子 A 的激发能与粒子 B 的激发能之差。上述反应属于第二类非弹性碰撞,是可逆的。在表示共振能量转移的反应式子中,$\Delta E$ 前面可以是正号,也可以是负号。正号表示共振能量转移中多余的一小部分内能转化为相互碰撞粒子动能;负号表示要发生共振转移,所差的一小部分内能由相互碰撞粒子的动能来补足。

当 $\Delta E \approx 0$ 时该过程的反应截面最大(一般大于 $10^{-14}\ \mathrm{cm}^2$)。随 $\Delta E$ 的增大截面下降。当 $\Delta E$ 大于 0.1 eV 时,共振转移截面非常小,共振转移作用可以忽略。该截面还与碰撞粒子的能量有关,一般而言,碰撞粒子间的相对运动能量越大,截面越大,但不是线性增长关系。此外,根据量子力学中威格纳尔自旋选择定则(Wigner spin rule),碰撞前后量子态的自旋量子数守恒,才能使能量交换过程中具有较大的截面。

共振能量转移是选择性激发过程中的一种重要形式,它除了广泛应用于以 He - Ne激光器为代表的原子气体激光器之外,还可应用于激发离子气体激光器和激发分子气体激光器。其激发分子激光器的代表是 $N_2 - CO_2$ 激光器。因为氮分子的振动能级与二氧化碳分子的 $00^01$ 振动能级(激光上能级)也很接近,它们之间也存在共振能量转移作用。下面我们针对具体的 He - Ne 激光器,详细讨论共振能量转移激发的机理。

2. 632.8 nm He - Ne 激光器动力学

632.8 nm激光上能级是Ne原子的 $3S_2$ 激发态,下能级为 $2P_4$ 激发态。电子碰撞直接激发 Ne原子 $3S_2$ 能级的激发速率很小,而且电子碰撞同时也激发 $2P_4$ 和其他能级,是一种非选择性的激发过程,所以单靠这种激发过程很难在 $3S_2$ 能级和 $2P_4$ 能级之间实现粒子数反转。在纯氖中,只能获得功率非常小的某些红外谱线激光。但是当掺入少量 He 时,情况会发生很大变化,此时可以通过 He 亚稳态($2^1S_0$)与基态 Ne原子共振能量转移来获得 Ne原子 $3S_2$ 能级的粒子数布居。He 亚稳态($2^1S_0$)由电子碰撞激发基态 He 原子产生。

He - Ne 激光器就是利用 $He^*\,2^1S_0$ 与 $Ne^1S_0$ 发生共振能量转移而获得粒子数反转的,因此

满足威格纳尔自旋定则时共振能量转移过程具有较大的截面。

$$\begin{array}{l}He^{*}2^{1}S_{0}+Ne^{1}S_{0}\longrightarrow He^{1}S_{0}+Ne3S_{2}-\Delta E(386\ \mathrm{cm^{-1}})\\ S=0\qquad S=0\qquad S=0\quad S=0\end{array}$$

上述反应符合威格纳尔自旋定则。

图 3.8 给出了 $He^{*}2^{1}S_{0}$ 与 Ne 基态发生共振转移的有关能级。Ne 的 3S 能级共有四个，即 $3S_2$、$3S_3$、$3S_4$、$3S_5$，它们的激发能已在图3.8中加以注明。如果按照 $\Delta E$ 的大小来判断共振转移截面的大小，则 He – Ne 共振转移激发将得到 Ne 的 $3S_3$ 或 $3S_4$ 激发态。实际上却得到 Ne 的 $3S_2$ 激发态，其原因在于得到 $3S_2$ 激发态的反应，碰撞前后符合威格纳尔自旋定则，而得到 $3S_3$、$3S_4$、$3S_5$ 的反应，碰撞前后总的合成自旋都不守恒。从这个例子来看，似乎自旋守恒比激发能之差 $\Delta E$ 的大小更为重要。

图 3.9 为泵浦632.8 nm He – Ne激光器的简化模型。能级3表示激光上能级（Ne的 $3S_2$ 态）；能级 2 表示激光下能级（Ne 的 $2P_4$ 态）；能级 1 表示 Ne 的 1s 态；能级 0 为 Ne 的基态，能级 $M$ 表示 He 亚稳态（$2^1S_0$）；实线表示自发发射，空心箭头表示共振能量转移过程。

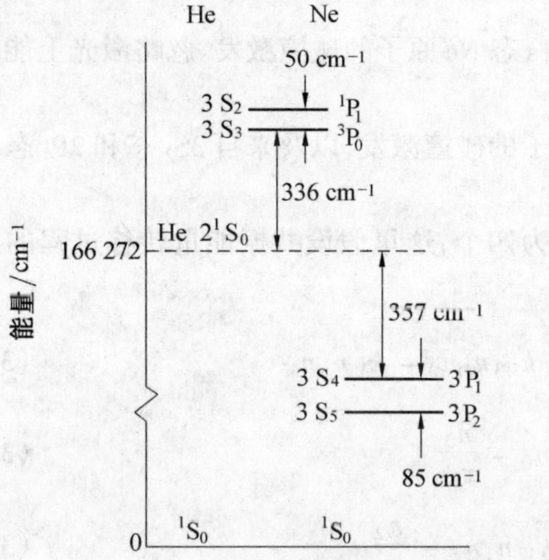


图 3.8　发生共振转移的有关能级

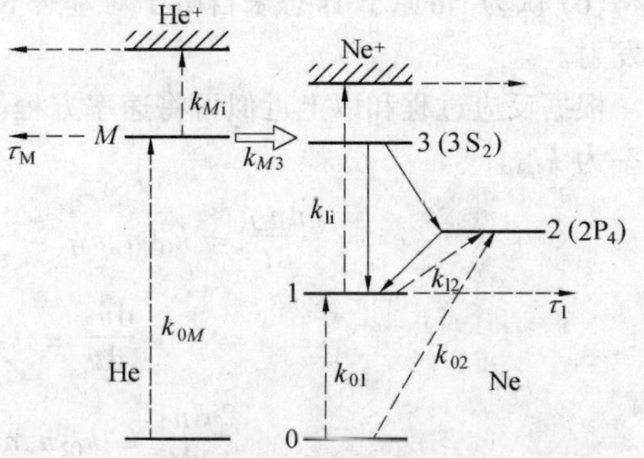


图 3.9　632.8 nm He – Ne 激光器的简化模型

根据图 3.9 可以列出共振能量转移过程

$$He(M)+Ne(0)\longrightarrow Ne(3)+He$$

电子碰撞激发过程为

$$\begin{array}{c}He+e\longrightarrow He(M)+e\\ Ne(0)+e\longrightarrow Ne(2)+e\\ Ne(0)+e\longrightarrow Ne(1)+e\end{array}$$

电子碰撞电离过程为

$$\mathrm{He}(M) + \mathrm{e} \longrightarrow \mathrm{He}^{+} + 2\mathrm{e}$$
$$\mathrm{Ne}(1) + \mathrm{e} \longrightarrow \mathrm{Ne}^{+} + 2\mathrm{e}$$

自发辐射跃迁过程为

$$\mathrm{He}(M) \longrightarrow \mathrm{He} + h\nu$$
$$\mathrm{Ne}(3) \longrightarrow \mathrm{Ne}(2) + h\nu$$
$$\mathrm{Ne}(2) \longrightarrow \mathrm{Ne}(1) + h\nu$$
$$\mathrm{Ne}(1) \longrightarrow \mathrm{Ne}(0) + h\nu$$

为了列出 632.8 nm He－Ne 激光器的速率方程组，作了以下近似：

(1) 腔内光子密度很小，近似为零，因此忽略了受激发射和受激吸收过程；

(2) 忽略了电子和离子的速率方程，假设电子密度 $n_e$ 与电流成正比；

(3) 认为 $He^{*}\ 2^1S_0$ 粒子全部由电子碰撞激发基态 He 原子所产生，忽略 Ne 的 $3S_2$ 态反向共振转移作用；

(4) 认为激光上能级唯一来源是共振能量转移，它的消失过程是自发发射跃迁到激光下能级；

(5) 认为激光下能级粒子来自电子对基态和 1s 态 Ne 原子的碰撞激发。忽略激光上能级的自发发射引起的激光下能级粒子数的增加；

(6) 认为 Ne 原子 1s 态来自电子对基态 Ne 原子的碰撞激发，以及来自 $3S_2$ 态和 $2P_4$ 态的自发发射。

根据反应过程和以上近似可将速率方程简化为四个，这里假设共振能量转移过程的反应速率为 $k_{M3}$。

$$\frac{\mathrm{d}n_M}{\mathrm{d}t} = k_{0M}n_e n_{\mathrm{He}} - \frac{n_M}{\tau_M} - k_{M3}n_M n_0 - k_{Mi}n_e n_M \tag{3.35}$$

$$\frac{\mathrm{d}n_3}{\mathrm{d}t} = k_{M3}n_M n_0 - \frac{n_3}{\tau_{32}} \tag{3.36}$$

$$\frac{\mathrm{d}n_2}{\mathrm{d}t} = k_{02}n_e n_0 + k_{12}n_1 n_e - \frac{n_2}{\tau_{21}} \tag{3.37}$$

$$\frac{\mathrm{d}n_1}{\mathrm{d}t} = k_{01}n_e n_0 + \frac{n_2}{\tau_{21}} + \frac{n_3}{\tau_{32}} - k_{12}n_e n_1 - k_{1i}n_e n_1 - \frac{n_1}{\tau_1} \tag{3.38}$$

假设处于稳态情况，所有粒子数密度的时间导数等于零，从式(3.35) 解得

$$n_M = \frac{k_{0M}n_e n_{He}}{\tau_M^{-1} + k_{M3}n_0 + k_{Mi}n_e} \tag{3.39}$$

求解式(3.36) 再将式(3.39) 代入得

$$n_3 = k_{M3}n_M n_0 \tau_{32} = \frac{\tau_{32}k_{0M}n_e n_{\mathrm{He}}}{\tau_M^{-1} + k_{M3}n_0 + k_{Mi}n_e} \tag{3.40}$$

由式(3.37)解得

$$n_2 = \tau_{21}(k_{02}n_e n_0 + k_{12}n_1 n_e) \tag{3.41}$$

由式(3.38)解得

$$n_1 = \frac{k_{01}n_e n_0 + n_2\tau_{21}^{-1} + n_3\tau_{32}^{-1}}{\tau_1^{-1} + k_{1i}n_e + k_{12}n_e} \tag{3.42}$$

由式(3.39)~(3.42)可以画出各粒子数密度随电子密度 $n_e$ 或电流 $I$ 的变化曲线,如图3.10所示。从图中可以看出各粒子数密度随 $n_e$ 的变化趋势。

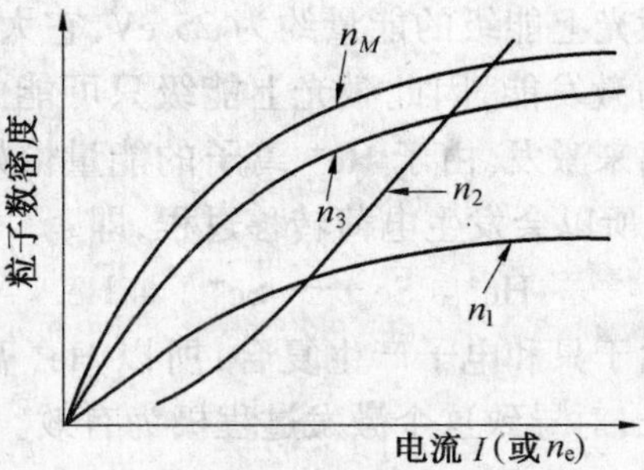


图3.10 粒子数密度随电流(或 $n_e$)的变化

式(3.39)表明当 $n_e$ 很小时 $k_{Mi}n_e$ 项可以忽略,此时 $n_M$ 随 $n_e$ 的增加而线性增加。而当 $n_e$ 增加到 $k_{Mi}n_e$ 项不能忽略时,随着 $n_e$ 增加 $n_M$ 趋于饱和。式(3.40)表明 $n_3$ 随 $n_e$ 变化与 $n_M$ 随 $n_e$ 的变化大体相同,但 $n_3$ 数值总是略小于 $n_M$。式(3.41)表明 $n_2$ 随 $n_e$ 的增加而线性增加。式(3.42)表明,$n_1$ 与 $n_e$ 的关系相当复杂,等式右面分子的前两项随 $n_e$ 的增加而线性增加,第三项随着 $n_e$ 的增加趋于饱和。

由于激光上能级粒子数密度 $n_3$ 随电流的增加趋于饱和,而激光下能级的粒子数密度 $n_2$ 随电流的增加而线性增加,所以随着电流逐渐增大,$n_2$ 将超过 $n_3$。可见这种类型激光器的工作电流不能太大,否则粒子数反转将被破坏。满足最大反转粒子数密度时存在最佳工作电流值。

### 3.1.2.3 电荷转移激发

正离子和气体粒子碰撞时,可以发生电荷交换,即正离子从原子中获得一个电子变成中性原子,但仍保持原来较大的速度;而原来的中性原子碰撞后由于失去了一个电子变成了正离子,但具有较低的速度。以上所述交换电荷的过程叫做电荷转移,其反应式为

$$A^+ + B \longrightarrow A + B^+ \pm \Delta E$$

其中,$A^+$ 为快速正离子,A为快速原子,$\Delta E$ 为原子A与原子B的电离能之差。

电荷转移反应还可能使被碰撞的中性原子变成激发态的正离子,称为激发转荷,即

$$A^+ + B \longrightarrow A + B^{+*} \pm \Delta E$$

电荷转移的概率与两个粒子电离电位之差有关。电离电位之差越小,则电荷转移的概率越大。极限情况下,同类粒子间发生电荷转移的概率最大。另外,转荷有效截面随离子速度的增加而单调下降。

电荷转移激发可以被用来获得某些激光器的粒子数反转。例如,输出波长为427.8 nm(蓝光)的氮离子激光器,其激光跃迁的上能级 $N_2^+(B^2\Sigma_u)$ 就是靠电荷转移反应来产生的,即

$$He_2^+ + N_2 \longrightarrow N_2^+(B^2\Sigma_u) + 2He$$

$$He_2^+ + He + N_2 \longrightarrow N_2^+(B^2\Sigma_u) + 3He$$

受激发射过程是

$$N_2^+(B^2\Sigma_u) + h\nu \longrightarrow N_2^+(X^2\Sigma_g) + 2h\nu$$

再如He－Se激光器,有关能级如图3.11所示。$Se^+$离子激光上能级的能量约为25 eV,它大于He亚稳态的激发能,因此激光上能级只可能由电荷转移电离来激发。由于$He^+$离子的能量恰好约等于25 eV,所以会发生电荷转移过程,即

$$He^+ + Se \longrightarrow Se^{+*} + He$$

由于只和电子产生复合,所以$He^+$离子的寿命很长,对导致这个激发过程极为有效。

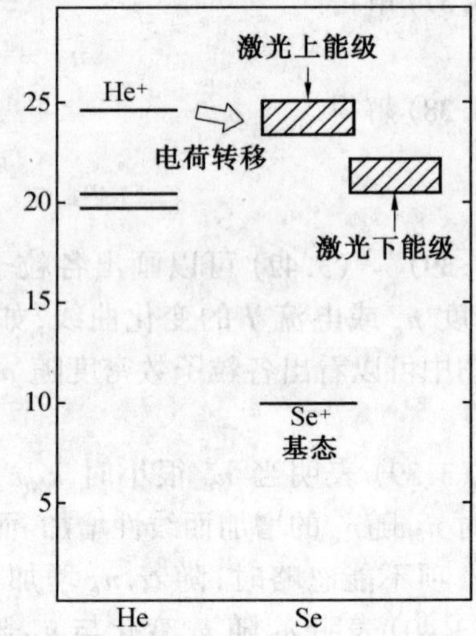


图3.11 He－Se激光器的相关能级

### 3.1.2.4 彭宁电离

如果激发原子的内能远大于基态原子的电离能,则两者碰撞结果可产生激发态正离子,其反应式为

$$A^* + B \longrightarrow A + B^{+*} + e + \Delta E$$

下面以He－Cd激光器为例加以介绍。

He－Cd激光器有关能级如图3.12所示。441.6 nm和325.0 nm激光谱线所对应的上下能级分别为

$$441.6\ nm: Cd^+\ 5s\ ^2D_{5/2} \longrightarrow 5p\ ^2P_{3/2}$$

$$325.0\ nm: Cd^+\ 5s\ ^2D_{3/2} \longrightarrow 5p\ ^2P_{1/2}$$

He－Cd激光器的缓冲气体He是能量的传输者。在放电过程中He原子被电子碰撞激发到亚稳态,亚稳态He原子的能量为19.77 eV;Cd的电离能为8.9 eV; Cd的离子激发态($Cd^+\ 5s\ ^2D_{5/2}$)的能量为18.2 eV,所以处于亚稳态的He原子与Cd原子可发生彭宁电离过程,并使$Cd^+$离子获得激发,即

$$He^* + Cd \longrightarrow He + Cd^+(5s\ ^2D_{5/2}) + e + \Delta E$$

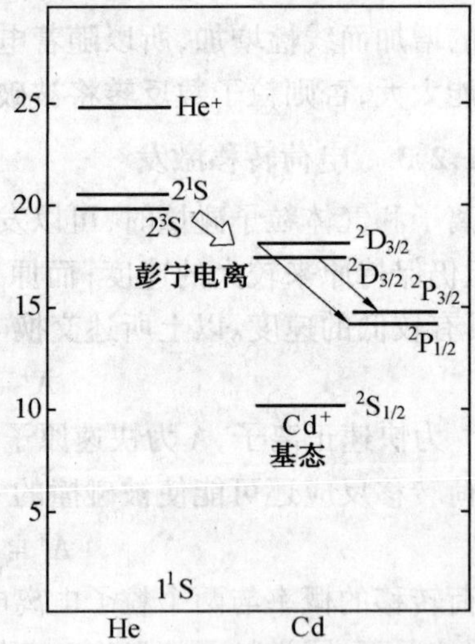


图3.12 He－Cd激光器的相关能级

发生上述反应的截面约为$4.5 \times 10^{-15}\ cm^2$。这个反应产生的Cd离子激发态是氦镉离子激光器输出波长441.6 nm的激光上能级。

彭宁电离过程也可能是亚稳态He原子与Cd原子碰撞使激光的下能级$5p^2P_{3/2}$和$5p^2P_{1/2}$获

得激发。但已知D态的彭宁电离激发截面比P态截面大约3倍，而且D态的寿命($10^{-7}$s)远大于P态的寿命($10^{-9}$s)，所以可以实现D态与P态间的粒子数反转，并输出激光。

#### 3.1.2.5　离解激发转移

激发原子与气体分子碰撞使分子离解，组成分子的一个原子就成为激发态，原来的激发原子消激发，其反应式为

$$M^* + AB \longrightarrow M + A^* + B + \Delta E$$

$$M^* + AB \longrightarrow M + A + B^* + \Delta E$$

例如，$Ne-O_2$ 混合气体的离解激发转移反应为

$$Ne^* + O_2 \longrightarrow Ne^1S_0 + O + O^*3p^3P_{0,1,2} + \Delta E$$

产生的激发态氧原子是 $Ne-O_2$ 激光器的上能级，激光输出波长为844.6 nm。

其他如 $He-CO$、$He-N_2$、$Ne-N_2$、$Ar-O_2$ 等激光器也利用离解激发转移来获得粒子数反转。

#### 3.1.2.6　电荷中和

(1) 离解复合。离解复合的反应式为

$$(AB)^+ + e \longrightarrow (AB)^* \longrightarrow A^* + B$$

$$(AB)^+ + e \longrightarrow (AB)^* \longrightarrow A + B^*$$

$$(AB)^+ + e \longrightarrow (AB)^* \longrightarrow A^* + B^*$$

例如在氧气脉冲放电时，可产生反应

$$O_2^+ + e \longrightarrow O^*(3p) + O + \Delta E$$

并获得波长为844.6 nm的激光。

(2) 相互中和。相互中和的反应式为

$$A^+ + B^- \longrightarrow A^* + B + \Delta E$$

$$A^+ + B^- \longrightarrow A + B^* + \Delta E$$

例如钠－氢、钾－氢混合气体中，通过脉冲放电可产生反应

$$Na^+ + H \longrightarrow Na^*4s^2S_{1/2} + H$$

$$K^+ + H \longrightarrow K^*5s^2S_{1/2} + H$$

#### 3.1.2.7　形成准分子

由于准分子基态寿命极短，所以只要以某种方式产生受激准分子，它就能与基态之间形成粒子数反转。

以下列出四种不同机理形成准分子的过程。

(1) 结合反应

$$Xe^* + 2Xe \longrightarrow Xe_2^* + Xe$$

(2) 交叉反应

$$Kr^* + F_2 \longrightarrow KrF^* + F$$

(3) 离子 – 离子复合

$$Ar_2^+ + F^- \longrightarrow ArF^* + Ar$$

(4) 光离解

$$XeF_2 + h\nu(173\ \text{nm}) \longrightarrow XeF^* + F$$

准分子激光已经得到了广泛的应用,关于其具体激光器的动力学过程在文献[3,5,6,7]中有详细的介绍。

以上讨论了气体放电激光器中的七种选择性激发过程及相应的激光器。除此以外,还可用电子束等相对复杂的设备,实现气体中选择性激发。有关电子束泵浦下的动力学过程我们将在第4章中给予介绍。

## 3.2 射频气体放电泵浦

第一代气体激光器大部分都是采用直流放电激励。随后发展了具有预电离的直流维持放电,它们利用电子束、脉冲或高频预电离源。从20世纪70年代后期开始发展了高频或微波激励的气体激光器,被称之为第二代气体激光器。高频放电根据频率范围和介质覆盖电极的情况分成三类:交流激励($f$ = 5 ~ 30 kHz)、无声交流激励($f$ = 100 ~ 200 kHz)、射频激励($f$ = 10 ~ 100 MHz)。对于射频激励,由于外加电压的变化周期小于放电空间的电离和消电离的时间,因此等离子体区来不及消电离。外加电压周期性变化使电子运动的速度和方向发生变化,这样电子就在放电空间来回不断地运动,与气体原子碰撞次数大大增加,其电离能力也大大提高。这使得用以维持放电的电子可以通过碰撞电离来产生,而不是靠阴极表面$\gamma$过程所产生的二次电子。由于正离子迁移率很小,故在放电空间形成了空间电荷,这个空间电荷所产生的电场将叠加在高频电场上而使电场发生畸变[8]。

### 3.2.1 射频激励基本原理

我们可以把波导$CO_2$激光器中的混合气体的放电等离子体看成具有一定阻抗的负载,作为一级近似,首先假定放电等离子体与器壁间的相互作用可以忽略不计。由于离子质量远大于电子质量,在迅速变化的电场作用下,可以只考虑电子的运动,而离子空间移动很小,所以可以忽略离子运动而产生的能量交换。

考虑一个简单情况,当远离边界的电子在角频率为$\omega$、振幅为$E_0$电场作用下,电子的运动可由方程

$$m\frac{\mathrm{d}V_D}{\mathrm{d}t} + mV_D\nu_m = eE_0e^{j\omega t} \tag{3.43}$$

表示[9~11]，其中 $m$ 和 $e$ 是电子的质量和电荷，$V_D$ 是电子迁移速度，$\nu_m$ 是电子碰撞频率。

解此微分方程得

$$V_D = \left(\frac{e}{m}\right)\frac{1}{\nu_m + j\omega}E \tag{3.44}$$

所以放电电子流密度为

$$j_e = n_e e V_D = \frac{n_e e^2}{m(\nu_m + j\omega)}E \tag{3.45}$$

式中 $n_e$ 为电子浓度，由上式可得放电电流为

$$I(t) = \frac{n_e e^2 A V e^{j\omega t}}{m(j\omega + \nu_m)d} \tag{3.46}$$

式中 $A$ 为放电面积，$d$ 为电极间距，$V$ 为放电电压。

从方程(3.46)可以得出放电阻抗

$$Z_d = R_d + jX_d = \frac{md(\nu_m + j\omega)}{n_e^2 A} \tag{3.47}$$

则放电等离子体的模拟串联电路参数为

$$R_d = \frac{m\nu_m d}{n_e e^2 A} \tag{3.48}$$

$$X_d = \frac{\omega}{\nu_m}R_d = \frac{m\omega d}{n_e e^2 A} \tag{3.49}$$

由上式可以看出，放电等离子体的电阻与电子碰撞频率 $\nu_m$ 成正比，由于波导 $CO_2$ 激光器都是在较高气压下工作，$\nu_m$ 为 $10^{11}\ s^{-1}$ 量级而 $\omega$ 为 $10^8\ s^{-1}$ 量级，所以 $R_d \gg X_d$，作为近似可以把放电等离子体等效看成是电阻为 $R_d$ 的负载。

### 3.2.2　射频击穿理论

为实现气体的电击穿，要求新电离粒子产生的速率，一定要超过或等于通过各消电离过程使带电粒子损失的速率。在导电气体中，带电粒子的消电离过程可以有正负带电粒子复合、电子的吸咐和带电粒子的扩散等。对于一些气体，在某些场合下，吸附和复合可以被忽略，这时带电粒子的扩散就成为主要的损失机制了。这是 Brown 微波击穿扩散理论的基本思想，也是扩散控制的击穿机理的核心[2,12]。

由于电子密度的时间变化是生成的比率和扩散的比率差，所以

$$\frac{\partial n_e}{\partial t} = D_e\ \nabla^2(n_e) + \nu_i n_e \tag{3.50}$$

式中 $n_e$ 代表电子的浓度，$D_e$ 为电子的扩散系数，$\nu_i n_e$ 为单位体积、单位时间内电子与气体碰撞新产生的电子数，$\nu_i$ 为电离碰撞频率。

当带电粒子得失恰好平衡，即当$\frac{\partial n_e}{\partial t}=0$时，则击穿条件可以写成

$$D_e\ \nabla^2 n_e+\nu_i n_e=0 \tag{3.51}$$

这就是 Brown 的击穿判据。在一维的均匀电场中，电子的扩散系数 $D_e$ 可以看成是常量，则有

$$D_e\frac{d^2 n_e}{dx^2}+\nu_i n_e=0 \tag{3.52}$$

从前面已知，电子的电离碰撞频率 $\nu_i$ 是电场强度的函数，即

$$\nu_i=\alpha v_d=\alpha\mu_e E \tag{3.53}$$

这里 $\alpha$ 是电子与原子碰撞引起电离的第一汤生系数，$v_d$ 是电子漂移速度，$\mu_e$ 为电子漂移率。像电离系数一样，再引进一个高频电离系数 $\xi$

$$\xi=\frac{\nu_i}{D_e E^2} \tag{3.54}$$

$\xi$ 表示电子热扩散时，在电场 $E$ 作用下单位时间内通过碰撞产生的电离次数。由于电子密度是空间和时间的函数，这里假设

$$n_e(x,y,z,t)=n_e(x,y,z)e^{-t/T} \tag{3.55}$$

把式(3.55) 代入式(3.52)，则得

$$\frac{\nu_i}{D_e}n_e+\frac{d^2 n_e}{dx^2}=0 \tag{3.56}$$

这里 $n_e$ 不再是时间的函数了。

假设电子密度在平行板电极之间的空间分布是正弦形的，而且在中心位置上电子密度有极大值，在两电极处电子密度为零，则有

$$n_e=n_0\sin\left(\pi\frac{x}{d}\right) \tag{3.57}$$

将式(3.57) 和式(3.54) 代入式(3.56)，则得解为

$$E_c^2=\left(\frac{\pi}{d}\right)^2\frac{1}{\xi} \tag{3.58}$$

这就是平行板电极间的高频击穿电场。这里认为在长度 $d$ 上电场是均匀的。比较式(3.54) 和式(3.58)，可得

$$\left(\frac{\pi}{d}\right)^2=\frac{\nu_i}{D_e}=\frac{1}{\Lambda^2} \tag{3.59}$$

这是式(3.56) 解的另一种形式。$\Lambda$ 定义为特征扩散长度。

上面的结果是以电子数的平衡条件得出的。现在从能量平衡的观点来讨论击穿的条件。每单位放电体积电场所提供的功率为 $P=\boldsymbol{j}\cdot\boldsymbol{E}$，由式(3.45) 有

$$P=\frac{n_e e^2}{m(\nu_m+j\omega)}\boldsymbol{E}\cdot\boldsymbol{E}=\frac{n_e e^2}{m(\nu_m+j\omega)}E_0^2 e^{j2\omega t} \tag{3.60}$$

一周平均的实功率为

$$P_c = \frac{n_e e^2 E_0^2}{m} \cdot \frac{\nu_m}{\nu_m^2 + \omega^2} \tag{3.61}$$

这是气体中存在的全部 $n_e$ 个电子获得的平均功率。

在高气压下，$\nu_m > \frac{\omega}{2\pi}$，则

$$P_c = \frac{n_e e^2 E_0^2}{m\nu_m} \tag{3.62}$$

一个电子每次碰撞所得到的平均能量为

$$\frac{P_c}{n_e \nu_m} = \frac{e^2 E_0^2}{m\nu_m^2} \tag{3.63}$$

如果平均的电子能量为$\frac{1}{2}mv^2$，则电子从电场获取的能量要在与气体原子作弹性碰撞后损失掉。每次碰撞电子平均的能量损失百分比为$2m/M$（$M$为气体分子的质量），则每次碰撞电子平均损失的能量为$\frac{1}{2}mv^2 \cdot \frac{2m}{M} = \frac{m^2 v^2}{M}$。从能量平衡的观点来看，电子获得的能量一定要等于损失的能量，由式(3.63) 可得

$$E_c = \nu_m \left(\frac{m^3 v^2}{e^2 M}\right)^{\frac{1}{2}} \tag{3.64}$$

在给定的条件下，$\left(\frac{m^3 v^2}{e^2 M}\right)^{\frac{1}{2}}$ 是一个常量，而 $\nu_m$ 正比于气压，所以 $E_c$ 与气压 $P$ 成正比，这个关系在高气压微波放电中已经为很多实验事实所证实。

在低气压下，$\nu_m < \frac{\omega}{2\pi}$，由式(3.63)，每个电子从电场获取的功率为

$$\frac{P_c}{n_e} = \frac{e^2 E_0^2 \nu_m}{m\omega^2} \tag{3.65}$$

假设在理想情况下，所有电子只要与气体原子碰撞都会引起电离，即这个输入功率等于电离功率。因为电离功率为

$$P = eV_i \nu_i \tag{3.66}$$

式中 $V_i$ 是气体原子的电离电位。由式(3.65) 和式(3.66)，则有

$$E_c^2 = \frac{m\omega^2 V_i \nu_i}{e\nu_m} \tag{3.67}$$

将电子扩散系数 $D_e = \frac{1}{3}\bar{\lambda}\bar{v}$[2,12] 代入式(3.59) 得

$$\nu_i = \frac{\bar{\lambda}\bar{v}}{3\Lambda^2} = \frac{\bar{v}^2}{3\Lambda^2 \nu_m} \tag{3.68}$$

因此

$$E_c = \frac{\omega}{\Lambda\nu_m}\left(\frac{m\bar{w}^2}{3e}V_i\right)^{\frac{1}{2}} \tag{3.69}$$

在式(3.69)右端括号中的量都是气体和电子的物理常数,而 $\nu_m$ 又正比于气压,因此在低气压下,$E_c$ 与 $P$ 成反比,而且在一定气压和极间距离下,$E_c$ 随 $\omega$ 线性增长。图3.13是射频波导 $CO_2$ 激光器在高气压和低气压条件下 $E_c$ 的理论计算结果[13],激光器工作条件为:上下电极间距为2.25 mm,充入混合气体的比例 $V(CO_2):V(N_2):V(He)=1:1:3$,射频电源频率为120 MHz。

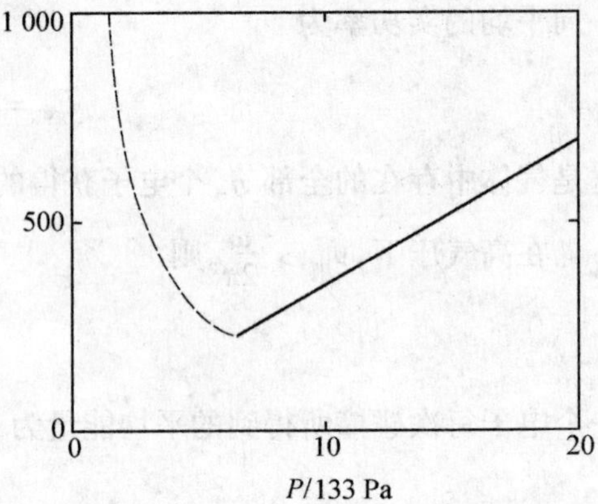


图3.13 射频波导 $CO_2$ 激光器的击穿电压

### 3.2.3 射频气体放电方式

射频气体放电可分为低电流放电和高电流放电两种形式,类似于气体直流放电的辉光放电和弧光放电。对应于气体直流放电中的汤生第一和第二电离系数,射频气体放电中的低电流放电被称为α型放电,高电流放电被称为γ型放电,在 $CO_2$ 激光器激励技术中,利用的是α型放电[14~17]。γ型放电不利于 $CO_2$ 激光激励,实际中应尽量避免产生γ型放电。图3.14中显示了两种放电辉光强度分布的典型形式:α放电中,靠近电极处各有一条亮纹,电极间中心区域是暗辉纹,γ放电中,靠近电极处各有一条极亮条纹,并且电极间中心处有一条极亮条纹[18~20]。

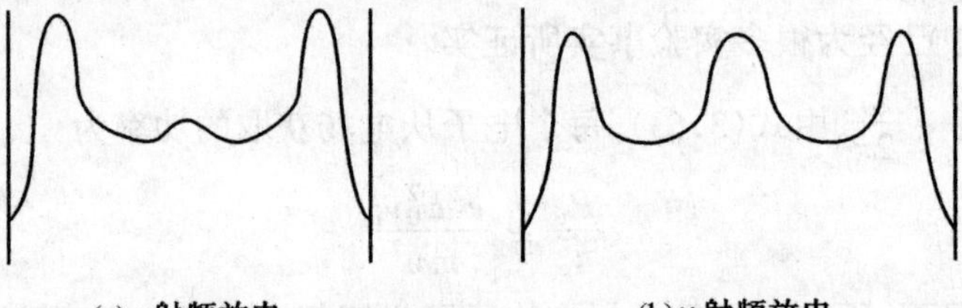

(a) α射频放电　　(b) γ射频放电

图3.14 射频放电的两种方式

### 3.2.4 α射频放电理论模型

对于中等气压条件下射频放电的研究发现:在电极边界附近可见光发射区,内部电场及电子能量变化很大,并且条纹带中电场和电子能量通常很高。在低频和低气压时,条纹带侵入中心增益区或放电的类正柱部分,由于这时电子能量低,对于 $CO_2$ 激光器运行是不利的。本模型的目的是计算中心部分正柱区的电场强度,以推算出激光器效率[21~23]。

下面我们考虑α型放电简化的理论模型(见图3.15,主要目的是计算在放电"正柱"区中心部分的电子平均能量($E/N$ 值))。假定放电发生在间距为 $L$ 的两个无限大平行电极之间,放电区可分为中心“正柱”区 P 及在两边壳层的正电荷放电区 $S_1$ 和 $S_2$。厚度为 $S$ 的壳层谐振于 $S+A$ 和 $S-A$ 之间,其中 $A$ 是电子振荡振幅,在等离子体 P 区,当 $CO_2$ 激光器混合气体气压大于 2.66 kPa 时,正负电荷密度相等,主要由电离产生电子,由复合和吸附损失电子。对于电

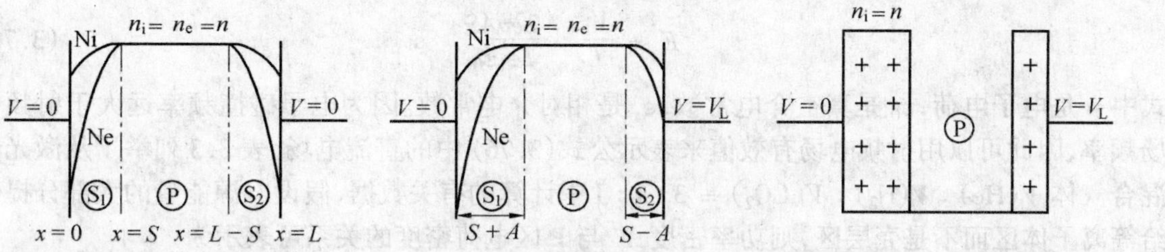


(a)电极间零电压　(b)电极电压有效值为 $V_L$　(c)在 (b) 情况下电荷分布

图 3.15　α 放电模型空间电荷分布

子,由 P 区连续性方程可以得出

$$\frac{\partial n_e}{\partial t} = n_e v(\alpha - \beta) - \sigma n_e^2 \tag{3.70}$$

式中 $n_e, v, \alpha, \beta$ 和 $\sigma$ 分别为电子浓度、电子速度、电离系数、吸附系数和复合系数。$n_e$ 是常数,即 $n_e = n_i = n$, $n_i$ 和 $n$ 分别是正电荷及 P 区正电荷密度。在壳层 $S_1$、$S_2$ 区产生的电荷由于受电荷密度梯度及电极负势能的影响通过扩散、漂移在电极边界处复合。为计算增益区 P 的电场,必须首先知道壳层厚度,当电极外加电压为 0 时,在壳层 $S_2$ 区的电子密度为余弦分布函数

$$n_e = n\cos(z/D_a)^{1/2}x' \quad (0 \leqslant x' \leqslant S) \tag{3.71}$$

式中 $x' = x - L + S$, $n$ 是 P 区电荷密度, $z$ 是每秒的电离率, $D_a$ 是双极性扩散系数。在电极边界 $x' = S$ 处,壳层中产生的电荷数与电极壁损失的电荷数平衡,即

$$z\int_{x'=0}^{x'=S} n_e \mathrm{d}x' = vn_e \mid_{x'=S} \tag{3.72}$$

到达电极壁的正电荷与吸收的负电荷平衡,即

$$vn_e \mid_{x'=S} = v_i n_i \mid_{x'=S} \tag{3.73}$$

这里 $v_i$ 是离子随机速度,把式(3.71) 代入式(3.72) 并积分可得壳层厚度

$$S = \left(\frac{D_a}{z}\right)^{1/2} \arctan\left[\frac{v}{(zD_a)^{1/2}}\right] \tag{3.74}$$

对于能量为 1 eV 左右的电子,可简化为

$$S = \frac{1}{2}\pi\left(\frac{D_a}{z}\right)^{1/2} \tag{3.75}$$

为计算在等离子体P区的相对电场 $E/N$ 值,可以令电极处电场的有效值为 $V_L$,如图3.15(c)所示,假设在两壳层正离子密度为常数,等离子体 P 区的电荷密度等于 $n$;同时假定在壳层的电

子密度从正柱边界很快减少，而正电荷密度 $n_i = n$，如图 3.15(c) 所示。考虑公式(3.73) 中 $v/v_i \approx 10^3$，因此这种假设是合理的。边界条件为：在 $x = 0$ 处 $V = 0$，在 $x = L$ 处 $V = V_L$，并且整个系统的势能与电场是连续的，解近似的壳层泊松方程和等离子体区的 Laplace 方程得出 P 区的电场为

$$E = \frac{V_L}{L} - \frac{2enAS}{L\varepsilon_r\varepsilon_0} \tag{3.76}$$

式中 $e$ 是电子电荷，$\varepsilon_0$ 是真空介电常数，$\varepsilon_r$ 是相对介电常数。因为电子碰撞频率远大于射频电场频率，因此可以用射频电场有效值来表示公式(3.76) 中的直流电场。表 3.3 列举了从激光器混合气体 $V(\mathrm{He}):V(\mathrm{N_2}):V(\mathrm{CO_2}) = 3:1:1$ 中计算的有关数据，假设电源能量的大部分提供给等离子体区而不是壳层区，则功率密度 $W$ 与 P 区电荷密度的关系可表示为

$$n = \frac{Wm\nu_m}{e^2E^2} \tag{3.77}$$

式中 $m$ 是电子质量，电子振荡幅度为

$$A = \frac{eE}{m\nu_m\omega} \tag{3.78}$$

**表 3.3　平均电子能量 ∈、单电子每秒电离率 $z$ 与 $E/N$ 关系**[13,14]

| $E/N$ /$10^{-16}$(V·cm$^2$) | ∈ /eV | $z$(133 Pa) /s$^{-1}$ |
|---|---|---|
| 2 | 0.75 | 18 |
| 2.5 | 0.8 | 190 |
| 3.0 | 0.85 | 1 550 |
| 3.5 | 0.9 | 9 912 |
| 4.0 | 1.0 | $2.1\times10^4$ |
| 4.5 | 1.2 | $2.3\times10^4$ |
| 5.0 | 1.5 | $2.6\times10^4$ |

代入式(3.76) 得

$$E = \frac{V_L}{L} - \left(\frac{\pi W}{\varepsilon_r\varepsilon_0\omega LE}\right)\left(\frac{D_a}{z}\right)^{1/2} \tag{3.79}$$

双极性扩散系数 $D_a$ 可表示为

$$D_a = \frac{\varepsilon\mu_i}{p} \tag{3.80}$$

式中 $p$ 是气压，$\mu_i$ 为正离子迁移率，把式(3.80) 代入式(3.79) 并利用混合气体的实验数据 $V_L$，$L$，$W$ 和 $\omega$，可以解出等离子体区或增益区电场 $E$ 及相对电场计算值 $E/N$。

如使用此模型和 $E/N$ 值计算 $CO_2$ 激光器的参量，还需考虑射频电场随时间变化特性对电子能量分布的作用，由此决定了射频激励能量转移到 $N_2$，CO，$CO_2$ 基电子态上的振动能级的效率，从而影响激光介质的增益和功率提取效率。考虑在正弦变化电场时的电子能量分布，交流电场与直流电场的关系可表示为

$$E_{ac}^2 = E_{dc}^2\left(1 + \frac{\omega^2}{\nu_m^2}\right) \tag{3.81}$$

其中 $\nu_m$ 是电子碰撞频率，$\omega$ 是电场变化频率，对于波导 $CO_2$ 激光器而言 $\nu_m \gg \omega$，玻耳兹曼方程可简化为直流情况。因此激发速率和弛豫参数与直流激励 $CO_2$ 激光器相同，"输入" 动力学模型，可得出增益和其他有用的激光参数。

根据以上分析，我们计算了射频激励波导 $CO_2$ 激光器的有关气体放电参数，激光器采用上下铝金属电极压紧两块 $Al_2O_3$ 陶瓷片构成波导结构，波导尺寸 400 mm × 2.25 mm × 2.25 mm，充入混合气体比例 $V(CO_2) : V(N_2) : V(He) = 1 : 1 : 3$，充气压为 70 × 133 Pa，射频电源频率为 120 MHz。实验测得在射频注入功率为 120 W 时，电极两端电压为 120 V，可推算出放电区平均电场强度 $E = 522\ V \cdot cm^{-1}$，相对电场强度 $E/N = 3.1 \times 10^{-16}\ V \cdot cm^2$；等离子体区电场强度 $E = 410\ V \cdot cm^{-1}$，相对电场强度 $E/N = 2.4 \times 10^{-16}\ V \cdot cm^2$；电子振荡振幅 $A = 0.35$ mm；壳层厚度 $S = 0.76$ mm。

### 3.2.5 电光调 $Q$ 射频激励波导 $CO_2$ 激光器及动力学过程分析

射频波导电光 $Q$ 开关 $CO_2$ 激光器，具有高脉冲重复频率、结构紧凑、可编程输出及输出稳定等优点，可以应用在相干成像雷达、激光通信、成像制导等诸多方面[24,25]。下面利用速率方程理论和六温度模型理论对 $Q$ 开关 $CO_2$ 激光器动力学过程进行理论分析，并与实验结果进行对比。

#### 3.2.5.1 电光调 $Q$ $CO_2$ 激光器速率方程理论

当激光器运转于调 $Q$ 状态时，建立在损耗之上的小信号增益系数和已知的 $CO_2$ 分子能级的弛豫速率将用于计算调 $Q$ 脉冲。为了计算输出功率，需要知道粒子数密度和模式体积。初始反转粒子数密度 $N_{J'}$ 可由式

$$g_0 = N_{J'}\sigma_{se} \tag{3.82}$$

计算，式中，$g_0$ 为小信号增益系数，$\sigma_{se}$ 为受激辐射截面。

在激光脉冲建立时，激光下能级的粒子数密度 $N_{J''}$ 与激光上能级粒子数密度相比很小，可以忽略，于是阈值反转粒子数为

$$N_{th}^V = \bar{\alpha}\frac{V}{\sigma_{se}} \tag{3.83}$$

式中 $V$ 为模体积，$\bar{\alpha}$ 为腔的单位长度损耗，受激辐射截面 $\sigma_{se}$ 可由式

$$\sigma_{se} = \frac{A_{21} g(\nu) c^2}{8\pi\nu^2} \tag{3.84}$$

计算，式中 $A_{21}$ 为跃迁速率，$g(\nu)$ 为增益线型函数，$\nu$ 为激光跃迁频率。

中心增益线型函数可简化为

$$g(\nu_0) = \left(\Delta\nu_H + \left\{\left[\frac{(\pi-2)\Delta\nu_H}{2}\right]^2 + \frac{\pi\Delta\nu_D^2}{4\ln 2}\right\}^{1/2}\right)^{-1} \tag{3.85}$$

式中 $\Delta\nu_H$ 为均匀加宽宽度，$\Delta\nu_D$ 为多普勒线宽宽度，$\Delta\nu_D$ 为

$$\Delta\nu_D = \nu_0\left(8kT\frac{\ln 2}{Mc^2}\right)^{1/2} \tag{3.86}$$

式中，$M$ 为 $CO_2$ 分子质量。

通常增益是时间的函数。对时间的依赖关系可通过一组微分方程组来描述。图 3.16 表示出了计算调 $Q$ 脉冲所涉及的 $CO_2$ 分子的有关能级和碰撞弛豫常数。当我们选择阈值反转粒子数 $N_{th}^V$ 作为光子数和粒子数的度量单位，同时所有的速率均以腔寿命 $t_c$ 为时间度量单位时，此微分方程组可以得到简化，包括这些比例因子后的速率方程组可写为[26,27]

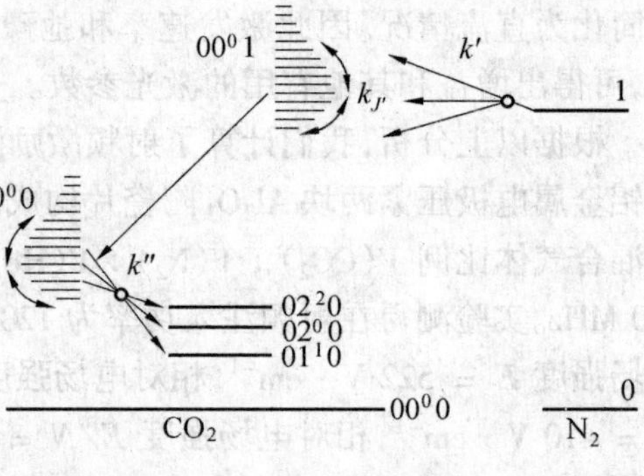


图 3.16　$CO_2$ 有关能级和弛豫常数

$$\begin{cases} \dfrac{d\phi}{dt} = (n_{J'} - n_{J''} - 1)\phi + \dfrac{n_{J'}}{N_{th}^V} \\ \dfrac{dn_{J'}}{dt} = (n_{J''} - n_{J'})\phi + (P_{J'} n_{v'} - n_{J'})k_{J'} \\ \dfrac{dn_{J''}}{dt} = (n_{J'} - n_{J''})\phi + (P_{J''} n_{v''} - n_{J''})k_{J''} - n_{J''}k'' \\ \dfrac{d(n_{v'} - n_{J'})}{dt} = (n_{J'} - P_{J'} n_{v'})k_{J'} \\ \dfrac{d(n_{v''} - n_{J''})}{dt} = (n_{J''} - P_{J''} n_{v''})k_{J''} - (n_{v''} - n_{J''})k'' \end{cases} \tag{3.87}$$

式中 $\phi$ 为激光一个光波模式内的光子数，$n_{J'}$ 为 $00^01$ 能级中转动量子数为 $J'$ 的转动能级上的粒子数，$n_{v'}$ 为激光振动上能级($00^01$) 粒子数，$n_{J''}$ 为 $10^00$ 能级中转动量子数为 $J'' = J' + 1$ 的转动能级上的粒子数，$n_{v''}$ 为激光振动下能级($10^00, 02^00$) 粒子数，$k_J$ 为转动能级弛豫速率，$k''$ 为振动下能级($10^00, 02^00$) 的粒子弛豫到其他振动态的弛豫速率。

激光光子在腔内寿命可表示为[27]

$$t_c = \frac{L'}{\delta c} \tag{3.88}$$

式中 $\delta$ 为激光在腔内单程损耗，$L'$ 为腔的光学长度，$c$ 为真空中的光速。

假定转动弛豫是随机的，也就是说，忽略 $J$ 选择定则，$P_J$ 可由玻耳兹曼分布给出，即

$$P_J = \frac{(2J+1)}{Q_{\mathrm{rot}}}\exp\left[\frac{-hcBJ(J+1)}{kT}\right] \tag{3.89}$$

式中 $Q_{\mathrm{rot}}$ 为转动配分函数，$B$ 为转动常数，单位为 $\mathrm{m}^{-1}$。

在一定温度下，振动态上的转动配分函数可近似写为

$$Q_{\mathrm{rot}} = \frac{kT}{2hcB} \tag{3.90}$$

$00^01$ 振动模上粒子数的初值可由如下的激光上能级粒子数关系式给出

$$n_{v'} = \frac{n_{J'}}{P_{J'}} \tag{3.91}$$

在激光脉冲的初始阶段，假定下能级是空的，同时假定转动弛豫速率 $k_J$ 在整个激光脉冲中保持不变。而弛豫慢的过程对于调 $Q$ 脉冲激光的影响可忽略。转动弛豫过程对调 $Q$ 激光器的脉冲宽度有较大的影响，尤其在低压激光器中影响更加明显，而对于工作气压较高的波导 $CO_2$ 激光器，其影响也应考虑。在上面的方程中，我们用上能级激光粒子数的 $1/N_{\mathrm{th}}^V$ 倍来近似自发辐射到激光腔内模式上的粒子数。光子从激光腔中耦合到腔外的速率由 $c\bar{a}_{\mathrm{out}}$ 给出，并有

$$\bar{a}_{\mathrm{out}} = -\frac{\ln(1-T_{\mathrm{TOT}})}{2L'} \tag{3.92}$$

于是有用的输出功率为

$$P_{\mathrm{out}} = \phi h\nu c\bar{a}_{\mathrm{out}}N_{\mathrm{th}}^V \tag{3.93}$$

式中 $\bar{a}_{\mathrm{out}}$ 是在式(3.92)中用输出镜透过率 $T_0$ 代替 $T_{\mathrm{TOT}}$ 获得的。

#### 3.2.5.2　电光调 $Q$ $CO_2$ 激光器六温度模型理论

根据 $CO_2$ 激光器动力学的五温度模型理论[1]，微分方程组中有五个温度变量，即 $T_1$（$CO_2$ 分子 $v_1$ 模等效振动温度）、$T_2$（$CO_2$ 分子 $v_2$ 模等效振动温度）、$T_3$（$CO_2$ 分子 $v_3$ 模等效振动温度）、$T_4$（$N_2$ 分子等效振动温度）、$T$（气体温度）。实际上 $CO_2$ 激光器中的 $CO_2$ 分子在气体放电过程大量分解成 CO，而五温度模型理论忽略了 $CO_2$ 的分解，因此理论计算与实验有一定的误差，为此人们发展了六温度模型，即考虑了 $CO_2$ 的分解对于激光输出的影响，把 CO 分子等效振动温度 $T_5$ 作为模型微分方程组的一个变量，此时微分方程组具有六个温度变量，因此称为六温度模型理论。人们已经应用激光器动力学六温度模型理论成功地解释了 TEA $CO_2$ 激光器的动力学过程。下面应用 $CO_2$ 激光器动力学的六温度模型对于 $Q$ 开关 $CO_2$ 激光器动力学过程进行了较全面的分析，不仅考虑了转动能级的弛豫过程，而且考虑了 $CO_2$ 气体的分解、各能级电子碰撞激发过程、振动能级间的振动弛豫过程，理论计算的调 $Q$ 激光脉冲峰值功率、脉冲宽度与实验符合较好，特别对输出脉冲中存在拖尾的理论解决也与实验符合。由于 $Q$ 开关 $CO_2$ 激光器与

TEA $CO_2$ 激光器的工作原理不同,因此动力学过程的分析也不同。TEA $CO_2$ 激光器以脉冲放电方式工作,应用六温度模型理论进行分析时,主要考虑放电电流对于电子激发速率的影响,因此只要给出放电电流与 电子激发速率的关系,只须"一步" 计算就可以得出激光输出波形及各分子能级的能量转移过程。而对于调 $Q$ $CO_2$ 激光器,需要考虑"两步" 过程,即 $Q$ 开关打开前,先经过计算得出各分子能级的能量分布状态,再以此状态时的各分子能级的温度为初始值,计算出 $Q$ 开关打开后的激光输出及各分子能级的能量转移过程。因此,应用六温度模型分析 $Q$ 开关 $CO_2$ 激光器需要考虑"两步" 过程,经过两次计算。

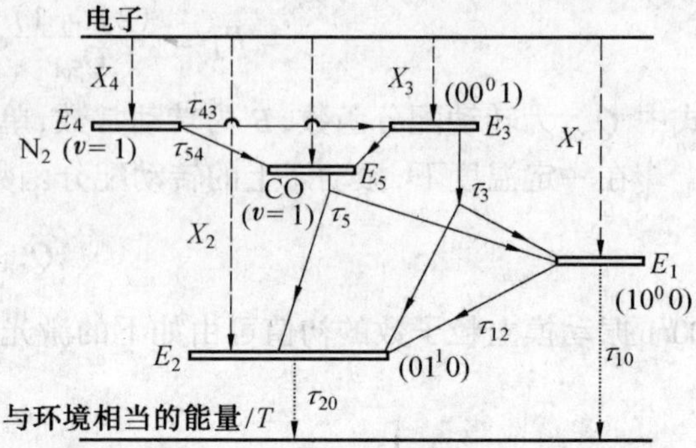


图 3.17　$N_2-CO_2-CO$系统能级图(箭头实线表示 V－V能级跃迁;箭头点线表示 V－T 能量转移过程;箭头点划线表示电子激发过程)

在综合考虑电子对 $CO_2$ 分子、$N_2$ 分子和 CO 分子的碰撞激发过程,分子间碰撞时发生的各种能量转移过程,以及受激发射与自发发射过程的基础上(如图 3.17 所示),可得到一组描述各个振动模的振动能量变化的方程[13,31~34]

$$\frac{dE_1}{dt} = n_e(t) f n_{CO_2} X_1 h\nu_1 - \frac{E_1 - E_1(T)}{\tau_{10}(T)} - \frac{E_1 - E_1(T_2)}{\tau_{12}(T_2)} + \frac{h\nu_1}{h\nu_3}\frac{E_3 - E_3(T,T_1,T_2)}{\tau_3(T,T_1,T_2)} + \frac{h\nu_1}{h\nu_5}\frac{E_5 - E_5(T,T_1,T_2)}{\tau_5(T,T_1,T_2)} + \nu_1 \Delta NWI_{\nu_0} \tag{3.94}$$

$$\frac{dE_2}{dt} = n_e(t) f n_{CO_2} X_2 h\nu_2 + \frac{h\nu_2}{h\nu_3}\frac{E_3 - E_3(T,T_1,T_2)}{\tau_3(T,T_1,T_2)} - \frac{E_1 - E_1(T_2)}{\tau_{10}(T_2)} - \frac{E_2 - E_2(T)}{\tau_{20}(T)} + \frac{h\nu_2}{h\nu_5}\frac{E_5 - E_5(T,T_1,T_2)}{\tau_5(T,T_1,T_2)} \tag{3.95}$$

$$\frac{dE_3}{dt} = n_e(t) f n_{CO_2} X_3 h\nu_3 + \frac{E_4 - E_4(T_3)}{\tau_{43}(T_2)} - \frac{E_3 - E_3(T,T_1,T_2)}{\tau_3(T,T_1,T_2)} + \frac{h\nu_3}{h\nu_5}\frac{E_5 - E_5(T,T_3)}{\tau_{53}(T,T_3)} - \nu_3 \Delta NWI_{\nu_0} \tag{3.96}$$

$$\frac{dE_4}{dt} = n_e(t) n_{N_2} X_4 h\nu_4 - \frac{E_4 - E_4(T_3)}{\tau_{43}(T)} + \frac{h\nu_4}{h\nu_5}\frac{E_5 - E_5(T,T_4)}{\tau_{54}(T,T_4)} \tag{3.97}$$

$$\frac{dE_5}{dt} = n_e(t)(1-f) n_{CO_2} X_5 h\nu_5 - \frac{E_5 - E_5(T,T_3)}{\tau_{53}(T,T_3)} + \frac{E_5 - E_5(T,T_1,T_2)}{\tau_3(T,T_1,T_2)} + \frac{E_5 - E_5(T,T_4)}{\tau_{43}(T,T_4)} \tag{3.98}$$

以上 5 个式中 $n_{CO_2}$，$n_{N_2}$ 分别为 $CO_2$，$N_2$ 的浓度，$n_e(t)$ 为单位体积内电子密度。式(3.94)～(3.96) 表示单位体积内 $CO_2$ 分子三个振动模的总能量随时间的变化，式(3.97) 和式(3.98) 分别表示 $N_2$ 分子及由 $CO_2$ 分子分解的 CO 分子振动态的总能量随时间的变化，$f$ 表示未分解的 $CO_2$ 分子比例。

对于 $CO_2-N_2-He-CO$ 系统，环境温度随时间的变化可表示为

$$\frac{dE_K}{dt}=\frac{E_1-E_1(T)}{\tau_{10}}+\frac{E_2-E_2(T)}{\tau_{20}}+$$
$$\left(1-\frac{h\nu_1}{h\nu_3}-\frac{h\nu_2}{h\nu_3}\right)\frac{E_3-E_3(T,T_1,T_2)}{\tau_3}+\left(1-\frac{h\nu_3}{h\nu_5}\right)\frac{E_5-E_5(T,T_3)}{\tau_{53}(T,T_3)}+$$
$$\left(1-\frac{h\nu_1}{h\nu_5}-\frac{h\nu_2}{h\nu_5}\right)\frac{E_5-E_5(T,T_1,T_2)}{\tau_5(T,T_1,T_2)}+\left(1-\frac{h\nu_4}{h\nu_5}\right)\frac{E_5-E_5(T,T_4)}{\tau_{54}(T,T_4)} \tag{3.99}$$

单位体积的总气体动能 $E_k$ 为

$$E_k=\left(\frac{5}{2}n_{N_2}+\frac{5}{2}fn_{CO_2}+\frac{3}{2}n_{He}+\frac{5}{2}(1-f)n_{CO}\right)kT \tag{3.100}$$

当激光脉冲宽度为纳秒量级时，则转动弛豫时间就不能认为等于零，而必须加以考虑。上下能级粒子数密度差的变化速率为

$$\frac{d\delta^{J_0}}{dt}=-2\delta^{J_0}W'I_{\nu_0}-\left\{\frac{\delta^{J_0}-[P(J_0)n^u-P(J_0+1)n^l]}{\tau_R}\right\} \tag{3.101}$$

其中 $\tau_R$ 为混合气体的转动弛豫时间。

综合受激发射、自发发射及激光器存在的损耗，得到激光腔内光强变化速率方程

$$\frac{dI_{\nu_0}}{dt}=-\frac{I_{\nu_0}}{\tau_c}+ch\nu_0\left[\frac{\Delta NWI_{\nu_0}}{h}+n_{001}P(J)S\right] \tag{3.102}$$

式中 $c$ 为光速，$h$ 为普朗克常数，$\nu_0$ 为激光频率，$\tau_c$ 为腔内光子寿命，其计算式为

$$\tau_c=-\frac{2L}{c\ln(r_1r_2)} \tag{3.103}$$

其中 $L$ 为谐振腔光学长度，$r_1$ 为反射镜一端等效反射系数，$r_2$ 为输出镜一端等效反射系数。式(3.102) 中 $W$ 计算式为

$$W=\frac{\lambda^2}{4\pi^2\nu_0\Delta\nu_c\tau_{sp}} \tag{3.104}$$

其中 $\lambda$ 为激光波长，$\Delta\nu_c$ 为碰撞加宽引起的线宽，$\tau_{sp}$ 为自发辐射寿命。

利用麦克斯韦 - 玻耳兹曼能量分配定律，可推出上下振动能级粒子数密度差

$$\Delta N=n_{001}P(J)-\frac{2J+1}{2J+3}n_{100}P(J+1) \tag{3.105}$$

式中上下振动能级粒子数密度为

$$n_{001} = n_{CO_2}\exp\left(-\frac{h\nu_3}{kT_3}\right)Z \tag{3.106}$$

$$n_{100} = n_{CO_2}\exp\left(-\frac{h\nu_1}{kT_1}\right)Z \tag{3.107}$$

$$Z = \left[1-\exp\left(-\frac{h\nu_1}{kT_1}\right)\right]\left[1-\exp\left(-\frac{h\nu_2}{kT_2}\right)\right]^2\left[1-\exp\left(-\frac{h\nu_3}{kT_3}\right)\right] \tag{3.108}$$

式(3.105)中 $P(J)$ 表示第 $J$ 个转动能级上粒子数占整个振动能级上粒子数的百分数，即

$$P(J) = \frac{n_{v,J}}{n_v} = \left(\frac{hcB_v}{kT}\right)g_J\exp\left[-\frac{hcB_vJ(J+1)}{kT}\right] \tag{3.109}$$

### 3.2.5.3 调 $Q$ 过程数值计算

$CO_2$ 激光器的调 $Q$ 过程可分为两个过程。

1. $Q$ 开关未打开

此时没有激光输出，相当于腔内损耗无穷大，腔内光强近似为零。因此微分方程(3.94)～(3.98)等于零，上述五个微分方程，有五个变量，即 $T_1$（$CO_2$ 分子对称振动模等效振动温度）、$T_2$（$CO_2$ 分子形变振动模等效振动温度）、$T_3$（$CO_2$ 分子反对称振动模等效振动温度）、$T_4$（$N_2$ 分子等效振动温度）、$T_5$（CO 分子等效振动温度）。

而 $E_1$（单位体积 $CO_2$ 分子对称振动模的总能量）、$E_2$（单位体积 $CO_2$ 分子形变振动模的总能量）、$E_3$（单位体积 $CO_2$ 分子反对称振动模的总能量）、$E_4$（单位体积 $N_2$ 分子振动态总能量）、$E_5$（单位体积 CO 分子振动态总能量），则分别由 $T_1$，$T_2$，$T_3$，$T_4$ 和 $T_5$ 所决定。在解方程组时，所需的有关数据列在表 3.3 中，利用 Matchcad 计算机语言解这五个非线性方程组可以得出五个温度值，即 $T_1$，$T_2$，$T_3$，$T_4$ 及 $T_5$。这五个温度值与气体平均温度 $T$ 即为 $Q$ 开关打开时激光器的调 $Q$ 过程的初值。

2. $Q$ 开关打开后

此时激光器输出镜透过率为 $t_0$，并将 $\Delta N$ 用 $\delta^{J_0}$ 代替。$Q$ 开关 $CO_2$ 激光器的数学模型由八个微分方程组成，即 $\frac{dE_1}{dt}$，$\frac{dE_2}{dt}$，$\frac{dE_3}{dt}$，$\frac{dE_4}{dt}$，$\frac{dE_5}{dt}$，$\frac{dE_K}{dt}$，$\frac{dI_{\nu_0}}{dt}$，$\frac{d\delta^{J_0}}{dt}$；其相应的变量为 $T_1$，$T_2$，$T_3$，$T_4$，$T_5$，$T$，$I_{\nu_0}$，$\delta^{J_0}$。这组微分方程中，包含六个温度变量（$T_1$，$T_2$，$T_3$，$T_4$，$T_5$，$T$），因此可称之为六温度模型。

这八个微分方程的具体形式是式(3.94)～(3.99)与式(3.101)，(3.102)，但必须注意，列式时要将式中原来的 $\Delta N$ 改为 $\delta^{J_0}$。利用 Matchcad 计算机语言采用 Rung－Kutta 方法可以从这八个微分方程解出八个变量，即 $T_1$，$T_2$，$T_3$，$T_4$，$T_5$，$T$，$\delta^{J_0}$ 及 $I_{\nu_0}$。知道了 $I_{\nu_0}$ 的值，即可算出激光输出功率

$$P_{out} = \frac{AI_{\nu_0} Lg(1-\alpha)t_0}{r_2(e^{gL}-1)+(1-e^{-gL})} \times 10^{-7} \tag{3.110}$$

式中 $A$ 为激光束有效截面积，$g$ 为增益系数，$t_0$ 为等效输出镜透过率，$\alpha$ 为输出镜等效损耗。

#### 3.2.5.4　激光器结构及有关工作条件

光栅选支电光调 $Q$ 射频波导 $CO_2$ 激光器结构如图 3.18 所示[28~32]，上、下铝电极与两片 $Al_2O_3$ 陶瓷构成截面为 2.25 mm × 2.25 mm 的波导通道，波导长为 400 mm。上下电极并联 10 个等值电感，并联谐振于射频源频率，使沿电极电压分布均匀。整个电极放入水冷不锈钢真空容器内，光栅放置距波导口 10 mm 处，光栅常数为 150 lines/mm。一级反射率为 95%，可用氟橡胶"O" 形圈调节角度。

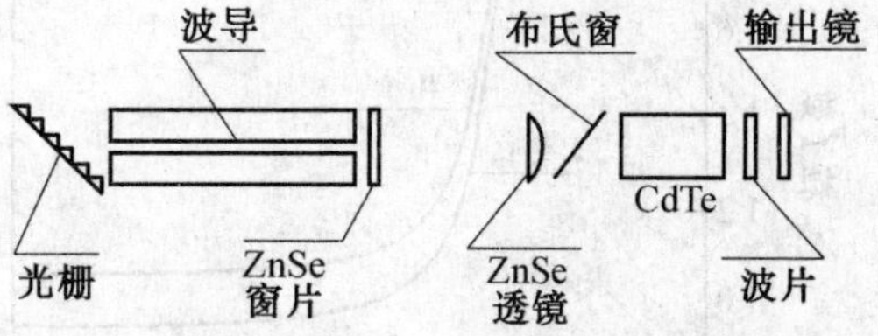


图 3.18　光栅选支电光调 $Q$ 射频波导 $CO_2$ 激光器

输出窗为两面镀增透膜的 ZnSe 窗片，透过率为 99.5%。采用第二类波导谐振腔时，可选择焦距为 $f = \pi\omega_0^2/\lambda = 185$ mm 的透镜，放置在距波导口 $f$ 处，其中 $\omega = 0.703\,2a$（$a$ 为方波导半宽度），在接近透镜处放置平面输出镜，此时光束穿越波导口与自由空间的耦合损耗最小。实验中，我们把焦距为 190 mm 的两面镀增透膜 ZnSe 透镜放置在距波导口 185 mm 处，把调 $Q$ 装置放在透镜与反射率为 90% 的平面 ZnSe 输出镜之间，调 $Q$ 装置由 ZnSe 布氏窗，CdTe 晶体，CdS 四分之一波片组成。晶体与 ZnSe 布氏窗，CdS 四分之一波片固定为一体，总长度为 181 mm，布氏窗与四分之一波片可 360° 旋转。

在实验中，激光器的有关工作条件：气体比例 $V(CO_2):V(N_2):V(He) = 1:1:3$，充气气压 8 kPa，射频注入功率 200 W，射频源频率 120 MHz。$Q$ 开关打开前气体温度为 500 K，电子密度为常数 $n_e = 1.5 \times 10^{11}\ cm^{-3}$，腔内单程损耗为 17%，输出镜透过率为 10%，假设 $CO_2$ 有 60% 分解。

#### 3.2.5.5　两种理论计算与实验结果比较

1. 速率方程理论计算结果

根据激光器的有关弛豫速率数据[2] 及激光器的测量结果，计算出该激光器的参数为：$N_{th}^V = 1.67 \times 10^{14}$，$t_c = 23$ ns，$\delta = 17\%$，$P_J = 0.064$，$\Phi_0 = 5 \times 10^{-15}$，$K_{J'} = K_{J''} = 11.87$，$K'' = 0.147$，$n_{J'}|_{t=0} = 1.82$，$n_{v'}|_{t=0} = 28.2$，$n_{J''}|_{t=0} = 0$，$n_{v''}|_{t=0} = 0$，$J' = 19$。代入方程组(3.87)，用 Runge - Kutta 方法进行数值计算，可得到激光器腔内光子数和有关能级粒子数随时间变化的曲线，如图 3.19 ~ 3.21 所示，计算出调 $Q$ 激光脉冲

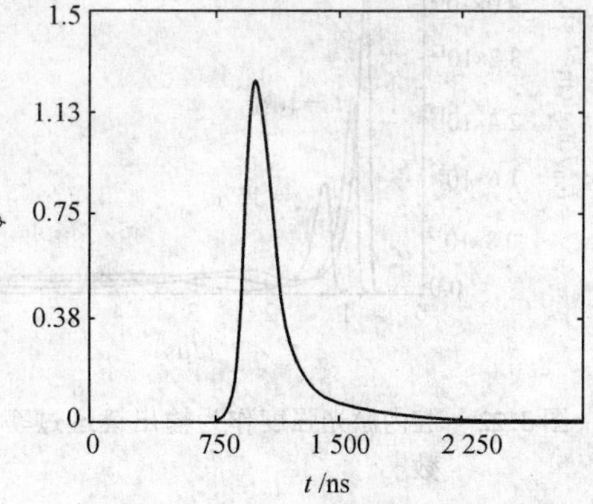


图 3.19　腔内光子数随时间变化

建立时间为 $t_D = 860$ ns,脉冲宽度为 $\Delta t = 184$ ns,峰值功率为 $P_{peak} = 125$ W。

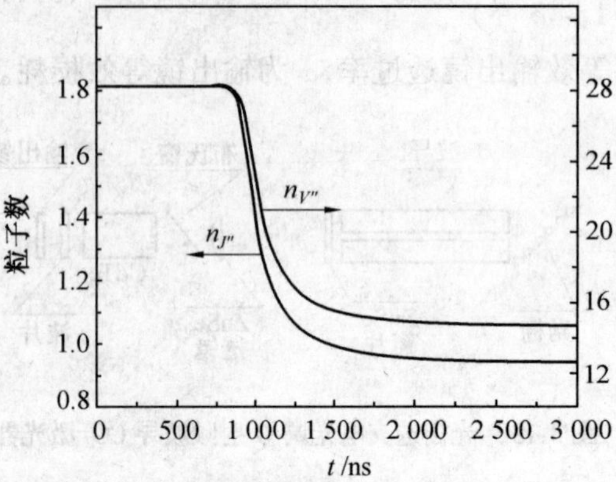


图 3.20 上能级粒子数随时间变化

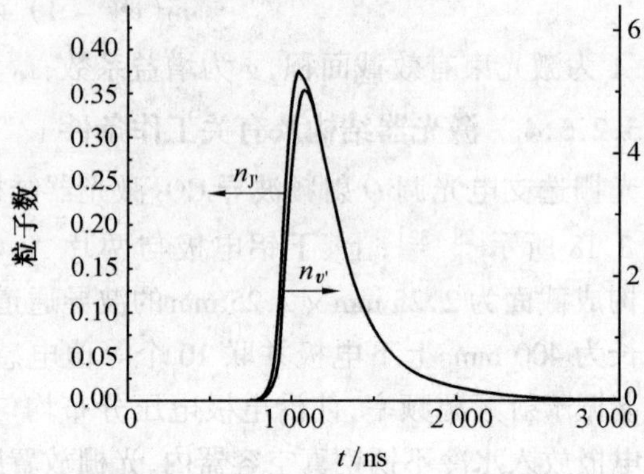


图 3.21 下能级粒子数随时间变化

2. 六温度模型理论计算结果

用六温度模型对 Q 开关 $CO_2$ 激光器动力学过程进行计算[33~35],解方程式时考虑了激光器的调 Q 过程的初值以及列在表 3.4 中所需的有关数据列。在输出镜透过率 $t_0$ 为 5%,10%,15% 时,可得出腔内光强随时间的变化(如图 3.22 所示);上下能级粒子数差随时间的变化(如图 3.23 所示);工作气体温度随时间的变化(如图 3.24 所示);由式(3.110) 可计算出调 Q 激光脉冲波形(如图 3.25 所示),当输出镜透过率 $t_0 = 10\%$ 时,可得出脉冲激光峰值功率 149 W,脉冲宽度 220 ns,拖尾现象较明显。

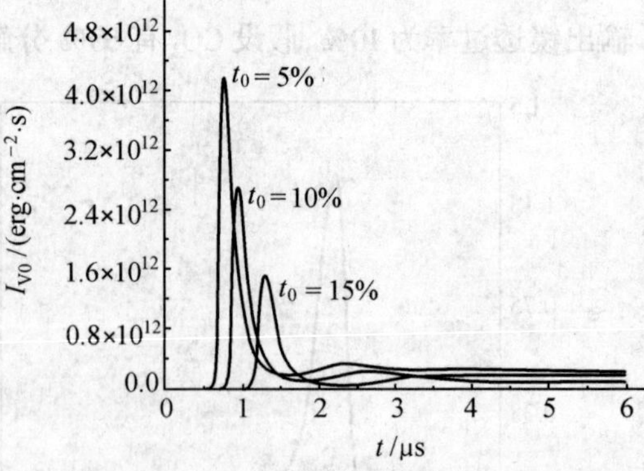


图 3.22 腔内激光强度作为输出镜透过率的函数

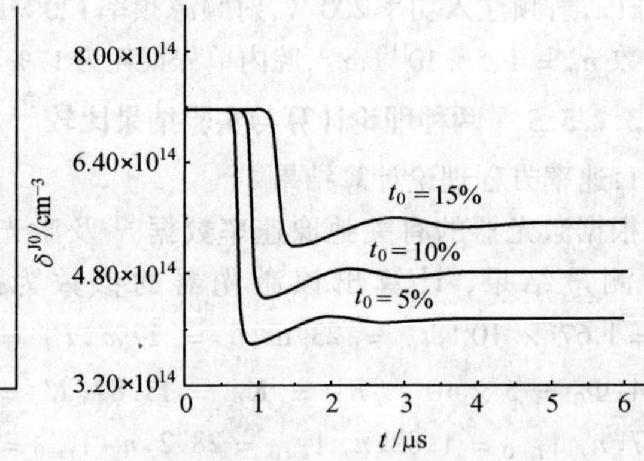


图 3.23 上下能级粒子数差与输出镜透过率关系

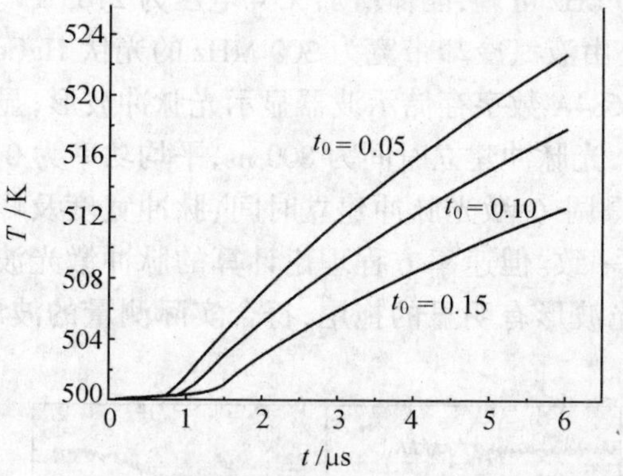


图 3.24　不同输出镜透过率时的气体温度

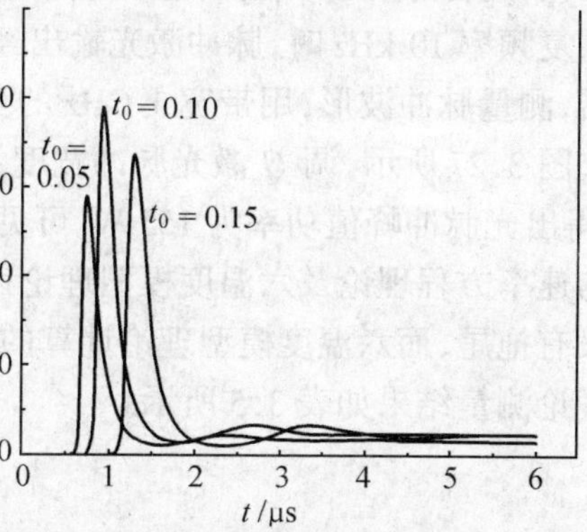


图 3.25　调 $Q$ 脉冲激光波形作为输出镜透过率的函数

**表 3.4　求解 $Q$ 开关 $CO_2$ 激光器动力学方程组所需有关数据参考值[1,13]**

| 参　量 | 数　值 | 参　量 | 数　值 |
|---|---|---|---|
| $\nu_1/c$ | 1 388 $cm^{-1}$ | $M_{CO_2}$ | $7.3\times10^{-23}$ g |
| $\nu_2/c$ | 667 $cm^{-1}$ | $M_{N_2}$ | $4.6\times10^{-23}$ g |
| $\nu_3/c$ | 2 349 $cm^{-1}$ | $M_{He}$ | $6.7\times10^{-24}$ g |
| $\nu_4/c$ | 2 330 $cm^{-1}$ | $M_{CO}$ | $4.6\times10^{-23}$ g |
| $h$ | $6.625\times10^{-27}$ erg · $s^{-1}$ | $k$ | $1.38\times10^{-16}$ erg · $K^{-1}$ |
| $c$ | $2.998\times10^{10}$ cm · $s^{-1}$ | $X_1$ | $4.4\times10^{-10}$ $cm^3\cdot s^{-1}$ |
| $\lambda$ | 10.6 μm | $X_2$ | $8.3\times10^{-10}$ $cm^3\cdot s^{-1}$ |
| $B_{001}$ | 0.386 6 $cm^{-1}$ | $X_3$ | $2.3\times10^{-10}$ $cm^3\cdot s^{-1}$ |
| $B_{100}$ | 0.389 7 $cm^{-1}$ | $X_4$ | $3\times10^{-9}$ $cm^3\cdot s^{-1}$ |
| $N_0$ | $6.025\times10^{-23}$ $mol^{-1}$ | $X_5$ | $3.9\times10^{-9}$ $cm^3\cdot s^{-1}$ |

### 3.2.5.6　电光调 $Q$ 实验结果

实验装置如图 3.26 所示。实验中，激光器工作气体的比例 $V(CO_2):V(N_2):V(He)=1:1:3$，充气气压 8 kPa，射频注入功率 200 W，射频源频率 120 MHz。当输出镜距透镜 10 mm 时，激光输出功率 5 W。输出镜拉远到距透镜 190 mm 时，激光输出功率 3 W。插入调 $Q$ 装置后，旋转布氏窗，使透射光偏振方向垂直于波导侧壁，再旋转四分之一波片，使光轴方向平行于光偏振方向，此时激光连续输出功率降至 1.5 W。再旋转波片光轴方向 45° 角，在调 $Q$ 晶体上加方波调制脉冲电压，即可获得调 $Q$ 脉冲激光输出。

在调 $Q$ 运转状态下，脉冲重复频率 1 Hz ~ 10 kHz 可调，晶体所加 $\lambda/4$ 电压为 2.65 kV。在脉冲重复频率 10 kHz 时，脉冲激光输出经衰减后，由液氮冷却带宽为 300 MHz 的光伏 HgCdTe 探测器，测量脉冲波形，用带宽 1 GHz 的美国 TDS684A 数字存储示波器显示光脉冲波形，显示结果如图 3.27 所示，调 $Q$ 激光脉冲宽度为 180 ns，光脉冲建立时间为 800 ns，平均功率为 0.28 W，可得出光脉冲峰值功率为 155 W。可见实验测得调 $Q$ 激光脉冲建立时间、脉冲宽度及峰值功率与速率方程理论及六温度模型理论计算结果一致。但速率方程理论计算的脉冲激光波形几乎没有拖尾，而六温度模型理论计算的脉冲激光波形有明显的拖尾，符合实际测量的波形。两种理论测量结果如表 3.5 所示。

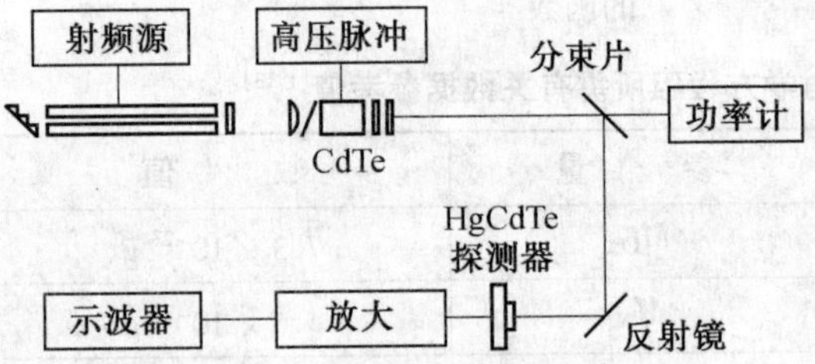


图 3.26　实验装置简图

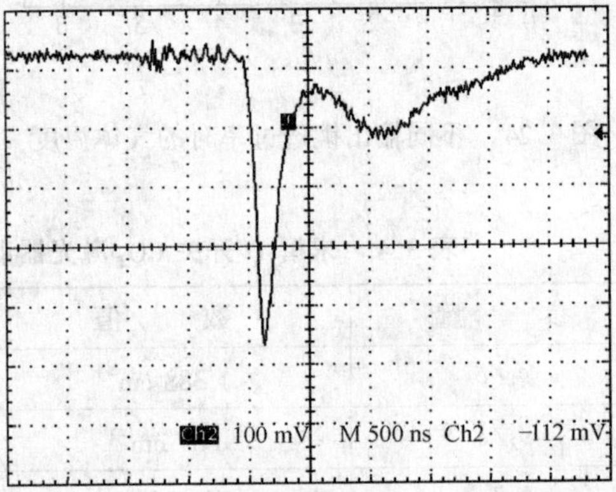


图 3.27　电光调 $Q$ 激光脉冲波形(脉冲重复频率 10 kHz,500 ns/div.)

**表 3.5　速率方程理论及六温度模型理论与实验结果比较**[13,33]

| | 速率方程理论 | 六温度模型理论 | 实验结果 |
|---|---|---|---|
| 峰值功率 /W | 125 | 149 | 155 |
| 脉冲宽度 /ns | 186 | 210 | 200 |
| 脉冲建立时间 /ns | 864 | 800 | 800 |
| 脉冲拖尾 | 很小 | 明显 | 明显 |

另外，六温度模型理论可以全面反映激光器工作气体中不同分子能级的能量转移过程，可以分析工作气体温度对于激光输出的影响，而速率方程理论只能反映上下能级粒子数转移过程，不能体现工作气体温度对于激光输出的影响，因此六温度模型理论分析更全面。应用六温度模型理论可以在理论上分析不同激光器工作气体比例、不同气压、不同气体温度、不同气体分解比率、不同激光输出镜透过率等情况下的激光器输出激光的特性，从而为调 $Q$ 射频激励波导 $CO_2$ 激光器的设计提供理论基础。

### 3.2.5.7　电光调 $Q$ 脉冲激光外差理论分析

用六温度模型对 $Q$ 开关 $CO_2$ 激光器动力学过程进行计算可得出如图 3.27 所示的调 $Q$ 激光脉冲波形，根据电光调 $Q$ 射频激励波导 $CO_2$ 激光器输出脉冲激光波形，可把调 $Q$ 脉冲激光电场强度表示为

$$E_s(t) = E_s\sqrt{\frac{P_{out}(t)}{P_{max}}}\cos(\omega_s t) \tag{3.111}$$

式中，$E_s$ 为调 $Q$ 脉冲激光峰值电场强度，$P_{max}$ 为峰值功率，$\omega_s$ 为脉冲激光角频率。调 $Q$ 脉冲激光与连续本振激光产生的差频电流信号，由探测器输出，可表示为

$$i_p(t) = a\left[\frac{E_s^2(t)}{2} + \frac{E_L^2}{2} + E_s(t)E_L\cos(\omega_s - \omega_L)t\right] = i_1(t) + i_{mf} \tag{3.112}$$

其中，$a$ 是与探测器的量子效率有关的比例因子；$E_L$ 为连续本振激光电场强度；$\omega_L$ 为本振信号光波的角频率；$i_{mf}$ 是差频项；$i_1(t)$ 不再是直流项，而是与调 $Q$ 脉冲激光波形有关的变化量。

当差频 $\omega_s - \omega_L = 60$ MHz时，由探测器输出的电流信号波形如图 3.28 所示，图中振荡的实曲线为调 $Q$ 脉冲激光与连续本振激光外差波形，虚线为调 $Q$ 脉冲激光波形，图中(a)，(b)，(c)

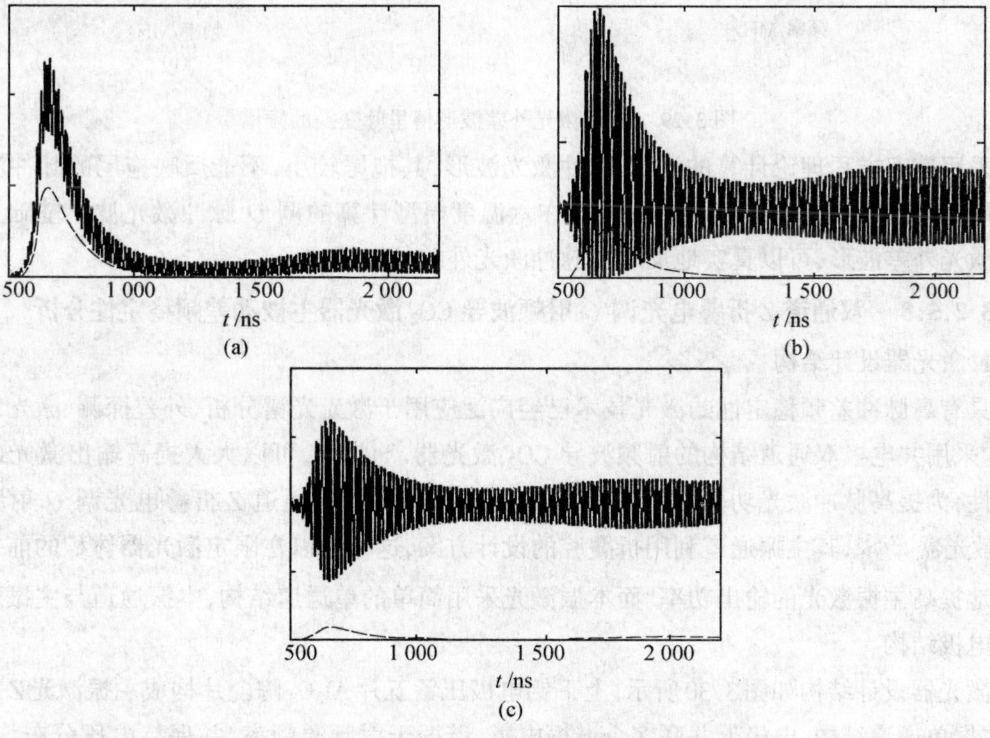


图 3.28　脉冲激光外差波形与调 $Q$ 脉冲激光波形比较

分别为在 $E_s = 10E_L, E_s = E_L, 10E_s = E_L$ 条件下的脉冲外差波形与脉冲激光波形。从图中可见在 $E_s > E_L$ 时，脉冲外差波形显示出明显的脉冲激光轮廓，而当 $E_s < E_L$ 时，脉冲外差波形已无明显的脉冲激光轮廓，因此相干激光雷达接收到的回波电流信号应如图 3.28(c) 所示。采用 Mathcad 计算机语言对图 3.28 中脉冲外差波形进行傅里叶变换可以得到脉冲外差的频谱，如图 3.29 所示。图 3.29(a) 中对应的是脉冲激光波形的频谱约为 0 ~ 10 MHz，图 3.29(b) 中对应的是 60 MHz 差频信号的频谱。实际上对于不同光强的脉冲激光与本振激光的外差频谱成分相同，只是频谱强度不同。

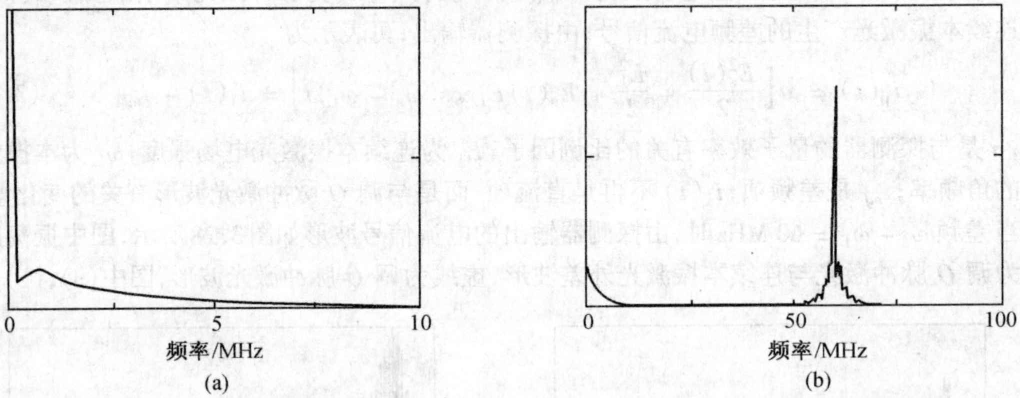


图 3.29 脉冲激光外差波形傅里叶变换的频谱

采用速率方程理论计算的调 $Q$ 脉冲激光波形，其拖尾较小，不能反映拖尾的脉冲激光外差波形，与实验结果存在一定的误差。而在六温度模型计算的调 $Q$ 脉冲激光波形基础上研究脉冲激光外差波形，可以真实地反映了脉冲激光外差的实际波形。

#### 3.2.5.8 双通道 Z 折叠电光调 $Q$ 射频波导 $CO_2$ 激光器主被动差频稳定性分析

1. 激光器设计结构

具有高脉冲差频稳定性的激光技术已经广泛应用于激光光谱分析、外差探测、激光雷达等领域。采用共电极双通道结构的射频波导 $CO_2$ 激光器[36~41,44]，可以大大提高输出激光的差频稳定性，为提高脉冲激光功率并保持高差频稳定性，可采用双通道 Z 折叠电光调 $Q$ 射频波导 $CO_2$ 激光器[42,43]，其主振通道利用折叠腔的设计方案，这样可以在限定激光器体积的前提下大幅度地提高主振激光的输出功率。而本振激光采用简单的单通道结构，本振通道与主振通道采用共电极结构。

激光器设计结构如图 3.30 所示，上下铝电极压紧五片 $Al_2O_3$ 陶瓷片构成主振激光 Z 折叠结构、本振单通道结构。电极上并联多个谐振电感，谐振于射频源频率，并保持电压分布均匀。波导尺寸为 2.25 mm × 2.25 mm，每一通道放电长度为 430 mm，折叠角为 4.5°，采用氟橡胶“O”形圈密封并可以微调反射镜角度。为了将来在腔内加调制晶体，主振通道采用等效第二类波导谐振腔结构，输出镜曲率半径为 370 mm，透过率为 85%。本振单通道采用光栅选支一级输出方式，光栅刻线 150 线 /mm，反射率为 95%，ZnSe 输出镜透过率为 90%，可以用 PZT 调节改变腔长，实现单通道激光的频率调节。整个电极放入水冷不锈钢真空容器内，谐振腔的平面全反镜与折叠处的平面全反镜压紧氟橡胶"O" 形圈进行密封，并可以进行角度调节。

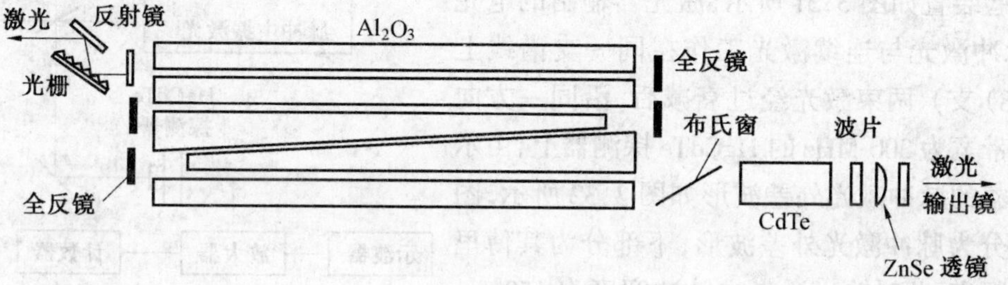


图 3.30　双通道 Z 折叠电光调 $Q$ 射频波导 $CO_2$ 激光器结构图

在 Z 折叠腔内插入调制晶体、布氏窗、$\lambda/4$ 波片，其中 $\lambda/4$ 波片的光轴方向与布氏窗决定的偏振方向成45° 角，经过分析可知晶体上加 $\lambda/4$ 电压时，腔内形成激光振荡，获得电光调 $Q$ 脉冲激光输出。

2. 外差频率稳定度计算

根据理论分析，激光器的频率漂移 $\Delta\nu$ 受腔长变化 $\Delta L$ 及工作气体折射率变化 $\Delta n$ 的影响，可表示为

$$\Delta\nu = -\nu_0\left(\frac{\Delta n}{n_0} + \frac{\Delta L}{L}\right) \tag{3.113}$$

式中，$n_0$ 为工作气体折射率平均值，$L$ 为腔长。由于采用共电极结构，并且两通道间距较近，所以加在两通道上的电压相等，当射频注入功率变化时，两通道气体放电等离子体折射率变化相等，使两通道激光外差频率几乎不受电源功率变化的影响。腔长的变化主要受气体放电发热、外界温度变化等因素的影响。假定不锈钢材料的线膨胀系数为 $\alpha$，则

$$\frac{\Delta L}{L} = \alpha\tau\frac{\mathrm{d}T}{\mathrm{d}t} \tag{3.114}$$

式中，$\tau$ 为观察时间，$\mathrm{d}T/\mathrm{d}t$ 是材料温度随时间变化率。对不锈钢 $\alpha = 15 \times 10^{-6}/℃$。设激光器的两通道腔长分别为 $L_1$、$L_2$，在本激光器中 $L_1 = 3L_2$，假若由于气体放电发热、外界温度变化，致使不锈钢的温度变化速率是每分钟起伏 0.1 ℃，由式(3.113)，(3.114) 可得出，对于主振通道激光频率变化 $\Delta\nu_1 = 14.3$ MHz，对于本振通道激光频率变化 $\Delta\nu_2 = 43$ MHz。由于光栅与平面输出镜固定在同一底座上，两底座相对放置，固定在激光器外壳两端，因此气体放电发热、外界温度变化时，由式(3.113)，(3.114) 可得出两通道激光外差频率变化

$$\Delta\nu_C = \nu_0\left(\frac{\Delta L_1}{L_1} - \frac{\Delta L_2}{L_2}\right) \tag{3.115}$$

则当温度变化时，由于 $L_1 = 3L_2$，并且 $\Delta L_1 = 3\Delta L_2$，则 $\Delta\nu_C \longrightarrow 0$，所以采用此种共电极双通道结构的激光器可以提高外差频率稳定度。

3.被动外差频率稳定性测量

实验装置如图 3.31 所示，激光器输出的电光调 $Q$ 脉冲激光与连续激光工作在同一支谱线上（10P(18) 支），两束激光经过衰减后，沿同一方向合束到带宽为 300 MHz 的 HgCdTe 探测器上，由示波器观察的脉冲激光外差波形如图 3.32 所示，图中上部分为脉冲激光外差波形，下部分为其傅里叶变换频谱，此时输出激光主脉冲宽度为 150 ns，激光拖尾约为 3 μs，外差频率约为 60 MHz。在激光器自由运转时，通过计算机记录的外差频率变化，如图 3.33 所示，可以看出激光器的长期外差频率漂移约为 6 MHz，而短期外差频率稳定性可以达到 $10^{-9}$，说明采用双通道共电极结构的激光器可以达到较高的被动频率稳定性，为主动频率锁定提供较好的条件。

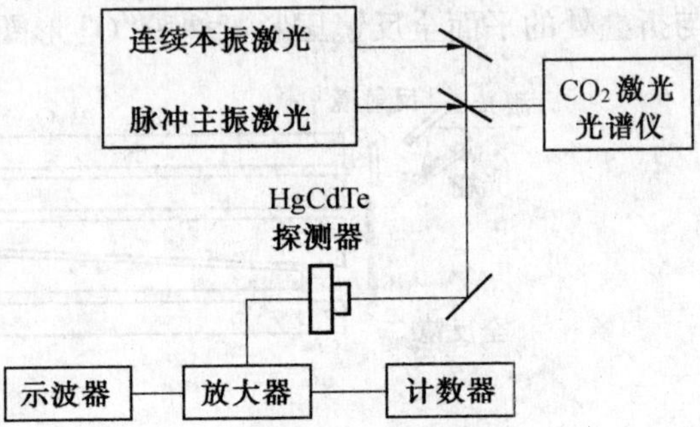


图 3.31　实验装置

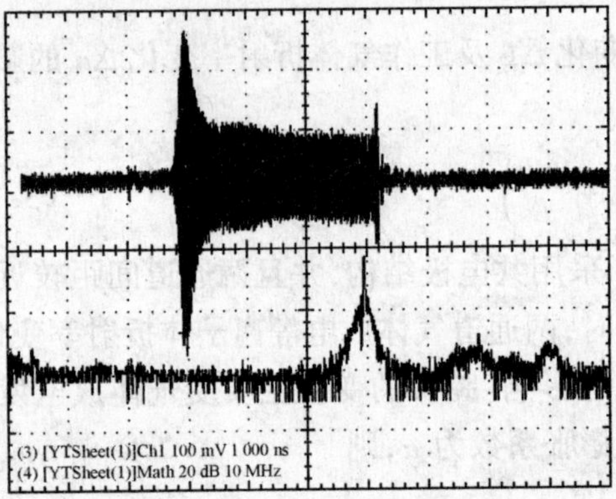


图 3.32　脉冲激光外差波形及傅里叶变换频谱

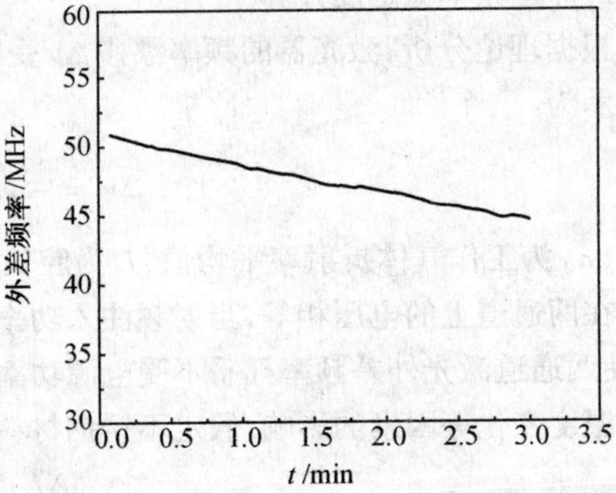


图 3.33　长期外差频率漂移

4.脉冲激光频率锁定

前面已经从理论上和实验上说明了电光调 $Q$ 波导 $CO_2$ 激光器输出的脉冲波形有着一个拖尾，拖尾与激光器工作条件有关，可以适当地予以控制，这为我们利用这一拖尾奠定了基础。

在脉冲相干外差探测中为了确保中频信号始终能处于中频放大器设定的中频中心频率及锁定偏频范围内，不至于偏出这一范围，则要实时监测主振与本振激光器外差频率，即鉴频。当主振与本振激光频率差值偏出这一设定范围时，及时调整本振频率，使之跟随着主振激光频率变化，这一过程称为偏频锁定，这里的一个关键是对主振与本振激光外差信号的实时鉴频。对于输出脉冲 100 ~ 200 ns，中频信号为 60 MHz 的脉冲信号，目前可以采用的鉴频技术，主要是：(1) 对主脉冲进行采样，这时的采样速率至少在 120 MHz 以上，这样做对采样速率要求比较高，技术上实现有相当大的难度；(2) 另一种技术是采用计数器技术，这一技术是将中频信号进行整形变成一个矩形脉冲，在脉宽100 ~ 200 ns 时间内，对 60 MHz 的中频信号，大约有 6 ~ 7 个脉冲，通过在一定采集时间内对这些脉冲的计数，可以得知两激光的差频值，这种方法很简便，但是其精度取决于鉴频的持续时间，持续时间将与鉴频精度成正比，然而在主脉冲持续时间 100 ~ 200 ns 的时间内仅有几个信号，难以提高鉴频精度。于是我们想到了如果是针对拖尾脉冲进行鉴频，拖尾持续时间将是主脉冲持续时间的 10 倍以上，也就是鉴频的脉冲数可以增加一个量级，这样鉴频精度将大大提高。由于拖尾的频率与主脉冲中心频率基本相同，因而对拖尾的鉴频可以视为就是对主脉冲鉴频。

脉冲激光的差频锁定的工作原理如图 3.34 所示，由前放输出的脉冲外差信号经过整形电路整形后，由计数器在一定的取样门宽内计数，受脉冲激光拖尾长度的限制，取样门宽 $\Delta t$ 取 2 $\mu$s，由计算机在设定的门宽内计数，换算成频率并与想要锁定的频率进行比较，再通过 D/A 转换器转变成模拟电压信号，控制压电陶瓷驱动电源，由压电陶瓷的伸缩调节连续激光的输出频率，从而达到频率锁定的目的。为保证激光器长期锁定，程序设计中考虑了频率失锁后的自动搜索功能，使激光器频率失锁后可以重新获得频率锁定。脉冲激光差频锁定的结果如图 3.35 所示，从图 3.35(a) 中可以看出，在激光器频率锁定电路开始工作时，前两分钟处于搜索状态，因此差频变化较大，搜索到接近想要锁定的频率值(60 MHz)时，大约稳定 5 min，开始处于较准确的锁定频率状态，长期频率锁定的精度可以达到 ± 500 kHz(如图 3.35(b) 所示)[45,46]。

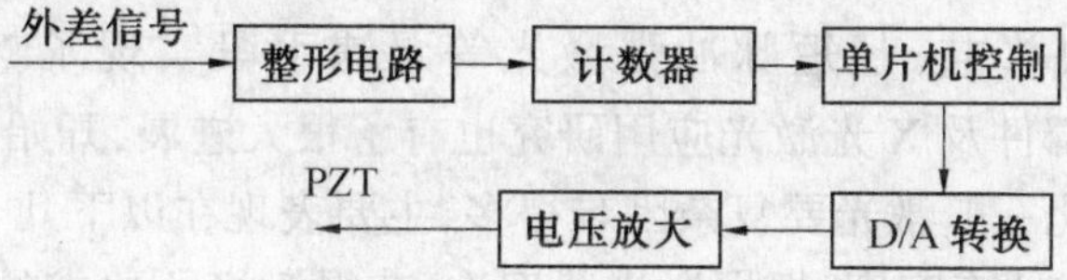


图 3.34　脉冲激光的差频锁定的工作原理

总之，应用六温度模型理论计算的调 $Q$ 脉冲激光波形与实验测得的波形符合很好，包含了脉冲激光拖尾信息。而满足脉冲相干激光雷达要求的激光器需要利用拖尾与连续的本振激光进行外差，通过鉴频实现偏频锁定。因此，以六温度模型为基础的调 $Q$ 脉冲激光理论波形，不仅可以指导激光器设计，还可应用于调 $Q$ 脉冲激光偏频锁定研究，并为相干激光雷达微弱信号检测提供理论依据，这说明应用六温度模型对于 $Q$ 开关 $CO_2$ 激光器动力学过程进行分析具有重要意义。

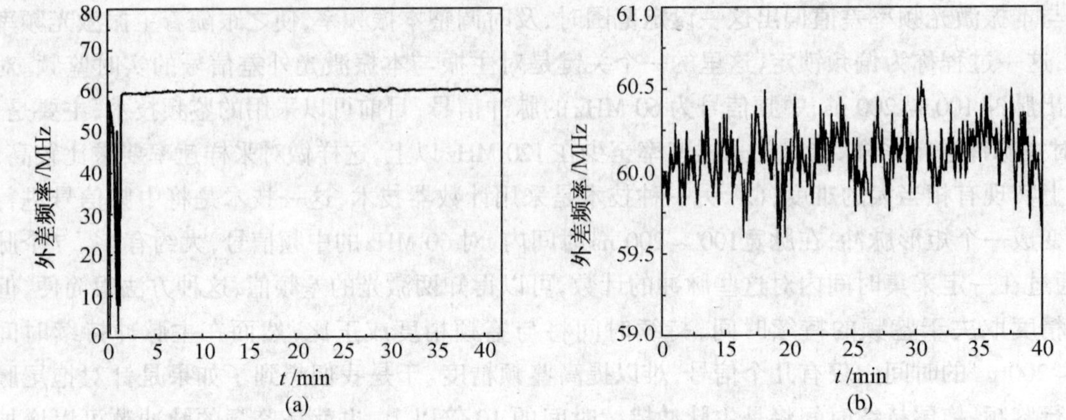


图 3.35　脉冲激光差频锁定的结果

## 3.3　毛细管放电泵浦 X 光激光

X 射线激光是波长位于电磁波谱的 X 射线波段的短波长激光。由于 X 光激光波长短，在 0.01 ~ 10 nm 之间，瞬间亮度高，脉冲持续时间短(小于纳秒)，所以可运用于需要极高的时间和空间分辨的微观快过程研究领域中。在活细胞全息摄影、受控热核反应等离子体状态诊断、短波段激光光谱技术、超大规模集成电路光刻，以及材料科学等领域具有极其重要的应用价值[47 ~ 52]。

自 1984 年国际上第一次获得 X 射线激光以来[53]，国内外在这一领域已经取得了显著的成果。实现了闭合壳层如类氖、类镍等序列离子的电子碰撞激发及高离化度离子如类氢、类锂、类铍、类钠的碰撞复合激发的 X 光放大；获得了从 70 nm 到 3.6 nm 的多个波长激光饱和输出[54 ~ 63]；利用毛细管快放电、超短脉冲强激光等泵浦手段实现了 X 射线激光器的小型化[64 ~ 99]；X 光激光光学部件及 X 光激光应用研究也有了很大进展，开始了一系列应用演示。

X 射线激光的实现比一般激光要复杂困难得多，主要表现在以下几个方面。

(1) 要求极高的泵浦功率密度。根据激光器理论，获得激光所要求的泵浦功率密度与波长的 9/2 次方成反比，即激光波长减小一个量级，泵浦功率密度至少要增大四个量级。从可见光波段(约 500 nm) 到 X 光波段(约 1 nm)，泵浦功率密度几乎提高了 $10^9$ 倍。

(2) 激光上能级的寿命短。X 光激光的跃迁通常源于原子内壳层跃迁，而内壳层能级寿命一般都在 $10^{-10}$ s，因此能量传递速率是一个关键问题。

(3) 量子效率低。从能量转换效率方面来说，产生 X 光激光的量子效率是很低的。例如，以激光等离子体作为工作介质时，泵浦源的大量能量用于剥离原子外壳层电子，因而需要高功率的泵浦激光，以达到极高的泵浦功率。

(4) 无腔运转模式。由于物质对X射线的反射率极低,对于50 nm以下波长没有合适反射率的反射镜片,使得建立X光激光谐振腔和X光激光耦合输出都很困难,所以至今为止大多数成功的软X射线激光输出都采用光线一次穿过增益介质的方式,这就要求增益系数 $g$ 应大于常规激光器100倍以上,以得到增益长度积 $gL = 5$ 所对应的至少150倍光强放大的激光输出。

由于以上的特点,X射线激光的产生对泵浦源要求很高,而且由于X光激光的产生涉及原子内壳层跃迁,导致获得X光激光的动力学过程也十分复杂。

由于软X射线激光的波长范围和对大增益系数的要求,使得所用的增益介质主要是高温、高密度等离子体。高功率激光聚焦照射固体靶一直是产生这种增益介质的主要泵浦手段。利用能量很高的激光脉冲照射到固体靶上产生等离子体,自由电子通过逆韧致辐射吸收激光能量而被加热到足够高的温度,然后通过碰撞电离产生所需的离子。由于需要产生碰撞电离所需的高能电子,使得泵浦激光的脉冲能量很高,一般要达到几百焦耳以至更高,如美国NOVA装置($10^{14}$ W),中国的神光II($(6 \sim 7) \times 10^{12}$ W)等,从而使得泵浦激光器不仅体积庞大而且运行费用昂贵,所以世界范围内只有为数不多的几个实验室可以开展相应的工作。对某些应用领域,迫切需要研制低激发阈的、小型化的、台式的X光激光器。研制短波长、高效率、相干性好、高亮度的,制造和运转费用低的小型、台式(table - top)、脉宽可调、在一定范围内可调谐的、高重复率的X射线激光器是今后的努力方向之一。因而开展动力学过程研究,试图获得台式X光激光装置也就成为努力方向之一。近几年,超短脉冲强激光泵浦和毛细管放电泵浦的台式X光激光的研究取得了一系列的突出成果,为X射线激光研究工作开拓了一片新领域。

### 3.3.1 毛细管放电Z箍缩效应

毛细管放电最初是被用来作为研究X射线光谱,X射线光刻和X射线显微术的X射线源。1988年美国Colorode大学电子工程系的Rocca教授提出利用毛细管快放电产生的轴向均匀等离子体柱作为增益介质,直接产生软X光激光的实验方案[72],引起了各国科研人员的极大兴趣。

毛细管放电是指直径为毫米量级,长度为几厘米至几十厘米的绝缘管两端加上快脉冲高电压,首先在管壁发生沿面闪络,然后导致毛细管中形成等离子体放电通道,并产生Z箍缩效应,最终形成积聚于毛细管中心的,轴向均匀的高温高密度等离子体区,其中的电子碰撞过程或三体复合过程形成相应能级的粒子数反转和受激发射。毛细管放电泵浦X射线激光具有以下特点:(1) 由于特有的几何结构,在适当的预脉冲作用下,快放电产生的细长等离子体具有比较好的稳定性和对称性,能够获得很长的增益区。(2) 通过毛细管放电,把电脉冲能量直接耦合到非常细的等离子体柱内,比激光泵浦的能量转换效率至少要高两个数量级。(3) 装置尺寸小,价格低,运转费用、复杂程度远远低于现在所用的大型、高功率激光器和装置,易于实现和操作。近几年,国外有关毛细管快放电激励X光激光的研究取得了一系列的突出成果,国际上1994年在毛细管放电电子碰撞机制上获类氖氩46.9 nm的激光输出,随后一年前进一大步,

1998年达到输出能量20 μJ,1999年已达到0.8 mJ,并利用该激光器开展了等离子体诊断、纳米级刻线刻蚀、X射线反射膜的损伤机理等应用研究,获得了很好的结果[100~106]。

### 3.3.1.1 Z箍缩效应

在热核聚变和其他应用中,等离子体被通过它的电流产生的自磁场所约束是很有用的一个效应。流过等离子体的强电流和电流本身产生的磁场之间的相互作用,能引起等离子体沿径向箍缩,这种效应称为箍缩效应。轴向Z箍缩放电能从储能装置耦合出较高的功率密度,因此由轴向电流形成的等离子体能达到高温、高密度和高电离阶。等离子体的几何形状一般长度以厘米计,直径以毫米计,所用电压和工作电流在兆伏和兆安范围。表3.6中是一些著名实验室的Z箍缩装置及其参数[78]。

这些大型的Z箍缩装置主要用于产生高温、高密度等离子体和超强的X光,可用于超大规模集成电路的X射线光刻、X射线显微术、X射线激光以及高温高密度等离子体的研究。在X光激光领域,作为激光产生等离子体的一种替代物,Z箍缩也曾用于X光激光的研究,例如,美国PI公司的Pithon装置曾用于演示类氖$Kr^{26+}$在140 ~ 190Å波长范围的激射的研究,但实验最终未能获得放大的证据。这一实验结果说明,采用Z箍缩等离子体将遇到固有的轴向不均匀性和由不稳定性引起的放电扭曲,不利于形成激光放大输出。

**表3.6 部分大型Z箍缩装置简介**

| | 装　置 | 功率/TW | 电流峰值/MA | X射线产额/kJ |
|---|---|---|---|---|
| Sandia实验室 | ProtoⅡ | 3 | 3 | 2.3 |
| Maxwell实验室 | Blackjack-5 | 10 | 4.6 | 50 |
| PI公司 | Double Eagle | 8 | 3 | 15 |
| PI公司 | Pithon | 7 | 3.5 | — |
| Sandia实验室 | Saturn | 25 | 10 | 500 |

### 3.3.1.2 毛细管放电Z箍缩

毛细管放电通过预、主两个脉冲作用,实现了均匀稳定的Z箍缩,原理见图3.36。毛细管内预电离等离子体(+1,+2价)在外加强电场作用下,其中会流过大电流,此时柱内外就会产生磁力线环绕自身电流的径向磁场,这个磁场和电流相互作用产生的洛伦兹力总是指向中心轴,因而等离子体中电子向内箍缩,在箍缩过程中等离子体的密度和温度增加,其动力压强也增加,抵抗等离子体柱的收缩,当动力压强和磁压强之间达到平衡时,柱半径不再随时间改变,这时是平衡箍缩。只要磁压强大于动力压强,柱半径就将随时间变化。从能量转换的角度来看,毛细管放电Z箍缩即是在毛细管中通过快脉冲、大电流,放电电流通过已经预电离的低温等离子

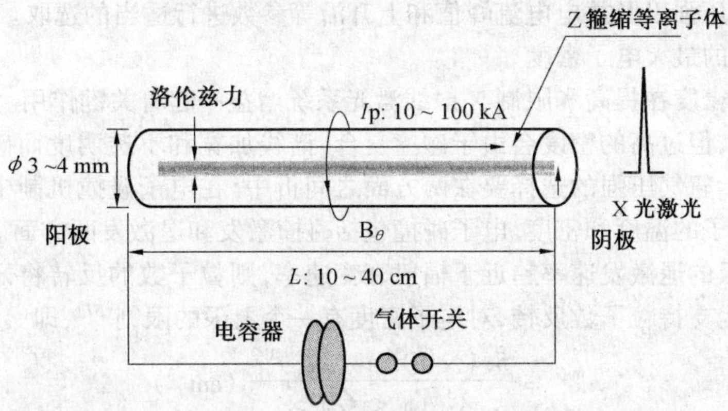


图 3.36 毛细管放电 Z 箍缩效应

体并以导数 $dI/dt = U_0/L$ 的形式迅速上升。$U_0$ 是加在电容器上的初始电压，电感 $L = L_{con} + L_p$，其中 $L_{con}$ 为电路的电感，$L_p$ 为与时间相关的等离子体柱的电感，它与毛细管长度、半径及等离子体柱的长度、半径有关。电流流经等离子体柱产生磁压 $p_m = B^2/8\pi$，同时由于焦耳热加热等离子体，使其温度开始上升，这样就产生热压 $p = n_i kT_i + n_e kT_e$。这以后等离子体的行为取决于热压和磁压的竞争。如果在放电的某个时刻磁压在管壁附近的最大值超过热压，这时等离子体将从管壁脱开，就像 Z 箍缩放电一样变成磁约束的，其行为类似于 Z 箍缩动力学模型。随着电流上升的磁压，促使等离子体朝向毛细管轴心运动，产生一个会聚的等离子体壳层。在会聚过程中磁能转换为等离子体的动能和电子的热能，因此等离子体的电子温度迅速增加，形成高温等离子体柱，这时就有可能成为 X 射线激光介质。这种箍缩的速度与初始等离子体的密度、初始半径及电流峰值、上升时间有关。如果等离子体箍缩过程比较快，离子温度会保持较低，而电子温度相当高，这对电子碰撞激发机制来说，是很理想的状态：高的电子温度，低的离子温度。此外，在会聚的壳层内作为放大介质的离子以高速沿径向运动，而轴向速度却很低，这就很容易导致激光下能级退占据，避开共振线再吸收的捕获效应。

当激波到达中心时，就发生向外反射，然后可能振荡几次，箍缩停滞。在停滞阶段，离子温度升高，增益下降，在停滞阶段后，等离子体过电离增益消失。

### 3.3.1.3 毛细管放电产生软 X 射线激光放电条件计算

在毛细管放电泵浦 X 光激光方案中，要想得到粒子数反转和较高的激光增益和放大，其必要条件是在毛细管中产生稳定和均匀的等离子体柱，同时必须在压缩的等离子体柱中达到适当的等离子体条件，即要有一定长度、一定持续时间的均匀等离子体区，均匀区内要满足一定的电子温度、离子温度、电子密度和特种离子的丰度条件。如在类氖氩 46.9 nm X 光激光产生过程中，等离子体中要有高丰度的 $Ar^{8+}$ 离子，此时等离子体参数应为电子密度约 $10^{19}/cm^3$ 量级，电子温度约 60 eV。毛细管放电 Z 箍缩过程要产生这样的等离子体状态，需要对毛细管的材料、尺寸、所充气体压强以及放电电流峰值和上升沿等参数进行适当的选取。

1. 高增益所需的最大电子密度

等离子体粒子密度在提高和限制 X 射线激光系统增益中起着关键作用。无腔 ASE 运转需要尽可能高的密度,但过高的密度会由于碰撞复合、谱线加宽和不透明度而破坏粒子数反转,增益下降,所以初始氩气压强的选择要在两方面之间折中。在电子碰撞机制中,单位时间内的碰撞次数依赖于电子的温度和密度。电子碰撞包括碰撞激发和退激发两方面。随电子密度的不断增加,激光上能级的退激发速率趋近于辐射衰变速率,则粒子数的反转将开始遭到破坏。这样在等离子体内,为支持粒子数反转,对电子密度有一个上限的限制[57],即

$$n_e^{\max} = \frac{5.1 \times 10^{24} A_{lo}(kT_e)^{1/2}}{\lambda_{ul}^3 A_{ul} < G_{ul} >}\ (\mathrm{cm}^{-3}) \tag{3.116}$$

其中 $G_{ul}$ 是矫正因子,取值在 0.1 ~ 1 之间。$kT_e$ 为 60 ~ 80 eV,此时类氖氩离子具有较高的丰度,由原子参数可取 $A_{lo} \approx 1.7 \times 10^{11}/\mathrm{s}$,$A_{ul} \approx 1.0 \times 10^{10}/\mathrm{s}$,得最大电子密度 $n_e^{\max} \approx 1.9 \times 10^{19}\ \mathrm{cm}^{-3}$,取最佳电子密度 $(n_e^{\max})_{\mathrm{opt}} = n_e^{\max}/2 \approx 1 \times 10^{19}\ \mathrm{cm}^{-3}$。在毛细管放电实验中,可以近似认为等离子体柱在坍塌时达到平衡,假设此时等离子体中绝大部分氩离子为 +8 价的类氖离子,即有 $n_e = 8n_p = 8n$,$T_e = T_p = T$,箍缩后的等离子体柱的最小半径 $r_p$ 为 200 ~ 250 μm 左右,箍缩前毛细管半径为 2 mm,可得出箍缩前氩原子的粒子数密度为 $n_0 \approx (1.25 \sim 2.25) \times 10^{16}\ \mathrm{cm}^{-3}$,由气体状态方程,毛细管内初始氩气的压强应为 50 ~ 93 Pa。

2. 放电条件的计算

当等离子体被横向压缩时,其动力压强增加以抵抗等离子体柱的收缩。当动力压强和磁压强之间达到平衡时,柱半径不再随时间变化,这种状态叫做平衡箍缩。

为了简化,假设电流密度、磁场和等离子体动力压强只依赖于距柱轴的距离 $r$,即 $J_Z = J(r)$,$B_\theta = B(r)$,$p = p(r)$,在平衡箍缩时,所有参量都不随时间改变,由于系统是圆柱对称的,只考虑 $\nabla p = \boldsymbol{J} \times \boldsymbol{B}$ 的径向分量

$$\frac{\mathrm{d}p(r)}{\mathrm{d}r} = -J_Z(r)B_\theta(r) \tag{3.117}$$

由方程 $\nabla \times \boldsymbol{B} = \mu_0 \boldsymbol{J}$,其中 $\boldsymbol{B}$ 只有 $B_\theta$ 分量,且只随 $r$ 变化,可得

$$J_Z = \frac{1}{\mu_0 r}\frac{\mathrm{d}}{\mathrm{d}r}(rB_\theta) \tag{3.118}$$

因此有

$$\frac{\mathrm{d}p(r)}{\mathrm{d}r} = -\frac{1}{\mu_0 r}B_\theta(r)\frac{\mathrm{d}}{\mathrm{d}r}(rB_\theta) \tag{3.119}$$

上式两端同时乘以 $r^2$ 并对 $r$ 积分得

$$\int_0^R r^2 \frac{\mathrm{d}p}{\mathrm{d}r}\mathrm{d}r = -\frac{1}{\mu_0}\int_0^R rB_\theta \mathrm{d}r \frac{\mathrm{d}}{\mathrm{d}r}(rB_\theta) \tag{3.120}$$

这里 $R$ 是等离子体柱的初始半径。假设在 $r = R$ 处动力压强为零,则上式变为

$$\int_0^R rp\,\mathrm{d}r = \frac{1}{2\mu_0}R^2[B_\theta(R)]^2 \tag{3.121}$$

这个方程对于电子 - 质子等离子体的简单情况可以变为特别方便的形式。设 $n_e = n_p = n$,$T_e = T_p = T$,则有 $p = 2nkT$。由以上各式可得贝奈特关系,即

$$I^2 = \frac{8p\pi^2 r^2}{\mu_0} = \frac{8\pi^2 r^2}{\mu_0}(n_e + n_i)kT_e \tag{3.122}$$

贝奈特关系给出了在平衡状态下联系等离子体平均温度、粒子数、总电流和柱半径的关系,可以用来估算对于给定单位长度粒子数和温度,约束等离子体柱所需的放电电流等数值。如取 $r_p = 200\ \mu\text{m}$,电子温度 60 eV,由贝奈特公式算得所需的能够约束等离子体的电流 $I$ 约为 39 kA。可见,为了约束高温等离子体,需要很大电流。如果电流上升得快,能够使等离子体与管壁快速分离,减少管壁烧蚀量。产生类氖氩软 X 射线激光要求 $\mathrm{d}I/\mathrm{d}t \approx 10^{12}\ \text{As}^{-1}$,所以放电电流的半周期应小于 78 ns。文献[70]中,峰值电流为 39 kA,放电电流的半周期为 60 ns,与计算结果吻合。表 3.7 中列出了激励类氖氩和类氖氪 X 射线激光的等离子体参数和相应的放电条件。可以看出,在一定的电流峰值和初始气体压强范围内都可获得 X 射线,但要得到激光增益和放大,电流脉冲、等离子体内电子和离子的温度、密度、类氖离子丰度等要很好地匹配,才能形成粒子数反转。

**表 3.7 毛细管放电 X 射线激光的放电参数(毛细管半径为 2 mm)**

| | 波长 /nm | 等离子体半径 /μm | 电子密度 /cm$^{-3}$ | 电子温度 /eV | 初始气体压强 /Pa | 电流峰值 /kA |
|---|---|---|---|---|---|---|
| Ne - like Ar | 40 ~ 70 | 150 ~ 250 | $(0.5 \sim 2) \times 10^{19}$ | 60 ~ 90 | 30 ~ 93 | 10 ~ 54 |
| Ne - like Kr | 17 ~ 30 | 50 ~ 100 | $(2 \sim 5) \times 10^{20}$ | 500 ~ 700 | 260 ~ 1 000 | 80 ~ 140 |

### 3.3.1.4 动力箍缩的雪耙模型

在放电的早期阶段动力压强远小于磁压强,因而等离子体柱被箍缩,这是个动力学过程。实践证明,雪耙模型是描述这个过程的一个较好的模型。

假设完全电离的等离子体充满半径为 $a$、长为 $L$ 的中空圆柱形导体壳,见图 3.37。当壳两端加上外加电压 $V$ 时,就有电流 $I$ 流过等离子体。假设等离子体的电导率为无限大,则电流只在柱表面流过,形成一层很薄的电流壳层(由于趋肤效应)。壳层的厚度远小于柱半径,此电流在壳层外面产生磁场 $B_\theta$,壳电流与自身形成的角向磁场相互作用,产生的磁压强远大于等离子体的动力压强,于是电流壳层向中心收缩。雪耙模型的基本思想是:在电流壳层向中心箍缩过程中,电流壳层像活塞或推雪机一样将所遇到的等离子体堆积在壳层内,并和壳层一起以同样的速度向内运动。这里根据雪耙模型的思想做一些近似计算。

设 $t$ 时刻等离子体半径为 $r(t)$,在半径 $r$ 处电流所建立起来的方位角磁感应强度 $B_\theta$ 为

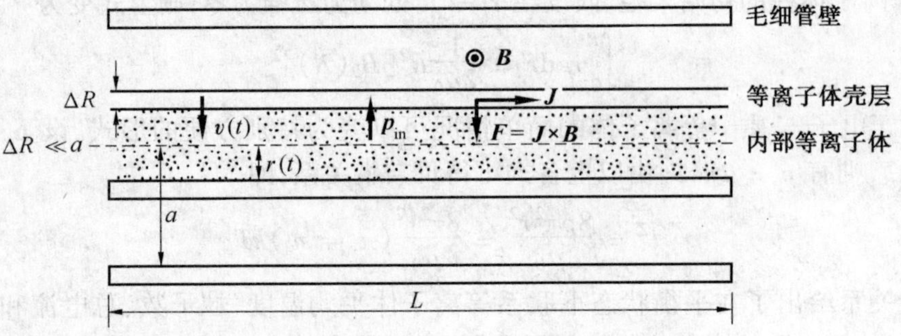


图 3.37　柱形导体壳内等离子体柱箍缩原理

$$B_\theta(r) = \frac{\mu_0 I(t)}{2\pi r} \tag{3.123}$$

$I(t)$ 是 $t$ 时刻在电流壳层里的总电流，对于 $t = 0$，取 $r = a$。由这个磁感应强度所产生的磁压强 $p_{\mathrm{m}}(r)$ 为

$$p_{\mathrm{m}}(r) = \frac{B_\theta^2(r)}{2\mu_0} = \frac{\mu_0 I^2(t)}{8\pi^2 r^2} \tag{3.124}$$

$p_{\mathrm{m}}$ 作用在电流壳层上，而作用在单位长度上的电流壳层上向内的力为

$$F(r) = 2\pi \cdot r p_{\mathrm{m}}(r) = \frac{\mu_0 I^2(t)}{4\pi \cdot r} \tag{3.125}$$

设 $\rho_0$ 为等离子体初始质量密度，则在 $t$ 时刻被单位长度的电流壳层所携带的质量为 $M(r) = \pi(a^2 - r^2)\rho_0$，由牛顿第二定律和式(3.125)可得

$$\frac{\mathrm{d}}{\mathrm{d}t}\left[\pi \cdot \rho_0 (a^2 - r^2)\frac{\mathrm{d}r}{\mathrm{d}t}\right] = -\frac{\mu_0 I^2(t)}{4\pi \cdot r} \tag{3.126}$$

如果箍缩电流 $I(t)$ 随时间的函数关系已知或测得 $I(t)$ 曲线，则由式(3.126)可求出不同时刻 $t$ 的收缩半径 $r(t)$，即求出电流壳层的运动。

由于在毛细管实验中，电流波形接近于正弦波形，所以下面考虑这一特殊情况。此时，箍缩电流随时间的变化为

$$I(t) = I_0 \sin \omega \cdot t \approx I_0 \omega \cdot t \tag{3.127}$$

将式(3.127)代入式(3.126)，并在等式两端同除以 $\pi\rho_0 a^2$，可得

$$\frac{\mathrm{d}}{\mathrm{d}t}\left[\left(1 - \frac{r^2}{a^2}\right)\frac{\mathrm{d}r}{\mathrm{d}t}\right] = -\frac{\mu_0 I_0^2 \omega^2}{4\pi^2 \rho_0 a^2 \cdot r} t^2 \tag{3.128}$$

引入无量纲的归一化半径 $x$，设 $x = \dfrac{r}{a}$，则上式变为

$$\frac{\mathrm{d}}{\mathrm{d}t}\left[(1 - x^2)\frac{\mathrm{d}x}{\mathrm{d}t}\right] = -\frac{\mu_0 I_0^2 \omega^2}{4\pi^2 \rho_0 a^4} \cdot \frac{t^2}{x}$$

引入归一化时间 $\tau$，设 $\tau = A \cdot t$，其中 $A$ 为待定系数，则上式变为

$$A^4 \cdot \frac{\mathrm{d}}{\mathrm{d}t}\left[(1-x^2)\frac{\mathrm{d}x}{\mathrm{d}\tau}\right] = -\frac{\mu_0 I_0^2 \omega^2}{4\pi^2 \rho_0 a^4} \cdot \frac{\tau^2}{x}$$

可求得 $A = \left(\frac{\mu_0 I_0^2 \omega^2}{4\pi^2 \rho_0 a^4}\right)^{\frac{1}{4}}$，即归一化时间 $\tau = \left(\frac{\mu_0 I_0^2 \omega^2}{4\pi^2 \rho_0 a^4}\right)^{\frac{1}{4}} \cdot t$。

经过上述数学处理以后，式(3.128) 变为

$$\frac{\mathrm{d}}{\mathrm{d}t}\left[(1-x^2)\frac{\mathrm{d}x}{\mathrm{d}t}\right] = -\frac{\tau^2}{x} \tag{3.129}$$

利用初始条件 $x(0) = 1, \left(\frac{\mathrm{d}x}{\mathrm{d}t}\right)_0 = 0$，可对方程(3.129) 进行数值积分，得到的结果见图 3.38。从图中可以看出，在 $\tau = 1.5$ 时收缩半径为零，因此箍缩时间为

$$t_c = 1.5\left(\frac{4\pi^2 \rho_0 a^4}{\mu_0 I_0^2 \omega^2}\right)^{1/4} \tag{3.130}$$

代入毛细管放电实验的各项参数[70]：$a = 2$ mm，$I_0 = 39$ kA，$\omega = 5.23 \times 10^7$/s，$\rho_0 = 1.37 \times 10^{-6}$ g/cm³，可得 $t_c \approx 33.4$ ns。显然，以上的计算是忽略了等离子体的动力压强的结果，因此只对电流开始流动的很短一段时间才正确。

如考虑等离子体动力压强的作用(对于箍缩过程，可认为服从绝热关系 $pV^{5/3}$ = 常数)，那么利用雪耙模型建立的电流壳层的运动方程就包括一个压强项，即

$$\frac{\mathrm{d}}{\mathrm{d}\tau}\left[(1-x^2)\frac{\mathrm{d}x}{\mathrm{d}\tau}\right] = -\frac{\tau^2}{x} + \alpha \cdot x^{-7/3} \tag{3.131}$$

其中，$\alpha = 2P_0 \frac{t^2}{\tau^2 a^2 \rho_0}$，是一个无量纲的常数[90]，表示壳层外面初始压强的大小。关于 $\alpha$ 及式(3.131) 的来源可参见文献[90]。这个方程的初始条件是：当 $\tau = \sqrt{\alpha}$ 时 $x = 1$ 和 $\frac{\mathrm{d}x}{\mathrm{d}\tau} = 0$。代入毛细管放电参数，可求得 $\alpha = 2.02 \times 10^{-5}$，计算后得到的图形(图 3.38 中虚线) 与 $\alpha = 0$ 曲线(图 3.38 中实线) 几乎完全重合。由此，可说明 $\alpha = 0$ 时所预言的箍缩时间并不因为等离子体动力压强的出现而发生很大变化。实验表明，等离子体柱只能箍缩到某一个极小半径，此时由于内部动力压强的增大以及外部电流的减小，等离子体柱开始膨胀，半径逐渐增大。因此，由上面的结果可以判断，箍缩达到最小半径发生在 $1.5\tau \sim 2\tau$，即 30 ~ 40 ns 之间，这与文献[70] 中给出的 39 ns 比较吻合。

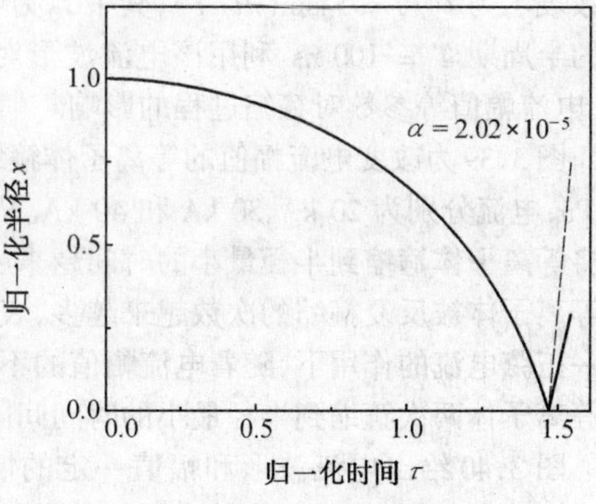


图 3.38　等离子体箍缩半径的变化

### 3.3.1.5 等离子体的多次箍缩过程

上面对雪耙模型进行了介绍,并引入归一化的半径和时间对该模型进行了计算,并且在计算中假设电流波形为正弦函数。在对实验进行理论模拟时,往往不能用解析的表达式给出准确的电流波形,因此不能做上述的归一化处理,也无法利用解析的方法进行计算。此时需要编制程序直接对式(3.126)进行数值计算。如果同时考虑磁压强和动力压强的作用,则式(3.126)变为[107]

$$\frac{\mathrm{d}}{\mathrm{d}t}\left[\pi\rho_0(a^2-r^2)\frac{\mathrm{d}r}{\mathrm{d}t}\right]=-\frac{\mu_0 I^2}{4\pi r}+2\pi r p_{\mathrm{in}} \tag{3.132}$$

其中 $p_{\mathrm{in}}$ 是等离子体柱内的压强。为了用四阶龙格 - 库塔法对上述二阶微分方程进行计算,需要将二阶微分方程改写成两个常微分方程组成的方程组形式,即

$$\frac{\mathrm{d}r_1}{\mathrm{d}t}=-\frac{\mu_0 I^2}{4\pi r}+2\pi r p_{\mathrm{in}} \tag{3.133}$$

$$\frac{\mathrm{d}r}{\mathrm{d}t}=\frac{r_1}{\pi\rho_0(a^2-r^2)} \tag{3.134}$$

一般情况下,$I$ 可以写成随时间变化的正弦函数。但对于具体实验中的电流波形,有时很难用准确的解析表达式给出,此时采用数字存储示波器测量的电流波形数据,对方程进行计算。任意时刻的电流幅值,可以根据已有的数据点进行 Lagrange 插值获得。

1. 多次箍缩过程的理论模拟

为了对一般的箍缩过程进行讨论,首先给出电流波形为正弦函数时的计算结果,此时电流函数表示为 $I(t)=I_0\sin(\pi t/T)$,其中 $I_0$ 为电流幅值,$T$ 为电流波形的半周期,这里假设电流波形的半周期 $T=100$ ns。利用该电流波形对式(3.133)和式(3.134)进行数值计算,并讨论气压、电流幅值等参数对箍缩过程的影响。

图3.39为改变电流幅值的等离子体箍缩过程的计算结果,此时选择毛细管内Ar气压强为30 Pa,电流分别为20 kA、30 kA 和 40 kA。从图中可以看出,随着流过毛细管电流的增大,第一次将等离子体箍缩到半径最小的时间越来越短。随着流过毛细管电流的增大,在相同时间间隔内等离子体被反复箍缩的次数越来越多,表明电流越大,对等离子体箍缩的能力越强。此外,在同一正弦电流的作用下,随着电流幅值的不断上升,它对等离子体的箍缩越来越剧烈,这体现在等离子体两次箍缩到半径最小的时间间隔表现出越来越短的趋势。

图 3.40 给出电流波形和幅值一定的情况下,改变毛细管中初始气压的计算结果。由图3.40可见,随着气压的提高等离子体箍缩越来越困难,其Z箍缩过程的特点类似于上面分析的小电流下Z箍缩过程。具体地讲,随着毛细管内气压增大,第一次将等离子体箍缩到半径最小的时间越来越长,在峰值为25 kA的电流作用下,毛细管内气压为20 Pa、50 Pa和80 Pa时,第一次将等离子体箍缩到半径最小所用时间分别为25.9 ns,33.0 ns和37.6 ns。另外,随着毛细管内Ar气压增大,Ar气将越来越难以箍缩,在相同时间内,等离子体被反复箍缩的次数越来越少。

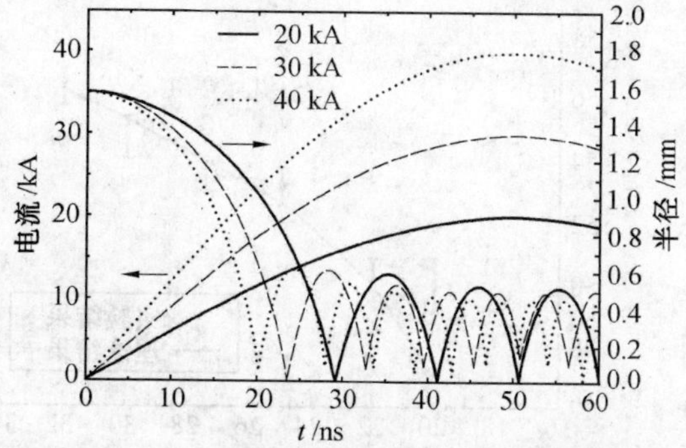


图 3.39　毛细管内气压 30 Pa 时，不同峰值的电流作用下等离子体箍缩半径的变化

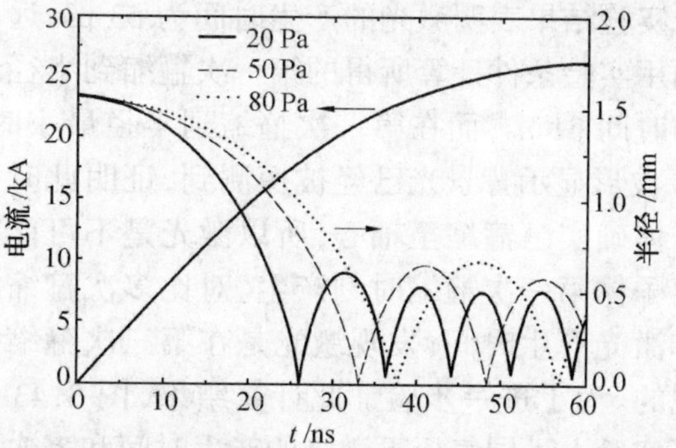


图 3.40　电流幅值为 25 kA 时，不同气压下等离子体箍缩半径的变化

2.理论计算结果与实验结果的比较

对于 15 cm 长毛细管，我们在毛细管内 Ar 气压为 20 ~ 30 Pa 的条件下获得了激光输出，经测量，出光时间在 40 ns 以上。由前面的数值模拟可知，在电流峰值 20 kA 左右的条件下，这一出光时刻不可能是等离子体第一次箍缩到半径最小，而是在激光产生以前，等离子体经过了多次箍缩过程。

实验中，我们在毛细管内 Ar 气压约 20 Pa 左右，电流幅值约 20 kA 的条件下获得了激光输出。所以理论上选择初始气压为 20 Pa，对 10 kA 到 40 kA 不同电流时第一次、第二次和第三次箍缩到最小半径时间进行了计算，计算结果如图 3.41 所示。此外也研究了气压变化对第一次、第二次和第三次箍缩到最小半径时间的影响，如图 3.42 所示。此时电流幅值为 20 kA，气压的变化范围为 10 ~ 90 Pa。从图 3.41 中可以看到，气压不变情况下，电流峰值越大则箍缩时间越短，其中第三次箍缩时间随电流的变化明显是非线性的。图 3.42 表明，相同电流下，等离子体箍缩随着初始气压的增加越来越困难。因此，初始的气压和电流参数的准确配合对于激光的产生十分重要，原则上讲，在初始气压不变的情况下，可能存在一个最佳的电流幅值使等离子体达到产生激光的条件，反之在电流不变时，则可能存在一个最佳气压值。

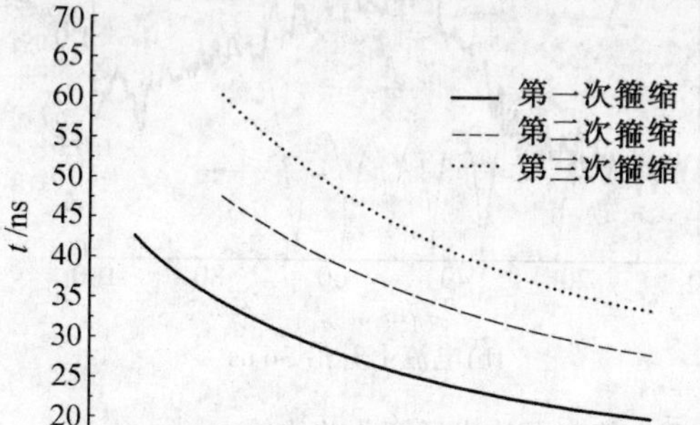


图 3.41　气压为 20 Pa 时，第一、二、三次箍缩时间随电流峰值的变化

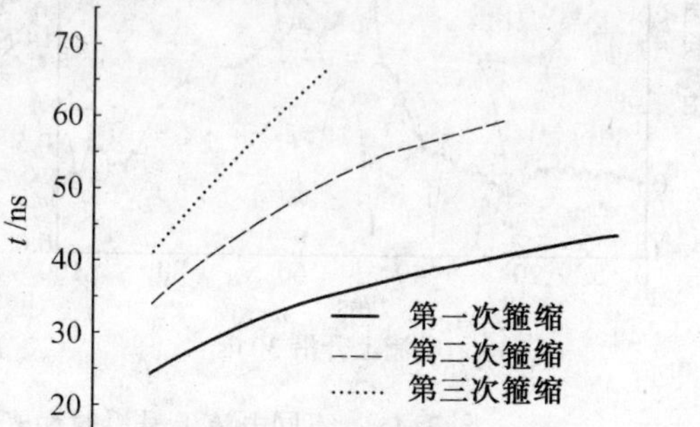


图 3.42　电流幅值为 20 kA 时，第一、第二和第三次箍缩时间随气压的变化

实验结果表明激光的产生时间为 53 ns,远大于利用实验条件计算所得的第一次箍缩到半径最小的时间 31 ns,而在第一次箍缩到半径最小时,XRD 波形显示背景光已经被探测到,证明此时等离子体确实已箍缩至轴心,所以激光是不可能在等离子体第一次箍缩时刻产生。对比多次箍缩结果和激光产生时间,发现激光是在第三次箍缩时出现的。为了进一步验证此计算结果,图 3.43 给出了实验上不同气压下激光的产生时间和多次箍缩模拟的第三次箍缩时间的对比,我们看到在 22 Pa到32 Pa之间吻合得很好,证明在低气压时激光产生于第三次箍缩到等离子体半径最小的时刻。

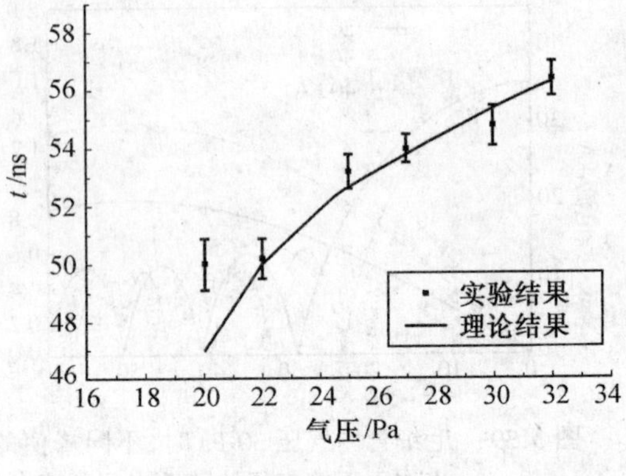


图 3.43　第三次箍缩时刻随气压变化的模拟计算结果与实验数据比较

文献[107] 中给出的实验结果表明,当电流上升沿减小时,激光的产生时间并没有减小反而稍有增加。图 3.44 给出了利用雪耙模型计算结果与激光产生时间的比较。理论计算表明,当主脉冲电流上升沿较快时,电流的快速变化导致其产生的自磁场对等离子体的箍缩剧烈。此时由于剧烈的箍缩,磁能来不及有效地转换成等离子体的动能,因此在等离子体半径被第一次箍缩到最小值时,电子温度不能达到产生激光的要求,需要对电子进一步加热。为了将磁能有效地转化成动能,在激光输出之前等离子体可能经过了多次箍缩,这使得电子有充分的时间被加热以达到产生激光的要求。产生激光之前等离子体经历了多次箍缩过程,这是导致电流上升沿变快时产生激光的时刻并没有提前的原因。

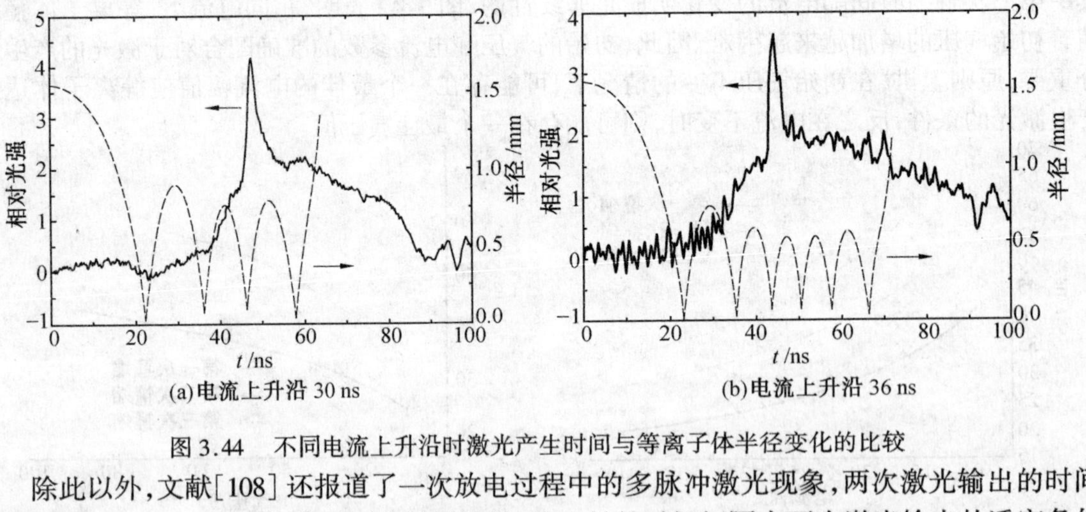


图 3.44　不同电流上升沿时激光产生时间与等离子体半径变化的比较

除此以外,文献[108] 还报道了一次放电过程中的多脉冲激光现象,两次激光输出的时间间隔为 10 ~ 20 ns,按照箍缩过程的计算结果,这么长的时间间隔内两次激光输出的适宜条件不可能出现于一次箍缩的过程中,所以一次箍缩模型很难解释这个实验现象。而用多次箍缩理论便很容易解释,即两次激光输出发生于两次不同的箍缩过程中,两次箍缩过程分别达到了激光输出的密度、温度条件。以上的分析表明多次箍缩的理论能够很好地解释激光产生时间和多脉冲激光的实验现象,对等离子体整个的箍缩过程是一种很好的理论描述。

### 3.3.2 毛细管放电泵浦软 X 射线激光实验装置

自 1988 年 Rocca 提出毛细管放电获得软 X 射线激光的方案后,国际上许多实验室纷纷加入到毛细管放电软 X 射线激光的研究中,包括德国伯洪姆的鲁尔大学 Kunze 小组、韩国 Pohang 科学大学 Lee 小组、法国的 Kukhlevsky 小组、以色列 Amit Ben - Kish 以及日本东京大学 Hotta 等十几个小组[84~97]。Kunze 和 Lee 小组早先采用的都是真空毛细管放电三体复合机制,未获得很好的结果,近几年这两个小组转向毛细管放电碰撞机制的研究,但还未见报道获得激光输出[84,85]。法国 R. Dussart 小组一直进行的是真空毛细管放电类氢碳软 X 射线激光的研究[86]。以色列工业大学的 Amit Ben - Kish 小组在毛细管放电类氖氩 46.9 nm 激光理论和实验研究方面做了大量的物理工作,细致分析了预脉冲对毛细管放电管壁烧蚀和激光输出的影响,该小组于 2000 年获得毛细管放电类氖氩 46.9 nm 激光输出[87~89]。随后在 2001 年和 2002 年,日本东京工业大学的 Hotta 小组[91,92] 和意大利 L' Aquila 大学的 Tomassetti 小组[93~96] 相继获得了毛细管放电 46.9 nm 激光输出,表 3.8 给出了几个小组获得激光输出时的放电参数对比。

**表 3.8 几个小组的激光实验放电参数对比**

| 小组 | 时间 | 毛细管材料<br>长度/mm × 内径/mm | 预脉冲峰<br>值/A · 时间/μs | 主脉冲峰值<br>/kA · 半周期/ns | Ar 气压强<br>/mTorr | 增益系数<br>/cm$^{-1}$ | 输出能量<br>/μJ |
|---|---|---|---|---|---|---|---|
| Rocca | 1994 | 聚乙醛 120 × 4 | 10 A · 约几毫秒 | 40 · 70 | 700 | 0.6 | 6 |
| Rocca | 1999 | 陶瓷 345 × 3.2 | — | 26 · 110 | 460 | — | 800 |
| 以色列 | 2000 | 陶瓷 165 × 5 | 50 · 10 | 50 · 102 | 600 | 0.75 | |
| 日本 | 2001 | 陶瓷 150 × 3 | (20 ~ 40) · 2 | 30 · 110 | 400 | 0.8 | 30 |
| 意大利 | 2002 | 陶瓷 150 × 3 | 20 · 5 | 33 · 140 | 450 | 0.6 | 10 |
| 中国 | 2004 | 陶瓷 150 × 3 | 20 · 5 | 28 · 80 | 200 | 0.48 | 3 |

从国外的报道来看,预脉冲是产生均匀等离子体柱的关键。以色列的实验表明,在适当的预脉冲(几十安培,主脉冲前几 ~ 几十微秒) 作用下,可产生长且稳定均匀等离子体柱,而不适当的预脉冲,过高( > 200 A) 或没有预脉冲,产生的等离子体均匀性差,可能连激光谱线都观察不到。而主脉冲要求有较快的上升沿( ~ 几十纳秒) 和高的峰值(几十至几百千安)。快前沿使等离子体与管壁快速分离,有效减少了管壁烧熔量,提高能量转换效率;高峰值电流脉冲可以产生高电离度的离子。采用陶瓷毛细管时,因为管壁烧蚀量减少,相应地降低了对脉冲前沿

的要求。目前已见报道的采用最长毛细管的是 Tomassetti 小组，毛细管长度达到 45 cm，获得的激光能量 300 μJ，该小组采用的主脉冲上升沿也最长，虽然电流密度 $dI/dt = 0.6 \times 10^{12}$ A/s 的值略低于理论计算的产生激光放大所必需的 $10^{12}$ A/s，但仍获得了较高的输出能量，而且实验结果显示，较长的电流上升沿，获得激光输出的稳定性非常好。日本东京工业大学的一组实验数据显示，仅在 9 kA 电流峰值放电的条件下，在较低的气压范围（100 ~ 200 mTorr）也可获得 46.9 nm 激光输出，该实验结果表明毛细管放电软 X 射线激光器可以低阈值激发，装置有进一步小型化的可能性。

通过前面的理论计算和一些小组的实验分析，可以看出毛细管放电产生类氖氩 46.9 nm X 射线激光，其实验装置要满足如下的条件：毛细管放电主电流幅值 20 ~ 40 kA，半周期 80 ~ 100 ns 左右，其轮廓近似正弦波形。快前沿使等离子体与管壁快速分离，有效减少管壁烧熔量，提高能量转换效率；而高峰值电流脉冲有助于产生高电离度的离子。此外，为在毛细管内获得均匀箍缩的等离子体柱，在主脉冲之前实验装置还需要提供一个预脉冲，使氩气被均匀地预电离成 + 1、+ 2 价离子。预脉冲电流幅值为几十安培，持续时间几十微秒，预脉冲与主脉冲之间的延迟时间在一定范围内可调。还要选择适当的边界条件，如毛细管的管壁材料选择氧化铝或塑料，毛细管长度应能在几到几十厘米之间方便地调节以满足增益实验的需要，直径应为毫米量级以降低轴向等离子体的不稳定性等。

这里将以哈尔滨工业大学光电子技术研究所的毛细管放电 X 光激光装置为例，介绍实验装置的设计、建立，以及类氖氩 46.9 nm X 光激光的动力学过程讨论所获得激光的特性。

#### 3.3.2.1 毛细管阻抗特性的计算[109]

毛细管的阻抗特性，决定了放电后，加在毛细管上的电流大小及波形，所以阻抗特性是设计毛细管放电实验装置、确定毛细管所需放电电压的重要参数。

毛细管放电整个回路的电路方程为

$$V(t) = \frac{d}{dt}[LI(t)] + ZI(t) \tag{3.135}$$

式中，$V(t)$ 和 $I(t)$ 是加在毛细管两端的电压和通过的电流，$L$ 是毛细管的电感项，$Z$ 是阻抗项。可以看出，在放电电压一定的条件下，通过毛细管的电流取决于毛细管负载的阻抗特性。设毛细管放电满足如下的初始条件：(1) 毛细管长 10 cm，内径 $r_0 = 3$ mm；初始氩气 $T_0 = 0.5$ eV，$n_0 = 2.25 \times 10^{16}/\text{cm}^3$。系统特征电阻 $Z_0 = 5\ \Omega$，初始时刻电感 $L_0 = 119$ nH。(2) 因为毛细管十几厘米长，直径 3 mm 左右，最大压缩时刻可达 100 μm，轴向和径向比值非常大，可以采用一维近似。(3) 主脉冲之前的预脉冲已经将毛细管内气体初步电离成 + 1、+ 2 价等离子体。毛细管负载相当于一个电感 $L(t)$ 和电阻 $R(t)$ 的串连，阻抗 $Z(t) = \omega L(t) + R(t)$。(4) $L(t)$ 和 $R(t)$ 是随时间变化的，随着电流的增加，等离子体柱的直径缩小，电感增大，而此时等离子体的电离度增加，电阻率减小，电阻随之减小。

等离子体电阻率计算公式为

$$\rho = 5.2 \times 10^3 \frac{Z^* \ln \Lambda}{T^{\frac{3}{2}}} \ (\Omega \cdot \mathrm{cm}) \tag{3.136}$$

式中 $T$ 的单位为 eV，$Z^*$ 是气体的电离度，可得负载电阻 $Z_{初} = 18.82\ \Omega$，$Z_{末} = 0.01\ \Omega$。根据该公式我们可以看出，随着箍缩过程的进行，氩气进一步电离和电子温度升高，负载电阻是急剧减小的，在箍缩的最后阶段，负载电阻(0.01 Ω) 与系统特征阻抗(5 Ω) 相比可以忽略。

系统总电感为

$$L = L_0 + \frac{\mu_0 l}{2\pi} \ln\left(\frac{r_0}{r}\right) \tag{3.137}$$

$L_0$ 为 $t = 0$ 时毛细管的总电感，包括气柱电感和电极电感；$r_0$ 为 $t = 0$ 时气柱的外径，$r_0 = 1.5$ mm。气柱长为 11 cm，电极长为 4 cm 时，由圆柱形导体电感公式得气柱电感为 93.2 nH，电极电感为 25.8 nH，则 $L_0 = 119$ nH。设气柱被箍缩到最小时刻 $r = 0.15$ mm 时，$L = 170$ nH。从初始状态到最后箍缩阶段，$\omega L$ 的变化范围为 3.7 ~ 5.1 Ω。图 3.45 给出了不同长度气柱电感随箍缩半径的变化。在箍缩最后阶段，$R(t) \ll \omega L(t)$，$R(t) < 1\ \Omega$，与系统特征阻抗相比可忽略。综上可见，系统阻抗的变化主要由电阻变化项引起。系统初始阻抗由系统特征电阻 $Z_0 = 5\ \Omega$、系统负载电阻 18.8 Ω 和系统电感项组成，数值大约为 30 Ω，在箍缩最后阶段，$R(t) \ll \omega L(t)$，$R(t) < 1\ \Omega$，系统负载电阻项忽略不记，此时系统阻抗为 8 ~ 10 Ω，如要求放电电流峰值达到 40 kA，则放电电压峰值应不小于 300 kV。

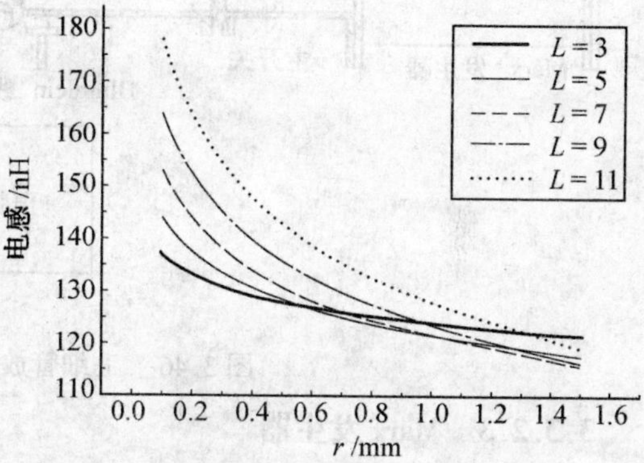


图 3.45　不同长度气柱电感随箍缩半径的变化

### 3.3.2.2　毛细管装置设计[110,111]

哈尔滨工业大学光电子技术研究所的毛细管放电 X 光激光装置见图 3.46，包括 Marx 发生器、Blumlein 传输线、主开关、毛细管放电室、差分室、过渡室、真空系统、测试系统、接地电感、电阻分压器、注水系统(水枕) 以及与 Marx 发生器、真空系统、充气系统的连接部分。在毛细管放电室中，高压输出端加有屏蔽电极，以改善三结合点处的场强，提高沿面耐压强度；其侧面开有手孔，便于装卸毛细管；室中充以 $N_2$ 气体或 $SF_6$ 气体以增加高压绝缘。

Marx 发生器是一种初始储能设备，用来对脉冲形成线进行脉冲谐振充电，充电时间通常大约 1μs 左右。脉冲形成线充电到它的峰值电压 90% ~ 95% 时，主开关接通，脉冲形成线提供一个快前沿的脉冲电压加到毛细管负载上，即形成快脉冲大电流。毛细管内充入一定气压的气体或金属蒸气，先由预脉冲电离成 +1，+2 价均匀等离子体；在随后的快脉冲大电流(主脉冲) 作用下，进行箍缩，形成高温、高密度、高电离度、均匀的等离子体柱，在适当的条件下其中的电子碰撞过程形成相应能级的粒子数反转，即可产生软 X 射线的激射。本设计没有采用国际上常用的水电容而是采用了 Blumlein 传输线作为低电感回路对毛细管进行放电，主要原因是水电容的电压传输效率低，会使 Marx 输出的 300 kV 减小 50%。

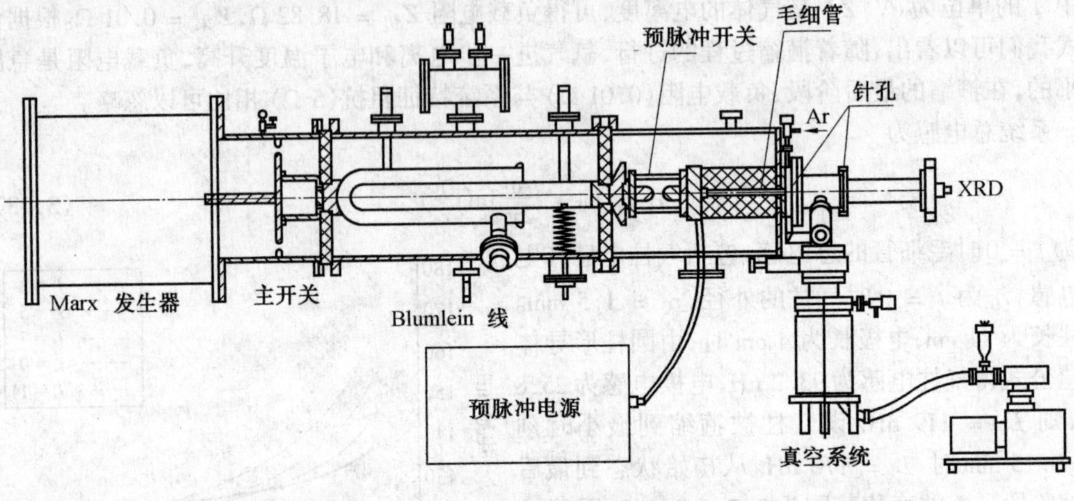


图 3.46　毛细管放电软 X 射线激光装置总图

### 3.3.2.3　Marx 发生器

在高功率脉冲技术中，现在大多采用马克斯(Marx)发生器为主要的储能设备对脉冲形成线充电。Marx 发生器又称冲击电压发生器，其最根本的工作原理是：储能电容器先并联充电然后串联放电，从而使电压倍加来获得更高的脉冲电压输出。

图3.47是经典 Marx 发生器的电路图。变压器 T 和整流器 D 组成的直流电源经保护电阻 $R_0$ 给各级电容 $C_0$ 充电至电压 $U_0$，各火花隙 G 的电压同时达到 $U_0$。事先调节各火花隙的距离使其自击穿电压稍大于 $U_0$，在充电过程中它们不会自击穿。当外触发 $G_1$ 时，点 1 的电位瞬间从 $U_0$ 降至零。由于电容器两端的电位差不能跃变，点 2 的电位由原来的零瞬时下降至 $-U_0$。由于点 1、3 和点 2、4 间各存在充电(兼隔离)电阻 $R$，所以点 3 仍保持原电位 $U_0$。若暂不考虑分布电容

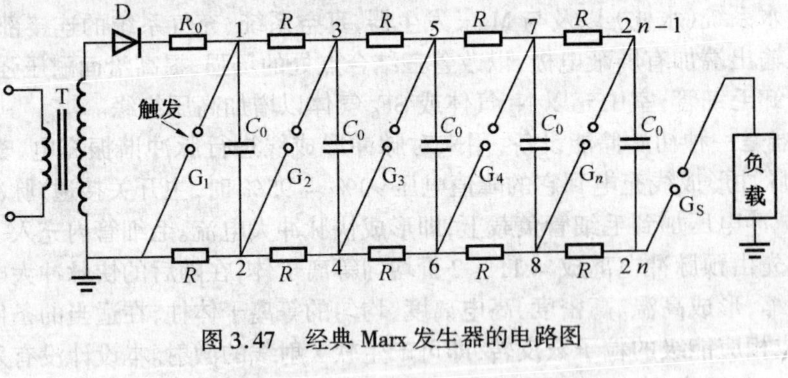


图 3.47　经典 Marx 发生器的电路图

的影响，间隙 $G_2$ 承受的电位由原来的 $U_0$ 突然升至 $2U_0$，则 $G_2$ 被过电压击穿。$G_2$ 被击穿后，点3的电位从 $U_0$ 降至 $-U_0$，点4的电位瞬时降至 $-2U_0$，点5电位仍为 $U_0$，$G_3$ 承受 $3U_0$ 的过电压而被击穿。依此类推，间隙 $G_1 \cdots G_n$ 依次在电压 $U_0 \cdots nU_0$ 作用下全部被击穿，将原来并联充电的电压 $U_0$ 以串联的放电方式倍增起来，通过主开关 $G_s$ 输出 $-nU_0$ 高电压脉冲。Marx 发生器的输出电压总是与充电电压极性相反。发生器从第一个火花隙点火到最后一个火花隙击穿的时间，称为 Marx 发生器的建立时间。视发生器规模和结构而异，建立时间从几十纳秒到几微秒不等。为使电容在建立期间电荷不被旁路掉，应当使各级旁路放电的时间常数 $RC_0$ 远大于建立时间和输出脉冲宽度之和。

以上给出的是 Marx 发生器的基本原理，若要把上述电路应用于实际装置中，还要对 Marx 发生器的电路及结构作很大的改进。毛细管放电实验装置中的 Marx 发生器各元件都浸没在高纯度的 $N_2$ 气体中，结构比较紧凑，高压绝缘性能良好。其典型电路结构如图3.48所示，共有十级，其中每一级由电容值为0.047 μF，耐压为30 kV的两个高压电容并联构成，因此它的最大输出可达300 kV。Marx 发生器采用正负极充电，最大充电电压为 ±30 kV。

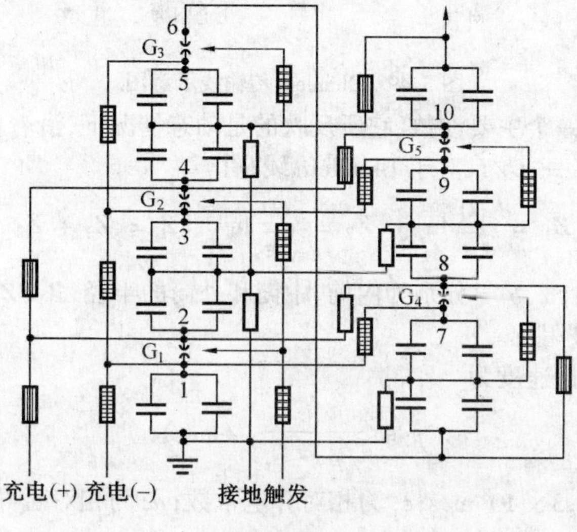


图3.48 Marx 发生器内部电路图

### 3.3.2.4 Blumlein 传输线

Blumlein 传输线为双同轴结构，将 Blumlein 线作为脉冲形成线时，在匹配负载上可得到幅值等于充电电压的输出脉冲，比单同轴线提高了一倍。由于具有这样的优点，使得它在高功率粒子束加速器中得到了广泛的应用。当实验中用到的 Marx 发生器输出电压最高仅为300 kV时，为要使毛细管上放电电压能达到产生激光的要求，应该采用 Blumlein 线作为储能和脉冲成形元件，原因在于：

(1) Blumlein 线电压传输效率高，弥补了现有 Marx 发生器输出电压较低的不足，以保证输出电流能大于 30 kA 的要求。

(2) 脉冲形成线可产生快的脉冲前沿,以满足对等离子体快速箍缩的要求。

如图 3.49 所示,Blumlein 线由三个同轴圆筒组成,中间圆筒接到 Marx 发生器高压输出端,外筒接地,内筒通过一个电感线圈(称之为接地电感)接到外筒,用于保证中筒和内筒之间的充电,内筒接毛细管负载。筒与筒之间充去离子水,去离子水介质脉冲形成线的自放电时间常数 $RC = \varepsilon\rho$,由于去离子水的介电常数较大($\varepsilon = 80$),从而使得筒与筒之间的电容较大,有利于储能,且去离子水的电阻率大,$\rho = 1 \sim 2\ \mathrm{M\Omega \cdot cm}$,因此 $RC \approx 7 \sim 14\ \mu\mathrm{s}$,对于几百纳秒的充电时间来说,电压幅值衰减很小,因此去离子水介质是很好的绝缘介质。

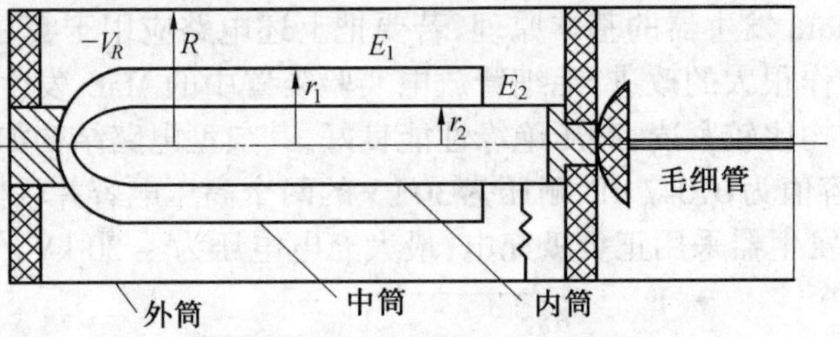


图 3.49 Blumlein 传输线示意图

波阻抗是传输线的一个主要参数,它所反映的是动态情况下,沿着传输线传播的电压波 $U$ 和电流 $I$ 之间的关系:$Z = U/I$,对于 Blumlein 线,有

$$Z_1 = \frac{60}{\sqrt{\varepsilon_r}} \ln \frac{b}{a}, Z_2 = \frac{60}{\sqrt{\varepsilon_r}} \ln \frac{c}{b}, Z = Z_1 + Z_2 \tag{3.138}$$

式中 $\varepsilon_r$ 为相对介电常数,$a$、$b$、$c$ 分别为内筒、中筒和外筒的半径,$Z_1$、$Z_2$ 分别为内线和外线的波阻抗,$Z$ 为输出端的波阻抗。

波在传输线中的传播速度为

$$v = \frac{c}{\sqrt{\mu_r \cdot \varepsilon_r}} \quad (\mathrm{m/s}) \tag{3.139}$$

式中 $c$ 为真空中的光速,$3 \times 10^8$ m/s;$\varepsilon_r$ 为相对介电常数;$\mu_r$ 为相对磁导率,它反映了电磁波沿传输线传播的情况。对变压器油 $\varepsilon_r \approx 2.3$,$\mu_r = 1$,传播速度 $v_{油} \approx 2 \times 10^8$ m/s;对去离子水 $\varepsilon_r \approx 80$,$\mu_r = 1$,传播速度 $v_{水} \approx \frac{1}{3} \times 10^8$ m/s。由传播速度可以确定传输线形成脉冲的宽度(即电长度)为

$$t_p = \frac{2 \cdot l \cdot \sqrt{\mu_r \cdot \varepsilon_r}}{c} \ (\mathrm{s}) \tag{3.140}$$

式中 $l$ 为传输线的长度(m),由公式可估算,1 m 油线可以产生约 10 ns 的电脉冲,而 1 m 水线可以产生 60 ns 的电脉冲宽度。可见,对于同样的电脉冲宽度用水线可比用油线大大缩短传输线的长度。

计算传输线电容的公式为

$$C_B = \frac{2 \cdot \pi \cdot \varepsilon_0 \cdot \varepsilon_r \cdot l}{\ln b/a}\ (\mathrm{F}) \tag{3.141}$$

对于一定的脉冲宽度 $t_p$，电容与波阻抗有关系

$$C_1 = \frac{t_p}{2 \cdot Z_1}\ (\mathrm{F}),\quad C_2 = \frac{t_p}{2 \cdot Z_2}\ (\mathrm{F}),\quad C_B = C_1 + C_2(\mathrm{F}) \tag{3.142}$$

由于传输线的电压和储能都与电容有关，因此，$C_B$ 是参数设计中的一个重要参量。根据传输线波阻抗与工作场强的不同可以有几种设计方案。

(1) 等阻抗设计：$Z_1 = Z_2$，即内线阻抗与外线阻抗相等。

(2) 等场强设计：$E_1 = E_2$，即内筒外表面电场与中筒外表面电场相等。

(3) 等击穿概率设计：$F_1 \cdot E_1 = F_2 \cdot E_2$，即内筒外表面电场击穿概率与中筒外表面电场击穿概率相等。其中，等阻抗方案的优点是能量传输效率高，输出波形好。

### 3.3.2.5 Marx 发生器对 Blumlein 传输线的充电过程

如果 Marx 发生器输出电压较低，为获取高电压的大电流，可选用等阻抗设计的水介质 Blumlein 传输线。在 Blumlein 传输线的设计中，电容是一个很重要的参数，它将决定传输线的电压和储能及 Marx 发生器对 Blumlein 线的充电的能量转换效率。

形成纳秒宽度的脉冲高压的过程主要包括两步：第一步由 Marx 发生器对传输线充电形成一个微秒量级的高压脉冲。第二步再利用传输线对脉冲进行整形，通过对负载放电得到纳秒脉冲高压。由于 Marx 发生器对传输线的充电时间一般约 1 μs 左右，而电磁波在线中的传输时间仅几十纳秒，比充电时间更短，所以传输线的充电过程可以作为集中参数来处理。Marx 发生器向 Blumlein 传输线充电过程的电路图和等效电路如图 3.50 和 3.51 所示，通过对电路的分析计

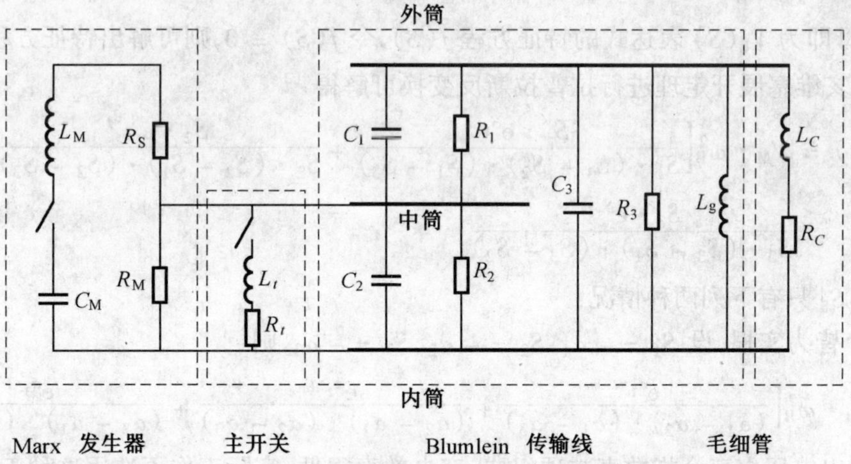


图 3.50 Marx 发生器向 Blumlein 线充电等效图

算可以得到充电波形。

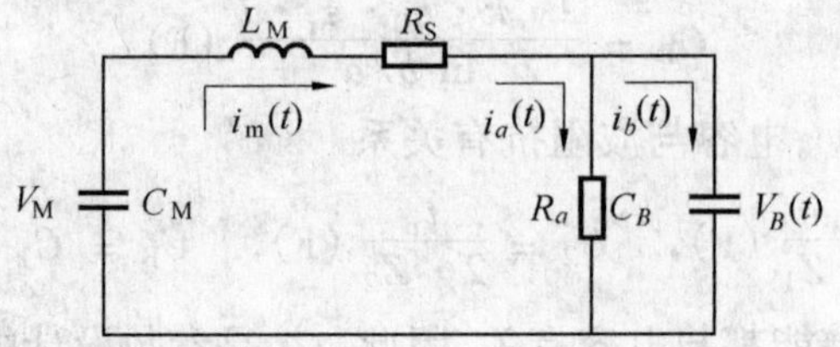


图 3.51　简化充电电路图

经拉普拉斯变换后可得到

$$\begin{cases} \dfrac{V_M}{S} = \left(\dfrac{1}{C_M \cdot S} + R_S + L_M \cdot S\right) \cdot i_M(S) + R_a \cdot i_a(S) \\ V_B(S) = R_a \cdot i_a(S) = \dfrac{i_b(S)}{C_B \cdot S} \\ i_M(S) = i_a(S) + i_b(S) \end{cases}$$

联立可得

$$V_B(S) = \frac{V_M}{S \cdot \left[ \left(\frac{1}{C_M \cdot S} + R_S + L_M \cdot S\right) \cdot \left(C_B \cdot S + \frac{1}{R_a}\right) + 1 \right]} =$$

$$\frac{\frac{V_M}{L_M \cdot C_B}}{S^3 + \left(\frac{R_S}{L_M} + \frac{1}{R_a \cdot C_B}\right) \cdot S^2 + \left(\frac{1}{L_M \cdot C_M} + \frac{R_S}{L_M \cdot C_B \cdot R_a} + \frac{1}{L_M \cdot C_B}\right) S + \frac{1}{R_a \cdot C_M \cdot C_B \cdot L_M}}$$

$V_B(S)$ 的分母即为 $V_B(S)$ 表达式的特征方程 $f(S)$，令 $f(S) = 0$，则可解出特征方程的特征根 $S$ 的值。利用亥维塞展开定理进行拉普拉斯反变换可解得

$$V_B(t) = V_M \cdot \omega_B^2 \left[ \frac{S_1 \cdot e^{S_1 \cdot t}}{S_1 \cdot (S_1 - S_2) \cdot (S_1 - S_3)} + \frac{S_2 \cdot e^{S_2 \cdot t}}{S_2 \cdot (S_2 - S_1) \cdot (S_2 - S_3)} + \frac{S_3 \cdot e^{S_3 \cdot t}}{S_3 \cdot (S_3 - S_1) \cdot (S_3 - S_2)} \right] \tag{3.143}$$

其中，$S_1, S_2, S_3$ 只有下列两种情况：

(1) 三个皆为实根，设 $S_1 = -\alpha_1, S_2 = -\alpha_2, S_3 = -\alpha_3$，则

$$V_B(t) = V_N \cdot \omega_B^2 \left[ \frac{e^{\alpha_1 \cdot t}}{(\alpha_1 - \alpha_2) \cdot (\alpha_1 - \alpha_3)} + \frac{e^{\alpha_2 \cdot t}}{(\alpha_2 - \alpha_1) \cdot (\alpha_2 - \alpha_3)} + \frac{e^{\alpha_3 \cdot t}}{(\alpha_3 - \alpha_1) \cdot (\alpha_3 - \alpha_2)} \right]$$

可以看出，输出电压由三个指数衰减项组成，充电效率很低，实际工作不选用这种工作状态。

(2) 一个实根，两个共轭虚根，设 $S_1 = -\alpha, S_2 = -\beta + i\omega, S_3 = -\beta - i\omega$，则由式(3.143)得

$$V_B(t)=\frac{V_M\cdot\omega_B^2}{(\beta-\alpha)^2+\omega^2}\left[e^{-\alpha t}-e^{-\beta t}\left(\cos\omega\cdot t+\frac{\beta-\alpha}{\omega}\sin\omega\cdot t\right)\right] \tag{3.144}$$

上述表达式为 Marx 发生器向脉冲形成线充电时，脉冲形成线上充电电压的解析表达式。它是以拉氏变换特征方程特征根的形式表示的，其中 $\alpha$、$\beta$ 为特征方程根的实部，$\omega$ 为根的虚部，该解析表达式表明了 Marx 发生器与脉冲形成线之间电压(或能量)相互转换的关系。

实验测得主开关不导通时的阻尼振荡波形如图 3.52 和 3.53 所示。实验条件：充电电压 17.22 kV，即 Marx 发生器最大输出电压为 172.2 kV，主开关充 0.36 MPa 的 $N_2$ 气，电阻分压器分压比 7 184 倍，同轴衰减器衰减比 34.97 倍。从图 3.52 中可以看出阻尼振荡的整个过程，经过 8 次振荡以后电压波形仍有一定的幅值，这说明整个振荡回路的阻尼不是很大。

从图 3.53 测得第一个峰值大小及其对应的时间，即 $t = 310$ ns 时，$V_B(t)$ 有最大值，$V_{Bmax} = 200.98$ kV，由此可知 Marx 发生器向 Blumlein 线充电的电压传输效率 $\eta_V = 116.7\%$，能量传输效率 $\eta_E = 59.6\%$。

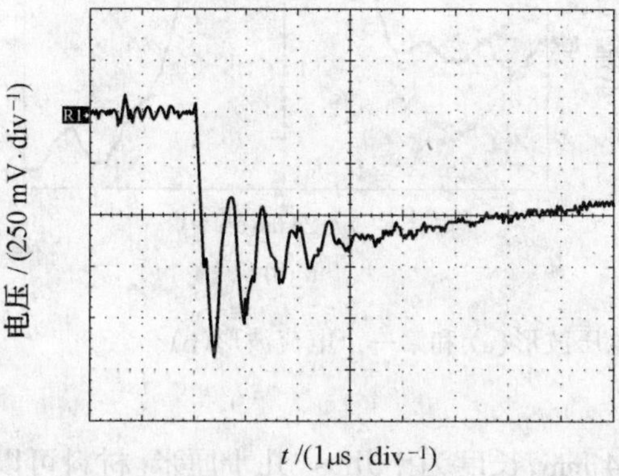


图 3.52 阻尼振荡波形

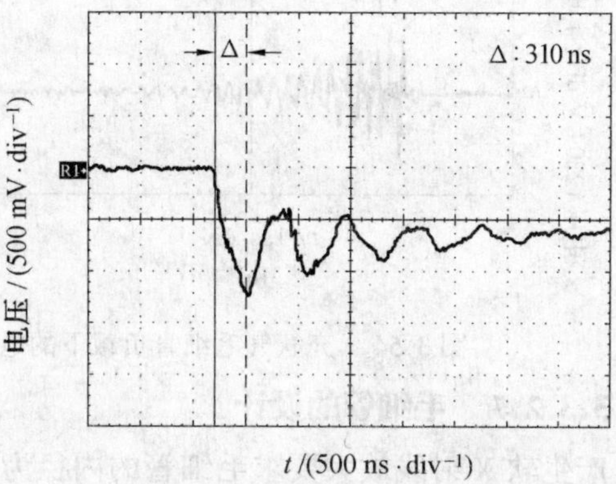


图 3.53 振荡波形的上升时间

另外，从波形中还可求出特征根 $\alpha$、$\beta$ 和 $\omega$ 的值，利用上面推出的近似公式便可以求出 Marx 发生器充电回路的各项参数。测量两个相邻峰值所对应的时间差，即为阻尼衰减振荡周期 $T$。如图 3.53，$T = 580$ ns，则振荡角频率 $\omega = 2\pi/T = 1.082\,758\,6\times10^7$/s，而 $C_M = 16.0$ nF，$C_B = 7.0$ nF，$C_D = 4.9$ nF，则由 $\omega = \frac{1}{\sqrt{L_M C_D}}$ 可得 Marx 发生器的电感值 $L_M = 1.74\ \mu$H。

### 3.3.2.6 Blumlein 线对负载的放电波形

在充以低气压的毛细管负载下，由 Blumlein 线的电容，毛细管等离子体柱的电感及电阻，构成 $C-L-R$ 振荡回路。因为只有在电阻上才能消耗能量且由于 $R(t)\ll\omega L(t)$，因此将通过多次振荡后，才能将存储在 Blumlein 线上的能量损耗掉，故通过毛细管的电流应为多次阻尼衰减振荡波形。而对泵浦 X 射线激光有用的只是第一个电流脉冲，毛细管吸收的有用能量仅为

Blumlein 线储存能量的百分之几。图 3.54(a) 为实测的充氩气毛细管放电电流及电压全波形，图 3.54(b) 为第一个脉冲电流波形，与上述分析结果相符。从图中可测得放电电流峰值 34.3 kA，半高宽 60 ns，上升前沿 40 ns。电压波形幅值 1.1 V，半高宽 50 ns，即毛细管处电压约为 242 kV。显然，电流波形比电压波形要滞后一些，因为在毛细管负载上先有电压然后才产生电流。另外，电流波形的半高宽比电压波形有所展宽。这是因为在电压上升前沿阶段，等离子体处于低电离态，等离子体电阻率较高。但当电压达到峰值后处于下降沿阶段，等离子体已达到高电离态，其电阻率减小。虽然此时电压逐渐降低，但电流仍然较大，毛细管的电感也阻止电流的减小，因此电流脉冲宽度有所展宽。

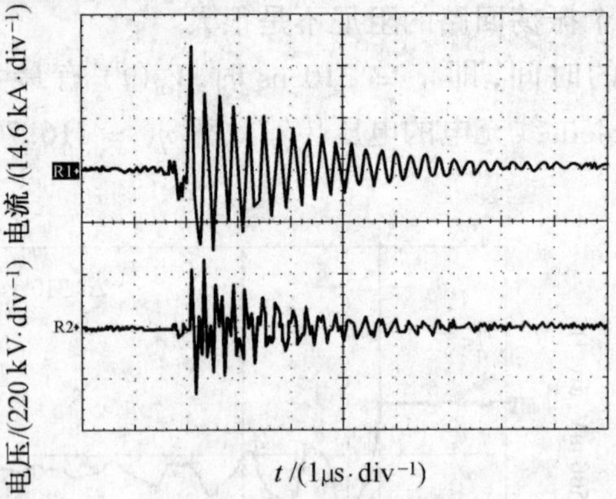


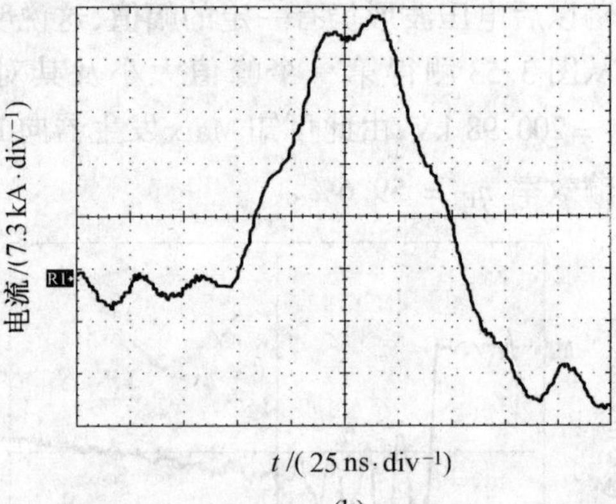


图 3.54　充氩气毛细管负载下的电流及电压波形(a) 和第一个电流波形(b)

### 3.3.2.7　毛细管的设计

产生软 X 射线放大要求毛细管的内径为 3 ~ 4 mm，长度为十几 ~ 几十厘米。材料可以采用聚乙烯或聚乙缩醛，易于成型，但这种材料在放电过程中管壁烧蚀严重，易破坏箍缩过程，污染检测系统，也降低了能量转换效率。陶瓷毛细管机械强度好，有效减少管壁烧蚀的影响，可以降低对主脉冲上升沿的要求。高纯度、内壁光滑、长而不变形的陶瓷毛细管的加工一直是个难题。用于激光实验的陶瓷毛细管的制作方法是先采用 99.9% 陶瓷粉制成实心管，外径为 20 mm，然后从两端打磨钻孔，其内径为 3 mm 和 4 mm 两种，毛细管外侧套为一绝缘聚乙烯外套。毛细管与外侧的管套之间进行侧面密封，使其难于击穿。该毛细管的技术参数如下：

材料：$Al_2O_3$，纯度：99% ~ 99.5%，热导率：16.8 W/(m·k)，比热容：15 ~ 15.5 J/K，膨胀速率：$7.3 \times 10^{-6}$ cm/K，介电常数：9.0 F/m(1 MHz)，耐压：10 kV/mm，电阻系数：$10^{14}$ Ω/cm。

在实验中更换不同长度的毛细管时，为确保放电电流波形一致，除保持输入电压不变外，整个放电回路的电感要保持基本不变。为解决这一问题，可以通过采用附加电感、改变毛细管管壁厚度或在毛细管中插入铜棒等方式对回路电感进行补偿。采用在毛细管中插入铜棒的方法，可以很方便改变毛细管的长度，而放电回路的总电感基本不变，可获得很好的效果。

#### 3.3.2.8　X 射线二极管

X 射线二极管(X - ray diode) 是利用光电效应制造的 X 射线检测器,可以对软 X 射线通量进行灵敏的检测,具有快的时间分辨性,并且通过选择具有不同量子效率的光电阴极和滤光片,可以使其对不同波长辐射进行测量。XRD 对软 X 射线的检测原理(图 3.55 所示) 如下:

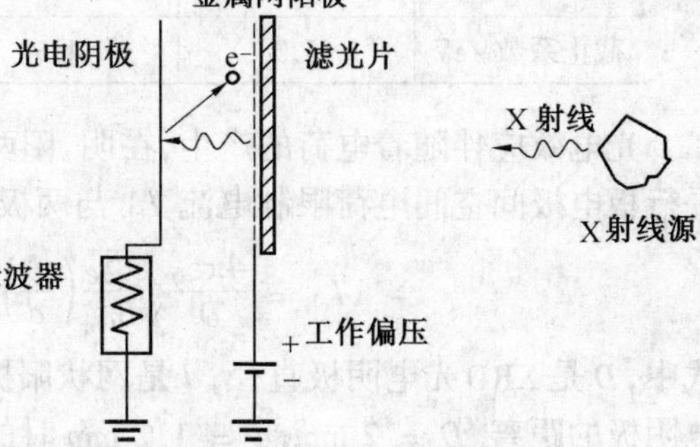


图 3.55　XRD 原理图

(1) 软 X 射线源所发出的各种不同波长、强度的光从 XRD 射入;

(2) 入射光根据滤光片的不同而被反射或被吸收,从而实现波长选择;

(3) 透过过滤器的软 X 射线打到金属阴极,产生光电效应,在阴极表面入射光子的数目决定了产生电子的数目;

(4) 产生的电子通过由金属网阳极和金属阴极之间的电场加速到达网阳极;

(5) 从阴极射向网阳极的电子(电流) 转化为电压通过示波器来测量。

这样就实现了对软 X 射线强度随时间变化的测量。

软 X 射线在 XRD 入射后到放出光电子的时间不到 $10^{-14}$ s,电子进入阴极的时间与电场及电极间距离有关,这就使得对像 $10^{-12}$ s 这样的高速的测量成为可能。截止系数是为了从金属中取出一个电子而需要从外部获得的最小能量。表 3.9 给出了不同金属的截止系数,软 X 射线的激光波长为46.9 nm,光了能量是26.4 cV,图3.56、3.57给出丁金对46.9 nm激光的量子效率和反射率,分别为 0.11 和 0.14。

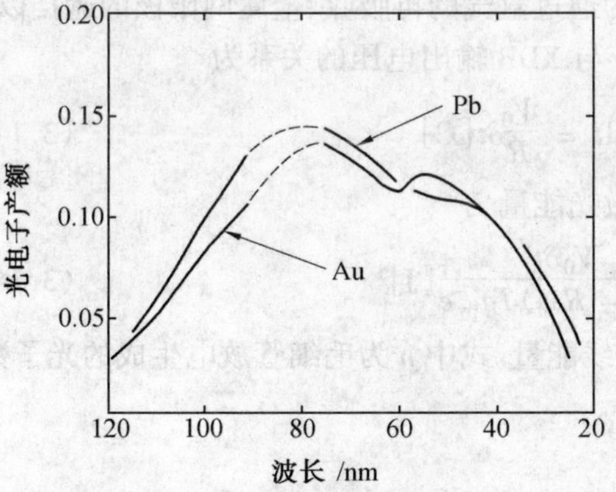


图 3.56　光电阴极量子效率

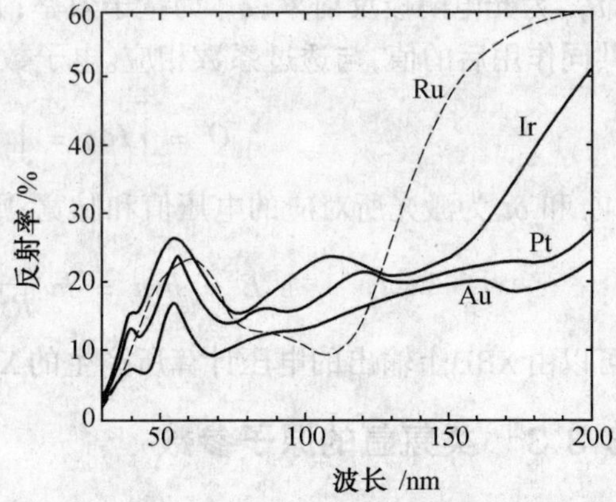


图 3.57　几种物质对不同波长光的反射率

**表 3.9　金属的截止系数**

| 金属 | Pt | W | Al | Cu | Au |
|---|---|---|---|---|---|
| 截止系数 /eV | 5.3 | 4.5 | 4.3 | 3.9 | 4.9 |

光电效应伴随着电荷的产生，在阴、阳两极间产生电荷积累。Child – Langmuir 法则给出了平行板电极间空间电荷限制电流 $I_{ch}$ 与两极间电压 $V$ 的关系

$$I_{ch} = \frac{4\pi\varepsilon_0}{9}\sqrt{\frac{2e}{m_e}}\left(\frac{D}{d}\right)^2 V^{\frac{3}{2}} = 7.24 \times 10^{-6}\left(\frac{D}{d}\right)^2 V^{\frac{3}{2}} \tag{3.145}$$

式中，$D$ 是 XRD 光电阴极直径；$d$ 是网状阳极到光电阴极的距离。$D = 2$ mm，$d = 1.2$ mm 时的空间电荷限制电流的结果如图 3.58 所示。

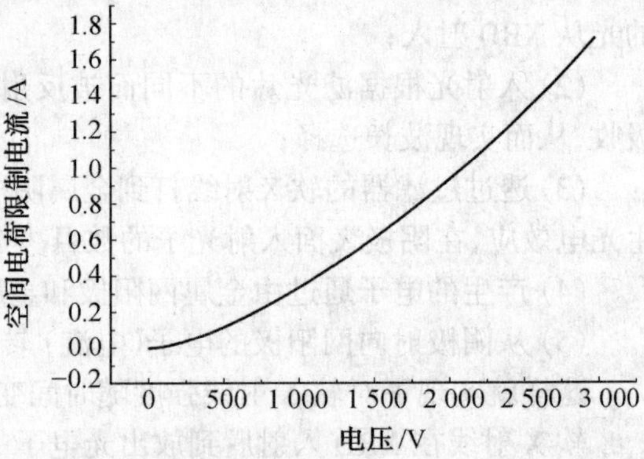


图 3.58　空间电荷限制电流与两极间电压关系

如果阴、阳两极的电压为 – 2 000 V，测量电阻为 50 Ω，那么在检测端测量的软 X 射线最大输出为 0.45 × 50 = 22.5 (V)。实际检测过程中，光电阴极的直径和阴阳极间的距离是根据实际测量信号的光斑大小及所需要的响应时间而确定的。

X 射线能量的计算一方面要考虑到金对该波长辐射的量子效率和反射率，另一方面还要考虑到 X 射线在传输过程中的吸收。设 $n$ 为毛细管放电生成的光子数，$Q$ 为由光电效应产生的电子数，则

$$Q = (1 - R_{ref})\, nTq_{py}e[\mathrm{C}] \tag{3.146}$$

式中，$R_{ref}$ 为光电阴极反射率；$q_{py}$ 为量子效率；$T$ 为通过氩气的再吸收、金属网阳极的遮挡以及衰减共同作用后的值，与透过系数相应。电子数 $Q$ 与 XDR 输出电压的关系为

$$Q = \int I\mathrm{d}t = \int \frac{V}{R}\mathrm{d}t = \frac{V_0}{R}\delta t[\mathrm{C}] \tag{3.147}$$

式中 $V_0$ 和 $\delta t$ 为激光所对应的电压值和脉宽，则激光能量 $E$

$$E = h\nu n = h\nu \frac{V_0 \delta t}{R(1 - R_{ref})\, Tq_{py}e}[\mathrm{J}] \tag{3.148}$$

该式可以由 XRD 上输出的电压计算所产生的 X 射线能量。式中 $n$ 为毛细管放电生成的光子数。

## 3.3.3　类氖氩的原子参数

在 X 射线激光的研究中，为了定量地解释发生在热等离子体中的基本过程，为了确切地确定热等离子体中的一些宏观参量，诸如温度、电子密度、离子密度、等离子体中的离子组态的状态分布等，为了探讨激光机理和进行 X 射线激光实验的理论设计和实验结果的数据分析，都需

要有精确的原子参数。为了解决实际应用中所需的大量数据，一般有两个方法可以采用，一是建立相应的原子数据库。这个数据库应包括离子能级、跃迁概率以及基本原子过程的截面及相应的速率系数。数据也应包括实验数据和详细的精确的理论计算。另一个方法是采用各种近似方法，编制相应的计算机程序，进行一些简单的理论计算，以满足一些急需的要求。尽管进入20世纪90年代以来，实验技术有了很大进步，但对于原子参数的实验数据仍然是十分有限的，大量的原子数据还得通过理论方法进行计算。美国Los Alamos国家实验室Robert Cowan编制的Cowan物理程序（Cowan physics code）由于其涉及面广，计算精度高，因而在X射线激光及原子物理学等领域广为使用。

### 3.3.3.1　类氖氩、类氖硫系统原子参数计算[109,112]

采用平面波近似方法，使用Cowan程序提供的Hartree－Fock（HF）加相对论修正的多组态离子波函数，选取$2p^6$、$2p^53s$、$2p^53p$和$2p^53d$组态，能级优化方式为AL，并考虑相对论修正项，对类氖系列离子进行了计算[112]。计算结果包括各能级的能量值，跃迁波长，振子强度，自发辐射衰减速率$A_s$等原子参数，列于表3.10、表3.11。

**表3.10　类氖氩有关能级跃迁的计算数据**

| | lg $F$ | $A_s/s^{-1}$ | $\Delta E/cm^{-1}$ | $\lambda$/Å | $R/(cm^3 \cdot s^{-1})$ |
|---|---|---|---|---|---|
| $2p^6\,{}^1S_0 - 2p^53p\,{}^1S_0$ | －7.0948 | 2.743E＋05 | $2261.71\times10^3$ | 44.214 | 1.4852E－10 |
| $2p^6\,{}^1S_0 - 2p^53p\,{}^3P_0$ | －9.1405 | 2.311E＋03 | $2187.96\times10^3$ | 45.705 | 1.4776E－12 |
| $2p^6\,{}^1S_0 - 2p^53s\,{}^1P_1$ | －0.755 | 4.921E＋11 | $2047.992\times10^3$ | 48.828 | 2.3846E－11 |
| $2p^6\,{}^1S_0 - 2p^53s\,{}^3P_1$ | －1.019 | 2.632E＋11 | $2030.373\times10^3$ | 49.252 | 1.5420E－11 |
| $3p\,{}^1S_0 - 2p^53s\,{}^1P_1$ | －0.691 | 6.207E＋09 | $213.718\times10^3$ | 467.906 | |
| $3p\,{}^1S_0 - 2p^53s\,{}^3P_1$ | －1.088 | 2.917E＋09 | $231.337\times10^3$ | 432.269 | |
| $3p\,{}^3P_0 - 2p^53s\,{}^1P_1$ | －1.354 | 5.783E＋08 | $139.971\times10^3$ | 714.436 | |
| $3p\,{}^3P_0 - 2p^53s\,{}^3P_1$ | －0.855 | 2.312E＋09 | $157.590\times10^3$ | 634.559 | |

**表3.11　类氖硫有关能级跃迁的计算数据**

| | lg $F$ | $A_s/s^{-1}$ | $\Delta E/cm^{-1}$ | $\lambda$/Å | $R/(cm^3 \cdot s^{-1})$ |
|---|---|---|---|---|---|
| $2p^6\,{}^1S_0 - 2p^53p\,{}^1S_0$ | －6.8928 | 2.046E＋05 | 1548.19 | 64.591 | 3.8247E－10 |
| $2p^6\,{}^1S_0 - 2p^53p\,{}^3P_0$ | －9.1600 | 1.030E＋03 | 1493.98 | 66.935 | 2.2537E－12 |
| $2p^6\,{}^1S_0 - 2p^53s\,{}^1P_1$ | －0.679 | 2.674E＋11 | 1383.609 | 72.275 | 8.8587E－11 |
| $2p^6\,{}^1S_0 - 2p^53s\,{}^3P_1$ | －1.131 | 9.304E＋10 | 1372.937 | 72.837 | 3.2092E－11 |
| $3p\,{}^1S_0 - 2p^53s\,{}^1P_1$ | －0.600 | 4.543E＋09 | 164.583 | 607.596 | |
| $3p\,{}^1S_0 - 2p^53s\,{}^3P_1$ | －1.167 | 1.394E＋09 | 175.255 | 570.596 | |
| $3p\,{}^3P_0 - 2p^53s\,{}^1P_1$ | －1.412 | 3.148E＋08 | 110.375 | 906.004 | |
| $3p\,{}^3P_0 - 2p^53s\,{}^3P_1$ | －0.764 | 1.683E＋09 | 121.407 | 826.125 | |

由于处于高激发态的 $2p^53p$ $J=0$ 能级向基态 $2p^6$ 及 $2p^53s$ $J=0$ 能级的跃迁属于光学禁戒，它的辐射衰变主要是跃迁到 $2p^53s$ $J=1$ 的能级。在计算过程中，由于所选组态有限，对S单重态的计算结果与实验数据比较误差偏大，这是因为电子关联对 $^1S_0$ 态的影响很大，使得 $^1S_0$ 在用基矢展开时收敛得比较慢，也就是说只有考虑了无穷多的组态（包括连续组态）的相互作用时 $^1S_0$ 态才能算准。在进行数值计算时，可包含一些最重要的组态相互作用，但多于一个很有限的数的包含是不实际的。习惯的做法是，在初始计算中通过除 $E_{av}$ 之外能量矩阵元部分的计算，使用缩小了的单组态库仑积分 $F^k$ 和 $G^k$，来粗略地修正微扰无穷性的积累。恰当的缩放因子从对中性原子的0.7～0.8到对高度电离原子的0.9～0.95。这个半经验修正已由Rajnak，Wybourne的理论研究在数值上给予了验证。

在组态选用有限的情况下，利用Cowan程序计算时，为了获得较准确的能级和波长数据，可通过逐步调整Cowan程序，在计算时所使用的控制卡中的缩放因子得到比较准确的数据，也可以利用该方法在已知准确的激光波长数据的基础上，来预测没有实验数据的激光线波长。

### 3.3.3.2 粒子数反转的形成

类氖氩3p－3s激光能级示意图如图3.59所示。由于 $2p^53p$ $J=0$ 到基态 $2p^6$ 及 $2p^53s$ $J=0$ 能级的跃迁为光学禁戒跃迁，而 $2p^53s$ $J=1$ 向基态的跃迁为光学容许跃迁，因而在 $2p^53p$ $J=0$ 和 $2p^53s$ $J=1$ 的能级间可形成粒子数反转，这是产生X光激光的关键。

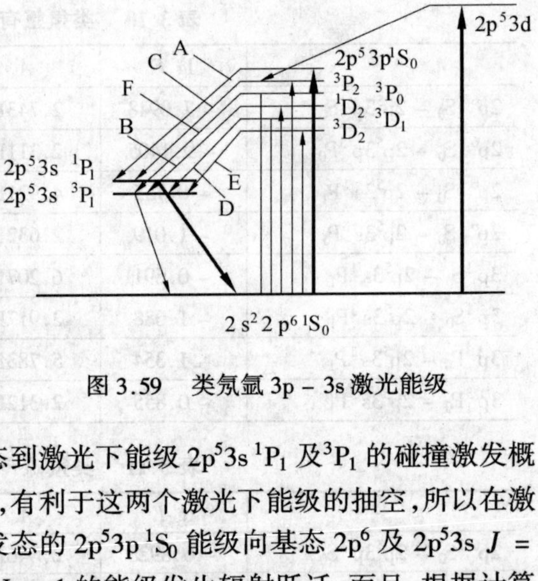


图3.59 类氖氩3p－3s激光能级

电子温度在60～80 eV时，基态类氖离子碰撞激发到激光上能级 $2p^53p$ $^1S_0$ 的速率系数较大，易于激光上能级的粒子数积累；同时，处于激发态的 $2p^53s$ $^1P_1$ 及 $^3P_1$ 向基态的辐射衰变概率为 $10^{11}$ $s^{-1}$，而电子密度范围为 $10^{18}$～$10^{19}$ $cm^{-3}$ 时，从基态到激光下能级 $2p^53s$ $^1P_1$ 及 $^3P_1$ 的碰撞激发概率为 $10^8$～$10^9$ $s^{-1}$，远小于这两个能级的衰变概率，有利于这两个激光下能级的抽空，所以在激光上下能级间形成了粒子数反转。由于处于高激发态的 $2p^53p$ $^1S_0$ 能级向基态 $2p^6$ 及 $2p^53s$ $J=0$ 能级的跃迁属于偶极光学禁戒，它只能向 $2p^53s$ $J=1$ 的能级发生辐射跃迁，而且，根据计算结果，激光下能级 $2p^53s$ $J=1$ 向基态的跃迁概率比激光上能级 $2p^53p$ $^1S_0$ 向该能级的辐射跃迁概率大近一百倍，能够保持在 $2p^53p$ $J=0$ 和 $2p^53s J=1$ 能级间的粒子数反转，从而使 $2p^53p$ $J=0$ 态在辐射衰变中有受激辐射放大产生。

此外，只有粒子数反转是不够的，还必须使这种均匀等离子体有一定厚度和一定维持时间。从图3.60可以看出 $\lambda^{10,11} \gg \lambda^{9,10}$（$\lambda^{10,11}$ 是表征从类钠离子基态到类氖离子基态的电离速率，$\lambda^{9,10}$ 是表征从类氖离子基态到类氟离子基态的电离速率，均包括直接过程和间接过程），说明类 Na 离子容易电离到类 Ne 离子，同时类 Ne 离子比较难电离到类 F 离子，所以导致在等离子体里产生了大量的、能长时间存在的类 Ne 离子，有利于激光放大的产生。

#### 3.3.3.3　其他跃迁过程

除了上面讨论的能级及跃迁过程外，$2p^53d$ 及其以上组态各能级的粒子数密度以及它们向激光上下能级的跃迁也会对激光能级寿命、粒子数密度及激光谱线强度有很大的影响。如 $2p^53d$ 各能级向 $2p^53p$ 的辐射衰变（$A_s$ 在 $10^9$ 量级）将增加激光上能级的粒子数密度，而 $2p^53d$ 向 $2p^53s$ 的辐射衰变属光学禁戒（$A_s$ 在 $10^3$ 量级），由于 $2p^53d$ 组态的影响，使粒子数反转更易形成。由于因跃迁过程导致的粒子数密度的变化与初态的粒子数密度成正比，而 $2p^53d$ 各态的粒子数密度又决定于其他一些过程，故完整的粒子数密度动力学方程是非常复杂的常微分方程组。与 $2p^53d$ 组态有关的过程包括基态及 $2p^53p$ 各能级向 $2p^53d$ 的碰撞激发、$2p^53d$ 向基态及 $2p^53p$ 各能级退激发和辐射衰变等。通过定态近似及考虑到某些能级的粒子数密度或过程参数太小可以忽略，可以粗略地给出激光增益系数和总离子数密度的关系，而在精密的理论设计工作中则需要严格求解包括各种过程在内的非平衡态动力学方程。

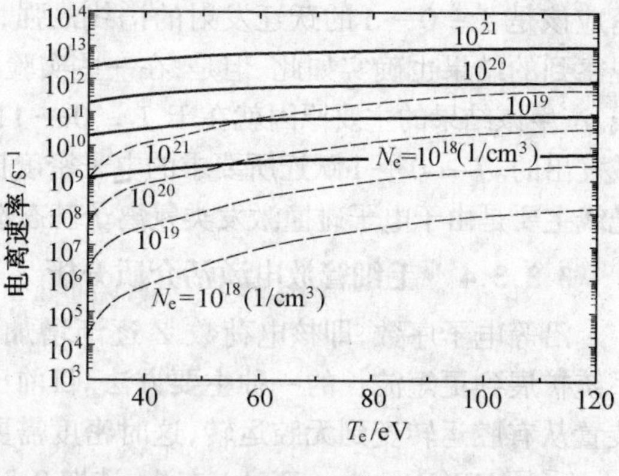


图 3.60　类氖离子（虚线）和类钠离子（实线）的电离速度随 $T_e$ 的变化

从计算结果看，$2p^53p$ $J=0$ 的能级可用 LS 耦合很好地描述，因而由基态的碰撞激发主要跃迁到总自旋 $S=0$ 的能级。从对类氖氩的数据比较看，由于由基态向 $2p^53p\,^3P_0$ 的碰撞激发速率系数比向 $^1S_0$ 的约减小到 1%，所以 $^3P_0$ 能级不可能成为激光谱线的上能级。而在 $2p^53s$ $J=1$ 的两个能级（$^1P_1$，$^3P_1$）中，不论 $2p^53p\,^1S_0$ 到 $2p^53s\,^3P_1$ 的辐射还是 $2p^53s\,^3P_1$ 向基态的衰变，跃迁概率都比 $2p^53s\,^1P_1$ 能级相应的过程小 1/2 ~ 1/3。$J=1$ 能级向基态的跃迁概率小会影响下能级的抽运，不利于粒子数反转，而上能级到 $J=1$ 的能级跃迁概率小更会直接导致增益下降或是没有增益。尽管如此，当等离子体条件合适时在实验中应该会观测到这条谱线。

另外，在类氖离子中，有十个 3p 能级和四个 3s 能级。在到达两个 $J=1$ 的 3s 能级（它们很快辐射衰减到基态）的许多可能跃迁中，已发现六个激光跃迁，如图 3.61 所示，此能级图用 LS 耦合符号标注。电子碰撞激发 X 射线激光的理论基础是闭合壳层离子的电子碰撞单极激发，按照这种理

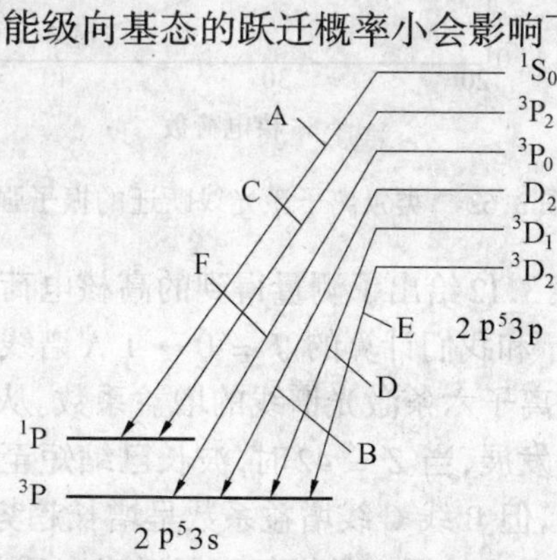


图 3.61　类氖离子的六个激光跃迁

论应该是 $J = 0 \to 1$ 的跃迁发射的谱线最强，在许多类氖离子和类镍离子的X射线激光实验中观察到的结果也确实如此。但是，在一些实验中，往往观测到的最强线是 $J = 2 \to 1$ 跃迁的两条谱线。产生该结果的主要原因就在于 $J = 0 \to 1$ 跃迁和 $J = 2 \to 1$ 跃迁是在不同的等离子体密度区域发出的。$J = 0 \to 1$ 跃迁所要求的电子密度比 $J = 2 \to 1$ 的要高。这是因为 $J = 0 \to 1$ 跃迁的激光线主要是由于电子碰撞激发类氖离子基态造成的，高密度有利于提高这种过程的效率。

#### 3.3.3.4 毛细管放电激活介质分析

沿等电子序数，即核电荷数 $Z$ 逐渐增加而保持束缚电子不变，是将可见和紫外离子激光系统扩展到更短波长的一种主要方法。目前已能扩展到水窗波段。然而随着波长的缩短，激光装置从有腔运转变到无腔运转，这时密度需要增加100倍，激光介质已经成为等离子体状态。

采用HF(Hartree - Fock)方法，选取 $2p^6$、$2p^53s$、$2p^53p$ 和 $2p^53d$ 组态，考虑相对论修正项，对类氖系列离子进行了计算。图3.62给出了 $Z = 20 \to 40$ 范围内两条激光线的振子强度的变化。

图3.63给出了 $2p^53s\,^3P_1$ 及 $^1P_1$ 能级向基态跃迁的概率，随核电荷数 $Z$ 的增加，跃迁概率呈迅速增加趋势。可以看出，随 $Z$ 的增加，$2p^53p\,^1S_0 \to 2p^53s\,^1P_1$ 激光线的振子强度缓慢减小，$2p^53p\,^1S_0 \to 2p^53s\,^1P_1$ 激光线的振子强度减小迅速。当激光线上下能级的粒子数密度一定时，增益系数随振子强度的减小而减小，但另一方面，$G \propto Z^{4.5}$ 说明高 $Z$ 元素仍能获得较高增益。

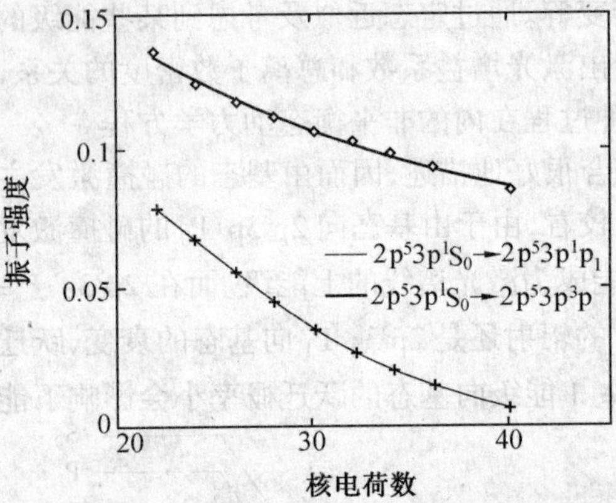


图3.62 类氖离子激光线跃迁的振子强度

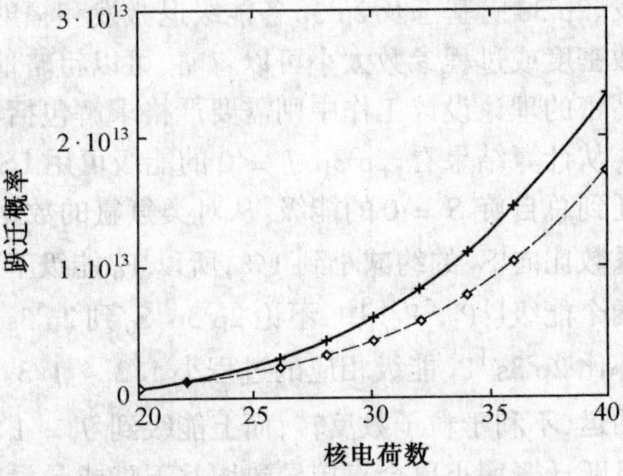


图3.63 $2p^53s^1P_1$ 及 $^3P_1$ 向基态辐射跃迁概率

表3.12给出了测量得到的高核电荷数 $28 < Z < 43$ 元素的类氖离子六条激光谱线的波长数据[50]和我们计算的 $J = 0 \to 1$ A谱线的波长数据。表3.13给出了测量得到的 $29 < Z < 42$ 的类氖离子六条激光谱线的增益系数。从表中可以看出，随核电荷数 $Z$ 逐渐增加，波长将向更短方向发展，当 $Z = 42$ 时，波长已缩短至14.1 nm；随核电荷数 $Z$ 的增加，A线增益系数随 $Z$ 变化不大，但B线C线增益系数呈增长趋势，在砷和硒附近类氖离子增益系数可能出现最大值。目前研究比较深入的类氖离子激光介质是氩离子。模拟计算得到的类氖氩($Z = 18$)46.9 nm激光线的最大增益仅为1.9 $cm^{-1}$，而这个增益值还将由于折射的原因而减小到实际观测值

0.6 ~ 1.1 $cm^{-1}$。所以，为了获得更短的波长，更大的增益，可通过更高的泵浦能量来研究高 $Z$ 值的增益介质。

**表 3.12　类氖离子 3p – 3s 激光谱线波长**　Å

| | A | B | C | D | E | F | A 的计算结果 |
|---|---|---|---|---|---|---|---|
| $Cu^{19+}$ | 221.11 | 279.31 | 284.67 | | | | 221.68 |
| $Zn^{20+}$ | 212.17 | 262.32 | 267.23 | | | | 211.48 |
| $Ga^{21+}$ | | 246.70 | 251.11 | | | | 203.13 |
| $Ge^{22+}$ | 196.06 | 232.24 | 236.26 | 247.32 | 286.46 | | 195.44 |
| $As^{23+}$ | | 218.84 | 222.56 | | | | 188.35 |
| $Se^{24+}$ | 182.43 | 206.38 | 209.78 | 220.28 | 262.94 | 169.2 | 181.72 |
| $Sr^{28+}$ | 159.8 | 164.1 | 166.5 | | | | 158.68 |
| $Mo^{32+}$ | 141.6 | 131.0 | 132.7 | 139.4 | | 106.4 | 140.13 |

**表 3.13　测得的类氖离子 3p – 3s 激光谱线增益系数**　$cm^{-1}$

| | A | B | C | D | E | F |
|---|---|---|---|---|---|---|
| $Cu^{19+}$ | 2.0 | 1.7 | 1.7 | | | |
| $Zn^{20+}$ | 2.3 | 2.0 | 2.0 | | | |
| $Ge^{22+}$ | 3.1 | 4.1 | 4.1 | 2.7 | 4.1 | |
| $As^{23+}$ | | | 5.4 | | | |
| $Se^{24+}$ | 2.6 | 4.9 | 4.9 | 2.3 | 3.5 | ≤ 1 |
| $Sr^{28+}$ | | 4.4 | 4.0 | | | |
| $Y^{29+}$ | | 4 – 5 | 4 – 5 | | | |
| $Mo^{32+}$ | 0 | 4.1 | 4.2 | 2.9 | | 2.2 |

## 3.3.4　毛细管放电激励类氖氩离子产生 X 光激光物理模型与方程

等离子体是一种非常复杂的体系，它包含有电子，各种离化度的离子和各种辐射，而每一种离子又可以处在不同的激发态。这些粒子之间以及粒子与辐射之间的相互作用构成了极为丰富的原子物理过程，此外等离子体在强大的电流作用下，还要发生复杂的磁流体力学过程。要得到粒子数反转和激光放大其必要条件应该是，产生的等离子体柱具有很好的稳定性和均匀性，同时必须在压缩的等离子体柱中满足适当的等离子体条件。如类氖氩 46.9 nm 激光放大要求高丰度的 $Ar^{+8}$ 离子，电子密度约 $10^{19}$ $cm^{-3}$，电子温度约 60 eV，适当的电子密度分布，小的径向柱尺寸(以避免 Ne - like Ar 2p - 3s 谱线的自吸收)。也就是说,激光介质的等离子体状态直接影响激光介质的粒子数反转和激光增益,要想获得较高的 X 光激光增益和放大,必须要有好的等离子体状态相匹配[109,110,113,114]。

#### 3.3.4.1 流体力学方程组

在通常情况下,对激光等离子体相互作用过程的数值模拟,采用的是具有电子温度、离子温度、光子温度的三温流体力学方程组。在毛细管放电碰撞机制中,激光产生的等离子体对绝大多数谱线是光性薄的,可忽略,因此可仅考虑包含电子温度与离子温度的一维两温流体力学方程组[115]。

Euler 坐标与 Lagrange 坐标系是流体力学数值模拟中经常选用的两种坐标系,二者各有优缺点。由于一维问题的流体流团可看做是"有序的",因而一维拉式方法具有很好的效果,故采用了一维拉式坐标系。

Lagrange 坐标系中,一维流体力学方程组为

$$\begin{cases}\dfrac{\partial R}{\partial t} = u \\ \dfrac{\partial R}{\partial r} = \dfrac{\rho_0}{\rho}\left(\dfrac{r}{R}\right)^{\alpha} \\ \dfrac{\partial u}{\partial t} = -\dfrac{1}{\rho}\dfrac{\partial p}{\partial R}\end{cases} \tag{3.149}$$

其中

$$p = p_c + p_i + p_e + q$$

$$q = \frac{l^2}{2}\rho\frac{\partial u}{\partial r}\left[\frac{\partial u}{\partial r} - \left|\frac{\partial u}{\partial r}\right|\right] \quad l = b\Delta r, b = 1.2$$

这里,$t$ 为时间,$R$、$r$ 分别为拉氏点的欧拉坐标、拉氏坐标,$\rho_0$、$\rho$ 分别为拉氏点的初始密度、$t$ 时刻的密度,$u$ 为拉氏点的速度,$p$ 为压力,$p_c$、$p_i$、$p_e$ 分别为物质冷压、离子压强及电子压强,$q$ 为人为黏性项。人为黏性项是 J. Von Neumann 和 R. D. Richtmyer 首先提出来的。人为黏性项的加入,使得拟线性双曲型方程组的解光滑化。$\alpha = 0$、1、2 分别对应平面对称、柱对称、球对称三种情况。

自由电子温度的能量守恒形式为

$$\frac{\partial}{\partial t}(c_{ve}T_e + \tilde{V}) = W_{ie} + W_b + W_f + W_l + W_p + W_a \tag{3.150}$$

其中 $c_{ve}$ 为自由电子比定容热容;$T_e$ 为电子温度;$\tilde{V}$ 为单位质量的离子势能;$c_{ve}T_e + \tilde{V}$ 是单位质量的电子热能与离子势能之和;$W_{ie}$ 为电子、离子能量交换项;$W_b$ 为韧致辐射损失项;$W_l$ 为激光能量沉积项;$W_f$ 为限流后电子热传导项。

$$W_f = -\frac{1}{\rho R^2}\frac{\partial}{\partial R}(R^2 F_e) \tag{3.151}$$

$$F_e = \frac{F_{de}F_{le}}{|F_{de}| + F_{le}}$$

式中 $F_{de} = -K_e\dfrac{\partial T_e}{\partial R}$ 是扩散流；$F_{le} = f_e N_e k T_e\sqrt{\dfrac{kT_e}{m_e}}$ 是极限流；$F_e \approx 0.03 \sim 0.08$ 是限流因子。人们引入限流因子，是根据实验模拟的对电子的各种复杂阻热效应，使电子的极限流受到限制。

$W_p$ 为做功项

$$W_p = -P_e\frac{\partial}{\partial t}\frac{1}{\rho} \tag{3.152}$$

$W_\alpha$ 为自由电子与离子系统中辐射能耗项

$$W_\alpha = \sum_m\sum_l\left[\sum_{k<i}(I_k^m - I_i^m)A_{k,j}^m\widetilde{N}_i^m + \frac{T_e}{e^{I_i^m/T_e}E_1\left(\frac{I_j^m}{T_e}\right)}A_{j,g}^{m,m-1}\widetilde{N}_g^{m-1}\right] \tag{3.153}$$

这里 $I_j^m$ 为 $m$ 离子 $j$ 态电离能，$A_{k,j}^m$ 是 $m$ 离子 $j$ 态到 $k$ 态的线跃迁速率，$A_{j,g}^{m,m-1}$ 是 $m-1$ 离子基态到 $m$ 离子 $j$ 态的辐射复合速率，$\widetilde{N}_j^m$ 为单位质量处于 $m$ 离子 $j$ 态的布居数，$E_1(x)$ 为指数积分。将式(3.150)左边微分展开，并与等式右边 $W_\alpha$ 合并，得到电子温度方程的具有明确物理意义的另一种表达形式

$$c_{ve}\frac{\partial T_e}{\partial t} = W_{ie} + W_b + W_1 + W_f + W_p + W_s \tag{3.154}$$

$W_s$ 为电子碰撞激发、退激发、三体复合、碰撞电离及辐射复合等原子过程引起的自由电子热能改变项

$$\begin{aligned} W_s = &\sum_m\sum_j\sum_k(I_k^m - I_j^m)R_{kj}^m\widetilde{N}_j^m + \sum_m\sum_j\left(\frac{3}{2}T_e + I_j^m\right)(R_{i,g}^{m,m-1}\widetilde{N}_g^{m-1} - R_{kj}^{m-1,m}\widetilde{N}_g^{m-1}) + \\ &\sum_m\sum_j\left(\frac{3}{2}T_e + I_j^m - \frac{T_e}{e^{I_f^m/T_e}E_1\left(\frac{I_j^m}{T_e}\right)}\right)A_{j,g}^{m,m-1}\widetilde{N}_g^{m-1} \end{aligned} \tag{3.155}$$

这里 $R_{k,j}^m$ 是 $m$ 离子 $j$ 态到 $k$ 态的电子碰撞激发或退激发速率，$R_{j,g}^{m,m-1}$ 是 $m-1$ 离子基态到 $m$ 离子 $j$ 态的三体复合速率，$R_{g,j}^{m,m-1}$ 是 $m$ 离子 $j$ 态到 $m-1$ 离子基态的电子碰撞电离速率。

从 $W_s$ 的表达式可清楚地看到 $W_s$ 中各项的物理意义：当 $m$ 离子 $j$ 态电子碰撞退激发为 $k$ 态时，离子势能减少($I_k^m - I_j^m$)，这部分能量交给自由电子系统使之升温；相反地，当 $m$ 离子 $k$ 态电子碰撞激发为 $j$ 态时，离子系统势能增加($I_k^m - I_j^m$)，自由电子系统能量下降，即电子温度下降。同理，三体复合使电子升温，碰撞电离使电子降温。对于辐射复合，由于其截面反比于电子能量，故低能电子复合截面大，改变了电子速度分布，使电子升温。电子温度方程采用式(3.150)与采用式(3.154)得到的计算结果完全一致。

离子温度方程为

$$c_{\mathrm{vi}}\frac{\partial T_{\mathrm{i}}}{\partial t}=-(P_{\mathrm{i}}+q)\frac{\partial}{\partial t}\left(\frac{1}{\rho}\right)+W_{\mathrm{fi}}-W_{\mathrm{ie}} \tag{3.156}$$

其中 $T_{\mathrm{i}}$ 为离子温度；$c_{\mathrm{vi}}$ 为离子比定容热容；$W_{\mathrm{fi}}$ 为限流后离子热传导项。

对于式(3.149)、(3.154)、(3.156) 组成的一维两温流体力学方程组，采用北京应用物理与计算数学研究所的经验进行求解，即对一维流体力学方程组采用拉氏方法，对一维两温方程，采用隐式非线性差分格式并写成迭代形式，用矩阵追赶法解代数方程组[115]。

#### 3.3.4.2　速率方程组

在毛细管放电 $10^6$ K 高温的情况下，等离子体中的自由电子的弛豫时间只有皮秒量级，电子碰撞占优势的能级之间，可达到相对热动平衡，可近似认为等离子体中的自由电子服从 Maxwell 分布，故近似退化的各能级之间、高激发态与自由态之间均近似处于热动平衡。基于此，为简单说明方法和概念，取主壳层 $m$ 中各能级简并，其结果不难推广到细致组态模型，另外，在高温高密度等离子体中的离子，其电子态，特别是高激发态，由于周围离子和电子的作用而发生 Stark 扰动，一些束缚较松散的高激发态已成为连续态，因此可以将主量子数截断到某一 $n_{\mathrm{c}}$，认为 $n > n_{\mathrm{c}}$ 的态处于热动平衡。由 Teller - Inglis 公式可以给出对截断能级主量子数 $n_{\mathrm{c}}$ 的估计，在我们感兴趣的范围内，$n_{\mathrm{c}} \approx 10 \sim 20$。

因激发态到基态的线跃迁速率大，一般激发态布居数都较小，故对激发态，只考虑单电子激发态以及那些可由自电离成为基态的多电子激发态，且忽略激发态间的电离及复合过程。

在原子模型中包括的物理过程有：线跃迁；电子碰撞激发与退激发；碰撞电离和三体复合；辐射复合；自电离与双电子俘获；轫致吸收和发射等过程。对于速率方程的排列，约定不同粒子，按其束缚电子数从少到多的顺序来排列；对同一离子，按基态、单电子激发态、多电子激发态的顺序来排列，排列时，能级从低到高。对激发态，只考虑单电子激发态以及那些可由自电离成为基态的多电子激发态，且忽略激发态间的电离及复合过程。在毛细管放电类氖氩产生 X 光激光的模型中，我们取主壳层 $n$ 中各能级简并，考虑单激发态和双激发态，并将主量子数 $n$ 截断到 10，认为 $n > 10$ 的态处于热动平衡；但对类氖离子 $n = 3$ 壳层分到细致组态，各细致组态间及其与基态的碰撞激发速率是采用相对论扭曲波近似计算的。自电离速率是用 Cowan 程序计算的，双电子俘获速率由细致平衡关系得到。其余参数均由 Y. T. Lee 给出的解析公式计算得到[115]。

以下给出与时间有关的耦合速率方程。

约定 $m$ 表示离子中束缚电子数，即离化度，$g$ 表示基态，$*$ 泛指激发态，$i$ 表示第 $i$ 激发态，$n_m$ 表示各离子最后一个激发态，$n_m$ 以上的激发态处于热动平衡；$(m,g)$ 和 $(m,i)$ 用来描述该离子的基态和第 $i$ 个激发态；$(10,u)$ 和 $(10,l)$ 用来表示 46.9 nm 谱线的激光上能级和下能级。为简便，将 $m$ 离子 $j$ 到 $i$ 态的各种速率之和用 $w_{i,j}^{m}$ 来表示；$R_{g,i}^{m-1,m}$ 表示 $m$ 离子 $j$ 态到 $i$ 态的碰撞激发/退激发速率；$A_{i,j}^{m}$ 表示线跃迁速率，$R_{g,i}^{m+1,m}$、$D_{g,i}^{m-1,m}$ 分别表示 $m$ 离子 $i$ 态碰撞电离、自电离

到 $m-1$ 离子基态的速率，$R_{g,i}^{m+1,m}$、$A_{g,i}^{m+1,m}$、$D_{g,i}^{m+1,m}$ 分别表示 $m$ 离子基态三体复合、辐射复合、电子俘获到 $m+1$ 离子 $i$ 态的速率，各速率的单位为 $\mathrm{s}^{-1}$，$N_g^m$、$N_i^m$ 的单位为 $\mathrm{cm}^{-3}$。速率方程为

$$\frac{\mathrm{d}N_g^m}{\mathrm{d}t} = \sum_{j=1}^{n_m}(A_{g,j}^m + R_{g,j}^m)N_j^m - \sum_{j=1}^{n_m}R_{j,g}^m N_g^m + (R_{g,g}^{m,m-1} + A_{g,g}^{m,m-1})N_g^{m-1} - R_{g,g}^{m-1,m}N_g^m + R_{g,g}^{m,m+1}N_g^{m-1} - (R_{g,g}^{m+1,m} + A_{g,g}^{m+1,m})N_g^m + \sum_{j=1}^{n_m}(R_{g,j}^{m,m+1} + D_{g,j}^{m,m+1})N_j^{m+1} - \sum_{j=1}^{n_m}(R_{j,g}^{m+1,m} + A_{j,g}^{m+1,m} + D_{j,g}^{m+1,m})N_g^m(m = m_0,\cdots,M) \tag{3.157}$$

$$\frac{\mathrm{d}N_i^m}{\mathrm{d}t} = \sum_{j=i+1}^{n_m}A_{i,j}^m N_j^m - \sum_{i=g}^{i-1}A_{j,i}^m N_i^m + \sum_{j=g}^{n_m}R_{i,j}^m N_j^m - \sum_{j=g}^{n_m}R_{j,i}^m N_i^m + (R_{i,g}^{m,m-1} + A_{i,g}^{m,m-1} + D_{i,g}^{m,m-1})N_g^{m-1} - (R_{g,i}^{m-1,m} + D_{g,i}^{m-1,m})N_i^m \quad (i = 1,2,\cdots,n_m;\ m = m_0,\cdots,M) \tag{3.158}$$

这里 $m_0$、$M$ 分别为所考虑离子系统中电离度最大、最小的离子中束缚电子数。

关于速率方程排列，约定不同离子，按其束缚电子数从少到多的顺序；对同一离子，按基态、单电子激发态、多电子激发态的顺序来排列。这里 $N$ 定义为

$$N = [\,N_g^{m_0}\quad N_1^{m_0}\quad N_{n_{m_0}}^{m_0}\quad \cdots\quad N_g^M\quad N_1^M\quad \cdots\quad N_{n_M}^M\,] \tag{3.159}$$

“复合”指三体复合与辐射复合；“俘获”指双电子俘获，“电离”指碰撞电离。

方程组(3.157)和(3.158)是一阶常系数线性齐次常微分方程组，它们的通解可以表示为

$$N_i = \sum_j C_j \alpha_j^i \mathrm{e}^{-\lambda_j t} \quad (i = 1,\cdots,\sum_{m=m_0}^{M} n_m) \tag{3.160}$$

其中 $\{\lambda_j\}$ 为其系数矩阵的特征值，$\{\alpha_j^i\}$ 是相应的特征向量，$\{C_j\}$ 为由初始条件确定的常数，所有 $\lambda_j$ 都为正实数，并分为两组：$\{\lambda_{je}\}$、$\{\lambda_{jg}\}$。$\{\lambda_{je}\}$ 大，表示激发态瞬态变化，反映各类离子激发态之间的相对布居过程，由能级之间的跃迁过程决定。线跃迁过程如电子碰撞激发、退激发过程都很快，所以过渡时间很短。$\{\lambda_{jg}\}$ 小，是表征介质准稳态时间行为的量，它反映了介质中各类离子的整体布居过程，由各离子态的复合和电离过程决定。经过一段过渡时间以后，通解式(3.160)中含 $\lambda_{je}$ 的项都衰减到可以忽略，只剩下含 $\lambda_{jg}$ 的项，即

$$N_i \approx \sum_{j_g} C_{j_g} \alpha_{jg}^i \mathrm{e}^{-\lambda_{jg} t} \quad (i = 1,\cdots,\sum_{m=m_0}^{M} n_m) \tag{3.161}$$

这里直接给出准静态近似下速率方程组的解

$$\frac{\mathrm{d}P_g}{\mathrm{d}t} = \lambda_g P_g \quad P_*^m = \sum_{m'=m-1}^{m+1} A_{*,g}^{m,m'} P_g^{m'} \tag{3.162}$$

$$\boldsymbol{\lambda}_g = \begin{bmatrix} -\lambda^{M_1,M_1} & \lambda^{M_1,M_1+1} & \cdots & \lambda^{M_1,M_2} \\ \lambda^{M_1+1,M_1} & -\lambda^{M_1+1,M_1+1} & \cdots & \lambda^{M_1+1,M_2} \\ \cdots & \cdots & \cdots & \cdots \\ \lambda^{M_2,M_1} & \lambda^{M_2,M_1+1} & \cdots & -\lambda^{M_2,M_2} \end{bmatrix}, A_{*,g}^{m,m'} = (a_{1,g}^{m,m'}, a_{2,g}^{m,m'}, \cdots, a_{n_m,g}^{m,m'})$$

第一个式为基态的速率方程组，第二式为激发态速率方程组。这里 $P_g = [P_g^{M_1}, P_g^{M_1+1}, \cdots, P_g^{M_2}]$，$P_g^m$ 为 $m$ 离子基态布居概率；$P_*^m = [P_1^m, P_2^m, \cdots, P_n^m]$，$P_i^m$ 为 $m$ 离子第 $i$ 激发态布居概率；$n$ 为 $m$ 离子最高激发态；$(m,g)$ 表示 $m$ 离子基态；$(m,i)$ 表示 $m$ 离子第 $i$ 激发态。$\lambda^{m,m-1}$ 是表征从 $(m-1,g)$ 到 $(m,g)$ 的复合速率；$\lambda^{m,m+1}$ 是表征从 $(m+1,g)$ 到 $(m,g)$ 的电离速率，均包括直接过程和间接过程；$\lambda^{m,m}$ 是 $(m,g)$ 的衰减速率；$\alpha_{i,g}^{m,m'}$ 是从 $(m',g)$ 到 $(m,i)$ 的复合、激发及电离的贡献因子。

另外，在等离子体反转动力学的研究中，必须要考虑到共振线的输运。然而，由于共振线成百上千，数目庞大，且计算复杂，如柱形等离子体中，对每一条线要做五重复杂的数值积分，因此要在激光等离子体计算中考虑每一条共振线的辐射输运，其计算量之大可想而知。通常采用逃逸概率方法来处理线的输运，其基本思想是做缓变近似，计算所发射光子逃出等离子体介质表面的概率 $\rho_e^-$，即光子的逃逸概率。光子捕获对离子布居的影响归结为计算离子布居时，将跃迁上能级到下能级的自发辐射速率乘以逃逸概率 $\rho_e^-$。采用逃逸概率方法，可去掉一重积分。进一步做吸收系数缓变近似及流体速度为半径 $r$ 线性函数的近似，可使计算简化，但计算量仍很大。

实际上，决定 $\rho_e^-$ 大小的主要有两个因素：光学厚度 $\tau$ 与 Sobolev 厚度 $\tau_s$。若光学厚度 $\tau \to \infty$，$\rho_e^-$ 由 Sobolev 厚度决定；若 Sobolev 厚度 $\tau_s \to \infty$，$\rho_e^-$ 则由光学厚度决定。一般情况下，二者共同起作用，共振光的逃逸或由于跑出了光学厚度，或由于跑出了 Sobolev 厚度来决定。

对于平板等离子体，Yim T. Lee 已将一般情况下的逃逸概率公式近似简化成高斯型积分，误差不超过 10%。对于柱对称等离子体，A. I. Shestakov 给出 $\tau \to \infty$ 近似下逃逸概率近似表达式。但实际等离子体厚度和吸收系数都有限，往往不能看做无穷。一般情况下，柱对称等离子体中逃逸概率公式的近似表达式，简化积分为含误差函数的一重高斯型积分。因高斯型积分及误差函数均有近似计算公式，不必做积分，故计算速度大大提高。在物理上感兴趣的逃逸概率大于 0.1、流体速度常数项与线性项之比 $\beta < 1$ 的范围内，近似表达式误差最大不超过 7%。

#### 3.3.4.3 一维非平衡磁流体力学程序——XDCH 程序

文献[114]对毛细管放电开发了一维非平衡磁流体力学程序(MHD)，并与反转动力学程序相耦合来计算毛细管放电等离子体的物理过程和激光产生的物理参数。

在反转动力学研究中，通常采用的是平均原子模型。由于平均原子模型方法本身缺乏根据，因而可能会带来难以预见的误差。为了能够比较准确地描述高温、高密度状态下的等离子体系统，XDCH 程序采用的是细致组态模型。由于处于高温、高密度状态下的等离子体，离子类型复杂，同时所考虑的慢过程与快过程的时间尺度可以相差几个数量级，因此就涉及解方程数目庞大、强刚性的速率方程组，而这类方程组极难求解。XDCH 程序应用矩阵分块法采用隐式格式，将速率方程组分解成关于基态布居数的一阶线性微分方程组（可用追赶法求解）和激发态布居数的表达式。求出基态布居数后，带入激发态的表达式，便直接得到激发态布居数。矩阵分块法使得速率方程组的求解大为简便、快捷。对于强刚性的速率方程组，在矩阵分块法的基础上，可以进一步采用准静态近似获得清楚的物理图像。

对于原子过程，考虑了线跃迁、电子碰撞激发与退激发、三体复合、电子碰撞电离、辐射复合、自电离与双电子俘获等过程。对于谱线的处理，由于碰撞机制产生的等离子体中绝大多数谱线是光性薄，对离子布居不产生影响，但共振线的输运却非常重要。这是因为各类离子的布居主要处于基态，因而相比其他谱线，共振线的吸收系数大，光性厚；又因各线的吸收系数不一样，因而共振线的吸收势必影响离子布居、粒子数反转，从而影响 X 光激光增益。例如研究类 H 离子 3→2 跃迁，由于类 H 离子 1→2 振子强度为 0.4，1→3 振子强度为 0.08，故 2－1 线的捕获大于 3－1 线，共振线的捕获必然导致 3－2 反转减小。可见在等离子体反转动力学的研究中，必须要考虑到共振线的输运。XDCH 程序采用逃逸概率方法计算共振线的捕获效应，逃逸概率的计算用的是柱坐标中逃逸概率近似表达式。由于激发态由许多能级组成，而各能级共振线的振子强度都不一样，故逃逸概率不同，进行了分开计算。

#### 3.3.4.4　计算结果与分析

根据 1995 年美国 Rocca 小组的毛细管放电类氖氩 X 光激光饱和输出的一组实验参数进行数值模拟计算，认为放电电流为类正弦波形，$I(t) = I_0\sin(\pi t/T)$，$I_0 = 39$ kA 为电流峰值，$T = 60$ ns 为电流脉冲半周期，毛细管半径 $R_0 = 2$ mm，在室温情况下，充入 Ar 气的压强为 700 mTorr。

管壁的电离采用一种简单的离子模型计算，原子序数 $Z = 7$，相对原子质量 $A = 14$，在管壁加热和蒸发过程中，只考虑热传导。事实上，辐射在消融管壁过程中，起着很重要的作用，这已经由 Shlyaptsev 等人在文献[70,71]中详细讨论了。

1. 压缩、加热、电离阶段（0 ~ 40 ns）

计算结果和 Rocca 的实验数据在放电最初的 30 ns 之前存在着很大差异，如图 3.64 所示[114]。这主要是因为在 XDCH 程序中采用的是单流体模型（只考虑离子和电子），没有考虑中性粒子对箍缩的影响。事实上在放电初期，毛细管内存在的是大量的中性粒子，电流并不能对其进行有效箍缩，只有当大多数粒子被电离后才能被有效箍缩。Rocca 的实验中有关毛细管管壁的厚度没有公开，而放电电流中有很大一部分（20% ~ 50%）烧蚀管壁而消耗掉，所以毛细管管壁的厚度将对增益有所影响，计算结果增益峰值在 43 ns 左右，比实验值 40 ns 略有延迟。但在 30 ns 后产生激光的关键阶段里，其他的计算结果和实验数据还是非常吻合的。

毛细管两端加上电压后，洛伦兹力将使等离子体压缩，并形成冲击波从边界向里传播；同时焦耳加热与压力做功将使等离子体升温，进一步电离。研究表明，大量的能量是在该阶段被辐射损耗掉的。这个阶段,等离子体可以划分为四个区域。

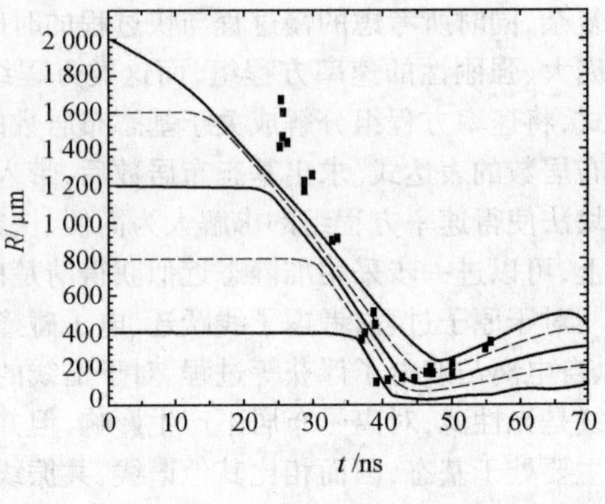


图 3.64 模拟计算得到的各拉氏点轨迹与实验测得等离子体半径的比较

一区:放电早期,趋肤效应使得很大一部分电流集中在等离子体表层,该层我们称为一区。由于一区电流密集,焦耳加热和洛伦兹力作用非常强烈,使该区的温度远高于其他区域,并且该区向内强烈压缩。由于和管壁接触,所以热传导项 $W_f$ 是该区降温的主要因素。随着放电的进行,该区将与管壁脱离,向轴心推进。

二区:冲击波扫过的区域。在该区,由于一区向内的强烈压缩,等离子体密度高,温度方程中压强做功项 $W_p$ 是使等离子体升温的主要原因,温度方程中的焦耳加热项 $W_j$ 也起一定作用;由一些原子过程引起的自由电子热能改变项 $W_s$ 是该区降温的主要因素,对离子温度将有很大的影响。依据计算结果,一区和二区几乎以相同的速度向内运动。

三区:冲击波头到达的附近区域。在该区压强做功项 $W_p$ 仍为等离子体升温的主要因素,由于电流趋肤效应,电流主要流经等离子体的外壳层,焦耳加热项 $W_j$ 不再起主要作用;电子、离子能量交换项成为升温的主要因素。$W_s$ 是该区降温的主要因素。

四区:冲击波尚未到达的区域。在该区,等离子体密度低,压强做功项 $W_p$ 减小,焦耳加热项 $W_j$ 也非常小,对等离子体温度几乎没有影响。直到压缩波开始进入该区时,电子、离子能量交换项 $W_{ie}$ 成为升温的主要因素。$W_s$ 和电子热传导项 $W_{fe}$ 是该区降温的主要因素。

2.等离子体产生 X 光激光阶段(40 ~ 45 ns)

最初的压缩激波到达轴心,包括中心区域在内的 Ar 等离子体中,$N_e$、$T_e$ 沿径向的分布存在着很大差别,形成了一个会聚的等离子体壳层(如图 3.65 所示),此时壳层内高温、高密度 Ar 等离子体几乎已全部电离为类 Ne 离子,等离子体进入环形增益目标区域,最大增益产生在 117 μm 处。从图中可以看出,激光产生在电子密度和离子温度迅速上升的阶段。在增益区,电子密度 $N_e$ 的值为 $(0.3 \sim 1) \times 10^{19}\ \mathrm{cm}^{-3}$,离子温度 50 ~ 110 eV,电子温度变化不大,约为 60 eV。这些计算数据都和实验结果相吻合。

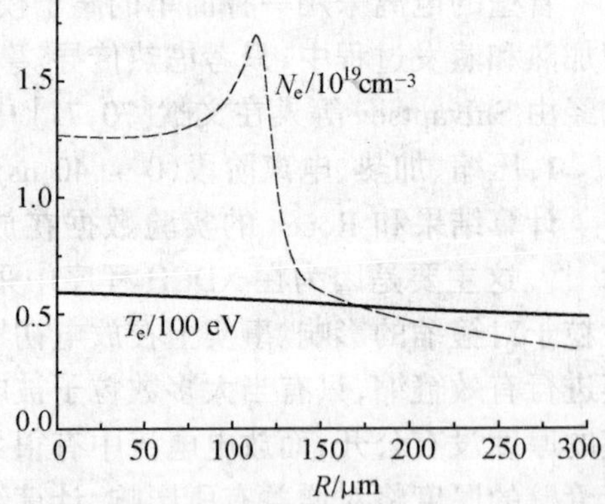


图 3.65 在增益峰值时刻 $N_e$、$T_e$ 随拉氏点 $R$ 的变化情况

对于类氖氩离子，基态到激发态的能级差为几十电子伏量级，因此要求等离子体的电子温度必须有几十电子伏。电子温度太低，$2p^6$ 基态上的电子难激发到 3p 态上，粒子数反转就无法形成。而离子温度过高，等离子体过电离，将降低类氖离子丰度，减小激光线的增益。所以要得到激光增益和放大，电流脉冲、等离子体内电子和离子的温度、密度、类氖离子丰度等要很好地匹配，才能形成粒子数反转。此外，只有粒子数反转是不够的，还必须使这种均匀等离子体有一定厚度和一定维持时间。从图 3.60 可以看出类 Na 离子容易电离到类 Ne 离子，同时类 Ne 离子比较难电离到类 F 离子，所以导致在等离子体里产生了大量的、能长时间存在的类 Ne 离子。

小信号增益系数的表达式为

$$g = \frac{2(\ln 2)^{1/2}}{\pi^{1/2}} \frac{\lambda_{lu}^2}{8\pi} \frac{A_{lu}}{\Delta\nu}\left(N_u - \frac{g_u}{g_l}N_l\right) \tag{3.163}$$

这里 $N_u$、$g_u$ 和 $N_l$、$g_l$ 分别是激光跃迁上、下能级的离子数密度、统计权重；$\lambda_{lu}$ 为 X 光激光波长，$A_{lu}$ 为激光上能级到激光下能级的自发辐射速率；$\Delta\nu$ 为谱线宽度，它包括 Stark 展宽 $\Delta\nu_s$ 和 Doppler 展宽 $\Delta\nu_d$，所以 $\Delta\nu = \sqrt{\Delta\nu_s^2 + \Delta\nu_d^2}$。

在增益系数达到最大值 $t_g$ 时刻，包括中心区域在内的 Ar 等离子体中，$N_e$、$T_e$ 的数值存在着很大差别。事实上，在中心处的离子温度 $T_i$ 是非常重要的，它决定了 $t_p$ 和 $R_p$。最大压缩时间在 $t_p$ 时刻，因此决定了等离子体状态和增益产生的时间，包括 $N_e$、$T_e$，离子分布情况和离子布居状态。而在中心区域增益系数减小，主要是因为那里的离子温度过高，如图 3.66 所示。

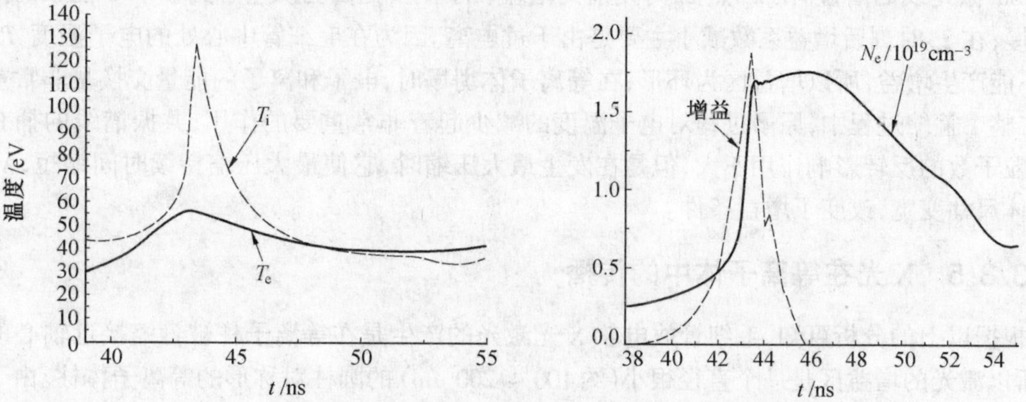


图 3.66 在增益峰值处 $N_e$、$T_e$、$T_i$ 增益 $g$ 随时间的变化

类 F 离子基态对激光下能级的贡献因子比对激光上能级的贡献因子大许多，$\alpha_{l,g}^{10,9} \gg \alpha_{u,g}^{10,9}$，因此等离子体过电离将严重减小 46.9 nm 激光线的增益。假设最大增益，产生在 $t_g$ 时间，拉氏点 $k_g$ 处。计算结果显示在拉氏点 $k_g$ 处，$t_g$ 时间前的增益比较小，主要是由于从(10，$g$)到(10，$u$)的碰撞激发速率比较慢，而 $t_g$ 时间后增益的减小，主要是由于过电离，增益减小的原因还有多普勒展宽、逐渐增加的折射和碰撞热损失。

从图3.66中，可以看到模拟计算得到的46.9 nm激光线的最大增益为1.9 $cm^{-1}$，这个增益值将由于折射的原因而减小到实际观测值0.6 ~ 1.1 $cm^{-1}$。在增益区，电子密度 $N_e$ 的值为 $(0.3 \sim 1) \times 10^{19}$ $cm^{-3}$，电子温度 $T_e$ 大约为60 eV；增益在坍塌前2 ns产生，增益维持时间为1.8 ns，这些计算数据都和实验结果相吻合。

3.等离子体坍塌阶段(45 ns以后)

等离子体继续箍缩，直至热压和磁压相等，压缩激波向外反射，等离子体坍塌；而激光输出由于折射的增加、碰撞热损失和过电离等原因而减小。由计算我们得到电子密度和其他自发发射在坍塌时达到最大值，随后等离子体开始膨胀，电子密度开始减小，完成了一次激光输出过程。

通过以上分析可以看出，由XDCH程序计算得到的结果在最大压缩时间和增益特性方面和实验结果是很好地相符合的，包括增益值、增益持续时间、增益区内电子密度 $N_e$、电子温度 $T_e$，为进一步开展实验研究提供了可靠的理论指导。

毛细管放电激励类氖氩离子产生46.9 nm激光线时，$J = 0 - 1$ 粒子数反转主要是由于从基态到 $J = 0$ 能级的碰撞激发速率远大于从基态到 $J = 1$ 能级的碰撞激发速率；在箍缩时，等离子体处于电离阶段，少量的类氖氩粒子数反转，可以引起长时间的大量的粒子数反转($P^{10} \sim 1$ 和 $1/\lambda^{10,10}$，在 $N_e = 10^{19}$ $cm^{-3}$，$T_e \approx 60$ eV时)；过电离的等离子体，将会大幅度减少46.9 nm激光线的增益。在 $k_g$ 点 $t_g$ 时刻前的增益较小主要是因为从基态到 $J = 0$ 能级的激发速率慢，在 $t_g$ 时刻后增益系数减小主要是由于过电离。因为在毛细管中心处的电子温度 $T_e$ 过高，不能产生增益，所以增益区为环形；在等离子体坍塌时，电子和离子的能量交换是非常重要的，在整个箍缩过程中，原子过程对电子温度的减少起着非常重要的作用；共振谱线的捕获效应对粒子数的反转影响作用不大，但是在发生最大压缩时，它使最大压缩持续时间缩短，Ar等离子体尺寸变宽，改变了增益条件。

### 3.3.5 X光在等离子体中的传播

根据以上的分析可知，毛细管放电软X光激光的产生是在等离子柱被箍缩接近轴心的时刻，所以激光的增益区是一个直径很小(约100 ~ 200 μm)的圆柱对称形的等离子体柱。由于等离子体内存在电子密度梯度，直径又很小，所以折射效应很容易使光传输时发生偏转，以至于偏离出激光的增益区，缩短了X光激光在等离子体内增值的长度，限制了增益放大。对于自发辐射的光，只有当它沿着具有适当等离子体密度分布的增益区传播时，才能获得增益放大。因此，合适的等离子体密度分布对于实验中获得更大的增益介质长度，提高激光的增益是至关重要的。这里采用几何光学近似研究X光激光在等离子体中的传播，对于在特定等离子体密度分布下的光强的空间分布、激光光束的束轮廓作出了近似解析计算，并分析了折射效应对激光增益影响的基本规律[116,117]。

#### 3.3.5.1 连续折射介质中的光线方程

对毛细管放电软X光激光,可采用如图3.67表示的增益区模型。增益介质为细长的圆柱对称体,轴向的尺度远大于径向的尺度,密度的改变发生在径向,而X射线激光的放大沿着轴向方向,并且可认为在轴向方向上等离子体是均匀的,因此所有的性质是不变的。

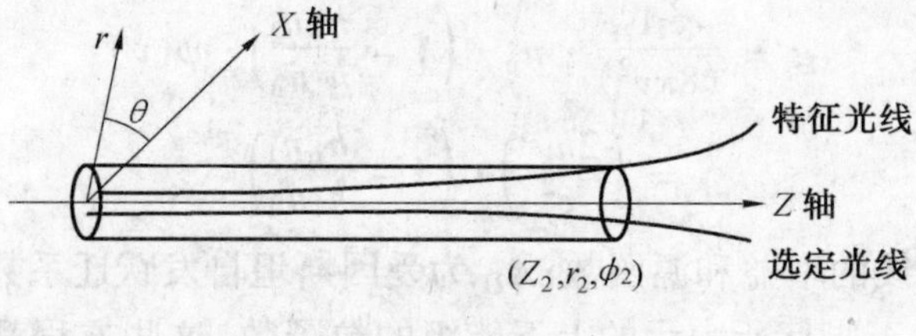


图3.67 等离子体柱示意图

为了计算输出光束的束轮廓,需要知道X光激光在等离子体中传播的轨迹。X光是一种短波长的电磁波,原则上可用麦克斯韦方程组求解电磁波的传播规律,但通常麦克斯韦方程仅对一些简单系统才有严格解,因此对于光学问题常用一些近似方法描述。当光的波长远小于和它相互作用的系统线度时可以忽略波长的有限大小,即成为几何光学近似。对于非均匀的连续折射介质,从费马原理出发用拉格朗日方法可建立光线的传播方程,其形式为

$$\frac{\mathrm{d}}{\mathrm{d}s}\left(\eta\frac{\mathrm{d}\boldsymbol{r}}{\mathrm{d}s}\right)=\nabla\eta \tag{3.164}$$

式中,d$s$为微分路径长度,$\boldsymbol{r}$为光线的位置向量,$\eta$为等离子体的折射率,它可以近似地取

$$\eta=\left(1-\frac{n_{\mathrm{e}}}{n_{\mathrm{c}}}\right)^{\frac{1}{2}} \tag{3.165}$$

$n_{\mathrm{c}}$为对应X光波长的临界电子密度,其表达式为

$$n_{\mathrm{c}}=\frac{\pi m_{\mathrm{e}}c^2}{e^2\lambda}=2.79\times10^{24}\ \mathrm{cm}^{-3}\left(\frac{\lambda}{200}\right)^{-2} \tag{3.166}$$

临界密度指的是在这一密度下等离子体的频率与X光的频率相等;$n_{\mathrm{e}}$为电子密度;$\lambda$为X光激光的波长(单位Å)。由式(3.164)和式(3.165)我们可以看出,折射率是与电子密度相关的,正因为等离子体中存在径向电子密度梯度,光线才会发生折射,电子密度梯度的大小是决定光线折射大小的根本原因。假如等离子体内不存在电子密度梯度,光线就不会发生折射。

由于折射率仅沿径向变化,对于同一半径$r$基本是处处相等的,因此在计算过程中可以忽略光线$\theta$角方向的偏转,方程可简化为

$$\frac{\mathrm{d}^2r}{\mathrm{d}z^2}=\frac{\mathrm{d}}{\mathrm{d}r}\ln(\eta) \tag{3.167}$$

为了计算光束的束形,遵循了London[118]所描述的计算过程;对被探测器所观察到的激光

介质表面区域出射的具体光强进行积分。这个特定光强被定义为在某一特定方向上单位面积、单位立体角和单位频率间隔的辐射通量。对某一具体的光线，它的强度仅取决于它的增益长度积 $gL = \int g\mathrm{d}s$，并可以通过下式计算出结果。

$$I(gL) = S(\mathrm{e}^{gL} - 1) \tag{3.168}$$

其中

$$g = \frac{c^2 A_{21}}{(8\pi\nu^2)} \cdot n_{\mathrm{u}} \cdot \left(1 - \frac{h_{\mathrm{u}} n_1}{h_1 n_{\mathrm{u}}}\right) \cdot \psi(\nu)$$

$$S = \left(\frac{2h\nu^3}{c^2}\right) \cdot \left(1 - \frac{h_{\mathrm{u}} n_1}{h_1 n_{\mathrm{u}}}\right)^{-1} \tag{3.169}$$

这里 $g$ 和 $S$ 分别是此光线的增益和源函数；$A_{21}$ 为爱因斯坦自发跃迁系数；$\nu$ 是跃迁频率；$h$ 和 $n$ 分别为统计权重和由上下脚标所表示的上下能级的粒子数。这些方程都假设在毛细管起始端面 $z = 0$ 处无入射辐射，并且沿着增益介质的整个长度考虑了自发辐射对光强的贡献。

由于圆柱对称性，仅需计算在平行于 $X - Z$ 平面上由等离子体出射的光线远场的出射光强空间分布，从而得到激光光束的束形。用下标 2 表示在等离子体出射平面的坐标；因此 $(l, r_2, \phi_2)$ 是出射点的柱坐标，在此点设出射光线与 $Z$ 轴形成角，此光束的束形就可通过对出射平面积分计算出来，即

$$F(\phi_2) = \iint I(r_2, \theta_2) r_2 \cos(\phi_2) \mathrm{d}r_2 \mathrm{d}\theta \tag{3.170}$$

当知道了电子密度分布和出射光线在 $z = l$ 处的坐标及出射角度，就可以以出射光线在出射点的坐标为边界条件用方程(3.167)算出光线的路径，然后再利用增益分布函数来计算增益长度积，并用式(3.168)得到出射光强，最后利用等式(3.170)中的积分计算出激光通量随出射角度的分布。

#### 3.3.5.2　电子密度线性分布的近似计算

如果假设等离子体柱箍缩至最小半径附近时的电子密度沿半径方向呈线性分布，则可按照下面的步骤计算出射光束形状。

1. 光线路径的求解

电子密度线性分布情况可取表达式

$$n_{\mathrm{e}} = n_0\left(1 - \frac{r}{a}\right) \tag{3.171}$$

其中，$n_0$ 是增益区内的最大电子密度，$a$ 是圆柱状增益区的半径。对于所考虑的较长的等离子体柱，取傍轴近似 $\mathrm{d}s = \mathrm{d}z$，并考虑 $n_{\mathrm{c}} \gg n_{\mathrm{e}}$，得到

$$\frac{\mathrm{d}^2 r}{\mathrm{d}z^2} = \frac{n_0}{2\eta a n_{\mathrm{c}}} \tag{3.172}$$

定义折射长度和折射角

$$L_r = a\eta\left(\frac{2n_c}{n_0}\right)^{\frac{1}{2}} = \frac{a}{\phi_r}$$

$$\phi_r = \left(\frac{n_0}{2n_c}\right)^{\frac{1}{2}} \tag{3.173}$$

将式(3.173)代入方程(3.172),且考虑 $\eta \approx 1$,则得方程

$$\frac{d^2 r}{dz^2} = \frac{\phi_r}{L_r} \tag{3.174}$$

这个方程可以解析求解,其解的形式为

$$r = \frac{\phi_r}{2L_r}z^2 + Bz + C \tag{3.175}$$

为了确定式(3.175)的系数 $B$ 和 $C$,使用出射端面的某一典型光线的坐标$(l, r_2, \phi_2)$为边界条件,利用出射光线与 $Z$ 轴的角度满足关系 $\phi_2 = \frac{dr}{dz}$,将式(3.175)代入此关系得到

$$\phi_2 = \frac{\phi_r}{L_r}l + B \tag{3.176}$$

将典型光线的出射坐标代入式(3.175),然后再与式(3.176)联立可求出系数 $B$ 和 $C$,即

$$B = \phi_2 - \frac{\phi_2 \cdot l}{L_r}$$

$$C = r_2 - \phi_2 l + \frac{\phi_r \cdot l^2}{2L_r} \tag{3.177}$$

这样便得到了光线路径的解析表达式。

2. 出射光束的光强分布计算

X光激光光束从等离子体增益区端面出射,经过一段距离 $D$ 后达到探测仪器,并且一般情况 $D \gg l$。计算光束的方向特性,是指计算探测器接收到的与角度相关的出射辐射通量 $F(\phi)$。为此,先算增益区端面出射的与出射坐标相关的光强 $I$,然后再对出射端面的面积积分,就得到仅与出射角度相关的光通量分布 $F(\phi_2)$。考虑到探测器距等离子体较远,辐射角分布由探测器平面的横向位置分布表示,这样光束的方向特性分布简化为对出射坐标 $r_2$ 的积分,便最终得到探测器平面接收到的对于任何辐射角 $\phi_2$ 单位面积的辐射通量,注意其中的表示光线出射的微分面元向光线的垂直方向(也近似的是探测器方向)的投影为

$$F(\phi_2) = \frac{2\pi}{D^2}\int I(r_2, \phi_2)\cos\phi_2 r_2 dr_2 \tag{3.178}$$

同样可以假设增益与电子密度分布一致,可得到增益系数的变化关系为

$$g = g_0(1 - \frac{r}{a}) \tag{3.179}$$

将式(3.179)代入 $gL=\int g\mathrm{d}s$ 中,并取傍轴近似,有

$$gL = g_0\int(1-\frac{r}{a})\mathrm{d}z \tag{3.180}$$

将式(3.175)代入式(3.180)中积分,再将求得的 $gL$ 代入式(3.168)中,则得到光强

$$I(gL) = S\left\{\exp\left[g_0 l\left(1-\frac{l^2}{6L_r^2}+\frac{\phi_2 l}{2a}-\frac{r_2}{a}\right)\right]-1\right\} \tag{3.181}$$

将式(3.181)代入式(3.178)中并对 $r_2$ 积分,可求得探测仪器平面上接收到的光强随角度 $\phi_2$ 的变化关系,在计算中作了一系列近似简化,忽略了一些小量,最终得到

$$F(\phi_2) \approx \frac{2\pi sa^2}{D^2}\left\{\frac{1}{(g_0 l)^2}\exp\left[g_0 l\left(1-\frac{l^2}{6L_r^2}\right)+\frac{g_0 l^2}{2a}\phi_2\right]\right\} \tag{3.182}$$

取 $\lambda = 46.9$ nm, $a = 150$ μm, $g_0 = 1\ \mathrm{cm}^{-1}$, $n_0 = 3\times10^{18}\ \mathrm{cm}^{-3}$,通过计算可以得到 $n_c = 5\times10^{23}\ \mathrm{cm}^{-3}$, $L_r = 8.7$ cm, $\varphi_r = 1.73$ mrad。由式(3.182)即可得到出射端光强的分布,等离子体长度为 10 cm 的分布如图 3.68 所示。从图中可以看到,电子密度线性分布情况下折射效应非常明显,光束的束散角很大。说明有很大部分光线偏出增益区,所以光强主要集中在边缘,这将导致激光有效增益的降低。

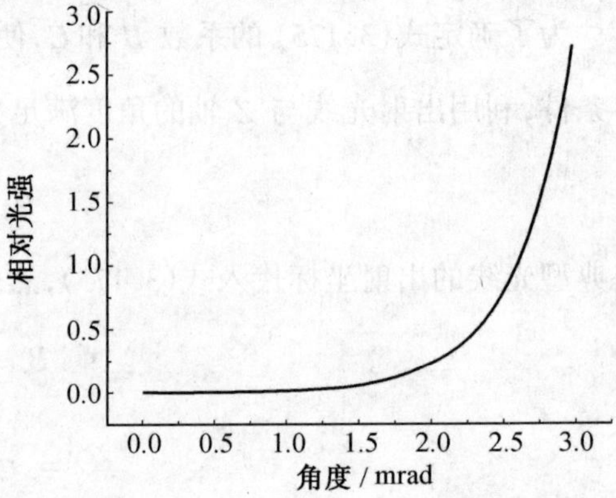


图 3.68　出射光强远场分布图形

3.折射效应对增益的影响

折射效应限制了 X 光激光在增益区传播的长度,这就是增益区长度的饱和问题[118]。从式(3.182)中的指数部分可以看到,$g_0$ 为在等离子体状态下通过解动力学方程得到的小信号增益系数,对于 $\phi_2=0, r_2=0$ 的光线,定义有效增益系数为

$$g_{\mathrm{eff}} = g_0\left(1-\frac{l^2}{6L_r^2}\right) \tag{3.183}$$

由上式可见折射效应使增益系数 $g_0$ 下降,对 $\phi_2=0$ 的光线,当 $l\ll L_r$ 时,$g_{\mathrm{eff}}\approx g_0$,折射效应的影响不大;当 $l\geqslant 6L_r$ 时,$g_{\mathrm{eff}}\leqslant 0$ 折射效应的影响相当严重。在 $l>\sqrt{6}L_r$ 的区域内,X 光激光的强度几乎没有增长,在轴向甚至没有放大。在 $\phi_2=0$ 时,$l_{\max}=\sqrt{6}L_r$ 为光线最大增益区长度,即为饱和长度;从式(3.182)也可看出对于不同偏转角的光线其饱和长度也不同,其饱和长度随偏转角的增大而变长,因此从侧面出来近轴且经过整个增益区长度的光线的饱和长度最长,可达到 $\frac{3L_r+\sqrt{34}L_r}{2}$。

### 3.3.5.3　电子密度抛物线分布的近似计算

按照理论预估和实验测量,沿着等离子体箍缩方向的密度分布可取抛物形[118],同时假定增益正比于密度,即同为抛物形分布,它们可以表示为

$$n(r) = n_0\left[1 - \left(\frac{r}{a}\right)^2\right] \tag{3.184}$$

按照与电子密度线性分布相同的计算方法,将式(3.184) 和式(3.165) 代入光线传播方程(3.167),并取傍轴近似,考虑到 $n_0 \ll n_c$,因此 $\eta \approx 1$,可以得到简化的光路方程

$$\frac{d^2 r}{dz^2} = \frac{n_0 r}{n_c a^2} \tag{3.185}$$

这个方程可解析求解为

$$r = A\exp\left(\frac{z}{a}\sqrt{\frac{n_0}{n_c}}\right) + B\exp\left(-\frac{z}{a}\sqrt{\frac{n_0}{n_c}}\right) \tag{3.186}$$

仿照前面用出射点坐标$(l, r_2, \phi_2)$ 为边界条件确定系数 $A, B$,并设折射长度为 $L_r = a\sqrt{\frac{n_c}{n_0}}$,再设 $\phi_r = \left(\frac{n_0}{n_c}\right)^{\frac{1}{2}}$,则折射长度可写为 $L_r = \frac{a}{\phi_r}$,得到系数 $A$ 和 $B$

$$A = \frac{1}{2}(r_2 + \phi_2 L_r)\exp\left(-\frac{l}{L_r}\right)$$

$$B = \frac{1}{2}(r_2 - \phi_2 L_r)\exp\left(\frac{l}{L_r}\right) \tag{3.187}$$

考虑在整个等离子体中增益是常数的轴向发射,只有那些整个长度都处于增益区的光线才能得到足够的放大,则由方程(3.186) 可推出光线的近似路径

$$r = \frac{r_2}{2}\exp\left[\frac{(l - z)}{L_r}\right] \tag{3.188}$$

定义等离子体柱末端发射区的近似宽度为 $r_m$,它由进入等离子体的入射位置在 $r = a$ 处的光线决定,所以

$$r_m = 2a\exp\left(\frac{-l}{L_r}\right) \tag{3.189}$$

上式表明随着增益区长度的增大,由于折射的结果发射区按指数窄化,而X光激光输出光束的发散角受衍射极限角和几何发散角的限制,即

$$\theta \geqslant \sqrt{\left(\frac{1.22\lambda}{d}\right)^2 + \left(\frac{d}{2L}\right)^2} \tag{3.190}$$

其中,$d$ 是激光出射端面的直径,$L$ 是增益区等离子体柱长度。由此式可见,当发射区的宽度随等离子体柱长 $L$ 按指数窄化时,发散角会随着 $L$ 的增加而减少。

#### 3.3.5.4 光强分布计算结果与讨论

按照与线性分布相同的计算程序，将 $g = g_0\left[1-\left(\frac{r}{a}\right)^2\right]$ 代入 $gL=\int g\mathrm{d}s$ 中，取傍轴近似积分得到增益长度积表达式，再代入式(3.168)求出光强结果，最后对于端面出射情况，将光强结果代入式(3.178)积分出通量的角度分布。但是值得注意的是，对于较长的等离子柱，边上出射的光线对总辐射的贡献不能忽略，边上光线的通量的积分表达式为

$$F(\phi_2) = \frac{1}{D_2}\int_0^l I(gL)2\pi a\sin\phi_r\mathrm{d}z \tag{3.191}$$

由于是光线从侧面偏出增益区，而折射率在 $r = a$ 处停止变化，且折射率在等离子体外为常数，所以从等离子体柱侧面出射光线将保持它们的出射角度不变。因此侧面发射的积分面元表达为 $2\pi a\sin\phi_r\mathrm{d}z$，发射角取 $\phi_r$ 是因为仅考虑增益区末端边上出射的光线，近似认为只有这部分光线得到充分的放大，其发射角达到极大值，近似等于折射角。而 $\sin\phi_r$ 表示发射面元向探测器方向的投影。

按照 London[118] 的近似方法，最后算出端面出射和边上出射光线的两个通量成分分别为

$$F_1(\phi_2) \approx \frac{8\pi sa^2}{g_0L_rD^2}\exp\left[\left(g_0-\frac{2}{L_r}\right)l-\frac{g_0L_r}{2}\phi^2\right] \tag{3.192}$$

$$F_2(\phi_2) = \frac{4F_0}{g_0L_r[2-(1-\phi^2)]}\exp\left\{g_0\left[1-\frac{1}{2}(1-\phi^2)\right]l-\frac{g_0(1+\phi)^2L_r}{8}-\frac{\phi_r^2(1-\phi)^2}{2\sigma^2}\right\} \tag{3.193}$$

其中 $\phi=\frac{\phi_2}{\phi_r}$，$F_0=\frac{\pi sa^2}{D^2}$，$\sigma^2=\frac{4\phi_r^2}{g_0L_r}\exp\left(-\frac{2l}{L_r}\right)$。因此，在探测器上接收的光通量两部分的和为

$$F(\phi_2) = F_1(\phi_2)+F_2(\phi_2) \tag{3.194}$$

从上式可以看出，对 $F_1$ 也就是从出射端面出射的光通量以有效增益 $g_0-2/L_r$ 而增加；对 $F_2$ 情况，由于峰的角宽度 $\sigma$ 随等离子体柱长度指数下降，这样远轴 X 光激光功率的增益也为 $g_0-2/L_r$。这表明对一圆柱对称几何结构(二维)，折射对每一维都引起了一个损失项 $1/L_r$。定义折射增益长度积 $gL_r=g_0L_r$，则在 $gL_r$ 小于 2 情况下，折射占优，使得长度大时光强达到一常数值，只有 $gL_r$ 大于 2 时，激光强度才能克服折射损耗不断按指数增长，直到增益饱和。

#### 3.3.5.5 激光输出能量的计算

根据前面的理论分析可知，计算光束的方向特性就是指计算探测器接收到的与角度相关的出射辐射通量，从激光增益介质等离子体柱端面和侧面出射的辐射通量分别由式(3.178)和式(3.191)的积分算出。辐射通量的定义是发光表面在特定方向每单位时间、单位立体角和单位频率间隔所辐射的能量，所以原则上只要把所计算出来的辐射通量分布对探测器可接收到的立体角积分，就可求出被探测到的总输出功率。但是，要计算实际探测到的激光的总功率，还必须考虑谱线的展宽，即将求得的激光光强对展宽频率积分。与频率相关的增益系数可写为

$$g(\nu) = \frac{g\varphi(\nu)}{\varphi(\nu_0)} \tag{3.195}$$

其中 $g$ 是线心增益系数，$\varphi(\nu)$ 是线形函数，已归一化，它的积分为1。在多普勒线形情况下，小信号增益时光强的频率积分为

$$\int I\mathrm{d}\nu = \sqrt{\pi}\Delta\nu_{\mathrm{D}} S \frac{(\mathrm{e}^{gL}-1)^{3/2}}{(gL\mathrm{e}^{gL})^{1/2}} \tag{3.196}$$

其中 $gL$ 是线心增益长度积，$S$ 是原函数，$\Delta\nu_{\mathrm{D}}$ 表示多普勒频率展宽，它可以近似表达为

$$\Delta\nu_{\mathrm{D}} = \frac{(2k_{\mathrm{B}}T_{\mathrm{i}}/M_{\mathrm{i}})^{1/2}}{\lambda} \tag{3.197}$$

其中 $T_{\mathrm{i}}$ 和 $M_{\mathrm{i}}$ 分别为离子的温度和质量。由式(3.196)可见，对于较大的增益长度积，频率积分按指数变化。

所以，当我们进行数值计算时，先计算每条光线的强度，再计算整个增益区对探测器的角度相关的总辐射通量，最后将总辐射通量对探测器所张开的立体角积分就可以算出激光的总输出功率。

先确定原函数的值，原函数的表达式是式(3.169)，对于我们实验获得的类氖氩46.9 nm激光，可以取$\left(1-\frac{h_{\mathrm{u}}n_{\mathrm{l}}}{h_{\mathrm{l}}n_{\mathrm{u}}}\right)^{-1}\approx 2$，则将普朗克常数、频率和光速代入式(3.169)得到 $S$ 的值约为 $7.708\times10^{-3}$。对于 $\Delta\nu_{\mathrm{D}}$，毛细管放电产生激光的离子温度范围是50 ~ 100 eV，这里取70 eV，将 $T_{\mathrm{i}}$、$M_{\mathrm{i}}$ 和 $\lambda$ 换算成国际单位制，再代入式(3.197)可求出 $\Delta\nu_{\mathrm{D}}\approx 4\times10^{11}$。根据这些值的选取，再确定好线心增益系数，就可以算出对频率展宽积分的总辐射通量。

最后计算总功率就是要算出总辐射通量对探测器向毛细管所张立体角的积分，考虑到探测器一般距等离子体较远，立体角近似用探测器平面的面积计算，即

$$P = \int_0^r F(\phi)\frac{2\pi r\mathrm{d}r}{D^2} \tag{3.198}$$

其中，$D$ 是探测器的距离，$r$ 是探测器表面的半径，如果探测器离开足够远，则可以做如下近似：$\phi\approx\frac{r}{D}$，$\mathrm{d}\phi\approx\frac{\mathrm{d}r}{D}$，那么式(3.198)就近似等于

$$P = 2\pi\int_0^{\phi} F(\phi)\phi\mathrm{d}\phi \tag{3.199}$$

探测器X射线二极管(XRD)的接收光阴极半径约0.7 cm，它和毛细管的距离是0.7 m，所以它对毛细管的角度约为10 mrad，远大于激光的束散角。因此，总功率就转化为对激光最大辐射角的积分。

根据实验中可能的几种情况可计算激光输出能量：

(1) 对于电子密度和增益抛物线分布，增益区长度为20 cm，最大增益系数为1 $\mathrm{cm}^{-1}$，增益区半径为150 $\mu$m时，计算得到激光的输出功率为 $1.118\times10^4$ W，以毛细管放电激光脉冲宽度约

为1.5 ns,则单脉冲能量约为16 μJ。这种假设下,增益长度积约为12,而文献[94]提到已达到增益饱和的增益长度积为 12 ~ 14,激光能量为 15 μJ,与计算吻合。

(2) 如设最大增益为 0.7 $cm^{-1}$,其他条件同上,计算得到激光功率为 46 W,单脉冲能量约 0.07 μJ。在这种条件下增益长度积约为 6,对比增益饱和的增益长度积约为 12,用 Linford 公式可以计算出输出能量相差约 200 倍,这也与以上文献报道的饱和能量吻合。

(3) 根据另外一种电子密度分布,即轴心处为平顶的线形来计算功率,并设最大增益为 0.8 $cm^{-1}$,增益区半径为 130 μm,计算结果是单脉冲能量约 0.1 μJ。这说明,这种电子密度分布虽然有利于近轴光线的传播,减小激光的束散角,但是和上面的结果(2) 相比,并没有因为某部分光线避免了折射损耗而提高激光的输出能量,证明这部分近轴光线所占比例是很小的。

### 3.3.6 预脉冲与毛细管放电软 X 射线激光

在激光打靶 X 射线激光研究中,许多实验都使用了预脉冲技术,获得了良好的效果。在毛细管放电泵浦软 X 射线激光实验中,预脉冲也起着至关重要的作用,具体体现在两方面:一是对气体进行初步电离后形成的等离子体是一种电阻率很小的良导体,在高电压主脉冲作用下有利于形成快脉冲大电流,使等离子体柱能快速脱离管壁,减少管壁烧蚀;更主要的是利用预脉冲技术,形成均匀预电离的等离子体柱,为主脉冲通过 Z 箍缩效应形成轴向均匀、电子密度梯度较小的高温高密度等离子体柱提供了可能。与其他毛细管放电等离子体相比,有预脉冲作用时,获得的等离子体柱直径更小,轴向均匀性更好,电子温度更高,适当的预脉冲是产生 X 光激光的必要条件[119,120]。

#### 3.3.6.1 Blumlein 传输线固有前置脉冲的作用

本书介绍的实验装置采用的是 Blumlein 传输线,而在 Blumlein 传输线充电时,由于接地电感的存在,主脉冲到来前几百纳秒,在毛细管两端会产生一幅值为 5 ~ 7 kA,持续 100 ns 左右的前置脉冲,如图 3.69 所示。这里先验证用其作为毛细管放电软 X 射线激光的预脉冲是否可行。

首先需要在实验中判断该前置脉冲是否能够形成均匀预电离的等离子体柱,以及该前置脉冲条件下等离子体的烧蚀情况。高价氩离子在 200 ~ 300 nm 波段的辐射比较弱,而聚乙烯毛细管管壁材料碳、陶瓷毛细管的铝和氧在此波段有较强的辐射,可以对毛细管放电后的真空紫外谱进行测量,来研究放电时的管壁烧蚀和等离子体柱的均匀性。

测谱实验中采用的毛细管有聚乙烯和高纯度陶瓷管两种,电极有黄铜和钼两种。电极一端钻有 2 mm 的孔,一方面可以令气体充入毛细管,另一方面可以使毛细管放电产生的辐射出射。因为软 X 射线辐射在气体中有强烈的吸收,所以需要在真空中进行传输。在毛细管与真空传输管道之间,通过 1 mm 针孔来实现差分,可以保证在毛细管与针孔间充有几十帕的气体,而针孔与单色仪之间维持约 0.01 Pa 的真空,避免了软 X 射线辐射在传输过程中的吸收问题。

在毛细管内充入氩气 60 Pa,采用如图 3.69 的主放电电流,对聚乙烯毛细管放电的实验结果如图 3.70 所示。从图中可看出,谱线呈连续状且不能分辨,说明有很强的背景辐射,而且多次放电后，观察毛细管内壁和真空传输通道的内壁，均附有大量黑色碳粉，所以此时的管壁烧蚀是非常严重的。大量的管壁烧蚀，不仅影响主放电电流的分布，影响毛细管等离子体的状态，而且对探测设备如光栅、MCP 等会造成极大损害。

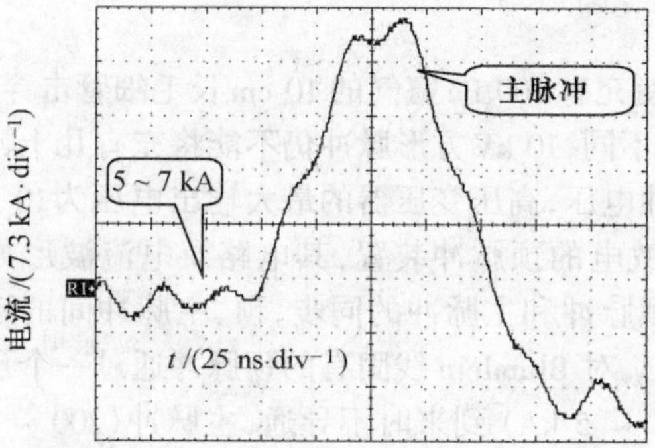


图 3.69　装置固有预脉冲及主脉冲电流波形

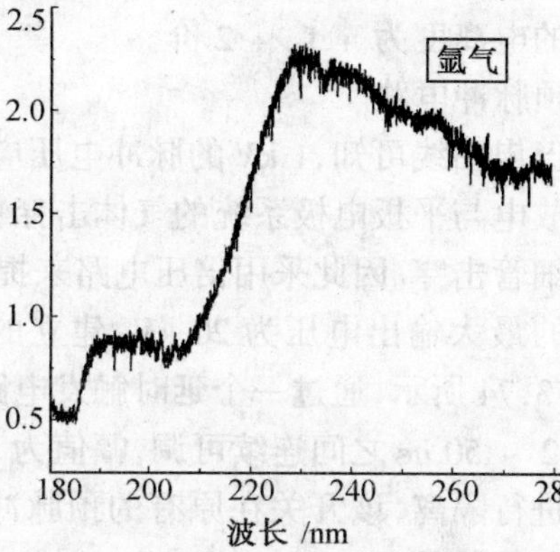


图 3.70　5 kA 预脉冲、聚乙烯毛细管放电的真空紫外辐射

图 3.71 是陶瓷毛细管内表面的电镜图像。通过测试得知，上面的白点状物质，是铜锌合金电极高压放电产生的碎片。测试毛细管内表面所含物质的谱图 3.72 表明，其内表面上附着大量的铜、锌、硅、铝等物质，分别来源于铜锌合金电极和氧化铝陶瓷毛细管。而毛细管放电后观察到的辐射谱也主要以这些物质的谱线为主[113,119]。研究结果表明，装置固有的前置预脉冲幅值过高，管壁烧蚀严重，这种条件下没有获得激光输出，可以推断形成的等离子体均匀性差。

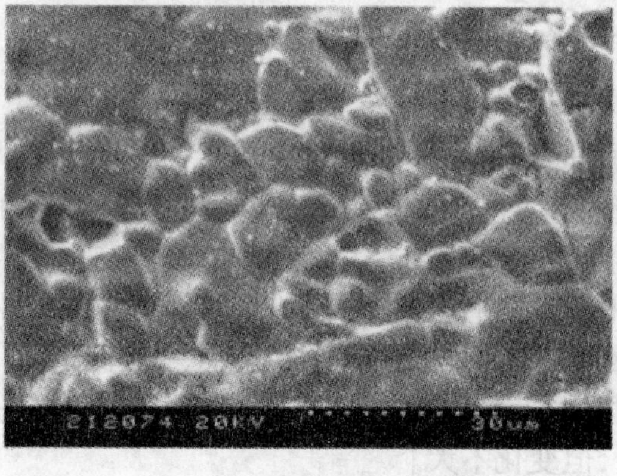

图 3.71　放电后毛细管内表面电镜图像

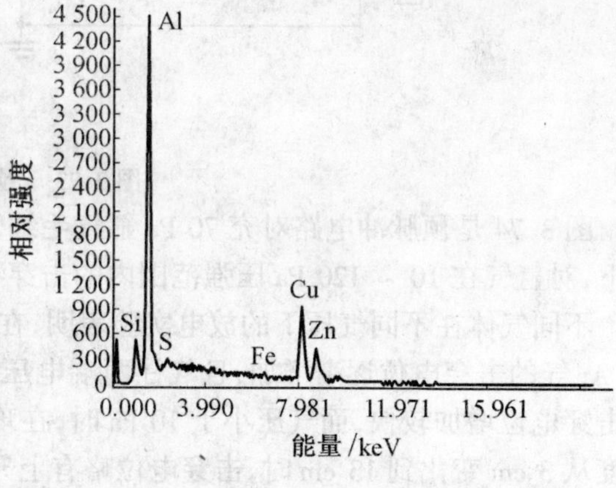


图 3.72　多次放电后毛细管内表面沉积物质谱图

### 3.3.6.2 预脉冲装置及实验

据理论计算,10 ~ 100 A 预脉冲产生的等离子体均匀性比较好,所以产生 X 射线激光需要一个新的预脉冲装置[111,120,121]。要求新的预脉冲电路,能够将毛细管内的气体均匀击穿,Ar 等离子体的电离度为 + 1、+ 2 价。

1.预脉冲电路

由巴申曲线可知,1 kV 的脉冲电压应该足以使充有 100 Pa 氩气的 10 cm 长毛细管击穿,但毛细管放电与平板电极系统的气体击穿特性完全不同,10 kV 方形脉冲仍不能将充有几十帕氩气的毛细管击穿。因此采用倍压电路来提高预脉冲电压,高压变压器的最大输出电压为10 kV,预脉冲的最大输出电压为 20 kV。建立的毛细管放电的预脉冲装置,其电路及电流波形如图 3.73 和 3.74 所示,通过一个延时触发电路,完成预脉冲和主脉冲的同步,预、主脉冲间的延迟时间在 2 ~ 50 μs 之间连续可调,幅值为 10 ~ 30 A。对 Blumlein 线固有的预脉冲通过一个预脉冲开关进行隔离,该开关在原有的预脉冲(50 kV, ~ 5 kA) 到来时不导通,主脉冲(200 ~ 300 kV) 到来时导通。

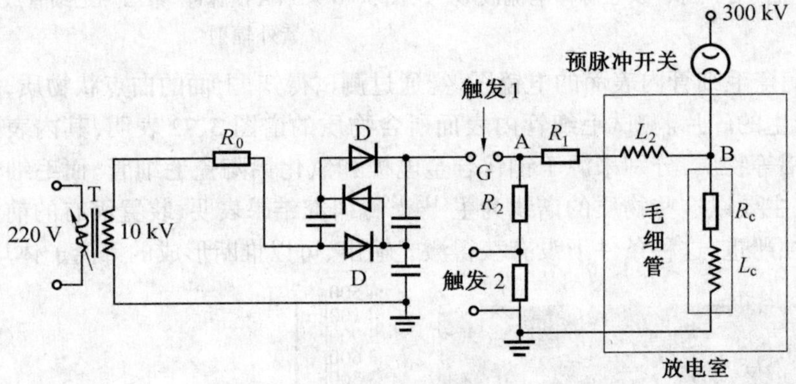


图 3.73 预脉冲电路

图 3.74 是预脉冲电路对充 70 Pa 氩气毛细管放电的电压和电流波形。在该实验装置的条件下,对氩气在 10 ~ 120 Pa 压强范围内的击穿特性进行了测量。

不同气体在不同气压下的放电实验表明,在相同的气柱长度下,随着气压从 130 Pa降到 15 Pa,Ar 气的击穿电位逐渐增加,且气柱两端电压的持续时间也逐渐增加。氩气气压低于 60 Pa 时击穿电位增加较快,而气压小于 10 Pa 时,在现有电压 20kV 的情况下仍未能将其击穿。气柱长度从 3 cm 变化到 13 cm 时,击穿电位略有上升,但变化不大。

2.不同预脉冲对管壁烧蚀的影响

选择幅值为 20 A、延迟时间为几个微秒的预脉冲,在相同的主脉冲条件下,观测了充氩气陶瓷毛细管放电的辐射谱,结果如图 3.75 所示。可以看出 20 A 预脉冲放电时的谱线包络与几千安时的基本相同，但 20 A 预脉冲时的背景辐射大幅减小，谱线可分辨性强，说明采用 20 A 预脉冲时管壁烧蚀量大大减小了。实际上，幅值为 20 A 的、持续时间为几微秒的预脉冲，因为持续时间足够短，避免了不必要的附加加热，另一方面，与等离子体的维持时间相比，预脉冲持续时间又足够长使扩散过程能够完成；而较低的电场减少了碰撞电离截面，电子更多的是发生非弹性碰撞，所有这些都有助于在主脉冲之前获得均匀的等离子体初始条件；主脉冲到来时，通过这个低阻抗的、均匀预电离的等离子体柱，能使等离子体快速脱离管壁，大幅减少管壁烧蚀量，并在毛细管中形成均匀、电子密度梯度小的等离子体柱，有利于产生激光放大。

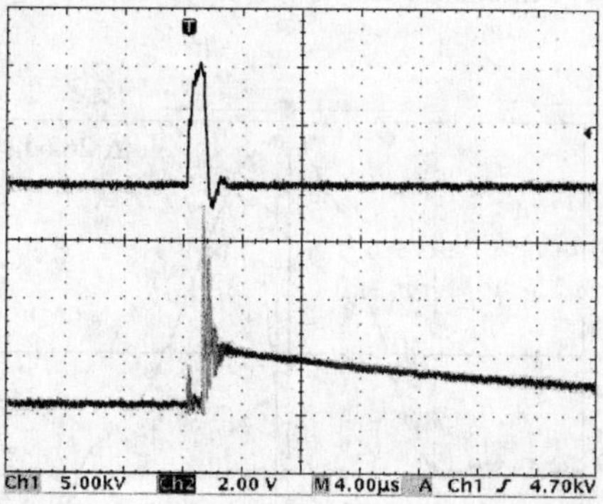


图 3.74　20 Pa 氩气预脉冲的电压和电流波形

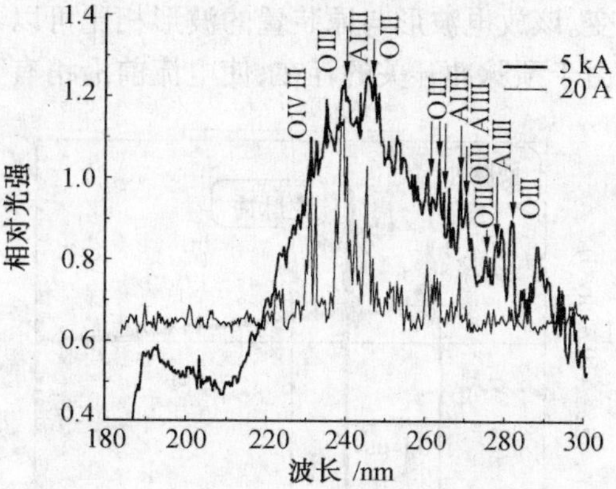


图 3.75　5 kA 和 20 A 预脉冲放电真空紫外辐射谱比较

3.预、主脉冲延时

预主脉冲放电系统的工作情况如图 3.76 所示。预脉冲的幅值要求几十安培，持续时间几 ~ 十几微秒，即预、主脉冲之间延时为几 ~ 十几微秒，这要求预、主脉冲之间有一触发延时电路。在预脉冲产生的同时，预脉冲电路输出一触发信号，该触发信号经延时器后，对 Marx 发生器进行触发。实验时首先将 Marx 发生器中的电容并联充电，在预脉冲过后几微秒，触发延时信号使闸流管导通，电路产生一脉冲高压信号触发 Marx 发生器中的火花隙开关，使电容串联放电，此时主开关接通，脉冲形成线提供一个快前沿的脉冲加到毛细管负载上，即形成快脉冲大电流放电。

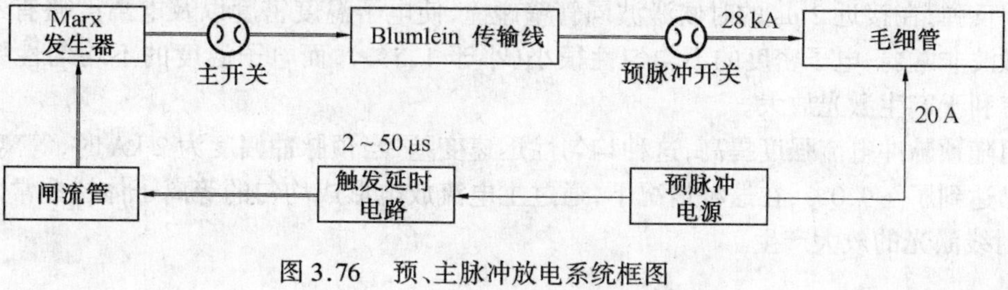


图 3.76　预、主脉冲放电系统框图

在毛细管中充有20 ~ 80 Pa氩气,毛细管的气柱长12 cm的情况下,预脉冲电压大于14 kV时毛细管能够顺利导通。图3.77给出了预 - 主脉冲联调时,预脉冲的电流波形,波形中的尖峰是在主脉冲到来时通过隔离电感耦合过来的,标志着主脉冲到来的时刻。从图中可以看出预 - 主脉冲的延时时间约为4 μs,满足产生软X光激光对预 - 主脉冲的延时要求。

装置固有前置脉冲被隔离、外加新预脉冲后的主脉冲测量结果如图3.78所示。电流波形第一个峰的峰值电流为40 kA,前沿为26.6 ns,脉宽38 ns。该电流的峰值可通过改变Marx发生器的充电电压以及主开关的气压来改变,前沿可通过改变预脉冲开关间的距离在几纳秒范围内改变。该放电波形与原装置的波形相比可以看出,原装置的幅值较大的前置脉冲已被去掉,同时由于预脉冲开关的存在,使电流前沿稍有变陡。

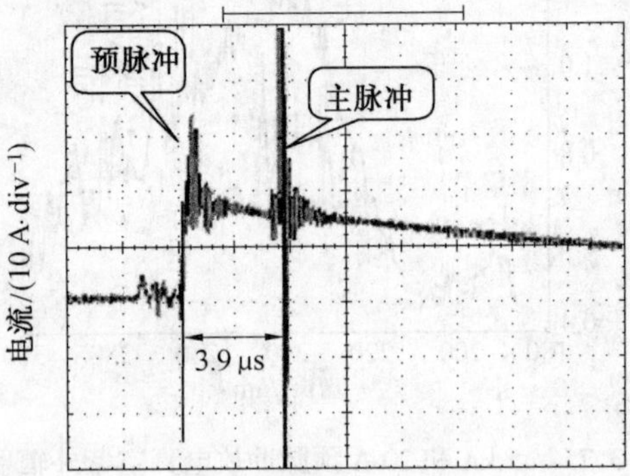


图3.77　预脉冲电流波形及预、主延时

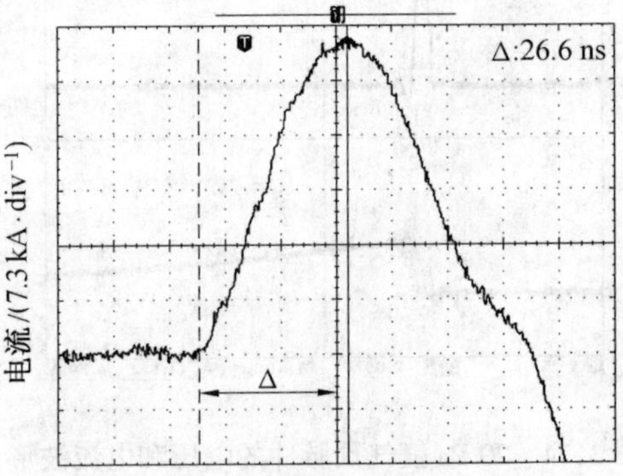


图3.78　主脉冲电流波形

### 3.3.6.3　不同预脉冲条件下的理论模拟

利用一维磁流体力学(XDCH)程序可以对不同预脉冲条件下产生的等离子体柱的均匀性进行计算。对5 A至2 kA的预脉冲进行了计算,结果表明,50 A以下低幅度预脉冲放电结束之后,等离子体的温度密度和电离度非常均匀,见表3.14。图3.79给出了典型的20 A预脉冲电流下电子密度温度分布情况,在放电接近2 μs的时候,等离子体物理量空间分布变得略微的不均匀,原因在于弱的放电也会压缩等离子体,产生非常弱的聚心冲击波,激波大约在1 μs时到达轴心并反弹,在接近2 μs的时候激波同管壁碰撞,使电子温度密度以及电离度略有不均匀,但因为激波非常弱,电子密度的不均匀性很小(小于1.5%),而电子温度的不均匀性更小,这种情况有利于产生激光放大。

但随预脉冲电流强度提高,这种均匀性迅速变差,当预脉冲幅度为2 kA时,等离子体密度涨落已达到了±9.0%,在这种情况下,通过主电流放电形成均匀的等离子体柱非常困难,不利于X射线激光的放大产生。

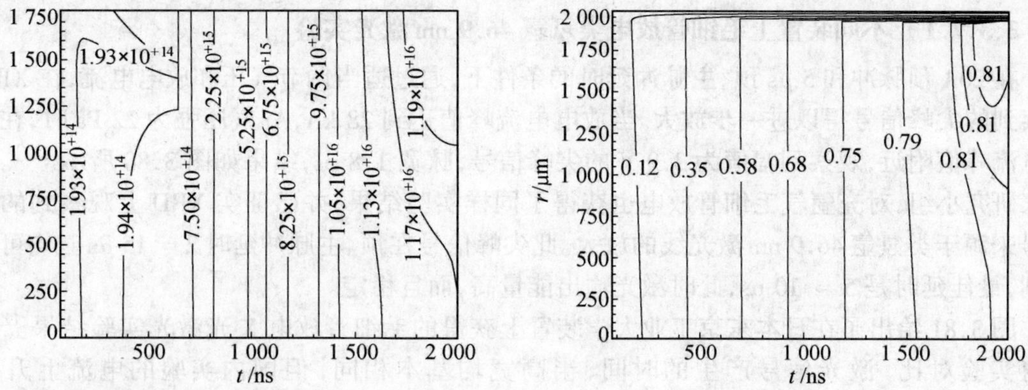


(a)　　　　(b)

图 3.79　预脉冲放电电流 20 A，脉宽 2 μs 时，等离子体电子密度 $N_e/\mathrm{cm}^{-3}$(a) 和电子温度 $T_e/\mathrm{eV}$(b) 在 $r-t$ 平面上的等高线

**表 3.14　用不同预放电电流产生的等离子体状态**

| 电流幅值 /A | 电子密度 /$\mathrm{cm}^{-3}$ | 电子温度 /eV | 电离度 | 密度梯度 /% |
|---|---|---|---|---|
| 5 | $1.95\times10^{14}$ | 0.35 | < 0.01 | ± 1.3 |
| 10 | $1.31\times10^{15}$ | 0.61 | < 0.01 | ± 1.1 |
| 20 | $1.18\times10^{16}$ | 0.81 | 0.62 | ± 1.4 |
| 50 | $1.94\times10^{16}$ | 1.30 | 1.00 | ± 0.5 |
| 100 | $3.81\times10^{16}$ | 2.06 | 1.96 | ± 2.5 |
| 500 | $9.70\times10^{16}$ | 5.94 | 5.08 | ± 2.8 |
| 1 000 | $1.31\times10^{17}$ | 9.75 | 6.82 | ± 4.9 |
| 1 500 | $1.48\times10^{17}$ | 13.83 | 7.71 | ± 5.9 |
| 2 000 | $1.52\times10^{17}$ | 18.14 | 7.91 | ± 9.0 |

## 3.3.7　毛细管放电软 X 射线激光实验

在主脉冲放电条件满足幅值 10 ~ 35 kA、半周期 80 ~ 140 ns 的条件下，只要预脉冲能够形成均匀预电离的等离子体柱，就有可能通过主脉冲 Z 箍缩效应产生软 X 射线激光输出。在哈工大实验装置上开展了激光实验，选用的陶瓷毛细管内径为 3.1 mm，长度为 15 cm、20 cm。阳极中心钻有 3 mm 的孔使得氩气可以充入毛细管中，而毛细管放电产生的辐射可以通过小孔输出。下面介绍气体压强、主放电电流等放电条件对激光产生的影响以及激光输出特性。

### 3.3.7.1 不同装置上毛细管放电类氖氩 46.9 nm 激光实验

在 20A 预脉冲和 5 μs 预、主脉冲延时的条件下，通过适当调节气压和放电电流，在 XRD 上观察到的尖峰信号得以进一步放大。当放电电流峰值达到 28 kA，Ar 气压强为 22 Pa 时，在主放电电流峰值附近，观察到幅值为 3.9 V 的尖峰信号，脉宽 1.8 ns，结果如图 3.80 所示[122]。国外几家研究小组，对充氩气毛细管放电也获得了同样实验结果，并已证实 XRD 上观察到的尖峰信号来源于类氖氩 46.9 nm 激光线的放大。此尖峰信号在预、主脉冲延时 2 ~ 15 μs 时均可观测得到，最佳延时是 5 ~ 10 μs，此时激光输出能量高，而且稳定。

图 3.81 给出了在日本东京工业大学装置上获得的毛细管放电 X 光激光实验结果[123]，与国内实验对比，激光信号产生的时间、半高宽均基本相同，但国内实验的电流上升沿快(30 ns)，出光 Ar 气压较低，激光信号产生于电流峰值附近；而日本实验的电流上升沿较慢(50 ns)，出光 Ar 气压较高，其激光信号产生于电流上升沿。

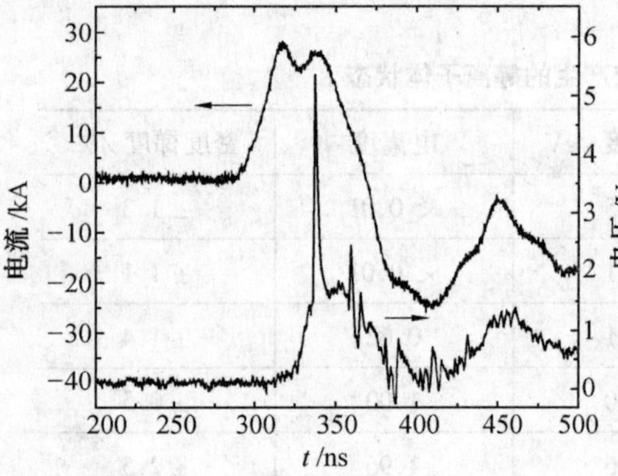


图 3.80 放电电流和 XRD 输出波形(放电峰值电流 28 kA，半周期 80 ns；Ar 气压 22 Pa)

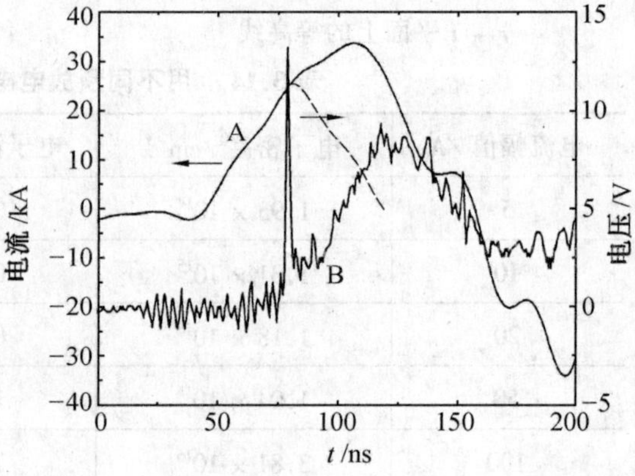


图 3.81 放电电流和 XRD 输出波形(放电峰值电流 33.5 kA，半周期 120 ns；Ar 气压 40 Pa)

### 3.3.7.2 寻找最佳激光输出条件的实验研究[116,124]

为了确定产生激光的最佳实验条件，获得高能量的激光输出，实验中改变参数可观察激光脉冲幅值的变化情况。分别改变 Ar 气气压值、放电电流的幅值，通过对实验结果进行比较分析，确定产生激光最佳的 Ar 气气压范围，放电电流幅值范围以及合适的电流上升沿形状，并对激光能量进行计算。

1. 改变 Ar 气气压的实验

在保证其他放电参数不变的条件下，将放电电流分别固定在 22.5 kA 和 28 kA，因为实验发现，在这个电流幅值范围内能够稳定产生激光输出，而且在放电装置正常的能力范围内，比较容易重复实现。然后，改变毛细管内所充 Ar 气的初始气压值，观察了激光输出结果的变化，实验结果见图 3.82。从图中可以看到，电流幅值为 28 kA 时，产生激光输出的 Ar 气气压范围约为 16 ~ 39 Pa,最佳的激光输出气压范围是 27 ~ 33 Pa,电流幅值 22.5 kA 时,Ar 气气压范围和最佳的激光输出气压范围则为 14 ~ 33 Pa 和 22 ~ 25 Pa,这个最佳激光输出气压在世界上所有实现毛细管放电激光输出的研究小组中是最低的。实验中的最佳激光输出气压比意大利小组约低 30 Pa,比美国小组约低 40 Pa,比日本小组约低 20 Pa,他们测得的增益系数分别为 $0.6\ cm^{-1}$,$1.16\ cm^{-1}$[101] 和 $0.8\ cm^{-1}$,而本实验测量的增益系数为 $0.45\ cm^{-1}$,由此可见激光的增益和毛细管内初始 Ar 气气压有关,气压越高,获得的增益就越大。根据这个结论,提高增益水平的有效方法是提高毛细管内的 Ar 气气压,而由改变气压实验结果可知,提高电流幅值是提高激光输出最佳气压的有效方法。

2.改变放电电流幅值的实验

根据以上确定的最佳 Ar 气气压范围,选择 Ar 气气压为 29 Pa,然后改变放电电流幅值观察了激光输出的变化情况,实验结果见图 3.83。由图可知,产生激光输出的最低电流幅值约为 20 kA,并且随着电流幅值的增长,激光输出的能量也呈逐渐增加的趋势,这种趋势在电流大于 28 kA 以后变缓。从理论拟合的趋势预测,如果进一步提高电流幅值,激光输出能量应该会反而下降,正如国外其他小组的实验结果,这说明针对某一个 Ar 气气压值存在一个最佳的放电电流幅值范围。由实验结果可知,对于 Ar 气气压 29 Pa 最佳放电电流幅值为 30 kA 左右。Ar 气的初始压强越高,则对等离子体箍缩就越困难,相应的所需放电电流的幅值就越高。为达到提高增益的目的,必须进一步改进装置,以增加放电电流幅值。

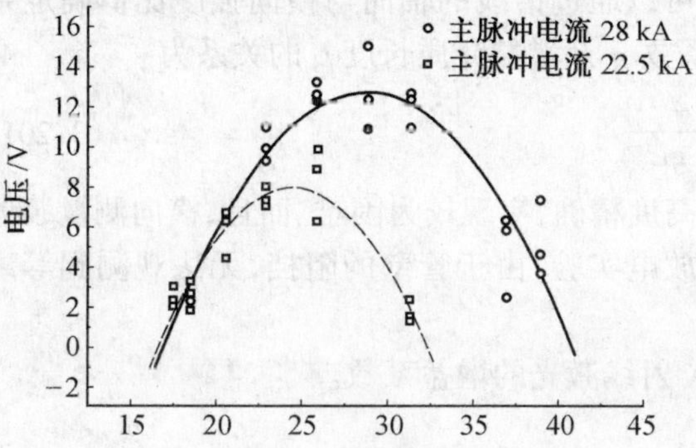


图 3.82　激光辐射强度与 Ar 气初始压强的关系

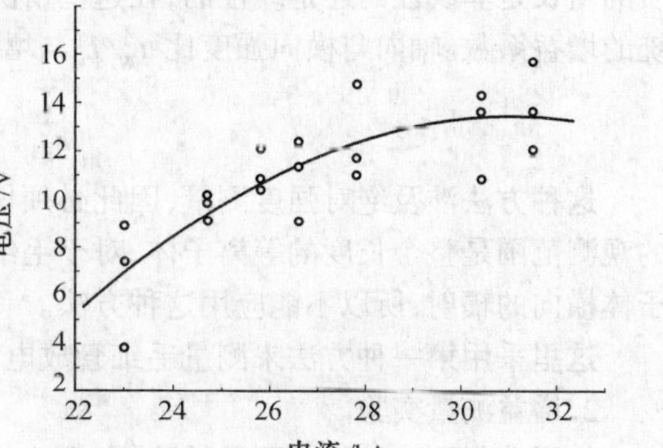


图 3.83　激光辐射强度与放电电流幅值的关系

### 3.3.7.3　类氖氩 46.9 nm X 光激光增益测量

1.X 光激光增益测量的基本原理

在 X 光激光实验中,确定增益是比较困难的,这是因为 X 光激光增益常常介于有和无之间,而且又没有谐振腔,使得很难判断激光的指数增长趋势。所以在测量的时候,必须非常仔细,否则可能会因一些假象而得出错误的结论。常用的增益测量方法有如下两种。

(1) 测量输出强度随增益介质长度的变化。当介质的放大效应较为显著时,测量放大的自发辐射(ASE)系统增益系数最直接、最准确,也是最方便的方法,是观测激光强度随增益介质长度的非线性增长,因为放大的强度随长度的变化满足简单的指数关系。考虑谱线宽度,对线形轮廓求平均后,强度 $I$ 与增益系数 $g$ 及增益介质长度 $L$ 的关系满足著名的 Linford 公式

$$I = \frac{J_S(e^{gL} - 1)^{3/2}}{g(gLe^{gL})^{1/2}} \tag{3.200}$$

式中,$J_S$ 为单位长度的自发辐射强度。根据这个公式,只要测得多组不同长度 $L$ 下的强度 $I$,即可拟合出系统的增益系数 $g$。

这种方法的最大优点是只需测量增益介质轴向发射的几组相对强度即可。在大多数成功的电子碰撞激发软 X 光激光实验中,都是用这种方法确定增益系数的。但是,如果实验中 $gL$ 值较小(小于 5) 时,难以确定激光强度随增益介质长度的增加是线性的还是非线性的,因为此时的指数增长与线性增长几乎没什么区别。例如在 15 cm 长毛细管激光实验中,我们也进行了增益系数的测量实验,但是因为增益长度积较小,所以一方面由于增益介质长度减小到一定程度时,增益很快消失,导致只能获得有限的几组激光相对强度数据,另一方面对这些数据难以拟合出指数增长的结果,最终造成测量失败。

(2) 测量横向与轴向强度比较。有些实验中,在维持等离子体特性及泵浦条件不变的前提下改变增益介质长度极为困难。还有些实验中,增益长度积较小,无法确定激光强度随增益介质的增长是非线性的还是线性的,在这些情况下可以通过谱线的轴向与横向强度比值确定系统的增益系数。轴向与横向强度比 $I_a/I_1$ 与增益系数 $g$ 及增益介质长度 $L$ 的关系为

$$\frac{I_a}{I_1} = \frac{e^{(gL-1)}}{gL} \tag{3.201}$$

这种方法涉及绝对强度测量,因此必须做到高度精确,实现较为困难。而且,横向测量装置的观测范围是整个长度的等离子体,对于毛细管放电实验,由于管壁的阻挡,无法观测到等离子体横向的辐射,所以不能应用这种方法。

这里采用第一种方法来测量毛细管放电软 X 射线激光的增益系数。

2. 增益测量实验

为了获得更好的增益测量结果,必须确定产生激光最佳实验参数,即确定产生最佳激光增益的 Ar 气气压和放电电流,使得在这种条件下能够得到较高激光能量和稳定的激光输出。选择增益实验的 Ar 气气压为 25 Pa,放电电流幅值为 25 kA。

采用在毛细管中插入不同长度放电电极的方法来改变增益介质长度,这种方法还能够起到对放电回路的电感补偿作用,以保证放电回路总电感基本一致,同时也保证了放电电流波形的一致。具体原理是:对于长度为 $L$ 的毛细管,根据实验需要加工一系列不同长度 $l_n$ 的放电电极,则使用不同电极时,毛细管的有效长度就变为 $L - l_n$。根据圆柱形导体的电感近似公式[118]

$$L = \frac{\mu_0 \cdot l}{2\pi}\left(\ln\frac{2l}{r} - \frac{3}{4}\right) \tag{3.202}$$

可知毛细管内的气柱长度越短则气柱电感越小，但是同时电极长度越长则电极电感越大，所以对气柱长度减少造成的电感减小起到了一定的补偿作用。采用的电极长度分别为 1.6 cm、3.6 cm、5.7 cm、7.6 cm、9.6 cm 和 11.6 cm，实验结果表明，使用最短电极的放电电流波形半周期为 110 ns，而最长电极的放电电流半周期为 115 ns，可见电极对于总电感的补偿作用基本能保证放电电流波形的一致，使对于不同增益介质长度的增益测量实验都在基本相同的条件下进行。

在其他的实验参数保持不变的情况下，用六种不同长度的电极进行激光实验，得到的增益介质长度分别为 18.4 cm、16.4 cm、14.3 cm、12.4 cm、10.6 cm 和 8.4 cm。不同电极的激光强度实验结果如图 3.84 所示，图中给出了每种电极的激光尖峰幅值和相应的背景光幅值实验结果，图中曲线表示对激光尖峰信号幅值采用 Linford 公式拟合的结果，可以看出明显的指数增长趋势。而对于相应的背景光，则从图中线性拟合的结果可以看出，随着增益介质长度的增加背景光辐射强度呈线性增长趋势，这说明背景光辐射是各向同性的自发辐射，随发光介质的长度呈线性变化，没有增益放大效应。

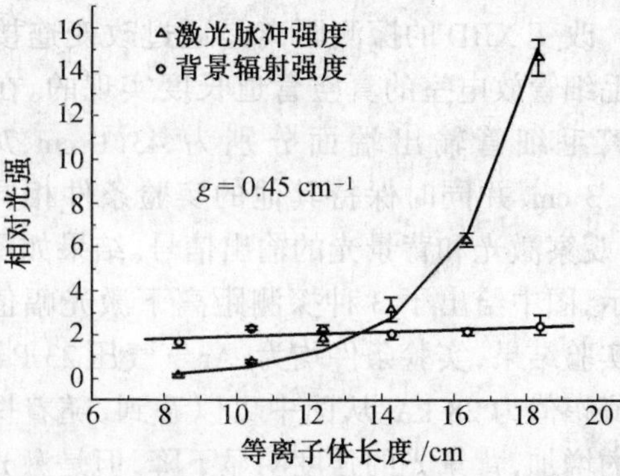


图 3.84　尖峰信号与背景光信号和等离子长度关系

另外，实验中还发现背景光辐射强度除了随等离子体柱长度变化以外，还对放电电流幅值十分敏感，在其他条件不变的情况下，放电电流幅值越高，则背景光辐射越强。这说明背景光辐射的强度还直接与箍缩的剧烈程度有关，电流幅值越高则箍缩越剧烈，等离子体最终吸收的能量越多，所以离子发射的光辐射也越强，这也同样表明了背景光是各向同性的自发辐射。而与背景光辐射相比，尖峰信号幅值与电流幅值之间的关系完全不同，在其他条件不变的情况下，尖峰信号的强弱与电流幅值不是简单的正比关系，而是一种统计性的变化规律，这说明尖峰信号强弱是与等离子体状态密切相关的。这些与背景光完全不同的性质都清楚地表明了尖峰信号的指数增长特性和对增益条件的敏感性，可以证明此尖峰信号就是激光信号。最终拟合的增益系数为 0.45 cm$^{-1}$，对于最长的增益介质长度得到增益长度积($gL$)为 8.28[116]。

根据文献报道[94]，增益长度积约为 12 ~ 14，激光单脉冲能量约为 15 μJ 时增益达到饱和，可见实验中增益尚未达到饱和，激光放大还处于小信号增益阶段。这同样可从增益实验拟合的激光能量指数增长曲线判断出来，因为在增益介质长度达到 18.4 cm 时，指数增长趋势仍未有任何的减弱。

### 3.3.7.4 激光方向性和束散角

1.激光的方向性

激光的方向性是激光的主要特性之一,这与各向同性的自发辐射光完全不同,因此提出了验证激光方向性的实验,来进一步确认 XRD 脉冲信号的激光特性。由于激光的方向性好,束散角很小,所以对于毛细管放电激光而言,在探测面积不变的情况下,激光随着探测距离的延长应该变化很少,而背景光则应该有较大的变化。这里讨论通过改变 XRD 的探测距离观察激光信号和背景光信号强度的变化来验证激光的方向性[116]。

改变 XRD 的探测距离是通过改变连接 XRD 与毛细管放电室的真空管道长度实现的。在 XRD 距离毛细管输出端面分别为 43.1 cm、74 cm、103.3 cm,并同时保持其他的实验条件相同情况下,观察激光和背景光的输出信号。结果如图 3.85 所示,图中给出了 3 种探测距离下激光幅值相近的实验结果,实验条件均为:Ar 气气压 23 Pa,放电电流幅值为 28 kA。从图中可以看到,随着探测距离的增加,背景光的强度明显下降,但是激光的强度基本看不出有任何减弱。这个激光方向性的验证也是尖峰信号对应毛细管放电 X 光激光输出的有力证明。

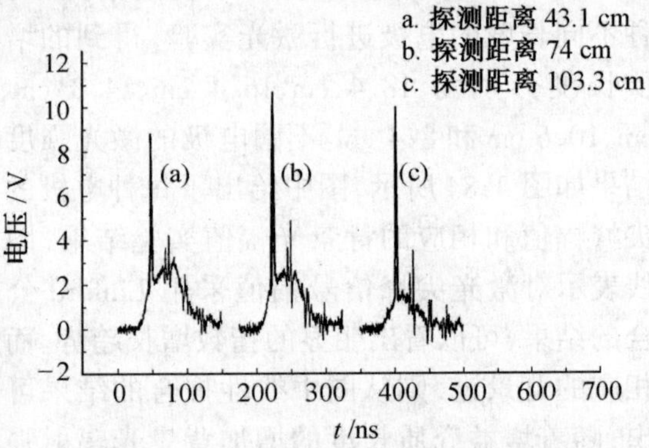


图 3.85 不同探测距离下 XRD 测量结果对比

2.激光束散角的测量

为了要测量激光的束散角,首先要测量激光束某个截面的光斑尺寸,以及该截面和光束束腰的距离,这样就可以算出激光的束散角。这里使用小孔扫描法测量激光光斑的尺寸。在连接 XRD 和连接真空泵的真空管道之间用波纹管过渡,调节两边的螺杆就可以方便地使 XRD 沿着水平方向偏转,在偏转的量非常小时,可以近似认为 XRD 是作平移运动。在 XRD 的另一侧放置 He - Ne 激光器检测 XRD 的位移量。在 XRD 的光阴极之前安装了直径为 2 mm 的小孔光阑,遮挡住光阴极大部分面积,实验中使用这个小孔沿激光光斑直径方向扫描,测量光斑尺寸。进行扫描测量实验的条件是:Ar 气压强为 23 Pa,放电电流为 28 kA。

阳极网上安装 2 mm 小孔光阑后的测量结果如图 3.86 所示。此时背景光的幅值已经几乎减小到 0,而与图 3.85 相比,尖峰信号只减少 1/2,该结果进一步证明了尖峰比背景光具有更好的方向性。图 3.87 给出了尖峰幅值随空间位置变化的曲线,根据光强为最大值一半处的位置,可以计算出激光的束散角为 5.3 mrad。

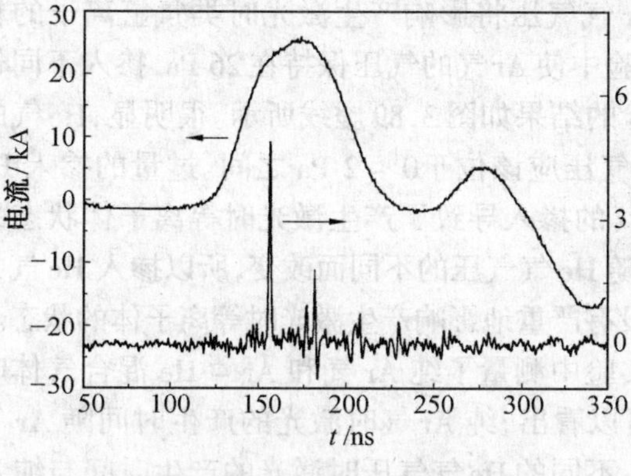


图3.86　阳极网上安装2 mm小孔光阑时的XRD波形和主脉冲电流波形

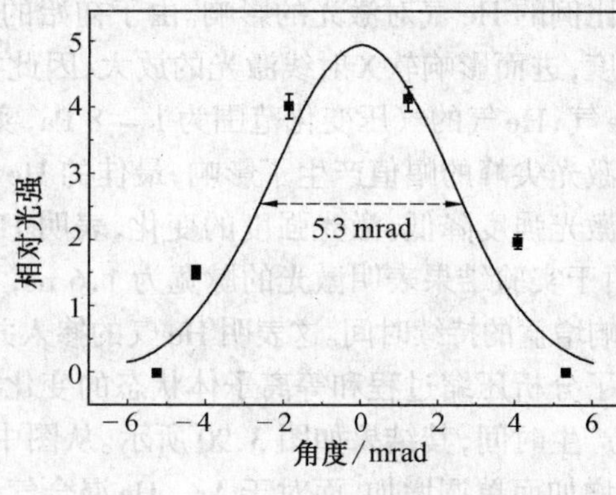


图3.87　激光束散角的测量结果

### 3.3.7.5　采用Ar/He混合气体时的激光输出

1994年，美国Rocca小组首次报道采用毛细管放电泵浦方式获得了类氖氩46.9 nm软X射线激光输出。在实验中他们曾采用Ar和$H_2$的体积比例为1∶2的混合气体，并获得了激光输出[70]。Ar中掺入$H_2$的目的是降低离子温度和减少激光下能级辐射的捕获。与此同时，他们也用纯Ar气开展了激光实验并获得了激光输出，并且采用纯Ar时的激光强度是Ar-$H_2$混合气体的2倍。自此以后，国际上各研究小组都采用纯Ar气作为气体介质。实际上，少量其他气体的掺入会改变等离子体的状态，进而影响激光的输出，因此开展混合气体介质的激光研究，对研究如何更好地控制激光产生时等离子体的状态具有重要意义。He气的原子质量与$H_2$分子的质量相近，并且He比$H_2$气更安全，所以在Ar中掺入少量的He会对激光输出产生影响。

图3.88给出了采用Ar气和Ar-He混合气体时典型的实验结果。此时主脉冲电流幅值为33 kA，上升沿为25 ns，Ar气的初始气压为26 Pa，He气的初始气压为1 Pa。图3.88的结果表明，采用Ar-He混合气体时的激光强度明显高于纯Ar气时的激光强度。采用Ar-He混合气体和纯Ar气时激光的产生时间相同，都是41.8 ns。此外，两个激光尖峰的脉冲宽度也相等，都是1.6 ns。

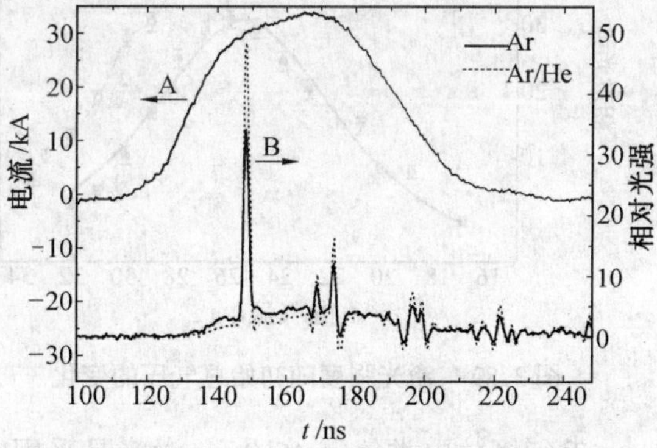


图3.88　采用Ar气和Ar-He混合气体时的激光脉冲波形(B)以及主脉冲电流波形(A)

为了进一步研究He气的掺入对类氖氩激光的影响，测量了激光幅值随纯Ar气气压的变化情况，其结果如图3.89实线所示。从图中可以看出最佳的气压为26 Pa。同时测量了掺入不同比例的 He 气对激光的影响。由于初始的 Ar 气气压将影响产生激光时类氖氩离子的粒子数密度，进而影响软 X 射线激光的放大，因此实验中使 Ar 气的气压保持在 26 Pa，掺入不同气压的 He 气，He 气的气压变化范围为 1 ~ 8 Pa，实验的结果如图 3.89 虚线所示。很明显，He 气的掺入对激光尖峰的幅值产生了影响，最佳的 He 气气压应该位于0 ~ 2 Pa 之间。过量的掺入 He 气导致激光强度降低。激光强度的变化，表明 He 气的掺入导致了产生激光时等离子体状态的改变。由于实验结果表明激光的脉宽为 1.6 ns，不随 He 气气压的不同而改变，所以掺入 He 气并没有影响增益的持续时间。这表明 He 气的掺入并没有严重地影响产生激光时等离子体的状态。

为了分析压缩过程和等离子体状态的变化，实验中测量了纯 Ar 气和 Ar – He 混合气体时的激光产生时间，其结果如图 3.90 所示。从图中可以看出，纯 Ar 气时激光的产生时间随 Ar 气气压的增加而单调增加。而对于 Ar – He 混合气体，不同的 He 气气压时激光的产生时间与纯 Ar 气 26 Pa 时相同并保持不变。雪耙模型的计算结果表明，初始气压影响等离子体的压缩时间。我们将电流开始流过毛细管到等离子体与毛细管壁分离的这段时间定义为分离时间 $t_s$，等离子体与毛细管壁分离到激光产生的这段时间定义为 $t_p$，则 $t_s$ 随初始气压的增加而增加。与纯 Ar 气相比，实验中 Ar – He 混合气体的初始气压都大于 26 Pa，所以 Ar – He 混合气体时的分离时间 $t_s$ 大于纯 Ar 气 26 Pa 时的分离时间 $t_s$。由于激光的产生时间不变，所以 Ar – He 混合气体时的 $t_p$ 小于纯 Ar 气 26 Pa 时的 $t_p$。$t_p$ 的大小由动力压强和磁压强的大小决定，由于实验中电流波形保持不变，所以纯 Ar 气和 Ar – He 混合气体时磁压强不变，这样 Ar – He 混合气体时 $t_p$ 的减小只能归因于动力压强的减小。而动力压强由等离子体的密度和温度决定，Ar – He 混合气体时的等离子体密度应高于纯 Ar 气 26 Pa 时的密度。最终只能将 $t_p$ 的减小归因于等离子体温度的降低。

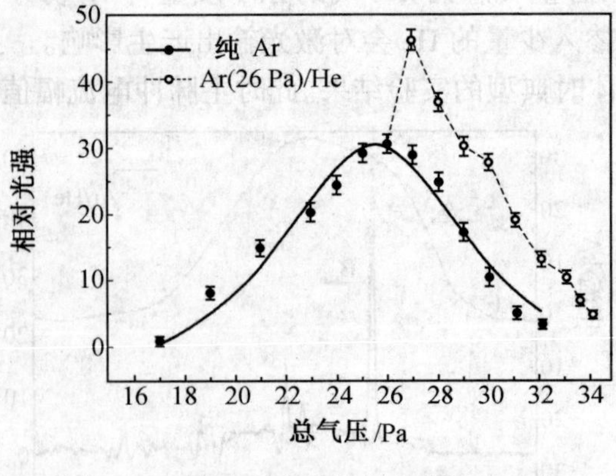


图 3.89　激光强度随初始总气压的变化

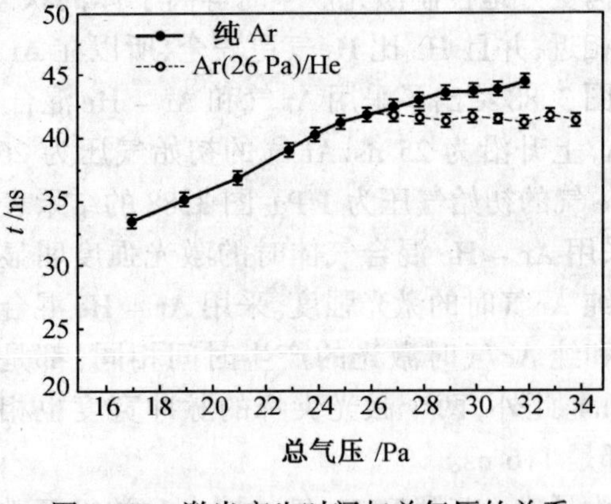


图 3.90　激光产生时间与总气压的关系

毛细管放电类氖氩 46.9 nm 激光是采用电子碰撞机制激发的，所以电子温度太高或太低都对电子碰撞激发不利。也就是说存在最佳的电子温度，对应最佳的电子碰撞激发截面。在上述的实验中，电流的上升沿很短，这导致等离子体压缩迅速，产生激光时等离子体的温度偏高，适当地掺入He气，使等离子体的温度降低并达到最佳温度，因而激光强度增加。过量的掺入He气又会使等离子体的温度偏低，不利于激发过程，所以存在最佳掺入He的比例。根据上述分析，掺入He气以后等离子体的温度降低，少量掺入He气对激光的产生有利。

### 3.3.8 毛细管放电实现更短波长激光的可能性

利用毛细管放电实现更短波长的激光输出，对等离子体诊断、X射线显微等实际应用具有重要意义。Rocca小组利用200 kA、上升沿10 ns的放电电流还获得电子温度为300 eV、电子密度$(1\sim2)\times10^{20}\ cm^{-3}$的高温、高密度氩等离子体，等离子体柱半径最小为250 $\mu$m。这个实验结果表明，有可能利用毛细管放电获得更短波长的X射线激光[97]。2001年，通过将镉蒸气充入毛细管，利用200 kA、上升沿15 ns的放电电流获得了高温高密度镉等离子体，并观察到了类镍镉Ni - Cd 13.2 nm很强的谱线[98,99]，该实验结果证实了利用毛细管放电电子碰撞机制实现更短波长的可能性。

几个小组在理论上已经论证了利用毛细管放电产生H - like N 13.4 nm激光的可能性，对复合机制H - like N 13.4 nm，所需的电流在50 kA左右，比产生相同波长激光的碰撞机制低得多(100 kA以上)，电流上升沿30 ns左右。如果获得该波长的激光输出，将极大拓展毛细管放电软X射线激光的应用范畴[100]。

### 3.3.9 毛细管放电软X光激光的应用研究

毛细管放电X射线激光器是一种小型化的激光器，在等离子状态诊断、短波段激光光谱技术以及X光光刻等领域都具有重要应用前景。在提高激光输出能量、重复频率和使装置不断小型化、实用化的同时，Rocca小组在提高输出光束质量方面，以及X射线激光的应用方面也开始了探索性的研究工作，并取得了显著成绩。1996[101]年利用外加轴向磁场，减小等离子体密度梯度，从而抑制折射效应，改善了输出光束的均匀性，减小了束散角。1997[102,103]年，Rocca等人利用已接近实用的台式毛细管放电类氖氩46.9 nm激光器，成功地进行了软X射线的干涉研究，为开展进一步的应用建立了基础。随后的几年Rocca小组利用毛细管放电46.9 nm激光作为等离子体检测光源，研究了X射线多层膜的损伤阈值和损伤机理，对激光打靶线状等离子体的电子密度分布情况$(1\times10^{20}/cm^3)$进行了诊断，并测量了一些物质在46.9 nm附近的光学常数，还用其作为光源实现了60 nm刻线[104~106]。

1.测量一些物质的光学常数

用台式46.9 nm激光作为辐射源照射样品，并用反射计测量了各种物质(Si,GaP,InP,GaAs,GaAsP和Ir)在这个波长的光学常数[105,106]。固体物质在35 ~ 50 nm波段的光学特性越来越受到关注，这个波长范围的小型化软X光激光器和高次谐波辐射源的发展推动了这个领域的研究。而这一领域的研究很大程度上取决于对各种物质在这个波长范围的光学常数的测量。通常测量所用的光源是采用同步电子加速器的X光辐射源，但Rocca小组用高重复频率的台式软 X 光激光器进行了测量,取得了很好的结果。表 3.15 给出了所测得几种物质光学常数和光学手册上可查到的值的对比结果。

**表 3.15　用 46.9 nm 软 X 光激光测得光学常数和以前测得值的对比**

| 序　号 | 样　品 | 实验测量结果 | | 光学手册已知结果 | |
|---|---|---|---|---|---|
| | | $n$ | $k$ | $n$ | $k$ |
| 1 | Si | 0.82 | 0.015 | 0.803 | 0.0178 |
| 2 | GaP | 0.82 | 0.052 | 无 | 0.100 |
| 3 | InP | 0.88 | 0.087 | 无 | 无 |
| 4 | GaAs | 0.84 | 0.060 | 无 | 0.083 |
| 5 | GaAsP | 0.83 | 0.059 | 无 | 无 |
| 6 | Ir | 0.81 | 0.53 | 0.67 | 0.69 |

从表中可以看到,所测得的光学常数非常接近已知的结果,而且对于化合物 InP 和 GaAsP 是在这个波长下首次测出实验值。这个实验是首次将软 X 光激光应用在材料科学研究中,并且显示出在某些方面小型高重复频率的软 X 光激光器可以作为电子同步加速器辐射源的方便替代装置。

2. 用 46.9 nm 激光进行物质烧蚀实验

文献[105] 给出了国际上第一次用软 X 光激光器作的烧蚀实验结果。实验演示了使用多层膜反射光学系统对毛细管放电软 X 光激光进行聚焦可以达到极高的光强和能量密度。使用 18.2 cm 长的毛细管放电软 X 光激光,重复频率为 1 Hz,激光脉冲能量为 0.13 mJ,脉冲宽度为 1.2 ns。图 3.91 是实验用的光学聚焦系统示意图,用镀 Si/Sc 的多层膜球面反射镜($R$ = 10 cm)对激光束进行聚焦,反射镜距离毛细管激光出射端 256 cm。当样品被放置在焦点几百个微米范围内时,发现聚焦后的激光具有足够的强度可以烧蚀铝、不锈钢和铜材料。图 3.92 是用电子扫描显微镜拍摄的照片,显示了黄铜材料靶在向镜面方向和焦点方向移动时形成的一系列烧蚀图样。每一个烧蚀图案是一次激光脉冲作用的结果。在离焦点的轴向距离为几百个微米时,烧蚀图样呈现为环形。逐渐接近焦点区域时,烧蚀环结构逐渐加粗,中心斑开始出现,烧蚀环的深度约为 2 μm。最后,当十分接近焦点时,烧蚀图样变为带有中心深洞的单一圆斑。这最小的圆斑外径约为 17 μm,中心深洞直径约2 ~ 3 μm。对于最小的 2 μm 直径的中心斑区域,估计平均光强超过 $1 \times 10^{11}$ W/cm$^2$。

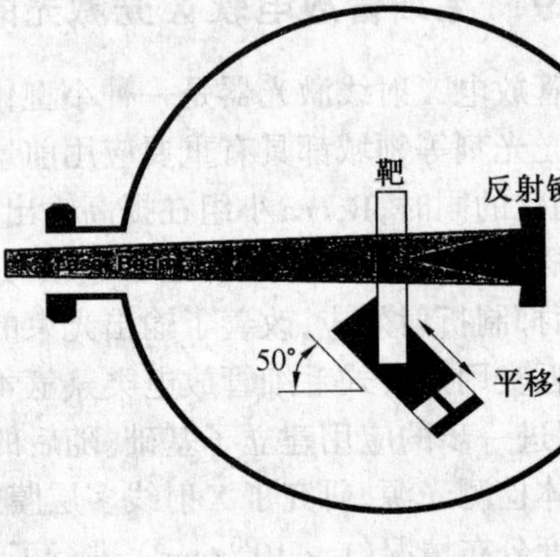


图 3.91　软 X 光激光束聚集和光斑调节装置

图3.92　黄铜靶向焦点移动时烧蚀图样的电子显微镜照片

理论分析表明，中心深洞的产生主要是因为球面色差造成的。如果运用经过特殊设计的光学系统，可以有效地消除色散，则应该使聚焦后光强达到更高。再加上重复频率4 Hz，单脉冲能量达1 mJ的毛细管放电软X光激光器已经研制成功，未来可以实现聚焦光强达1 TW/cm$^2$。这开辟了短波长相干光又一新的应用领域。

3．用46.9 nm激光进行等离子体诊断研究

软X光激光作为探针可以用来诊断高密度等离子体，当普通的可见光和极紫外激光探针因为等离子体的折射和吸收作用而无法穿越等离子体时，毛细管放电软X光激光具有极高的亮度和优于一般激光泵浦软X光激光的重复频率，可以用于发展一种小型化的，能探测多种等离子密度的软X光激光诊断工具。美国的Rocca小组已经利用46.9 nm软X光激光开展了大量等离子体诊断的研究工作。其实验装置如图3.93所示。线聚焦等离子体由调$Q$ Nd:YAG激光脉冲($\lambda = 1.06\ \mu m$, $E = 0.36$ J, FWHM = 13 ns)照射Cu靶产生。毛细管放电产生的46.9 nm软X光激光经光栅的0级和1级衍射分成两束。两束激光经反射镜反射，一束通过YAG激光与固体靶作用产生的等离子体，而另一路不穿过等离子体，两束激光的干涉条纹由MCP－CCD系统记录。在等离子体产生后不同的延迟时间所拍摄的干涉图样如图3.94所示，在边缘处的凹陷

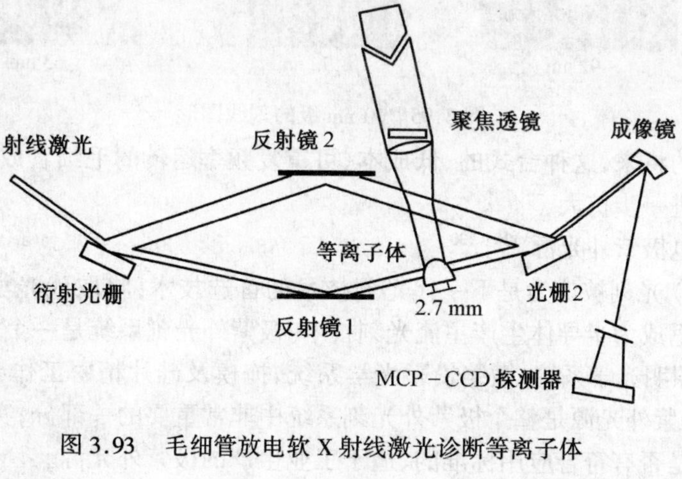


图3.93　毛细管放电软X射线激光诊断等离子体

可见整个等离子体演变过程。在轴向均匀的几何形状中,这种凹陷表示等离子体电子密度分布在轴心处有最小值。在距靶 25 ~ 30 $\mu$m 处检测的等离子体电子密度约为 $5\times10^{19}/\mathrm{cm}^3$。测量 0.6 J Nd:YAG 激光脉冲产生的 1.8 mm 长的等离子体的电子密度达到 $1\times10^{20}/\mathrm{cm}^3$。由密度临界公式:$n_c = 1.11\times10^{21}/\lambda^2$($n_c$: $\mathrm{cm}^{-3}$, $\lambda$: $\mu$m),当 $\lambda = 46.9$ nm 时,可测量电子密度的临界值是 $n_c = 5\times10^{23}\ \mathrm{cm}^{-3}$,所以有望利用 46.9 nm 激光测量 $10^{20}$ ~ $10^{23}\ \mathrm{cm}^{-3}$ 的电子密度。

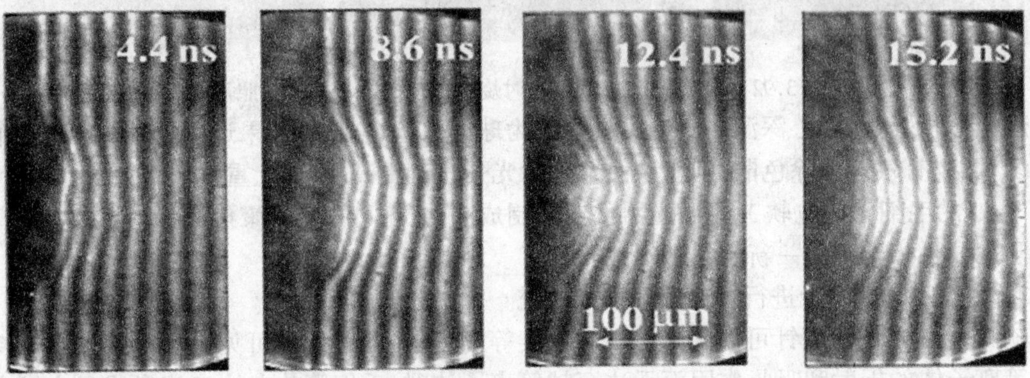


图 3.94　加热激光脉冲开始后不同延迟时间的等离子体干涉图

4.纳米级刻线(60 nm)加工

美国及意大利两个小组利用毛细管放电 46.9 nm 激光器开展了纳米级印刷的研究,用其作为光源实现了 60 nm 级的刻线,刻线的图形及调制深度如图 3.95 所示。

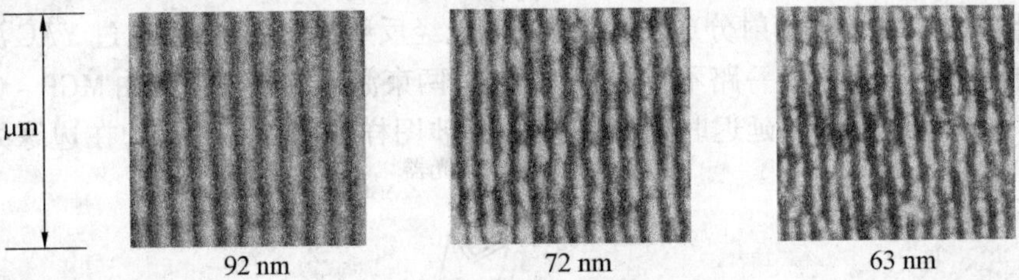


图 3.95　60 nm 级的刻线图形

相信在不久的将来,这种台式的、低成本、可重复频率运转的毛细管放电 X 光激光光源其应用范围将得以进一步扩大。

5.毛细管放电极紫外光源[125~130]

极紫外(EUV)光刻被认为是下一代光刻技术的首选技术,将取代光学光刻技术,在 2015 年和以后的时间里成为半导体生产主流光刻技术。极紫外光刻系统是一个全面的高技术系统,它由 EUV 光源、照明光学系统、微缩投影光学系统、掩模及硅片精密工作台、减震系统及相应的真空室组成。极紫外光源是整个极紫外光刻系统中非常重要的一部分,实现极紫外光刻的关键问题之一就是是否有符合应用标准的、适于工业生产的极紫外光源。

小型Z箍缩气体放电极紫外光源是近十几年发展起来的一种新型光源。它巧妙地将惯性约束核聚变中获得高温、高密度等离子体的Z箍缩技术移植到毛细管放电中，产生相同温度的等离子体所需放电电流低，降低了对放电装置的要求。2000年前后，在这一思想启发下，美国、德国、日本、法国相继开展了基于Z箍缩原理的放电激励EUV光源研究，并迅速取得进展。2004年，日本极紫外光刻研发组(EUVA)，在13.5 nm带宽内获得54.4 W/2πsr/2%BW的输出。2005年欧洲Medea+计划中研制EUV光源的单位XTREME，利用氙气和锡介质Z箍缩放电，光源中部焦点处(IF)功率分别达到25.7 W和51.4 W，转换效率为1%和2%，并预计技术上很快可以实现224 W，高于工业生产EUV光源输出功率的最低要求100 W。

放电激励EUV光源仍存在一些关键问题有待解决，如进一步提高能量转换效率，有效冷却电极，减少碎片的产生以及提高稳定性等。因为工业生产需求迫切，EUV光源的研究一直是从工程化的角度出发，忽略了对物理本质的研究。为从本质上解决光源效率、烧蚀等技术问题，对光源的研究目前正逐步返回到对等离子体磁流体力学基本物理特性的研究上来。

## 参考文献


[1] 陈宗柱．电离气体发光动力学[M]．北京：科学出版社，1996．

[2] 胡孝勇．气体放电及其等离子体[M]．哈尔滨：哈尔滨工业大学出版社，1994．

[3] 杜祥宛．高技术要览:激光卷[M]．北京:中国科学技术出版社，2003．

[4] 蔡伯荣．激光器件[M]．长沙：湖南科学技术出版社，1988．

[5] 楼祺洪，徐捷，傅淑芬，等．脉冲放电气体激光器[M]．北京：科学出版社，1993．

[6] 王乃彦．新兴的强激光[M]．北京：原子能出版社，1992．

[7] 谢树森，雷仕湛．光子技术[M]．北京：科学出版社，2004．

[8] GRIFFITH G A. Transverse RF Plasma Discharge Characterization for $CO_2$ Waveguide Laser[C]. SPIE, 1980, 227: 6-11.

[9] 丘军林．气体电子学[M]．武汉：华中科技大学出版社，1999．

[10] SMIRNOV A S, TSENDIN L D. The Space-time-averaging Procedure and Modeling of the RF Discharge[J]. IEEE Transactions on Plasma Science, 1991, 19(2): 130-139.

[11] WESTER R, SEIWERT S. Numerical Modeling of RF Excited $CO_2$ Laser Discharges[J]. Journal Physics D: Applied Physics, 1991, 24(8): 1731-1735.

[12] 徐学基，诸定昌．气体放电物理[M]．上海：复旦大学出版社，1996．

[13] 田兆硕．高差频稳定性双通道电光调$Q$射频波导$CO_2$激光器研究[D]．哈尔滨：哈尔滨工业大学，2001．

[14] VIDUAD P, HE D, HALL D R. High Efficient RF Excited $CO_2$ Laser[J]. Optics Communications, 1985, 56(3): 185-190.

[15] BOEUF J P. Numerical Model of RF Glow Discharges[J]. Physical Review A, 1987, 36(6): 2782-2792.

[16] SCHMITZ C, PFEIFFER W, GIESEN A. Optimization of Power Deposition in RF-excited $CO_2$ Lasers by Adding Gas Additives to the Laser Gas Mixtures[C]. SPIE, 1997, 3092: 190-193.

[17] ILUKHIN B I, UDALOV Y B, KOCHETOV I V. Theoretical and Experimental Investigation of a Waveguide $CO_2$

Laser with Radio-frequency Excitation[J]. Applied Physics B: Lasers & Optics, 1996, 62: 113-127.

[18] LU ZHIGUO, WANG ZHAOHUI. Study of Discharge Area in RF Excitation $CO_2$ Lasers[C]. SPIE, 1994, 2118: 108-113.

[19] HE D, BAKER C J, HALL D R. Discharge Striations in Excited Waveguide Lasers[J]. Journal of Applied Physics, 1984, 55(11): 4120-4122.

[20] DURRANI S M A, VIDAUD P, HALL D R. Measurements of Striation Formation Time in an $N_2$ α RF Discharge[J]. Journal of Plasma Physics, 1997, 58(2): 193-204.

[21] WANG YOUQING, CHEN QINGMING. Numerical Modeling of RF-excited Plasma in Coaxial $CO_2$ Lasers[J]. Optics Communications, 1999, 160(2): 86-97.

[22] STROHSCHEIN J D, BILLIDA W D, SEGUIN H J J. Computational Model of Longitudinal Discharge Uniformity in RF-excited $CO_2$ Slab Lasers[J]. IEEE Journal of Quantum Electronics, 1996, 32(8): 1289-1298.

[23] OCHKIN V N, WITTEMAN W J, ILUKHIN B I, et al. Influence of the Electric Field Frequency on the Performance of a RF-excited $CO_2$ Waveguide Laser[J]. Applied Physics B: Lasers & Optics, 1996, 63: 575-583.

[24] PILTINGSRUD H V. $CO_2$ Laser for Lidar Applications, Producing two Narrowly Spaced Independently Wavelength-selectable Q-switched Output Pulses[J]. Applied Optics, 1991, 30(27): 3952-3963.

[25] AHLBERG H, LANQVIST S. Imaging Q-switched $CO_2$ Laser Radar with Hetrodyne Detection: Design and Evaluation [J]. Applied Optics, 1986, 25(17): 2891-2892.

[26] LETALICK D, RENHOM I, WIDEN A. $CO_2$ Waveguide Laser with Programmable Pulse Profile[J]. Optical Engineering, 1989, 28(2): 172-179.

[27] 周炳琨,高以智,陈家骅. 激光原理[M]. 北京: 国防工业出版社, 1980.

[28] 王骐, 田兆硕, 王雨三, 等. 电光调 $Q$ 射频激励波导 $CO_2$ 激光器[J]. 中国激光, 2000, A27(2): 97-100.

[29] 田兆硕, 王骐, 王雨三, 等. 旋转波片法测量电光调 $Q$ 射频波导 $CO_2$ 激光器的内部参数[J]. 中国激光, 2000, A27(9): 785-789.

[30] 田兆硕, 王骐, 王雨三. 电光腔倒空与调 $Q$ 射频波导 $CO_2$ 激光器研究[J]. 光学学报, 2000, 20(12): 1613-1616.

[31] 田兆硕, 王骐, 王雨三. 输出可调的电光调 $Q$ 射频激励波导 $CO_2$ 激光器研究[J]. 中国激光, 2001, A28 (6): 505-508.

[32] 田兆硕, 成向阳, 王骐. 电光调 $Q$ $CO_2$激光器进展[J]. 激光技术, 2003, 27(3): 208-213.

[33] SOUKIEH M, GHANI BA, HAMMADI M. Mathematical Modeling of $CO_2$ TEA Laser[J]. Optics & Laser Technology, 1998, 30: 451-457.

[34] 田兆硕,王骐,李自勤. 电光调 $Q$ $CO_2$ 激光器的六温度模型理论与速率方程理论比较分析[J]. 物理学报, 2001, 50(12): 2369-2374.

[35] TIAN ZHAOSHUO, WANG QI, WANG YUSAN. Kinetic Modelling of Electrooptically Q-switched $CO_2$ Laser[J]. Optical and Quantum Electronics, 2002, 34(4): 331-341.

[36] WANG QI, TIAN ZHAOSHUO, WANG YUSAN. Tunable Electrooptically Q-switched RF Excited $CO_2$ Waveguide Laser with Two Channels[J]. Infrared Physics & Technology, 2000, 41(6): 349-352.

[37] TIAN ZHAOSHUO, WANG QI, WANG CHUNHUI. Investigation of the Pulsed Heterodyne of an Electro-optically

Q-switched Radio-frequency-excited $CO_2$ Waveguide Laser with Two Channels[J]. Applied Optics, 2001, 40(18): 3033-3037.

[38] 王骐，田兆硕，李自勤，等. 射频激励双通道不等长电极波导 $CO_2$ 激光器的外差频率调制研究[J]. 光学学报，2000，20(11)：1473-1476.

[39] 王骐，田兆硕，王雨三. 双通道电光调 $Q$ 射频激励波导 $CO_2$ 激光器研究[J]. 光学学报，2001，21(4)：447-449.

[40] TIAN ZHAOSHUO, WANG QI, WANG YUSAN, et al. Study of RF-excited Waveguide $CO_2$ Laser with Two Different Channels[J]. Chinese Journal of Lasers, 1999, B8(6):1-3.

[41] 田兆硕,王骐,王雨三,等. 光栅选支共电极双通道射频激励波导 $CO_2$ 激光器研究[J]. 中国激光，2000，A27(11)：961-964.

[42] WANG QI, TIAN ZHAOSHUO, DU WEI. Tunable Q-switched/Cavity-dumped Z-fold $CO_2$ Waveguide Laser with Two Channels and Common Electrodes[J]. IEEE Journal of Quantum Electronics, 2005, 41(7): 994-996.

[43] TIAN ZHAOSHUO, HUSSEIN B, WANG QI. Tunable Electro-optically Q-switched RF-excited Partial Z-fold $CO_2$ Waveguide Laser with Two Channels[J]. Optical Engineering, 2005, 44(2): 024202(1-3).

[44] 王骐，田兆硕，王春晖，等. 射频激励共电极折叠双通道波导 $CO_2$ 激光器：中国，L02123786.7[P]. 2005-06-15.

[45] 王骐，尚铁梁，陆威，等. 一种提高脉冲激光外差频率鉴频精度的方法：中国，01101047.9[P]. 2001-06-11.

[46] LU WEI, GAO MING, WANG QI, et al. A Simple Heterodyne Frequency Offset Locking System for Pulsed Lasers[J]. Optics & Laser Technology, 2002, 34:661-663.

[47] IZUMI Y, TERANUMA O, SATO T, et al. Development of Flat Panel X-ray Image Sensors[J]. Sharp Technical Journal, 2001, 80(8): 25-30.

[48] LEE Y J, LEE J S, PARK Y S, et al. Synthesis of Large Monolithic Zeolite Foams with Variable Macropore Architectures[J]. Advanced Materials, 2001, 13(16): 1259-1263.

[49] IIHARA J, YAMAGUCHI A, YAMAGUCHI K. Development of a Specimen Fabrication Method for an Analytical Electron Microscope to Reduce the Effects of the Sample Matrix[J]. SEI Technical Review, 2001, 52(6): 99-102.

[50] 埃尔顿 R C. X射线激光[M]. 范品忠，译. 北京：科学出版社，1996.

[51] 彭惠民，王世绩，邱玉波，等. X射线激光[M]. 北京：国防工业出版社，1997.

[52] WANG SHIJI, GU YUAN, FU SIZU, et al. Experiments on High-gain Soft X-ray Laser in Ne-like Ge[J]. Plasma Science in China (Series A), 1991, 34(11): 1388-1399.

[53] MATTHEWS D L, HAGELSTEIN P L, ROSEN M D, et al. Demonstration of a Soft X-ray Amplifier[J]. Physical Review Letters, 1985, 54(2) :110-113.

[54] WANG SHIJI, GU YUAN, ZHOU GUANLIN, et al. Experimental Research on Saturated-gain for Soft X-ray Laser from Ne-like Germanium Plasma[J]. Chinese Physics Letters, 1991, 8(12): 618-621.

[55] CARILLON A, CHEN H Z*, DHEZ P, et al. Saturated and Near-diffraction-limited Operation of an XUV Laser at

* 文章系在国外杂志上发表的，该作者的中文全名拼音无从查找(以下同).

23.6 nm[J]. Physical Review Letters, 1992, 68(19): 2917-2920.

[56] KOCH J A, MACGOWAN B J, SILVA L B D, et al. Observation of Gain-narrowing and Saturation Behavior in Se X-ray Laser Line Profiles[J]. Physical Review Letters, 1992, 68(22): 3291-3294.

[57] SILVA L B D, MACGOWAN B J, MROWKA S, et al. Power Measurements of a Saturated Yttrium X-ray Laser[J]. Optics Letters, 1993, 18(14): 1174-1176.

[58] 徐志展，韩申生，沈百飞，等．"水窗"波段类氦 Al 离子 2p-3d X 射线激光的粒子数反转研究[J]．物理学报，1993，42(6)：940-948.

[59] 李儒新，张正泉，徐志展，等．类锂钛离子复合 X 射线激光[J]．科学通报，1995，40(18)：1723-1725.

[60] ZHANG J*, MACPHEE A G, NILSEN J, et al. Demonstration of Saturation in a Ni-like Ag X-ray Laser at 14 nm [J]. Physical Review Letters, 1997, 78(20): 3856-3859.

[61] TOMMASINI R, LOEWENTHAL F, BALMER J E. Soft X-ray Lasing and Saturation in Nickel like Silver at Pump Energies below 30 J[J]. Journal of the Optical Society of America B, 1999, 16(10): 1664-1667.

[62] LIN J Y, TALLENTS G J, ZHANG J, et al. Gain Saturation of the Ni-like X-ray Lasers[J]. Optics Communications, 1998, 158:55-60.

[63] ZHANG J*, MACPHEE A G, LIN J*, et al. A Saturated X-ray Laser Beam at 7 Nanometers[J]. Science, 1997, 276:1097-1100.

[64] ROCCA J J, CLARK D P, CHILLA J L A, et al. Energy Extraction and Achievement of the Saturation Limit in a Discharge-pumped Table-top Soft X-ray Amplifier[J]. Physical Review Letters, 1996, 77(8): 1476-1479.

[65] NICKLES P V, SHLYAPTSEV V N, KALACHNIKOV M, et al. Short Pulse X-ray Laser at 32.6 nm Based on Transient Gain in Ne-like Titanium[J]. Physical Review Letters, 1997, 78(14):2748-2751.

[66] KALACHNIKOV M P, NICKLES P V, SCHNURER M, et al. Saturated Operation of a Transient Collisional X-ray Laser[J]. Physical Review A, 1998, 57(6): 4778-4793.

[67] DUNN J, LI Y, OSTERHELD A L, et al. Gain Saturation Regime for Laser-driven Tabletop, Transient Ni-like Ion X-ray Lasers[J]. Physical Review Letters, 2000, 84(21): 4834-4837.

[68] LEMOFF B E, YIN G Y, GORDONIII C L, et al. Demonstration of 10 Hz Femtosecond-pulse-driven XUV Laser at 41.8 nm in Xe IX[J]. Physical Review Letters, 1995, 74(9): 1574-1577.

[69] STRICKLAND D, MOUROU G. Compression of Amplified Chirped Optical Pulses[J]. Optics Communications, 1985, 56(3): 219-221.

[70] ROCCA J J, SHLYAPTSEV V, TOMASEL F G, et al. Demonstration of a Discharge Pumped Table-top Soft X-ray Laser[J]. Physical Review Letters, 1994, 73(16): 2192-2195.

[71] OSTERHELD A L, SHLYAPTSEV V, DUNN J, et al. Modeling of Laser Produced Plasma and Z-pinch X-ray Lasers [C]. Proceedings of the 6th Intern. Conf. on X-ray Lasers, Kyoto, Japan, 1998, 159:353-362.

[72] ROCCA J J, BEETHE D G, MARCONI M C. Proposal for Soft X-ray and XUV Lasers in Capillary Discharges[J]. Optics Letters, 1988, 13(7):565-571.

[73] STEDEN C, KUNZE H J. Observation of Gain at 18.22 nm in the Carbon Plasma of a Capillary Discharge[J]. Physics Letters A, 1990, 151(9): 534-537.

[74] SHIN H J, KIM D E, LEE T N. Soft X-ray Amplification in a Capillary Discharge[J]. Physical Review E, 1994, 50

(2)：1376-1383.

[75] NICKLES P V，SHLYAPTSEV V N，KALACHNIKOV M，et al. Short Pulse X-ray Laser at 32.6 nm Based on Transient Gain in Ne-like Titanium[J]. Physical Review Letters，1997，78(14)：2748-2751.

[76] ROCCA J J，TOMASEL F G，MARCONI M C，et al. Discharge-pumped Soft X-ray Laser in Neon-like Argon[J]. Physics of Plasmas，1995，2(6)：2547-2555.

[77] ROCCA J J，CLARK D P，CHILLA J L A，et al. Energy Extraction and Achievement of the Saturation Limit in a Discharge-pumped Table-top Soft X-ray Amplifier[J]. Physical Review Letters，1996，77：1476-1484.

[78] MATZEN M K. Z-pinch as Intense X-ray Sources for High-energy Density Physics Applications[J]. Physics of Plasmas，1997，4(5)：1519-1527.

[79] RAHMAN A，ROCCA J J，WYART J F. Classification of the Nickel-like Silver Spectrum from a Fast Capillary Discharge[J]. Physica Scripta，2004，70：21-25.

[80] BENWARE B R，MACCHIETTO C D，MORENO C H，et al. Demonstration of a High Average Power Tabletop Soft X-ray Laser[J]. Physical Review Letters，1998，81：5804-5809.

[81] MACCHIETTO C D，BENWARE B R，ROCCA J J. Generation of Millijoule-level Soft X-ray Laser Pulses at a 4 Hz Repetition Rate in a Highly Saturated Tabletop Capillary Discharge Amplifier[J]. Optics Letters，1999，24(16)：1115-1117.

[82] TOMASEL F G，ROCCA J J，SHLYAPTSEV V N，et al. Lasing at 60.8 nm in Ne-like Sulfur Ions in Ablated Material Excited by a Capillary Discharge[J]. Physical Review A，1997，55(2)：1437-1440.

[83] FRATI M，SEMINARIO M，ROCCA J J. Demonstration of a Table-top Laser at 52.9 nm in Neon-like Chlorine[C]. OSA Annual Meeting，Providence Rhode Island，October 22-26，2000.

[84] KIM S H，KM D E，LEE T N. Soft X-ray Spectroscopic Study of a Gas-puff Z-pinch Argon Plasma[J]. IEEE Transaction on Plasma Science，1998，26(4)：1108-1113.

[85] HILDEBRAND A，KROGER M，KUNZE H J，et al. Amplified Spontaneous Emission on the J = 2→1 3p-3s Transition of Neonlike Argon in a Capillary Discharge[C]. Institute of Physics Conference Series，1996，151：187-191.

[86] ROSENFELD W，DUSSART R，GOTZE S，et al. Development of a Blumlein Generator Dedicated to a Fast-capillary Discharge XUV Source[C]. SPIE，1999，3776：193-201.

[87] BEN-KISH A，SHUKER M，NEMIROVSKY R A，et al. Initial and Boundary Conditions Influence on Z-pinch Plasma for Collisional Excitation X-ray Lasers[C]. Institute of Physics Conference Series，1998，159：191-196.

[88] BEN-KISH A，SHUKER M，NEMIROVSKY R A，et al. Investigating the Dynamics of Fast Capillary Discharges Leads to Soft X-ray Laser Realization at 46.9 nm[J]. Journal de Physique IV France，2001，11：99-102.

[89] BEN-KISH A，NEMIROVSKY R A，SHUKER M，et al. Parameteric Investigation of Capillary Discharge Experiment for Collisional Excitation X-ray Lasers[C]. SPIE，1999，3776：166-174.

[90] 克拉尔 N A，特里维尔皮斯 A W. 等离子体物理学原理[M]. 郭书印，译. 北京：原子能出版社，1983.

[91] HAYASHI Y，XIAO Y F，SAKAMOTO N，et al. Performances of Ne-like Ar Soft X-ray Lasing Using Capillary Z-pinch Discharge[J]. Japanese Journal of Applied Physics，2003，42：5285-5289.

[92] NIIMI G，HAYASHI Y，SAKAMOTO N，et al. Development and Characterization of a Low Current Capillary

Discharge for X-ray Laser Studies[J]. IEEE Transaction on Plasma Science, 2002, 30(2): 616-620.

[93] TOMASSETTI G, RITUCCI A, REALE A, et al. Capillary Discharge Soft X-ray Lasing in Ne-like Ar Pumped by Long Current Pulses[J]. The European Physical Journal D, 2002, 19: 73-77.

[94] TOMASSETTI G, RITUCCI A, REALE A, et al. Toward a Full Optimization of a Highly Saturated Soft X-ray Laser Beam Produced in Extremely Long Capillary Discharge Amplifiers[J]. Optics Communications, 2004, 231: 403-411.

[95] RITUCCI A, TOMASSETTI G, REALE A, et al. Investigation of a Highly Saturated Soft X-ray Amplification in a Capillary Discharge Plasma Waveguide[J]. Applied Physics B: Lasers & Optics, 2004, DOI: 10. 10 07/s00340-004-1442-5.

[96] TOMASSETTI G, RITUCCI A, REALE A, et al. High-resolution Imaging of a Soft X-ray Laser Beam by Color Centers Excitation in Lithium Fluoride Crystals[J]. Europhysics Letters, 2003, 63(5):681-686.

[97] VRBA P, VRBOVA M. Z-pinch Evolution in Capillary Discharge[J]. Contributions to Plasma Physics, 2001, 40(5/6): 581-595.

[98] KUKHLEVSKY S V, KAISER J, PALLADINO L, et al. Physical Processes in High-density Ablation-controlled Capillary Plasmas[J]. Physics Letters A, 1999, 258: 335-341.

[99] SAKADZIK S, RAHMAN A, FRATI M, et al. Observation of the 13.2 nm Line of Ni-like Cd in a Capillary Discharge[C]. SPIE, 2001, 4505: 35-40.

[100] ROCCA J J, CHILLA J L A, SAKADZIC S, et al. Advances in Capillary Discharge Soft X-ray Laser Research[C]. SPIE, 2001, 4505: 1-6.

[101] TOMASEL F G, SHLYAPTSE V N, ROCCA J J. Enhanced Beam Characteristics of a Discharge-pumped Soft X-ray Amplifier by an Axial Magnetic Field[J]. Physical Review A, 1996, 54: 2474-2477.

[102] ROCCA J J, MORENO C H, MARCONI M C, et al. Soft X-ray Laser Interferometry of a Plasma with a Tabletop Laser and a Lloyd's Mirror[J]. Optics Letters, 1999, 24(6): 420-426.

[103] BENWARE B R, MORENO C, BURD D, et al. Operation and Output Pulse Characteristics of an Extremely Compact Capillary-discharge Tabletop Soft X-ray Laser[J]. Optics Letters, 1997, 22(11): 796-798.

[104] ROCCA J J, HAMMARSTEN E C, JANKOWSKA E, et al. Application of Extremely Compact Capillary Discharge Soft X-ray Lasers to Dense Plasma Diagnostics[J]. Physics of Plasmas, 2003, 10(5): 2031-2037.

[105] ROCCA J J, MARCONI M C, WANG Y, et al. Recent Results in Capillary Discharge Soft X-ray Laser Research [C]. SPIE, 2003, 5197: 174-183.

[106] ARTIOUKOV I A, BENWARE B R, ROCCA J J, et al. Determination of XUV Optical Constants by Reflectometry Using a High Repetition Rate 46.9 nm Laser[J]. IEEE Journal of Selected Topics in Quantum Electronics, 2003, 5(6): 1495-1501.

[107] ZHAO YONGPENG, CHENG YUANLI, LUAN BOHAN, et al. Effects of Capillary Discharge Current on the Time of Lasing Onset of Soft X-ray Laser at Low Pressure[J]. Journal Physics D: Applied Physics, 2006, 39: 342-346.

[108] NIIMI G, HAYASHI Y, NAKAJIMA M, et al. Observation of Multi-pulse Soft X-ray Lasing in a Fast Capillary Discharge[J]. Journal Physics D: Applied Physics, 2001, 34: 2123-2126.

[109] 程元丽. 毛细管放电类氖氩软 X 射线激光研究[D]. 哈尔滨：哈尔滨工业大学，2006.

[110] 刘鹏. 毛细管放电泵浦 X 光激光装置及荧光谱实验研究[D]. 哈尔滨：哈尔滨工业大学，2002.

[111] 赵永蓬，程元丽，王骐，等. 激励软 X 光激光的毛细管预－主脉冲放电装置[J]. 强激光与粒子束，

2004，16(6)：733-736.
[112] 李思宁，程元丽，赵永蓬，等．毛细管放电条件下类氖序列原子参量计算与分析[J]．光学学报，2004，24(11)：1581-1584.
[113] 王骐，程元丽，张新路．毛细管放电激励类氖－氩离子X光激光研究[J]．中国激光，2002，29(2)：97-100.
[114] LAN KE，ZHANG YUQUAN，ZHENG WUDI．Theoretical Study on Discharged-pumped Soft X-ray Laser in Ne-like Ar[J]．Physics of Plasmas，1999，6(11)：4343-4348.
[115] 蓝可．复合X光激光物理机制及共振光泵浦X光激光的研究[D]．北京：中国工程物理研究院应用物理与计算数学研究所，1995.
[116] 栾伯晗．毛细管放电等离子体状态研究及低气压X光激光输出[D]．哈尔滨：哈尔滨工业大学，2007.
[117] 王骐，张新路，程元丽．X射线激光在柱状等离子体中传播的理论研究[J]．中国激光，2002，29(6)：537-540.
[118] LONDON R A．Beam Optics of Exploding Foil Plasma X-ray Lasers[J]．Physics of Fluids，1988，31(1)：184-192.
[119] 程元丽，栾伯晗，吴寅初，等．预脉冲在毛细管快放电软X射线激光中的作用[J]．物理学报，2005，54(10)：4979-4984.
[120] 吴辉，吴建强，赵永蓬，等．毛细管放电软X光激光预－主脉冲延时电路[J]．强激光与粒子束，2004，16(10)：1255-1258.
[121] 赵永蓬，杨大为，刘鹏，等．毛细管放电X光激光装置中的预脉冲电源[J]．强激光与粒子束，2003，15(4)：339-342.
[122] 赵永蓬，李岩，谢耀，等．毛细管放电装置主开关结构对产生软X射线激光的影响[J]．中国激光，2006，33(9)：1176-1179.
[123] 赵永蓬，程元丽，王骐，等．毛细管放电激励软X射线激光的产生时间[J]．物理学报，2005，54(6)：2731-2734.
[124] 栾伯晗，赵永蓬，吴寅初，等．对毛细管放电抽运软X光激光产生条件的实验研究[J]．中国激光，2005，32(9)：1189-1192.
[125] KLOSNER M A，BENDER H A，SILFVAST W T，et al．Intense Plasma Discharge Source at 13.5 nm for Extreme-ultraviolet Lithography[J]．Optics Letters，1997，22(1)：34-36.
[126] BOBOC T，ISCHOFF R B，LANGHOFF H．Emission in the Extreme Ultravioleted by Xenon Excited in a Capillary Discharge[J]．Journal Physics D：Applied Physics，2001，34：2512-2517.
[127] MOHANTY S R，ROBERT E，DUSSART R，et al．A Novel Fast Capillary Discharge System Emitting Intense EUV Possible Source for EUV Lithography[J]．Microelectronic Engerneering，2003，65(1)：47-59.
[128] CHURILOV S，JOSHI Y N，READER J．High-resolution Spectrum of Xenon Ions at 13.4 nm[J]．Optics Letters，2003，28(16)：1478-1480.
[129] LEBERT R，ASCHKE L，BERGMANN K，et al．Preliminary Results from Key Experiments on Sources for EUV Lithography[J]．Microelectronic Engineering，2001，57：87-92.
[130] YBANINE V，BENSCHOP J P H，WERIJ H G C．Comparison of Extreme Ultraviolet Sources for Lithography Applications[J]．Microelectronic Engineering，2000，53(1)：681-684.

# 第 4 章 电子束泵浦

上一章,对气体放电泵浦方式作了详细的介绍。在实际应用中,很多高脉冲功率的气体激光器都需采用电子束泵浦方式。电子束泵浦和脉冲放电泵浦方式有以下区别。

(1) 采用脉冲放电泵浦方式的激光器装置比较简单;而采用电子束泵浦的激光器装置比较复杂。

(2) 采用脉冲放电泵浦方式的激光器一般可重复频率工作,因而激光输出的平均功率大;而采用电子束泵浦方式,由于电子束窗易发热,因而较难重复频率工作,而且激光输出的平均功率不大。

(3) 采用脉冲放电泵浦方式,放电体积不能太大,由于受放电条件限制,因而注入能量不能太高,且存在放电不稳定问题;而采用电子束泵浦方式不存在放电不稳定问题,能大体积激励,从而单次脉冲输出能量大(比脉冲放电泵浦方式约大一个数量级)。

从脉冲放电泵浦和电子束泵浦的比较可以看出,电子束泵浦可激励高气压大体积的气体激光介质,从而获得大的脉冲功率。这使得电子束泵浦方式在很多需要大脉冲功率激光的领域,特别是国防应用领域得到应用。本章对电子束泵浦方式给出详细的介绍。首先介绍电子束装置的原理和结构,然后以氩离子准分子为例介绍建立电子束泵浦下的动力学模型的具体过程。

## 4.1 强流相对论电子束装置介绍

运用脉冲高功率技术产生强流相对论电子束,是英国原子武器研究中心的 J.C.Martin 首次建议的。20 世纪 60 年代初期,他成功地将早期雷达技术上应用的传输线技术用于脉冲功率研究,从而开创了脉冲功率技术的新局面[1]。从那以后,高功率相对论电子束加速器得到了迅速的发展。各技术发达国家先后建造了为数众多的装置。同时相对论电子束被应用于许多研究领域,如闪光 X 射线照相、自由电子激光、作为准分子激光器的泵浦源等等[2~4]。近年来强流相对论电子束的技术得到了迅速发展。目前已经建成了二极管电压 20 MV,电流 8.4 MA,峰值功率 $10^{14}$ W 的强流相对论电子加速器。同时在对准分子激光及短波长激光的研究方面,电子束成为更加有效的泵浦源。

由于电子束可以达到相当强的泵浦功率密度,能满足许多激活体系对泵浦源的要求,早在激光器出现不久,人们已认识到它将是紫外和可见波段激光器的有效泵浦装置。然而直到 1970

年,它的价值才真正从实验中显示出来。第一个用电子束泵浦并发出真空紫外波段激光(178 nm)的是 $Xe_2$ 准分子。迄今为止,不但许多准分子体系都在电子束装置上获得了激光振荡,而且在对其他体系(如离子准分子体系)的荧光与激光振荡的研究中,电子束也成为极其重要的激励手段。目前利用电子束泵浦方式,已对稀有气体碱金属离子准分子、碱金属卤化物离子准分子和同核稀有气体离子准分子等离子准分子体系进行了大量的研究工作。这里主要介绍利用电子束泵浦氩,产生氩的同核离子准分子的动力学研究结果。

与放电型的泵浦方式相比,电子束直接泵浦是从激光腔的外部射入电子束,不是依靠放电在激光腔中直接产生电子束,因此没有放电稳定性的问题。又因为不需要什么放电回路,不存在要保持放电回路电感尽量小的问题。另外,放电型泵浦方式的激活体积一般情况下不能做得很大,输出激光的能量和功率都不很大。而电子束泵浦方式的激活体积可以做得很大,脉冲的能量和功率也可以很大。因而电子束在泵浦准分子和离子准分子体系中具有众多放电泵浦没有的优点。这些优点在对离子准分子体系的研究中都是至关重要的。然而,电子束直接泵浦存在两个缺点:一是效率比放电泵浦的低。高能电子必须穿过将电子束发生器与气体腔分开的箔片才能进入激活区,箔片造成的能量损失限制了器件效率的提高。而箔片由于吸收电子能量的变热,不利于重复频率的运转。二是电子束装置体积很庞大,制造工艺复杂,因而价格昂贵不利于中小规模应用。以上两个缺点对已处于应用水平的准分子激光器影响很大,而对于处于基础研究阶段的离子准分子体系研究则没有很大的影响。因为迄今为止还没有可以应用的离子准分子激光器,因而还不需要考虑激活体积、效率及重复频率等问题。这样电子束仍然是研究离子准分子体系非常有效的泵浦方式。

在电子束泵浦的气体激光器中,有横向泵浦、纵向泵浦和同轴泵浦三种主要形式。在气压不是太高、激活体积不是太大的情况下,常用横向泵浦方式。电子束垂直光轴入射,容易得到高的泵浦功率密度。特别是当气体不是很"厚",即横向尺寸与气压的乘积不是很大的情况下,这种泵浦方式是很有效的。纵向泵浦方式一般是用磁场将电子束引入激活区。这种泵浦方式由于电子束与光轴同向,因而不便于谐振腔实验的进行,只能用于荧光谱的研究阶段。如果让电子束从四面八方射向激活区的中心,将会获得更均匀的激发,这就是同轴径向泵浦方式。在很高气压下,由于电子进入介质的射程很短,这种泵浦方式的优点更加明显。如果应用横向泵浦方式,为使电子穿透很厚的气体层必须增大电子能量,以致二极管变得很庞大。

### 4.1.1　电子束装置的基本结构和原理

文献[3]中,给出了电子束泵浦 Ar 离子准分子动力学模型和获得光腔效应的实验结果。本章我们以该理论和实验结果为例,介绍电子束泵浦 Ar 离子准分子的动力学过程。图 4.1 给出了电子束装置的结构示意图[4],电子束装置主要由 Marx 发生器、脉冲形成线、主开关、脉冲传输线、预脉冲开关及真空二极管等六部分组成。总的说来电子束的整个工作过程是这样的,作为初始储能元件的 Marx 发生器经过充电 – 触发过程后输出较宽的电压脉冲;再经过脉冲形成线和主开关形成比较理想的窄电压脉冲；再经过脉冲传输线的传输以及预脉冲开关，电压脉冲质量进一步提高；最后电压脉冲到达真空二极管，二极管间的高压使其阴极产生场致发射，并通过阴阳极间的强电场加速形成强流相对论电子束；电子束穿过钛膜到达气体腔中。电子束到达气体腔后，与中性气体碰撞发生一系列动力学过程，产生荧光或者激光振荡。

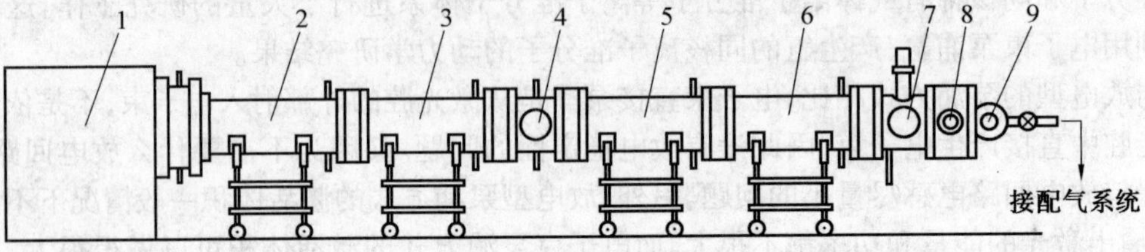


图 4.1　电子束装置结构

1—Marx 发生器；2、3— 脉冲形成线；4— 主开关；5、6— 脉冲传输线；
7— 预脉冲开关；8— 真空二极管；9—气体腔

由于离子准分子的寿命一般只有几个纳秒，所以为了提高激发离子准分子时对整个脉冲的利用效率，需要电流波形的前沿比较陡。文献[3] 中报道的电子束装置，具有陡前沿的特点，其二极管处的电参数为：电压峰值 466 kV、前沿 7.6 ns、脉宽 38.7 ns；电流峰值 19.6 kA、前沿 8.8 ns、脉宽 36 ns。为了与实验对比，在后面的理论模型计算中，电子束的电学参数根据上述实验参数确定。

由于在第 3 章中毛细管放电泵浦一节已经对 Marx 发生器和传输线给予了相应的介绍，所以这里不再介绍。下面着重介绍二极管的原理与结构。

### 4.1.2　二极管的原理与结构

在整个电子束装置中，二极管是产生电子束的部件。为了产生具有各种特性的电子束，许多研究者对真空二极管中可能发生的物理过程[5~6]，以及电子束在真空二极管中加速后的特性做了大量的研究工作[7]。为了更好地了解二极管的工作过程，先对二极管的原理作简要介绍，然后给出二极管结构。

1.二极管的原理

要了解二极管的工作过程，首先必须很好地了解强流相对论电子束的产生过程。电子发射可由许多过程引起，如热发射、光发射、场致发射等。在热阴极发射和光发射情况下，电子吸收了足够克服势垒的能量而从阴极表面逃逸出来。然而在正常条件下，冷阴极表面的势垒阻止电子从导带中逸出。

当阴极为金属时，电子的发射主要有以下四个步骤：

由于场致发射，流向电子发射体顶端电流造成发射体的电阻性加热。在二极管工作的初期阶段，电子流是从阴极表面上微观的“胡子” 形发射物的尖端发射出来的。这些“胡子” 尖端处的电场比外加场要大好几百倍，从而使场致发射主要集中在“胡子”尖端表面场强最强的地方。当外加电场只有 $10^5 \sim 10^6$ V/cm 时，由于场增强的原因，在“胡子”尖端处就有相当可观的场致发射。然而，当时电子发射还是局限在那些“胡子”尖端的局部面积上，并不是从整个阴极平面上发射。因此，在开头的几纳秒的时间内，二极管的总电流还是很小，即二极管的阻抗相当于无限大。

阴极表面的真空击穿。当“胡子”尖端处的微观电场超过了临界值时，流过发射尖端的电流将尖端的温度加热到该材料的熔点，阴极材料蒸发，并立即进入尖端附近的区域。这些阴极蒸发的材料由于电子的碰撞电离，产生大量的离子，造成了空间电荷的中和。从而使发射的电流密度迅速增长，进一步加速了尖端处的阻性加热，造成更多的阴极材料蒸发。这种热不稳定性的激发，是由于空间电荷的中和效应和强的场致发射的综合结果。相应于开始激发热不稳定性的温度称为临界温度。

“胡子”爆炸和阴极光斑的形成。当外加电场增大至使微观场强超过临界值时，发射尖端爆炸，并在几个纳秒的时间内形成阴极光斑。此后从阴极发射出的总电流增加到可以被测量的数值。

局部等离子体猝发(阴极亮斑)，到阴极等离子体的形成。“胡子”爆炸后，由于等离子体快速的流体动力学膨胀，形成局部等离子体的合并，其膨胀的速度约为几厘米每微秒。这时电子发射的面积在迅速增加，最后形成一个覆盖整个阴极表面的等离子体壳层。阴极表面等离子体形成后，在等离子体壳层内由于德拜场的作用，从冷阴极表面继续发射电子进入等离子体壳层。这时继续向阳极膨胀的阴极等离子体就成为电子发射源，电子流在阴阳极间隙内受到与其相关的空间电荷限制率的支配。

也可以用天鹅绒作为阴极，即在金属阴极底座上覆盖上天鹅绒。有关天鹅绒的发射机理到目前为止还不十分清楚。一种观点认为它的发射机理类似于爆炸式发射。在金属－真空－绝缘体的三结合处的高场区存在着场致发射的初级电子。这些初级电子轰击绝缘体表面产生次级电子。在外加电场的影响下，电子沿着绝缘体表面跳跃，导致沿着天鹅绒表面的闪络。电子因此增补到天鹅绒纤维的尖端上。一旦外加电压超过临界击穿电压值，尖端就开始爆炸。另一种观点是根据强电场引起热电子发射的模型来解释天鹅绒的发射机理。该观点认为，加在阴阳极之间的外加电场，可以穿透天鹅绒到达金属基底，使其能级结构发生畸变。在绝缘体内有一个临界场强，约为 $10^5 \sim 10^6$ V/cm。当外加电场超过这个临界场强时，电子将通过隧道效应进入天鹅绒的导带。该过程将使天鹅绒的尖端被加热，并加速其离化过程，从而在天鹅绒导带产生雪崩。在这种情况下，在天鹅绒内存在一些导电的通道，使天鹅绒从非导电的状态变成导电状态。无论理论上的解释如何，实际上天鹅绒是起阴极电子发射体的作用，它发射的电子在二极管的强场中加速。如果外加电场的电压在 0.5 MV 以上，电子的速度可引起相对论效应，因此称为相对论电子束。

虽然对天鹅绒的发射机理尚无确切的解释，但以天鹅绒作为阴极所具有的优点，在实验上得到了证明。其优点主要有：它的启动时间短，其阻抗可以在瞬间由无穷大降到它的本征值；阴阳极之间的等离子体闭合速度很慢，几乎观察不到等离子体的膨胀，这可使二极管的电流波形达到近似理想的方波；与其他冷阴极材料相比，使用天鹅绒能使电子束的亮度增加几个数量级。

2.二极管的结构

平面型二极管的整体结构如图 4.2 所示。它主要由有机玻璃板、屏蔽罩、阴极底座、阴极屏蔽罩、天鹅绒阴极、阳极膜、Hibachi 支撑结构和钛膜组成[8]。二极管的基本工作过程如下：二极管的阴极与脉冲传输线的内筒相连，阳极与脉冲传输线的外筒相连，因而当电子束工作时，负的高压脉冲会加到二极管的阴阳极之间。二极管的天鹅绒阴极在强电场的作用下产生等离子体并发射电子。电子在阴阳极之间被加速后，穿过阳极膜、Hibachi 支撑结构和钛膜注入到气体腔中。二极管的各个部件的功能分别是：有机玻璃板起径向绝缘作用，使二极管的阴阳极之间绝缘。在有机玻璃板上刻有凹槽，这是为了增加有机玻璃沿面径向的绝缘长度，防止在高压的作用下，在有机玻璃板上产生沿面滑闪。同时有机玻璃板还有将传输线内外筒之间的变压器油与真空室隔开的作用。屏蔽罩采用硬铝材料，倾斜角度为 12 度左右，这样可以降低场强。为了进一步降低三结合区域(即有机玻璃板、真空与金属电极之间的结合处）的场强，在过渡段内筒又安装有一屏蔽罩，也用铝制成，大大改善了三结合区域的场强，防止了沿面滑闪现象的发生。脉冲传输线的内筒到二极管采用阶梯式过渡，这样可以降低二极管三结合区域的电场强度。二极管阴极材料采用天鹅绒用于发射电子。为了支撑钛膜，引入了 Hibachi 支撑结构，显然以 Hibachi 支撑结构作为阳极，不利于在阴阳极之间产生均匀的电场。因此在 Hibachi 支撑结构和阴极之间加入一阳极。为了产生均匀电场，可用铝膜作为阳极，使得阴阳极之间加速的电子

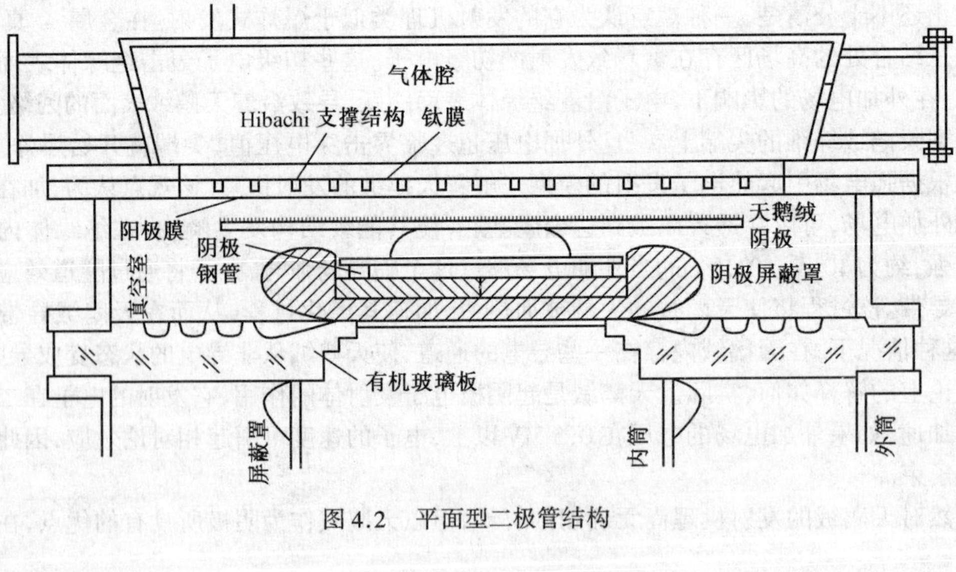


图 4.2　平面型二极管结构

分布更加均匀;此外,高速电子很容易穿过铝膜,不会对电子能量造成很大的损失。钛膜有两个作用:首先是将气体腔与二极管的真空室隔离开;其次是使高能电子穿过它,注入到气体腔中,起电子输出窗口的作用。当气体腔中要充入几百千帕甚至几兆帕的气体时,钛膜要承受非常大的压强,这就是引入 Hibachi 支撑结构的原因。设计该支撑结构既要保证钛膜能承受足够高的压强,又要保证电子束的能量损失最小。

## 4.2 气体腔中的高能电子分布

由于采用电子束作为泵浦源,对于以氩为气体介质的氩离子准分子的实验,高能电子与氩的相互作用在动力学研究中是非常重要的。对于氩中高能电子的准确计算,是整个动力学模型准确计算的基础。初始的束电子在与氩的不断碰撞中,逐渐损失能量,把高能电子的能量沉积在氩中。与此同时,氩原子被电离或激发,成为形成离子准分子 $Ar_2^{2+}$、$Ar_2^+$ 以及中性准分子 $Ar_2^*$ 的前驱粒子。所以高能电子与氩原子相互作用的计算,将直接关系到产生氩的一价、二价离子及激发态氩原子的粒子数密度。计算出这些粒子数密度,才能进一步求解反应速率方程组,得到腔内各物质的粒子数密度随时间的变化情况。

这里主要考虑了基态氩原子与高能电子作用,产生的激发和电离过程。电子的能量范围,从原子的第一激发态阈值($E_1 = 11.5\ \text{eV}$)一直到束电子的初始能量。通过对高能电子分布函数的建立和计算,可以得到在动力学中所考虑的不同能级上的能量沉积比。因而可以使我们更清楚地看出,束电子的能量在氩的不同电离态和激发态的沉积情况。由于 $Ar_2^{2+}$、$Ar_2^+$ 离子准分子的前驱粒子分别为 $Ar^{2+}$ 和 $Ar^+$,所以通过对高能电子分布函数的研究,可以在理论上指导我们,如何将能量更多地沉积到氩离子准分子的前驱离子态中,以增加离子准分子的产额。另外,通过对高能电子分布函数的计算,可以为下一步低能电子分布函数的计算打下基础,也可以得到电子束泵浦下,氩中电子的温度及电子密度等参数,为进一步深入研究动力学过程打下基础。

### 4.2.1 求解高能电子分布的玻耳兹曼(Boltzmann)方程

要对氩离子准分子形成的动力学过程进行理论模拟,首先要研究电子束注入气体腔中后,与气体介质的非弹性碰撞过程,也就是电子束的能量在气体中的沉积过程。建立能量沉积模型的关键是获得相关介质的一整套截面,这些截面精确描述了当电子穿越介质,并将其能量传递给介质时的非弹性碰撞过程。获得截面之后,可以用以下几种方法描述电子束损失能量,将中性介质激发或电离的过程。除了传统的玻耳兹曼方程及 Fokker – Plank 方程外,还有六种基于 DACS(Detailed Atomic Cross Section)的方法。它们分别是 Fowler 方程、Spencer – Fano 衰变区域法、Green – Barth 改进方法、Peterson – Green 积分法、Peterson 离散能量区域法以及 Monte Carlo 碰撞模拟法[9]。

在这些方法中，比较常用的是玻耳兹曼方程法和 Monte Carlo 碰撞模拟法。特别是在气体放电激光器和电子束泵浦的激光器动力学模拟中，两种方法都得到了广泛的应用。首先我们来介绍 Monte Carlo 碰撞模拟法，该方法在许多气体激光器的动力学模拟中都得到了应用[10~12]，并且在模拟电子在时间和空间上的演变过程时，都能得到较好的结果。Monte Carlo 方法实质上就是对大量粒子中的每一个粒子在时间和空间上进行跟踪，从它们产生开始直到经过一系列碰撞后消失。根据它们经历每一个碰撞过程的相对概率来决定它们以后的运动情况[11]。虽然 Monte Carlo 法的物理概念特别清晰，并且可获得电子在空间和时间上的分布，但它仍有一定的缺点。首先该方法考虑了空间上的分布，因而在给出产生二次电子微分截面的同时，还要考虑二次电子以及散射电子空间上的微分截面。特别是高能电子以及二次电离的电子，在空间上的微分截面一般很难获得，这对建立 Monte Carlo 模拟十分不利。其次 Monte Carlo 法收敛速度慢，一般的计算机很难承受这样大的计算量。由于上述缺点，在计算中可以采用玻耳兹曼方程法。该方法在很多气体激光器动力学模拟中得到了应用，并且得到了大量有用的理论数据[13~18]。玻耳兹曼方程法虽然只能得到电子在时间和能量上的分布，得不到在空间上的分布情况，但建立模型和计算过程相对容易，所以我们对该方法进行详细的介绍。

#### 4.2.1.1 玻耳兹曼方程的建立

玻耳兹曼方程是非平衡态的统计理论中非常重要的方程。该方程描述了非平衡态物质分布函数的变化。一般的玻耳兹曼方程对分布函数的描述比较复杂，这里所利用的玻耳兹曼方程是经过简化以后的方程。这里所要求解的正是处于非平衡态的电子分布函数，因而非常适合用玻耳兹曼方程法进行求解。

电子分布函数 $f(u,t)$ 的形状及随时间的变化情况，由玻耳兹曼方程给出。方程中包括了所有电子参与的碰撞过程。最初玻耳兹曼方程被用于模拟气体放电过程中的碰撞过程，在方程中需要考虑外电场对电子的加速过程[19,20]。由于在电子束泵浦的条件下，没有外电场的作用，所以玻耳兹曼方程的表达式得以简化[21~24]。经简化的玻耳兹曼方程可写成[23]

$$\frac{\partial f(u,t)}{\partial t} = \left(\frac{\partial f}{\partial t}\right)_{\mathrm{el(ee)}} + \left(\frac{\partial f}{\partial t}\right)_{\mathrm{el(en)}} + \left(\frac{\partial f}{\partial t}\right)_{\mathrm{in}} + n_0 A(t) S(E_{\mathrm{p}}, u) \tag{4.1}$$

方程右边第一项对应于电子与电子的弹性碰撞；第二项代表电子与中性粒子的弹性碰撞；第三项是由电子引起激发和电离等非弹性碰撞；最后一项是由初始能量为 $E_{\mathrm{p}}$ 的束电子与粒子碰撞，产生能量为 $u$ 的二次电子。其中 $S(E_{\mathrm{p}},u)$ 对应于微分电离截面，$A(t)$ 是初始束电子的通量。

式(4.1) 中的非弹性碰撞项又可以写成[23]

$$\left(\frac{\partial f}{\partial t}\right)_{\mathrm{in}} = K_{\mathrm{ion}} + K_{\mathrm{rec}} + K_{\mathrm{exc}} + K_{\mathrm{sup}} \tag{4.2}$$

此方程右边的四项分别代表由于电离、复合、激发和超弹性消激发，引起的能量为 $u$ 的电子产生和消耗。由于电离和激发过程涉及的是弱电离气体中的粒子基态，因此与电离和激发碰撞相比，复合和消激发过程可以被忽略。这样式(4.2)中只剩下了电离 $K_{ion}$ 和激发 $K_{exc}$ 两项。

$K_{ion}$ 项的积分形式为[23]

$$K_{ion}(u) = n_0\left[\int_{2u+E_i}^{E_{max}} v'\sigma(u',u)f(u',t)\mathrm{d}u' + \int_{u+E_i}^{2u+E_i} v'\sigma(u',u'-E_i-u)f(u',t)\mathrm{d}u' - vf(u,t)\int_0^{(u-E_i)/2}\sigma(u,u'')\mathrm{d}u''\right] \tag{4.3}$$

式中，$n_0$ 是靶气体的中性原子密度；$E_{max}$ 为二次电子的最大能量；$v$、$v'$ 对应能量为 $u$ 和 $u'$ 的电子速度；$\sigma(u',u)$ 是能量为 $u'$ 的电子与中性原子碰撞，产生 $u$ 的二次电子的微分电离截面。这里 $E_{max} = (E_p - E_i)/2$。由于初始粒子是电子，$S(E_p,u)$ 可以写成 $\sigma(E_p,u)$ 的形式。

方程(4.3)的右边各项的意义如下：第一项代表能量为 $u'$ 的初始电子与中性原子碰撞，产生能量为 $u$ 的二次电子，初始电子损失能量后变为能量$(u' - u - E_i)$的散射电子；第二项代表能量为 $u'$ 的初始电子与中性原子碰撞，本身损失能量后变为能量为 $u$ 的散射电子，同时产生能量为$(u' - u - E_i)$的二次电子。由于二次电子的能量要小于等于初始电子能量的一半，所以此时 $u \leqslant u' - u - E_i$。前面这两项都对应产生能量为 $u$ 的电子，即产生项。而最后一项则为能量为 $u$ 的电子的损耗项。它代表初始能量为 $u$ 的电子，与气体靶原子碰撞后，产生能量为 $u''$ 的二次电子，本身损耗能量后变为能量为$(u - u'' - E_i)$的散射电子。这一项依赖于总的电离截面，即

$$Q_{ion}(u) = \int_0^{(u-E_i)/2}\sigma(u,u'')\mathrm{d}u'' \tag{4.4}$$

下面再考虑激发过程 $K_{exc}$。由于与基态原子相比，其他激发态的原子密度可以忽略，所以激发过程中，只考虑由气体靶原子的基态向能量为 $E_l$ 的激发态的跃迁，它所对应的激发截面为 $\sigma_l(u)$。这样激发项可写成

$$K_{exc}(u) = n_0\left[\sum_l v'\sigma_l(u + E_l)f(u + E_l,t) - \sum_l v\sigma_l(u)f(u,t)\right] \tag{4.5}$$

式中，$v'$ 为能量为$(u + E_l)$的电子速度。

方程(4.5)右边两项的意义分别是：第一项代表能量为$(u + E_l)$的电子与基态中性原子碰撞，使其被激发到 $E_l$ 态，电子损失能量 $E_l$ 后变成能量为 $u$ 的电子；第二项代表能量为 $u$ 的电子与基态原子碰撞，使原子被激发到 $E_l$ 态，电子损失能量后变成能量为$(u - E_l)$的电子。

#### 4.2.1.2　玻耳兹曼方程的改进[25]

分析上述的玻耳兹曼方程可以看出，它所计算的能量范围为 $E_l$ 到 $E_{max}$，而 $E_{max} = (E_p - E_i)/2$，因此能量大于$(E_p - E_i)/2$的电子分布，没有被包括在玻耳兹曼方程内。这样求出的电子分布函数必然存在很大的误差。应该特别注意方程(4.1)的最后一项，它是与初始束电子相关的项。该项代表能量为 $E_p$ 的初始束电子与原子碰撞，产生能量为 $u$ 的二次电子$(u \leqslant E_{max})$。损失能量后初始束电子变为能量为$(E_p - u - E_i)$的散射电子，该电子的能量值必然大于 $E_{max}$，

所以损失能量后的初始束电子(即散射电子)所具有的能量是很大的,它将与原子进一步碰撞,把能量沉积到等离子体中。而方程(4.1)没有把这进一步的碰撞考虑在内,因而它所计算出的电子分布函数,要小于真实值的一半。当然许多研究者在使用该玻耳兹曼方程时,也考虑到了这一问题,他们用一个因子($F$ 因子)对方程(4.1)计算出的分布函数进行修正,以使分布函数更接近于真实值。其中 J. Bretagne 等人,在利用该方程计算电子束泵浦氩的高能电子分布时,他们将该模型计算所得的能量沉积速率,与 Mont Carlo 模型所得的值进行了比较,从而确定 $F$ 因子的值为0.4[23]。这样他们将方程(4.1)所得的能量沉积结果,乘上了 $F$ 因子的倒数,以使其更接近真实值。

如果将玻耳兹曼方程(4.1)进一步改进,在其中考虑初始束电子与气体靶原子的每一次作用,一直到散射电子的能量损失到小于 $E_l$ 为止。对改进的玻耳兹曼方程求解后,所得的分布函数不需要 $F$ 因子的修正,而更接近于真实值。基于上述考虑,文献[25]中建立了新的玻耳兹曼方程,并称其为改进的玻耳兹曼方程。

从上述分析可以看出,改进玻耳兹曼方程的关键问题在于,如何在偏微分方程中描述能量大于 $E_{\max}$ 的电子参与的各种碰撞过程。最初在建立改进的玻耳兹曼方程中,希望对所有能量的电子(包括能量大于 $E_{\max}$ 的电子)用一个统一的偏微分方程加以描述。但经过反复研究发现,能量大于 $E_{\max}$ 的电子与能量小于 $E_{\max}$ 的电子相比,其产生过程有明显的不同。对于能量小于 $E_{\max}$ 的电子,它可以是电离碰撞中的二次电子,也可以是碰撞中初始电子损失能量产生的散射电子。而能量大于 $E_{\max}$ 的电子,只能在束电子的逐渐的慢化过程中形成,即它只能是碰撞过程中的散射电子,而不可能是电离碰撞中的二次电子。根据上述分析,在建立改进的玻耳兹曼方程时,对能量小于 $E_{\max}$ 的电子和能量大于 $E_{\max}$ 的电子,在能量区间上分段进行了讨论。

由于玻耳兹曼方程中电子与电子的弹性碰撞、电子与中性原子的弹性碰撞以及非弹性碰撞中的电离复合、超弹性消激发碰撞可以忽略,因此改进的玻耳兹曼方程中,要考虑如何获得当 $(E_p - E_i)/2 < u \leqslant E_p - E_i$ 时,产生能量为 $u$ 的电子的电离碰撞截面。仔细分析一下不难看出,能量为 $u'$ 的电子与中性气体碰撞产生能量为 $u' - u - E_i$ 的电子,同时自己变成能量为 $u$ 的散射电子。因而产生能量为 $u' - u - E_i$ 的二次电子的电离碰撞截面与产生能量为 $u$ 的散射电子的电离碰撞截面是相同的,这样二者可以互相代替。建立改进的玻耳兹曼方程的另一个问题是如何表示电离和激发碰撞对能量 $u$ 的电子的产生过程。这样经改进后简化的玻耳兹曼方程及方程中各项可表示为

(1) 当 $u \leqslant \dfrac{E_p - E_i}{2}$ 时,玻耳兹曼方程表示为

$$\frac{\partial f(u,t)}{\partial t} = K_{\text{ion}} + K_{\text{exc}} + n_0 A(t) S(E_p, u) \tag{4.6}$$

其中电离项和激发项分别表示为

$$K_{\text{ion}}(u) = n_0 \Big[ \int_{2u+E_i}^{E_p} v'\sigma(u',u) f(u',t) \mathrm{d}u' + \int_{u+E_i}^{2u+E_i} v'\sigma(u',u'-E_i-u) f(u',t) \mathrm{d}u' -$$

$$vf(u,t)\int_0^{(u-E_i)/2}\sigma(u,u'')\mathrm{d}u''\Big] \tag{4.7}$$

$$K_{exc} = n_0\Big[\sum_l v'\sigma_l(u+E_l)f(u+E_l,t) - \sum_l v\sigma_l(u)f(u,t)\Big] \tag{4.8}$$

(2) 当 $\frac{E_p - E_i}{2} < u \leqslant E_p - E_i$ 时，玻耳兹曼方程表示为

$$\frac{\partial f(u,t)}{\partial t} = K_{ion} + K_{exc} + n_0 A(t) S(E_p, E_p - E_i - u) \tag{4.9}$$

其中电离项和激发项分别表示为

$$K_{ion}(u) = n_0\left[\int_{u+E_i}^{E_p} v\sigma(u', u' - E_i - u)f(u',t)\mathrm{d}u' - vf(u,t)\int_0^{(u-E_i)/2}\sigma(u,u'')\mathrm{d}u''\right] \tag{4.10}$$

$$K_{exc} = n_0\Big[\sum_l v'\sigma_l(u+E_l)f(u+E_l,t) - \sum_l v\sigma_l(u)f(u,t)\Big] \tag{4.11}$$

从该方程中可以看出，当 $u \leqslant (E_p - E_i)/2$ 时，改进的玻耳兹曼方程形式与玻耳兹曼方程(4.1)的形式相同，只是原来为 $E_{max}$ 的积分上限改成了 $E_p$。也就是说，此时不仅要考虑束电子产生的二次电子的作用，还要考虑束电子在电离碰撞后散射电子的作用。这样不仅更完整地描述了腔中所有电子碰撞的物理过程，而且可以计算出腔中所有能量电子的分布函数。当 $(E_p - E_i)/2 < u \leqslant E_p - E_i$ 时，由于电子的能量大于 $E_{max}$，所以能量为 $u$ 的电子不可能由电离过程产生，而只能由束电子经电离和激发碰撞使其能量衰减后产生。所以电离项的表达式中只有一个生成项，并且玻耳兹曼方程的最后一项中，束电子与氩碰撞后产生的二次电子能量只能为 $E_p - E_i - u$。这样通过对能量区间的分段表示，就可以得到改进的玻耳兹曼方程。对玻耳兹曼方程的求解，显然不能得到解析解，必须对玻耳兹曼偏微分方程离散化。离散化的过程可参看文献[23]，这里不作介绍。

### 4.2.2　电离截面和激发截面的选取

根据对玻耳兹曼方程的分析，若把该方程用于氩中，首先要解决的问题是高能电子对氩的激发和电离截面应如何确定。激发和电离截面的数据是否正确，直接关系到所得的高能电子分布以及与其相关的物理量是否正确。

#### 4.2.2.1　电离截面的选取

氩的微分电离截面和总电离截面有许多实验报道[26~29]，并且许多作者还给出了经验公式[23,30~33]。1972 年 L.R.Peterson 等人给出了电子碰撞氩的微分电离截面的解析表达式[30]。1981 年 J.Bretagne 等人对 L.R.Peterson 等人的公式进行了修正，使其更接近于当时所获得的实验数据。其公式为[23]

$$\sigma(u,u') = \frac{\sigma_0(K/u)\ln(u/E_i)\Gamma^2}{(u' - u_0')^2 + \Gamma^2} \tag{4.12}$$

这里 $\sigma_0 = 10^{-16}\ \mathrm{cm}^2$ 并且 $u'_0 = u_0 - A/(u + 2E_{\mathrm{i}})$，其中 $E_{\mathrm{i}}$ 是氩的电离能。各系数 $K$、$\Gamma$、$u_0$ 和 $A$ 的取值分别为：$K = 26.5$；$\Gamma = 4.6\ \mathrm{eV}$；$u_0 = 1.2\ \mathrm{eV}$；$A = 250\ \mathrm{eV}^2$。所得的 $\sigma(u, u')$ 的单位是 $\mathrm{cm}^2 \cdot \mathrm{eV}^{-1}$。利用上述公式所得的微分电离截面，与许多作者的实验数据进行了比较，发现误差小于 ±20%[23]。该经验公式所表示的微分截面只涉及 M 壳层的电子的电离，并未涉及氩原子内壳层的电离，因而要考虑内壳层的电离过程，显然该经验公式还不够全面。但该公式有一个重要的优点就是它很容易积分。很容易计算出某一电子能量范围内的总电离截面。这对求解玻耳兹曼方程十分有利。

由于采用的电子束泵浦方式涉及大量的高能电子与氩的碰撞电离过程，这些高能电子很可能对氩的内壳层电子产生电离。另外，对内壳层电子电离时，入射电子要损失很大的一部分能量，以克服内壳层电子的电离能，这对高能电子的分布函数要产生很大的影响。因而，在求解改进后的玻耳兹曼方程时，考虑了内壳层电子的电离过程。在 1972 年 L. R. Peterson 等人在给出外壳层的电子碰撞微分截面同时，也给出了 L 壳层的微分电离截面。并且指出根据其他作者的实验数据，L 壳层的电离不能被忽略[30]。同时内壳层的电离对高能时的损失函数有非常大的贡献。根据 L. R. Peterson 等人所给出的 L 壳层微分电离截面以及 1981 年自己所做的工作，1986 年 J. Bretagne 等人对相对论电子束产生氩等离子体情况下一价电离的微分电离截面做了全面的研究[31~32]。他们不仅将微分电离截面中初始入射电子能量提高到 10 MeV 以上，而且对 K 壳层和 L 壳层的电离做了全面的考虑。在建立微分电离截面时，他们不仅参考了大量的实验数据，也建立和推导了理论模型。这使得实验结果和理论计算结果符合得相当好[31]。下面对其所得的微分截面公式作一简要介绍。

对于导致第 $j$ 壳层的电离碰撞来说，打出的二次电子能量 $u$，随该壳层的电离能 $E_j$ 与初始电子碰撞后的散射电子能量两者之和连续地变化。其微分电离截面的公式可写为[31]

$$\sigma_j(u', u) = \frac{2\pi e^4}{mc^2\beta^2}\int_{Q_{\mathrm{i}}}^{Q_u} \frac{|\eta_j(K, T)|^2}{Q}\mathrm{d}\,|\ln(Q)| \tag{4.13}$$

式中，$u'$ 为初始电子能量；$u$ 为初始电子打出的二次电子能量；$\beta$ 为相对论因子；$e$ 为电子电量；$c$ 为光速；$\eta_j(K, T)$ 是相对论形式的因子，它给出了靶原子与电子 $u'$ 碰撞后产生能量为 $u$ 的二次电子概率；$T$ 是初始电子经碰撞后的能量损失。根据 Bethe 的近似，$\eta_j(K, T)$ 与电离振子强度变化率 $\mathrm{d}f_j(K, T)/\mathrm{d}T$ 有联系。由于有许多关于 $\mathrm{d}f_j(K, T)/\mathrm{d}T$ 随 $K$ 和 $T$ 变化的曲线，所以 $\mathrm{d}f_j(K, T)/\mathrm{d}T$ 是可以确定下来的。这样，上述方程就可以计算了。当 $(ka_0)^2$ 的值很大时，振子强度只在 Bethe 峰值附近有较大的数值。这一区域对应于"硬"碰撞，在该硬碰撞中发生重要的动量和能量的转移过程。另一方面，对于小的 $T$ 和 $(ka_0)^2$ 值，这一区域被称为"掠"碰撞。此时初始电子损失很少的一部分能量，相对来说原子的束缚作用很强。电离的振子强度与允许的束缚 - 束缚跃迁振子强度有相同的形式。在动量转移为零的极限情况下，电离的振子强度向光振子强度 $\mathrm{d}F_j/\mathrm{d}T$ 趋近。

振子强度的这些性质表明，将式(4.13)中的自变量 $Q$ 积分范围分成两部分比较方便，第一部分从 $Q_l$ 到 $Q_j(T)$ 的某一值，这是对应"掠"碰撞情况；第二部分从 $Q_j(T)$ 到 $Q_u$，这是对应"硬"碰撞的情况。根据碰撞的动能分析，可得到 $Q_l$ 的表达式

$$Q_l = \frac{T^2(1-\beta^2)}{2mc^2} \tag{4.14}$$

而 $Q_u$ 由无穷大来代替，不会产生很大的误差。由于掠入射时振子强度可用光振子强度来代替，所以可得到式(4.13)中 $Q_l$ 到 $Q_j(T)$ 的积分结果为

$$\frac{1}{T}\frac{\mathrm{d}F_j}{\mathrm{d}T}\left[\ln\left(\frac{Q_j(T)}{Q_l}\right)-\beta^2\right]$$

为了计算积分的另一部分区间，即"硬"碰撞部分，对 Bethe 面的性质进行了研究，表明这些碰撞可以用自由电子间的散射来描述。考虑电子的不可分辨性和电子间的相互作用，可给出电子间散射的截面公式

$$\left.\frac{\mathrm{d}\sigma}{\mathrm{d}T}\right|_{\mathrm{e-e}} = \frac{8\pi a_0^2R^2}{mc^2\beta^2}\left\{\frac{1}{T^2}-\frac{1}{T(E+I_j-T)}\left[\frac{mc^2(2u'+mc^2)}{(u'+mc^2)^2}\right]+\frac{1}{(u'+E_j-T)^2}+\frac{1}{(u'+mc^2)^2}\right\} \tag{4.15}$$

根据公式(4.13)～(4.15)，J. Bretagne 等人最终得到了 $j$ 壳层的微分电离截面[31]

$$\sigma_j(u',u) = \frac{8\pi a_0^2R^2}{mc^2\beta^2}\frac{1}{T}\frac{\mathrm{d}F_j}{\mathrm{d}T}\left[\ln\left(\frac{Q_j(T)2mc^2\beta^2}{T^2(1-\beta^2)}\right)-\beta^2\right]+N_j\varphi_j(T)\left.\frac{\mathrm{d}\sigma}{\mathrm{d}T}\right|_{\mathrm{e-e}} \tag{4.16}$$

式中，$N_j$ 是 $j$ 壳层的束缚电子个数；$\varphi_j(T)$ 是引入的一个函数，以便在掠入射区不考虑硬碰撞部分；$Q_j(T)$ 和 $\varphi_j(T)$ 仅为两个参数，是 J. Bretagne 等人在建立微分截面公式时引入的。这两个参数值是根据他们对振子强度的研究来确定的。

氩的各壳层电离能分别为：M 层 15.76 eV；L 层 245 eV；K 层 3 205 eV[31,34]。实际上对应于每个壳层还存在一些子壳层。J. Bretagne 等人没有将子壳层分别考虑，而是将它们统一用 K、L、M 三个壳层来近似。同时也没有考虑一些分立的性质(自电离跃迁等)，尽管这些分立的性质叠加在了电离谱上。现在要考虑如何把方程(4.16)应用于氩的情况中，得到氩的微分电离截面。首先要获得振子强度 $\mathrm{d}F_j/\mathrm{d}T$ 的密度，它与 $j$ 壳层的光电离截面 $\sigma_{pj}$ 有关，即

$$\frac{\mathrm{d}F_j}{\mathrm{d}T} = \frac{\sigma_{pj}}{4\pi\alpha a_0^2R} \tag{4.17}$$

式中 $\alpha$ 是精细结构常数。

通过多项式拟合，可以将总的光电离截面分解成对每个壳层的贡献。这是因为对于 K 层、L 层和 M 层，$\mathrm{d}F_j/\mathrm{d}T$ 对 $T$ 都有渐进的依赖关系，当 $T$ 很大时，$\mathrm{d}F_j/\mathrm{d}T$ 随 $T^{-3.5}$ 变化。J. Bretagne 等人以图的形式给出了每个壳层振子强度 $\mathrm{d}F_j/\mathrm{d}T$ 随 $T$ 的变化情况，这样振子强度密度就可以确定下来了。根据振子强度 $\mathrm{d}F_j/\mathrm{d}T$ 随 $T$ 的变化情况，可以看出，内壳层振子强度密度随 $AT^{-n}$ 单

调减小。在高能范围内，$n$ 在 2.5 和阈值 3.5 之间连续变化。在这里特别应该指出的是，由于 J. Bretagne 等人以图的形式给出了每个壳层振子强度 $dF_j/dT$ 随 $T$ 的变化情况，而没有明确给出 $n$ 在 2.5 和阈值 3.5 之间是如何连续变化的。这使得对 $dF_j/dT$ 的确定变得很困难。从其给出的图形中发现，对应于 L 层和 K 层 $dF_j/dT$ 与 $T$ 的关系并不十分复杂，可以确定 $n$ 的变化情况。而对应于 M 层 $dF_j/dT$ 与 $T$ 的关系却十分复杂，很难确定如何选取 $n$ 值。因而在实际计算中，M 层的电离截面按公式(4.12) 来选取，而 L 层和 K 层的电离截面按公式(4.16) 确定。

为了获得 L 层和 K 层的参数 $Q_j(T)$ 和 $\varphi_j(T)$，首先对 C. B. Opal 等人所测得的微分电离截面[26] 进行拟合，并且要保持能量损失函数中，掠入射与硬碰撞之间的平衡。这样确定 $Q_j(T)$ 和 $\varphi_j(T)$ 两个参数并不是唯一的。为了进一步确定这两个参数，需将这些 $Q_j(T)$ 和 $\varphi_j(T)$ 的数值代入微分电离截面后，对二次电子谱进行全面积分。根据对计算所得的三个结果：每一个壳层的总电离截面；沉积功率；形成一个电子离子对所需的平均能量是否满意，可以确定 $Q_j(T)$ 和 $\varphi_j(T)$ 的值。只有同时满足这些值，才能确保 $\sigma_j(u',T)$ 的值是正确的。$\varphi_j(T)$ 的表达式为

$$\varphi_j(T) = \{1 + \exp[-(T - U_j)/V_j]\}^{-1} \tag{4.18}$$

表 4.1 中给出了 $\sigma_j(u',T)$ 表达式中的所有参数。需要说明的是，$\varphi_j(T)$ 是一个光滑的函数，在低能到高能的变化中，其取值从 0 变化到 1。另外 M 壳层的 $Q_j(T)/R$ 的值，随 $T$ 的增加从 1.1 变化到 1.4，而对于内壳层 $Q_j(T)$ 为一常数。这样氩的微分电离截面就可以最终确定下来了。

**表 4.1　L、K 壳层微分电离截面相关参数**

| | $Q_j(T)/R$ /$eV^{-1}$ | $E_j$ /eV | $N_j$ | $U_j$ /eV | $V_j$ /eV |
|---|---|---|---|---|---|
| L 壳层 | 7.5 | 245 | 8 | 500 | 50 |
| K 壳层 | 110 | 3 205 | 2 | 5 000 | 640 |

由于 J. Bretagne 等人给出氩的微分电离截面能与实验数据很好地符合，并且具有容易积分、考虑了内壳层电离等优点，所以在理论计算中，利用该公式来计算氩 L 壳层和 K 壳层的微分电离截面。而 M 壳层的微分截面根据式(4.12) 计算。图 4.3 中给出了根据公式(4.12) 计算所得的不同能量初始电子的 M 壳层微分电离截面，与文献[23] 中给出的结果符合得相当好。从图中可以看出，在初始电子能量一定的情况下，M 壳层的微分电离截面随着二次电子能量的增加在对数坐标系中基本上呈直线衰减。因此，产生的二次电子能量越高，其微分电离截面越小。在图 4.4 中，给出根据公式(4.12) 计算所得的 M 壳层总电离截面和按公式(4.16) 计算所得的 K、L 壳层的总电离截面。我们还将 K、L 壳层的总电离截面与文献[31] 中的计算结果进行了比较，二者符合得很好。另外，从图 4.4 中可以看出，L 壳层的总电离截面要比 M 壳层的电离截面小 2 个量级左右，而 K 壳层的总电离截面要比 M 壳层的电离截面小 5 个量级左右。尽管这样，由于 L 壳层和 K 壳层的电离能要比 M 壳层大得多，所以内壳层的电离过程对高能电子分布函数

的影响不能忽略。

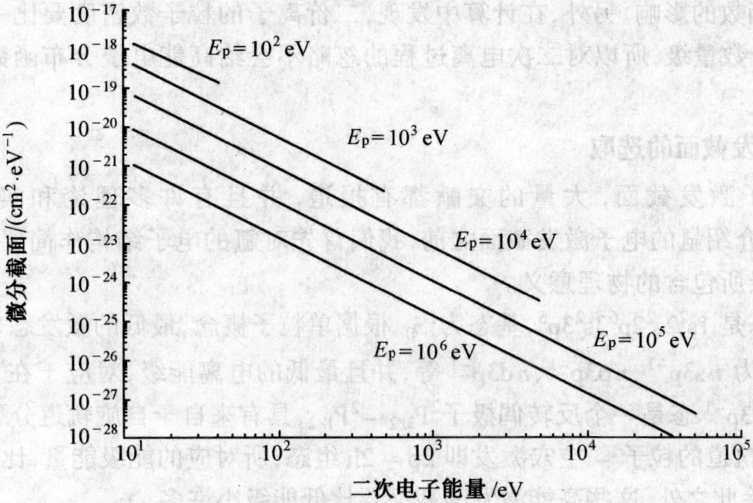


图4.3　不同能量初始束电子的微分电离截面

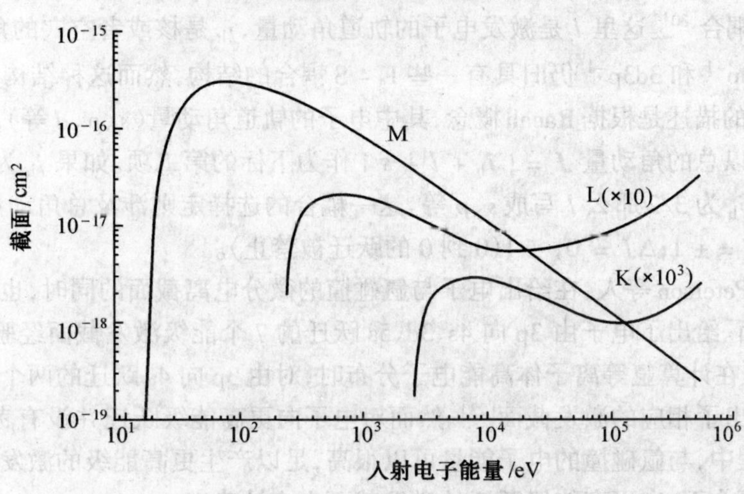


图4.4　K、L、M壳层总电离截面

由于在玻耳兹曼方程的电离项中只考虑了一次电离过程，而没有考虑二次电离过程，所以这里我们单独对二次电离过程进行讨论。如果把二次电离过程在玻耳兹曼方程给予考虑，首先要解决初始电子的二次电离微分截面，而对高能入射电子该微分截面极难获得。由于微分截面选取的限制，因而我们在玻耳兹曼方程中没有考虑二次电离过程。尽管没有直接考虑二次电离过程，但是我们考虑了内壳层电子的电离过程。当内壳层的电子被电离以后很可能伴随着俄歇电离过程，也就是说在外层电子向内层跃迁的过程中很可能产生另一个电子。这样，原来的一价离子就会变成二价离子，所以考虑了内壳层的电离，也就相当于考虑了一部分二次电离过程对高能电子分布函数的影响。另外，在计算中发现，二价离子的粒子数密度要比一价离子的粒子数密度小近 2 个数量级，所以对二次电离过程的忽略不会给高能电子分布函数的计算带来大的影响。

#### 4.2.2.2 激发截面的选取

关于氩的电子激发截面，大量的文献都有报道，并且有许多理论和实验方面的数据[23,30,31,35,36]。在介绍氩的电子激发截面之前，我们首先对氩的电子结构作简要的介绍，以便更好地讨论各能级所包含的物理意义。

氩的电子组态是 $1s^2 2s^2 2p^6 3s^2 3p^6$，基态为 $^1S_0$。根据单粒子概念，最低的激发态来自于粒子 - 空穴组态，其结构为 $ns3p^{-1}$、$np3p^{-1}$、$nd3p^{-1}$ 等，并且最低的电离能级，对应于在 $3p^6$ 核上出现一个空穴。离子的 $3p^{-1}$ 态是一个反转偶极子 $^2P_{3/2} - {}^2P_{1/2}$，具有来自于自旋轨道分裂的 0.178 eV 的能量间隔。深层轨道的粒子 - 空穴激发即 2p - 2h 组态，所对应的能级能量，比单外壳层 p - h 组态要大许多。除此之外，这些高能激发的截面要比低能级小许多。

众所周知，氩的电子耦合方式，既不是 L - S 耦合也不是 $j - j$ 耦合，而是一种中间类型的耦合，被称为 $l - j_h$ 耦合[30]。这里 $l$ 是激发电子的轨道角动量，$j_h$ 是核或者空穴的角动量。其最低的组态 $4s3p^{-1}$、$4p3p^{-1}$ 和 $3d3p^{-1}$ 仍旧具有一些 L - S 耦合的结构，然而这种结构随 $n$ 的增大而消失。在这里能级的描述是根据 Racah 概念，其中电子的轨道角动量（$s$、$p$、$d$ 等），先以 $j_h$ 和 $l$ 的矢量和为下标，再以总的角动量 $\boldsymbol{J} = |\boldsymbol{j}_h + \boldsymbol{l} + \boldsymbol{s}|$ 作为下标的第二项。如果 $j_h$ 为 1/2 那么 $l$ 写成 $s'$、$p'$ 等；如果 $j_h$ 为 3/2 那么 $l$ 写成 $s$、$p$ 等。这一耦合的选择定则涉及总角动量 $J$。光学允许跃迁满足条件：$\Delta l = \pm 1$；$\Delta J = 0, \pm 1$（0 到 0 的跃迁被禁止）。

1972 年 L. R. Peterson 等人，在给出电子与氩碰撞的微分电离截面的同时，也给出了电子与氩碰撞的激发截面。给出了电子由 3p 向 4s、3d、5s 跃迁的 7 个能级激发截面经验公式[30]。1981 年 J. Bretagne 等人在计算氩等离子体高能电子分布时，对由 3p 向 4s 跃迁的两个光学禁戒跃迁进行了考虑，并给出了相应的激发截面[23]。然而对电子向更高能级跃迁并没有考虑在内。在电子束激发氩的过程中，与氩碰撞的电子能量可以很高，足以产生更高能级的激发。因此，若想把激发过程考虑得更全面，向更高能级跃迁的激发截面也应被确定。

1986 年 J. Bretagne 等人对高能电子与氩碰撞的激发截面进行了深入的研究，并且给出了全面的激发截面公式[31]。下面对激发截面公式的获得作简要介绍。

J. Bretagne 等人根据与时间相关的微扰理论，考虑 Born 近似，给出了在相对论能量范围内，电子对 $j$ 态激发的微分截面为

$$\frac{\mathrm{d}\sigma_j}{\mathrm{d}\Omega} = \frac{4e^4 \hbar^{-4} c^{-4} WW'(k'/k)}{[K^2 - (W - W')^2 \hbar^{-2} c^{-2}]^2} |\eta_j(K)|^2 \tag{4.19}$$

这里 $W$ 和 $W'$ 分别是入射电子在碰撞前后的总能量；$k$ 和 $k'$ 分别是初始和终态波数；$\hbar K$ 是动

量转移的数量；$\eta_j(K)$ 是相对论形式因子。它给出了靶原子进行 $j$ 态跃迁时，在碰撞中获得 $\hbar K$ 动量的概率。若准确计算 $\eta_j(K)$ 需要知道基态和终态 $j$ 的相对论波函数。虽然找不到关于该波函数的精确结果，但可以用非相对论的普通振子强度，来表示相对论形式因子的平方[31]，即

$$|\eta_j(K)|^2 = \begin{cases} Qf_j(K)/W_j & (Ka_0)^2 \geqslant 1 \text{时} \\ Qf_j(K)/W_j - (1-\beta^2)F_{oj}W_j/2mc^2 & (Ka_0)^2 < 1 \text{时} \end{cases} \tag{4.20}$$

式中，$a_0$ 是玻尔半径；$m$ 是电子静止质量；$\beta$ 是以光速为单位的碰撞电子速度；$Q$ 是与动量转移 $\hbar K$ 和能量损失 $W_j$ 相关的量，其关系式为

$$Q = \frac{(\hbar^2 K^2 - W_j^2 c^{-2})}{2m} \tag{4.21}$$

$f_j(k)$ 为普通振子强度，与光学振子强度 $F_{oj}$ 有关，即

$$\lim_{K\to 0} f_j(K) = F_{oj} \tag{4.22}$$

该关系式把高能电子的碰撞与光吸收过程联系起来了，这是很重要的。因为光吸收的数据比与非弹性碰撞有关的数据要多得多，并且也更可靠。

将关系式(4.19)对 $\Omega$ 积分可得出总截面。对于导致各能级激发的碰撞，总激发截面与入射电子能量的依赖关系是众所周知的。并且该关系随基态向上能级跃迁的光学性质不同而不同。与基态有关的允许跃迁能级，总激发截面可以写成[31]

$$\sigma_j = \frac{8\pi a_0^2 R^2}{mc^2\beta^2}\frac{F_{oj}}{W_j}\left[\ln\left(\frac{\beta^2}{1-\beta^2}\frac{2mc^2}{R}C_j\right) - \beta^2\right] \tag{4.23}$$

这里 $C_j = R/4W_j$。禁戒跃迁的总激发截面可写成[31]

$$\sigma_j = \frac{8\pi a_0^2 R}{mc^2\beta^2} b_j \tag{4.24}$$

在上述的关系式中，$R$ 是里德伯(Rydberg)能量；$C_j$ 和 $b_j$ 是两个常数，它们可以由普通振子强度或由实验结果计算出。

实际上，在低能范围内 Born 近似不再成立，此时所得的碰撞截面比实际值要大。可以通过一个经验低能修正因子，对式(4.23)和式(4.24)进行修正，以使其应用于低能范围。根据理论和实验结果比较，最好是在上述两个关系式中乘以因子，即

$$B_j = [1 - (2W_j/mc^2\beta^2)^{\alpha_j}]^{\beta_j}/(mc^2\beta^2)^{\gamma_j} \tag{4.25}$$

这里 $\alpha_j$、$\beta_j$ 和 $\gamma_j$ 是经验系数，是通过实验结果来确定的。其中对应于允许跃迁 $\alpha_j = \beta_j = 1$ 并且 $\gamma_j = 0$；而禁戒跃迁 $\alpha_j = \beta_j = 1$，$\gamma_j$ 的值随能级的不同而不同。表4.2中给出了氩允许跃迁的一些截面参数，表4.3给出了氩禁戒跃迁的截面参数。将这些系数代入式(4.23)和式(4.24)就可以确定允许跃迁和禁戒跃迁的激发截面。J. Bretagne 等人在得到上述经验公式后，对理论计算所得的氩激发截面与大量的实验结果进行了比较，证明理论计算结果和实验结果符合得很好。由于 J. Bretagne 等人给出的氩激发截面公式能全面考虑各种跃迁，并且与实验结果符合得很

好,因而在理论计算中,电子与氩原子碰撞的激发截面由式(4.23)和式(4.24)计算后给出。图4.5中给出了允许跃迁的部分能级的激发截面,该结果与文献[31]中的结果保持一致。图4.6中给出了禁戒跃迁的部分能级对应的激发截面。从图中可以看出,这些能级的激发截面都在$10^{-18}$ $cm^2$左右,并且与文献[23,30,31]的结果相比,这些截面的计算结果很准确。为了进一步验证激发截面计算结果的正确性,还对允许跃迁的总截面、禁戒跃迁的总截面以及电子的总激发截面进行了计算。其结果如图4.7所示,计算结果与已有的实验和理论结果符合得非常好[23,30,31,35]。

**表4.2 允许跃迁截面的参数**

| 能 级 | $W_i$/eV | $F_{oj}$ |
|---|---|---|
| $4s(3/2)_1$ | 11.623 | $6.10\times10^{-2}$ |
| $4s'(1/2)_1$ | 11.827 | $2.54\times10^{-1}$ |
| $3d(1/2)_1$ | 13.863 | $1.10\times10^{-3}$ |
| $5s(3/2)_1$ | 14.090 | $2.70\times10^{-2}$ |
| $3d(3/2)_1$ | 14.152 | $5.30\times10^{-2}$ |
| $5s'(1/2)_1$ | 14.254 | $1.20\times10^{-2}$ |
| $3d'(3/2)_1$ | 14.303 | $1.06\times10^{-1}$ |
| $4d(1/2)_1$ | 14.710 | $3.10\times10^{-3}$ |
| $6s(3/2)_1$ | 14.848 | $1.40\times10^{-2}$ |
| $4d(3/2)_1$ | 14.858 | $3.60\times10^{-2}$ |
| $4d'(3/2)_1$ | 15.003 | $3.20\times10^{-2}$ |
| $6s'(1/2)_1$ | 15.021 | $1.30\times10^{-2}$ |
| $5d(1/2)_1$ | 15.117 | $4.30\times10^{-3}$ |
| $7s(3/2)_1$ | 15.185 | $1.30\times10^{-2}$ |
| $5d(3/2)_1$ | 15.189 | $3.00\times10^{-2}$ |
| $6d(1/2)_1$ | 15.307 | $7.50\times10^{-4}$ |
| $5d'(3/2)_1$ | 15.350 | $5.10\times10^{-4}$ |
| $7s'(1/2)_1$ | 15.359 | $7.40\times10^{-4}$ |
| $8s(3/2)_1$ | 15.365 | $1.30\times10^{-2}$ |
| $6d(3/2)_1$ | 15.349 | $2.90\times10^{-2}$ |
| $7d(1/2)_1$ | 15.660 | $1.09\times10^{-1}$ |

**表 4.3 禁戒跃迁截面的参数**

| 能 级 | $W_j$/eV | $b_j$ | $\gamma_j$ |
|---|---|---|---|
| $4s(3/2)_2$ | 11.548 | 51.20 | 2 |
| $4s'(1/2)_0$ | 11.133 | 10.40 | 2 |
| $4p(1/2)_1$ | 12.906 | 0.282 0 | 1 |
| $4p(5/2)_3$ | 13.705 | 0.436 0 | 1 |
| $4p(5/2)_2$ | 13.094 | 0.017 50 | 0 |
| $4p(3/2)_1$ | 13.152 | 0.664 0 | 1 |
| $4p(3/2)_2$ | 13.171 | 0.015 70 | 0 |
| $4p(1/2)_0$ | 13.277 | 1.357 | 1 |
| $4p'(3/2)_2$ | 13.302 | 0.014 00 | 0 |
| $4p'(1/2)_1$ | 13.327 | 0.316 0 | 1 |
| $4p'(1/2)_0$ | 13.479 | 0.031 30 | 0 |
| $3d(1/2)_0$ | 13.844 | 116.2 | 2 |
| $3d(3/2)_2$ | 13.903 | 110.4 | 2 |
| $3d(7/2)_4$ | 13.979 | 89.70 | 2 |
| $3d(7/2)_3$ | 14.012 | 0.902 0 | 1 |
| $3d(5/2)_2$ | 14.065 | 1.164 | 1 |
| $3d(5/2)_3$ | 14.098 | 0 | 0 |
| $4d'(5/2)_2$ | 14.213 | 53.55 | 2 |
| $3d'(5/2)_3$ | 14.236 | 1.046 | 1 |

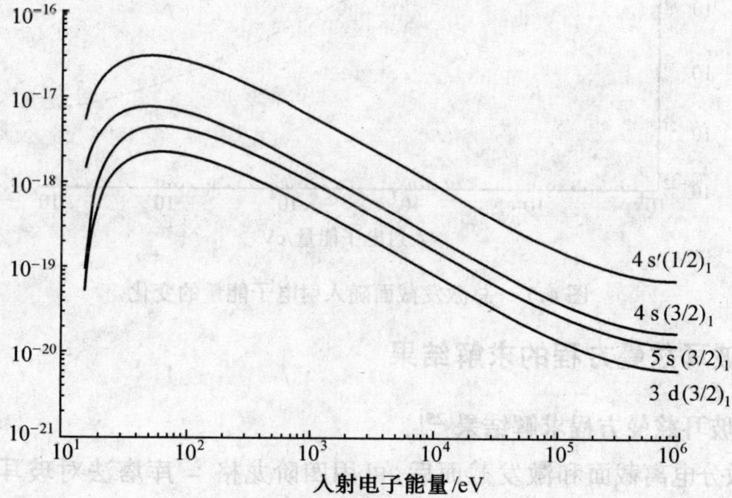


图 4.5 部分允许跃迁的激发截面

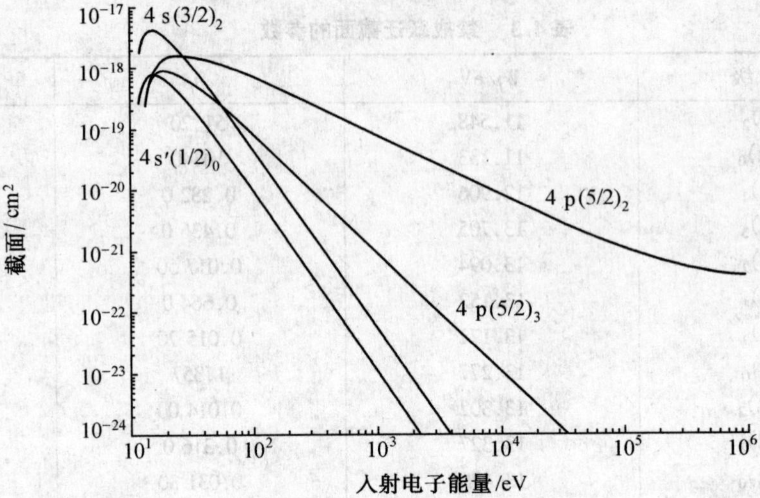


图 4.6　部分禁戒跃迁的激发截面

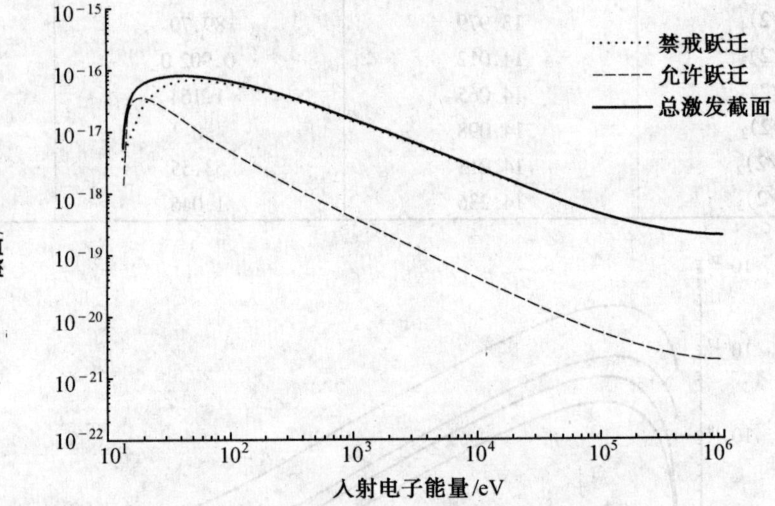


图 4.7　总激发截面随入射电子能量的变化

## 4.2.3　玻耳兹曼方程的求解结果

### 4.2.3.1　玻耳兹曼方程求解结果[25]

得到氩的微分电离截面和激发截面后，可用四阶龙格 - 库塔法对玻耳兹曼方程进行求解。选取电子能量的最小值为氩原子第一激发态能量(11.56 eV)。在最初对玻耳兹曼微分方程离散化时，要考虑在能量区间上所取离散点的个数以及离散的步长。由于所取的步长是变化的,所以它们的有效选取既可以保证计算的精度,又可以最大可能地节省计算时间。对离散点能量值的选取采用的是 10 的等比数列。

首先对高能电子分布函数在时间轴上的收敛情况进行计算,以验证某一能量的电子分布函数是否能在某一时刻以后达到一种稳态的分布情况。根据文献[23],假设腔内的气压为 0.3 MPa,束电子的能量为 $10^5$ eV,电子束的电流密度为 100 A · $cm^{-2}$。在此条件下计算腔内能量分别为 $5\times10^1$,$5\times10^2$,$5\times10^3$,$5\times10^4$ eV 的电子分布函数随时间的演变情况,其结果如图 4.8 所示。图中曲线 *A*,*B*,*C*,*D* 分别对应的电子能量为 $5\times10^1$,$5\times10^2$,$5\times10^3$,$5\times10^4$ eV。从图中可以看出,随着时间的增加,最初单位体积、单位能量区间内的电子数密度逐渐增加,很快电子分布函数就达到了一个稳定值,随着时间的继续增加电子数密度不变。也就是说达到稳态后,某一能量电子的产生和猝灭过程互相抵消。另外,从图中可以看出,电子分布函数达到稳定的时间小于1 ns,一般情况下,电子束的脉冲宽度为几十纳秒到几百纳秒,所以在电子束开始工作后,很快电子分布函数就达到了稳态情况。

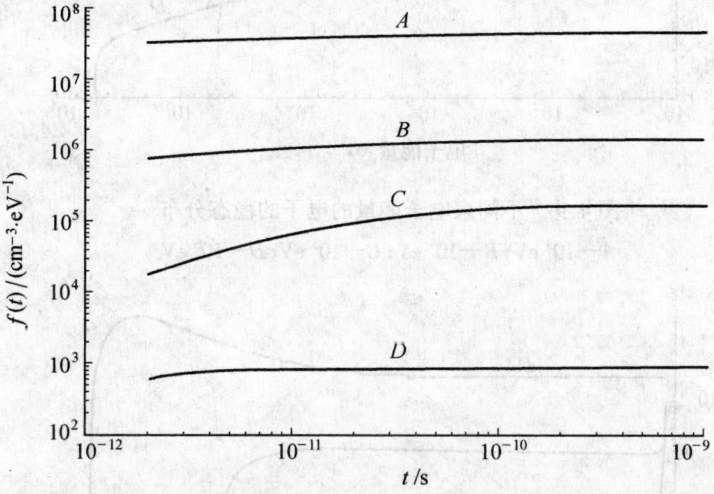


图 4.8　不同能量电子分布随时间的变化情况

*A*— $5\times10^1$ eV; *B*— $5\times10^2$ eV; *C*— $5\times10^3$ eV; *D*— $5\times10^4$ eV

在腔内的气压为 0.3 MPa、电子束的电流密度为 100 A · $cm^{-2}$ 的条件下,计算了不同束电子能量的电子稳态分布函数,以及达到稳态分布所需的特征时间。选取束电子的能量分别为 $10^3$,$10^4$,$10^5$,$10^6$ eV 进行了计算。计算所得的电子束工作时腔内电子的稳态分布曲线如图 4.9 所示,图中的曲线 *A*,*B*,*C* 和 *D* 分别对应束电子的能量为 $10^3$,$10^4$,$10^5$,$10^6$ eV。在计算稳态的分布函数的同时,还计算了达到稳态分布所需的最短时间,其结果如图 4.10 所示。从图中可以看出,电子的分布函数达到稳态分布的最短时间一般小于 5 ns。该计算结果与文献[23] 中的结果有很大的差别。文献中的计算结果表明,一般电子能量越高其达到稳态所需要的时间越长。实际上,通过对玻耳兹曼方程的分析可以看出,能量高的电子是产生能量较低电子的源。所以一般情况下,应该首先是高能部分的电子达到稳态分布,然后是比其能量低的电子达到稳态分布。只有当高能电子分布的变化,对低能部分电子分布的影响非常小,使得在计算误差范围内体现不出这种影响时,能量高的电子才可能后达到稳态分布。根据上述分析,图 4.10 的结果更加合理。

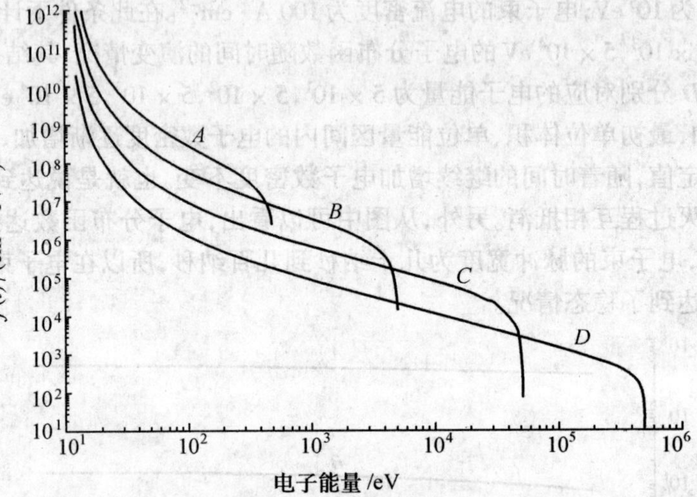


图 4.9　不同束电子能量的电子的稳态分布

$A$—$10^3$ eV; $B$—$10^4$ eV; $C$—$10^5$ eV; $D$—$10^6$ eV

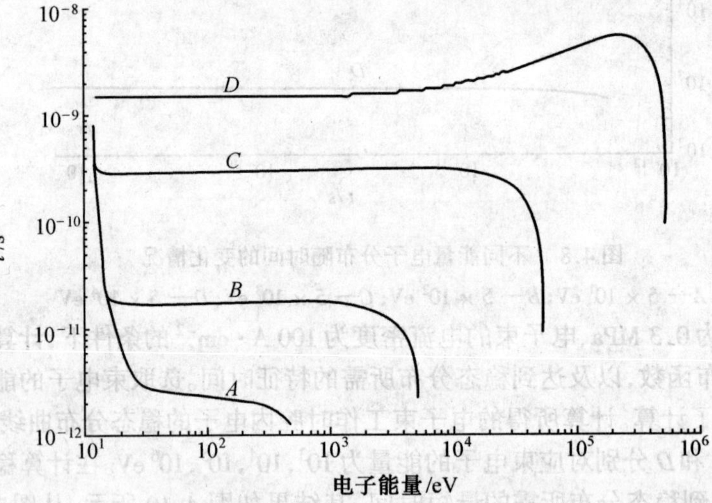


图 4.10　不同束电子能量下达到稳态分布的特征时间

$A$—$10^3$ eV; $B$—$10^4$ eV; $C$—$10^5$ eV; $D$—$10^6$ eV

#### 4.2.3.2　改进的玻耳兹曼方程求解结果[25]

从上述的计算结果可以看出，玻耳兹曼方程(4.1)只能给出能量小于 $E_{max}$ 的电子分布情况，无法得到能量大于 $E_{max}$ 的电子分布。可以改进玻耳兹曼方程，使其可以计算得到整个能量区间的电子分布情况。这使得对束电子在气体腔中的能量沉积过程有更全面的描述。

改进的玻耳兹曼方程的离散化过程与玻耳兹曼方程(4.1)基本相同，只是在能量区间的描述要分段进行。对改进的玻耳兹曼方程的求解结果如图 4.11 和图 4.12 所示。电子的稳态分布情况如图 4.11 所示，图中的曲线 $A,B,C,D$ 分别对应的束电子能量为 $10^3$，$10^4$，$10^5$ 和 $10^6$ eV。与图 4.9 相比，电子稳态分布曲线形状的差别主要在能量大于 $E_{max}$ 之后。用改进的玻耳兹曼方程可以计算出能量大于 $E_{max}$ 的电子分布情况。另外，图 4.11 所示的分布函数值要比图 4.9 有明显的增加。这主要是由于考虑了能量大于 $E_{max}$ 的电子能量沉积过程，使得电子束在气体中的能量沉积明显增加。另外，从两图中各曲线比较可以看出，当束电子能量为 $10^3$，$10^4$，$10^5$ eV 时，能量大于 $E_{max}$ 的电子与 Ar 碰撞能够有效地将能量转移到低能电子上。而束电子能量为 $10^6$ eV 时，由于微分电离截面的减小，能量大于 $E_{max}$ 的电子已经不能很好地将能量转移到低能电子上，这使得能量大于 $E_{max}$ 的电子分布值较大，低能电子分布函数值较小。从图 4.11 中可以看出，当能量大于 $E_{max}$ 时，单位体积、单位能量的电子数密度开始逐渐增加。根据前面建立改进的玻耳兹曼方程时的分析，对于能量大于 $E_{max}$ 的电子，只能在束电子慢化的过程中产生，而不可能是电离过程中的二次电子。在束电子的慢化过程中，束电子损失的能量越多，其产生的二次电子能量越大，此时的微分电离截面越小。也就是说与束电子的能量差越小，产生该散射电子的微分电离截面越大。所以在 $E_{max}$ 处电子数密度最低。图 4.12 中还给出了达到稳态分布所

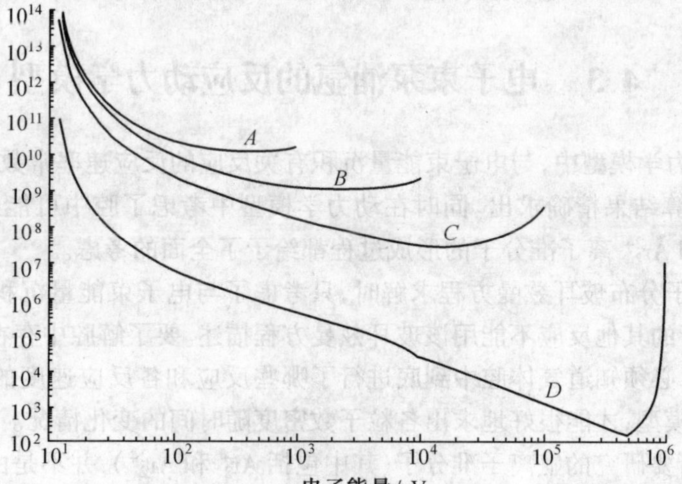


图 4.11　不同束电子能量的电子的稳态分布

$A$—$10^3$ eV；$B$—$10^4$ eV；$C$—$10^5$ eV；$D$—$10^6$ eV

需的最短时间,图中的曲线与束电子能量的对应关系与图 4.10 相同。从图中可以看出,电子的分布函数达到稳态分布的最短时间一般小于 5 ns。与图 4.10 相比,虽然二者并不完全相同,但一般仍然是低能部分电子达到稳态的时间更长一些。从计算结果可以看出,达到稳态分布的时间一般要比电子束脉冲持续时间(几十纳秒) 小得多。所以一般可以认为电子束开始工作后,气体腔中的电子分布很快就达到了稳态。

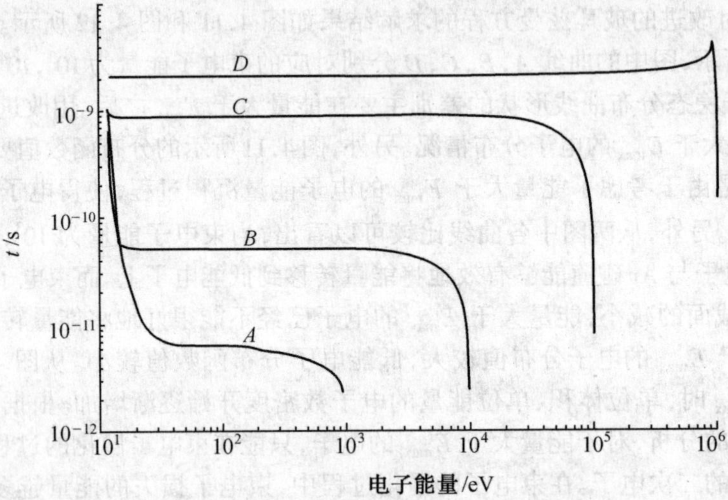


图 4.12　不同束电子能量下达到稳态分布的特征时间

$A$—$10^3$ eV; $B$—$10^4$ eV; $C$—$10^5$ eV; $D$—$10^6$ eV

# 4.3　电子束泵浦氩的反应动力学模型

在建立的动力学模型中,与电子束能量沉积有关反应的反应速率常数,根据上一节高能电子分布函数的计算结果精确求出。同时在动力学模型中考虑了腔中可能进行的 39 个反应过程,并且对 $Ar_2^+$ 和 $Ar_2^{2+}$ 离子准分子的形成过程都给予了全面的考虑。

在对高能电子分布玻耳兹曼方程求解时,只考虑了与电子束能量沉积相关的电离和激发反应,而腔中进行的其他反应不能用该玻耳兹曼方程描述。要了解腔中存在的各物质粒子数密度是如何变化的,必须知道气体腔中到底进行了哪些反应和各反应速度的快慢。因而,必须用化学反应动力学模型,才能很好地求出各粒子数密度随时间的变化情况。

另一方面,所要研究的氩离子准分子(其中包括 $Ar_2^+$ 和 $Ar_2^{2+}$),并不是由电子直接碰撞产生的,而主要是由三体碰撞形成的。除此之外,还有一些生成和猝灭这些离子准分子的反应,直接影响其粒子数密度的变化。因而,要想准确求出氩离子准分子的粒子数密度随时间的变化情况,必须建立完善的动力学模型。另外,通过对反应动力学模型的建立,能使我们更好地了解,哪些反应对生成氩离子准分子有利，哪些反应是不利的。怎样才能抑制不利的反应，而使反应向有利于生成氩离子准分子的方向进行。这样，在理论上可以指导我们，如何在实验中增加氩离子准分子粒子数密度，从而更好地实现粒子数反转，进而观察到明显的谐振腔效应。

在后面的讨论中可以看到，要想确定与电子束能量沉积相关反应的速率常数，必须要涉及高能电子分布函数。而高能电子分布函数则是由玻耳兹曼方程的求解结果给出的。同时反应动力学模型求得的基态氩粒子数密度随时间的变化情况，又被用于玻耳兹曼方程中。因而可以说，玻耳兹曼方程和反应动力学模型是有机地结合在一起的。只有通过对两者的准确建立和求解，才能建立起完善的动力学模型。

### 4.3.1　电子束能量沉积反应

在求解了气体腔中高能电子分布函数以后，需要建立化学动力学模型，对腔中可能产生的物质及其可能进行的反应进行全面的描述。在所考虑的反应式中，把高能电子对基态氩的电离和激发过程归于电子束能量在气体中的沉积。也就是说，这些只与高能电子有关的电子碰撞反应是电子束能量沉积反应。而另外与电子相关的反应，高能和低能电子对它们都有贡献，称之为反应动力学过程。与电子碰撞无关的反应显然与电子束的能量沉积无关，只是沉积的能量在不同物质之间的传递。

在第2章对反应速率常数的介绍中已经说明，对于任何的反应要想了解反应进行的快慢，必须知道该反应的反应速率常数。对于与电子束能量沉积无关的反应，可以认为其反应速率常数是一定值，不随时间变化。但是对于电子束能量沉积反应来说反应速率常数就要复杂得多。电子束能量沉积反应的反应速率常数，涉及高能电子分布函数。根据对高能电子分布函数的求解结果，可以计算出电子束能量沉积反应的反应速率常数。下面对电子束能量沉积反应的反应速率常数的确定作详细的介绍和讨论。

这里电子束能量沉积的反应包括三个反应

$$\mathrm{Ar} + \mathrm{e} \longrightarrow \mathrm{Ar}^{*} + \mathrm{e} \quad \text{电子直接激发} \tag{4.26}$$

$$\mathrm{Ar} + \mathrm{e} \longrightarrow \mathrm{Ar}^{+} + 2\mathrm{e} \quad \text{电子直接电离} \tag{4.27}$$

$$\mathrm{Ar} + \mathrm{e} \longrightarrow \mathrm{Ar}^{2+} + 3\mathrm{e} \quad \text{电子双电离} \tag{4.28}$$

其中，前两个反应的电子碰撞截面在前面已经进行了讨论。在这里只需对电离截面进行说明。在对玻耳兹曼方程求解中所用的是微分电离截面，而这里用的是各个能量电子的总电离截面，即图4.4中的结果。另外，把内壳层电子的电离过程也考虑在内，并将各个壳层的电离作用综合考虑得到一个反应速率常数中。反应(4.28)在求解玻耳兹曼方程时并没有考虑在内，这主要是因为无法得到二阶电离的微分电离截面。但是通过参考许多文献，发现二阶电离的总电离截面是可以表示出来的。下面对电子对氩的二阶电离截面给予介绍。

对氩的二阶电离截面有许多理论和实验的报道[37~39]。其中文献[39]中给出了二阶电离截面随电子能量的变化情况，其电子的能量范围为49.3 eV ~ 5.3 keV。对更高能量电子的二阶电离截面文献[39]中并没有给出,但文献[38]中给出了相对论电子的一阶和二阶电离截面之间的比值。相对论电子的一阶电离截面我们已经在上面给出了,这样根据文献[38]中提供的比值就可以求出相对论电子的二阶电离截面。将文献[39]中给出较低能量下的二阶电离截面与相对论电子的电离截面综合考虑,就可以得到氩完整的二阶电离截面。根据该截面值和高能电子的分布情况就可以计算出反应(4.28)的反应速率常数。

由于电子分布函数随电子的能量和时间都在变化,所以需要对其在能量域和时间域上的变化情况分别给予讨论,这样才可以确定如何将电子分布函数应用于反应速率常数的求解上。通过前面的计算可以看出,在电子束开始工作很短的时间内(小于 1 ns),腔中的电子分布就达到了稳态的分布,此时电子分布函数不随时间变化,因而可以只用其随能量的变化来表示该分布函数,而不考虑时间对它的影响。在电子束停止工作,也就是电子束的脉冲结束后,腔内的电子分布情况要发生变化,对某一能量的电子不再是产生和猝灭作用可以相互抵消,即不再是稳态的分布情况。此时由于电子束的输入源项已经不再存在,所以腔中主要进行电子的猝灭过程,直到所有的高能电子都被损耗掉。当电子束停止工作时,需要了解各个能量电子在多长时间内损耗为零,为此以电子束脉冲结束的那一刻为时间的零点,计算了腔中电子分布随时间的演化过程。由于电子损耗的过程是高能量的电子先损耗掉,然后是低能量电子损耗掉,因而利用改进的玻耳兹曼方程,计算了在腔内气压为 0.3 MPa、电子束电流密度为 100 $A \cdot cm^{-2}$、束电子的能量为 $10^5$ eV 的情况下,腔内能量为 50 eV 电子的分布函数随时间的演变情况。计算的结果如图 4.13 所示,图中曲线 $A$ 代表电子束脉冲结束后,腔内能量为 50 eV 电子的分布函数随时间的猝灭过程,此时的零时刻对应电子束脉冲结束的时刻。为了与电子束开始工作时,腔内电

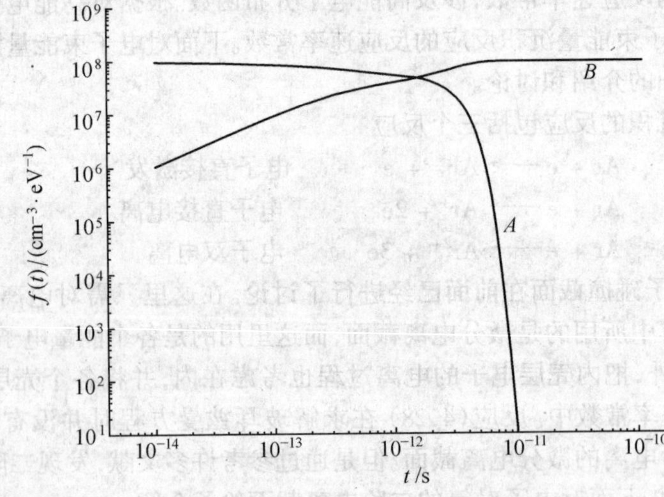


图 4.13　能量 50 eV 电子的分布随时间的演变情况

$A$— 猝灭过程; $B$— 形成过程

子形成稳态分布的演变过程进行对比，在图中给出了腔内能量为 50 eV 电子的分布函数随时间形成稳态分布的过程，如曲线 $B$ 所示，此时的零时刻对应电子束脉冲的开始时刻。曲线 $A$ 与 $B$ 相比发现比起腔内电子的形成过程，腔内电子的猝灭过程要更快一些。经计算证明，当电子束脉冲结束后，腔内各能量的电子将在 0.1 ns 内其电子数密度变为零。

由于腔内电子分布达到稳态的时间小于 1 ns，电子束脉冲结束后在 0.1 ns 内腔中的高能电子都被猝灭掉，而这两个时间比起电子束的脉冲要小得多，所以为了计算方便可以认为在电子束的脉冲期间，腔内电子一直是稳态的分布，电子束脉冲结束后腔内的电子分布为零。这样就忽略了电子束脉冲的开始和脉冲结束时腔内电子在极短时间内的演变过程，作这样的近似不会给计算带来大的误差，仍能比较真实地反映腔中电子分布的演变过程。解决了电子分布函数在时间域上的变化情况后，电子分布函数在能量域上的变化情况就很好解决了，它就是前面计算所得的稳态电子分布情况。

根据上面的分析，可以认为在电子束工作期间，电子束能量沉积反应在起作用，而一旦电子束脉冲结束，这些反应也就结束了。在电子束脉冲期间，由于认为腔中电子分布一直是稳态的情况，所以可以认为电子束能量沉积反应的反应速率常数是一定值。反应速率常数可由电子分布函数和反应截面根据式(2.103)计算出。在计算电子束能量沉积反应的各物质粒子数密度的变化情况时，要将反应速率常数乘以电子数密度。在计算反应速率常数时要除以电子数密度。这样，为了计算的方便，这里给出的反应速率常数，已经乘以电子数密度，因而其单位是 $s^{-1}$。

## 4.3.2　氩离子准分子动力学过程

### 4.3.2.1　反应动力学过程

当相对论电子束注入腔中后，腔中的各种反应动力学过程就开始了，这其中包括电子束能量沉积的反应和其他反应动力学过程。整个腔中的反应过程是非常复杂的，参考大量文献找到了各种物质之间 39 个反应式，表 4.4 给出了这些反应以及它们的反应速率常数。其中 $Ar_2^*(1)$ 代表处于单重态的准分子，$Ar_2^*(3)$ 代表处于三重态的准分子。前三个反应已经在前面讨论了，属于电子束在氩中的能量沉积过程。下面我们对其他的反应给予详细的讨论。

反应过程 4 是产生 $Ar^{2+}$ 的逐阶电离过程，而产生 $Ar^{2+}$ 的另一个过程是反应过程 3。由于反应过程 4 的反应物是 $Ar^+$，其粒子数密度比起 Ar 要小得多，所以对于 $Ar^{2+}$ 的产生反应过程 3 是主要的。

反应过程 5 ~ 7 都是电子对激发态物质的电离过程。由于物质已经处于激发态，所以这些反应对电子的能量要求并不高，也就是说低能的电子也可能参与这些反应。另外，反应过程 6 和 7 是将中性准分子转化成一价离子准分子的过程，反应过程 5 是一价离子准分子前驱粒子 $Ar^+$ 的形成过程。所以这三个反应都对一价离子准分子的形成有利。

**表 4.4　电子束泵浦氩中的主要反应过程**

| 序号 | 反应式 | 反应速率常数 | 反应类型 | 参考文献 |
|---|---|---|---|---|
| 1 | $Ar + e \longrightarrow Ar^{+} + 2e$ | | 电子直接电离 | [47] |
| 2 | $Ar + e \longrightarrow Ar^{*} + e$ | | 电子直接激发 | [47] |
| 3 | $Ar + e \longrightarrow Ar^{2+} + 3e$ | | 电子双电离 | [47] |
| 4 | $Ar^{+} + e \longrightarrow Ar^{2+} + 2e$ | $1 \times 10^{7}\ s^{-1}$ | 逐阶电离 | [40] |
| 5 | $Ar^{*} + e \longrightarrow Ar^{+} + 2e$ | $5 \times 10^{-9}\ cm^{3} \cdot s^{-1}$ | 累积电离 | [40] |
| 6 | $Ar_2^{*}(1) + e \longrightarrow Ar_2^{+} + 2e$ | $4.5 \times 10^{-8}\ cm^{3} \cdot s^{-1}$ | 累积电离 | [41] |
| 7 | $Ar_2^{*}(3) + e \longrightarrow Ar_2^{+} + 2e$ | $4.4 \times 10^{-9}\ cm^{3} \cdot s^{-1}$ | 累积电离 | [41] |
| 8 | $Ar^{+} + 2e \longrightarrow Ar^{*} + e$ | $5.8 \times 10^{-30}\ cm^{6} \cdot s^{-1}$ | 电子三体复合 | [41] |
| 9 | $Ar_2^{+} + 2e \longrightarrow Ar_2^{*}(1) + e$ | $1.5 \times 10^{-30}\ cm^{6} \cdot s^{-1}$ | 电子三体复合 | [41] |
| 10 | $Ar_2^{+} + 2e \longrightarrow Ar_2^{*}(3) + e$ | $4.4 \times 10^{-30}\ cm^{6} \cdot s^{-1}$ | 电子三体复合 | [41] |
| 11 | $Ar^{*} + e \longrightarrow Ar + e$ | $1 \times 10^{-9}\ cm^{3} \cdot s^{-1}$ | 电子消激发 | [40] |
| 12 | $Ar_2^{+} + e \longrightarrow Ar^{*} + Ar$ | $5 \times 10^{-7}\ cm^{3} \cdot s^{-1}$ | 离解复合 | [42] |
| 13 | $Ar_3^{+} + e \longrightarrow Ar^{*} + 2Ar$ | $3.6 \times 10^{-5}\ cm^{3} \cdot s^{-1}$ | 离解复合 | [43] |
| 14 | $Ar_2^{2+} + e \longrightarrow Ar^{*} + Ar^{+}$ | $1.5 \times 10^{-7}\ cm^{3} \cdot s^{-1}$ | 离解复合 | [14] |
| 15 | $Ar_2^{*}(1) + e \longrightarrow Ar_2^{*}(3) + e$ | $1 \times 10^{-9}\ cm^{3} \cdot s^{-1}$ | 准分子混合 | [41] |
| 16 | $Ar_2^{*}(3) + e \longrightarrow Ar_2^{*}(1) + e$ | $3 \times 10^{-8}\ cm^{3} \cdot s^{-1}$ | 准分子混合 | [41] |
| 17 | $Ar_2^{*}(1) + Ar \longrightarrow Ar_2^{*}(3) + Ar$ | $1.2 \times 10^{-13}\ cm^{3} \cdot s^{-1}$ | 准分子混合 | [41] |
| 18 | $Ar_2^{*}(3) + Ar \longrightarrow Ar_2^{*}(1) + Ar$ | $4 \times 10^{-14}\ cm^{3} \cdot s^{-1}$ | 准分子混合 | [41] |
| 19 | $Ar^{*} + 2Ar \longrightarrow Ar_2^{*}(1) + Ar$ | $1.5 \times 10^{-33}\ cm^{6} \cdot s^{-1}$ | 三体过程 | [45] |
| 20 | $Ar^{*} + 2Ar \longrightarrow Ar_2^{*}(3) + Ar$ | $1.3 \times 10^{-32}\ cm^{6} \cdot s^{-1}$ | 三体过程 | [45] |
| 21 | $Ar^{+} + 2Ar \longrightarrow Ar_2^{+} + Ar$ | $1.5 \times 10^{-31}\ cm^{6} \cdot s^{-1}$ | 三体过程 | [45] |
| 22 | $Ar_2^{+} + 2Ar \longrightarrow Ar_3^{+} + Ar$ | $7 \times 10^{-32}\ cm^{6} \cdot s^{-1}$ | 三体过程 | [45] |
| 23 | $Ar^{2+} + 2Ar \longrightarrow Ar_2^{2+} + Ar$ | $1.46 \times 10^{-30}\ cm^{6} \cdot s^{-1}$ | 三体过程 | [45] |
| 24 | $Ar^{2+} + 2Ar \longrightarrow 2Ar^{+} + Ar$ | $1.3 \times 10^{-30}\ cm^{6} \cdot s^{-1}$ | 三体过程 | [14] |
| 25 | $Ar_2^{2+} + 2Ar \longrightarrow Ar_3^{2+} + Ar$ | $4.4 \times 10^{-32}\ cm^{6} \cdot s^{-1}$ | 三体过程 | [14] |
| 26 | $Ar^{*} + Ar^{*} \longrightarrow Ar^{+} + Ar + e$ | $5 \times 10^{-10}\ cm^{3} \cdot s^{-1}$ | 彭宁电离 | [18] |
| 27 | $Ar_2^{*}(1) + Ar_2^{*}(1) \longrightarrow Ar_2^{+} + 2Ar + e$ | $5 \times 10^{-10}\ cm^{3} \cdot s^{-1}$ | 彭宁电离 | [18] |
| 28 | $Ar_2^{*}(3) + Ar_2^{*}(3) \longrightarrow Ar_2^{+} + 2Ar + e$ | $5 \times 10^{-10}\ cm^{3} \cdot s^{-1}$ | 彭宁电离 | [18] |
| 29 | $Ar_2^{*}(1) + Ar^{*} \longrightarrow Ar_2^{+} + Ar + e$ | $2.5 \times 10^{-10}\ cm^{3} \cdot s^{-1}$ | 彭宁电离 | [41] |
| 30 | $Ar_2^{*}(3) + Ar^{*} \longrightarrow Ar_2^{+} + Ar + e$ | $2.5 \times 10^{-10}\ cm^{3} \cdot s^{-1}$ | 彭宁电离 | [41] |
| 31 | $Ar_2^{*}(1) + Ar^{*} \longrightarrow Ar^{+} + 2Ar + e$ | $2.5 \times 10^{-10}\ cm^{3} \cdot s^{-1}$ | 彭宁电离 | [41] |

**续表 4.4**

| 序号 | 反应式 | 反应速率常数 | 反应类型 | 参考文献 |
| --- | --- | --- | --- | --- |
| 32 | $Ar_2^*(3) + Ar^* \longrightarrow Ar^+ + 2Ar + e$ | $2.5\times10^{-10}\ cm^3\cdot s^{-1}$ | 彭宁电离 | [41] |
| 33 | $Ar^{2+} + Ar \longrightarrow Ar^+ + Ar^+$ | $4.1\times10^{-14}\ cm^3\cdot s^{-1}$ | 电荷转移 | [40] |
| 34 | $Ar_3^+ + Ar \longrightarrow Ar_2^+ + 2Ar$ | $8.77\times10^{-12}\ cm^3\cdot s^{-1}$ | 碰撞离解 | [45] |
| 35 | $Ar_2^*(3) \longrightarrow 2Ar + h\nu(126)$ | $3.2\times10^5\ s^{-1}$ | 辐射弛豫 | [45] |
| 36 | $Ar_2^*(1) \longrightarrow 2Ar + h\nu(126)$ | $3.3\times10^8\ s^{-1}$ | 辐射弛豫 | [45] |
| 37 | $Ar_2^{2+} \longrightarrow 2Ar^+ + h\nu$ | $2\times10^8\ s^{-1}$ | 辐射弛豫 | [45] |
| 38 | $Ar_2^+ \longrightarrow Ar^* + Ar^+ + h\nu$ | $2\times10^8\ s^{-1}$ | 辐射弛豫 | [45] |
| 39 | $Ar_3^{2+} \longrightarrow Ar_2^+ + Ar^+ + h\nu$ | $2\times10^8\ s^{-1}$ | 辐射弛豫 | [45] |

反应过程 8 ~ 10 是电子的三体复合过程，两个电子与反应物碰撞，其中一个电子与反应物复合成中性物质，另一个电子带走多余的能量。与反应过程 5 ~ 7 相反，这些反应过程都对一价离子准分子的形成不利。

反应过程 12 ~ 14 是电子与离子的离解复合过程。在这些过程中离子准分子与电子碰撞先结合成分子，然后分子离解成原子或离子。这些反应均属于离子准分子的猝灭过程。反应过程 15 ~ 18 是单重态的准分子和三重态的准分子与氩原子或电子碰撞时的互相转化过程。反应 4 ~ 16 过程都有电子参与，并且不仅高能电子参与了这些反应，而且低能电子也与这些反应有关。因而在考虑这些反应的速率方程时，电子的密度对应腔中所有可能存在电子的密度，而不单纯是高能电子密度。

反应过程 19 ~ 25 是三体反应过程。这些反应过程是离子准分子和中性准分子的主要形成机制。在发生碰撞的三体中，其中有两体为氩原子，一个氩原子与其他物质结合形成离子准分子，而另一个氩原子带走反应中的多余能量。在高气压的气体中，由于氩原子的密度很大，所以该反应很容易发生。在实验中气压一般选择在 0.3 MPa 附近，所以这些三体过程在整个动力学过程中显得尤为重要。

反应过程 26 ~ 32 都是彭宁电离过程。两个激发态的物质发生碰撞，其中一种物质吸收另一种物质的能量发生电离，另一种物质由激发态跃迁到基态。这些反应是 $Ar^*$ 和 $Ar_2^*$ 的主要猝灭过程之一，同时也是 $Ar^+$ 和 $Ar_2^+$ 的形成机制。反应过程 34 是 $Ar_3^+$ 的离解过程。在该过程中 $Ar_3^+$ 只被离解成了 $Ar_2^+$ 分子，并没有被彻底离解成原子或原子离子。

反应过程 35 ~ 39 都是辐射弛豫过程，其中包括中性准分子的弛豫和离子准分子的弛豫过程。处于束缚态的准分子或离子准分子向下能级跃迁后，由于下能级是弱束缚态或排斥态，分子很快发生离解过程。这些辐射弛豫过程是氩的第二谱带和第三谱带的主要来源。

#### 4.3.2.2　反应速率方程组

前面我们对电子束泵浦氩时气体腔中可能进行的反应进行了讨论。在这些反应的共同作用下，腔中各物质的粒子数密度随时间的演变过程，需要通过对反应速率方程组的求解得出。要想建立反应速率方程组，首先要知道各反应的反应速率常数。表 4.4 中前三个反应的反应速率常数已经在前面给出，其他反应的反应速率常数在表中都已经给出。这些方程在描述各物质粒子数密度变化速率时，用所有形成项的和减去所有倒空项的和，可写成表达式[40]

$$\sum_i \frac{dn_i}{dt} = \sum_j F_{ji} - \sum_k D_{ik} \tag{4.29}$$

式中，$n$ 是某一物质的粒子数密度；$F$ 是形成项；$D$ 是猝灭项。例如对于

$$A + B \longrightarrow E + F \tag{4.30}$$

这一简单的化学反应，它的反应进展快慢由反应速率常数 $k$ 描述。如果粒子数密度的单位取 $cm^{-3}$，那么 $k$ 的单位应是 $cm^3 \cdot s^{-1}$。对于这个反应确定物质 E 和 F 的速率方程中应包括形成项

$$F = kn_A n_B \tag{4.31}$$

同时确定物质 A 和 B 的速率方程应包括猝灭项

$$D = kn_A n_B \tag{4.32}$$

根据电子束泵浦氩气体的 39 个反应式，我们发现全部反应涉及 11 种物质和 39 个反应通道，39 个反应速率常数。为书写和编程计算方便，我们将各物质进行编号，其对应关系如表 4.5 所示。各物质的粒子数密度用 $n_i$ 来表示，i 对应表 4.5 中的编号。书写速率方程时，反应速率常数统一用 $k_j$ 标记，j 对应表 4.4 中各反应式的序号。

**表 4.5　各物质的编号**

| 编号 | 1 | 2 | 3 | 4 | 5 | 6 | 7 | 8 | 9 | 10 | 11 |
|---|---|---|---|---|---|---|---|---|---|---|---|
| 物质 | $Ar$ | $Ar^*$ | $Ar^+$ | $Ar^{2+}$ | $Ar_2^+$ | $Ar_2^{2+}$ | $Ar_3^+$ | $Ar_3^{2+}$ | $Ar_2^*(1)$ | $Ar_2^*(3)$ | e |

依照上表可以写出 11 种物质的速率方程分别为

$$\begin{aligned}\frac{dn_1}{dt} = & -k_1 n_1 - k_2 n_1 - k_3 n_1 - k_{19} n_2 n_1^2 - k_{20} n_2 n_1^2 - k_{21} n_3 n_1^2 - k_{22} n_5 n_1^2 - \\ & k_{23} n_4 n_1^2 - k_{24} n_4 n_1^2 - k_{25} n_6 n_1^2 - k_{33} n_4 n_1 + k_{11} n_2 n_{11} + k_{12} n_5 n_{11} + \\ & 2k_{13} n_7 n_{11} + k_{26} n_2^2 + 2k_{27} n_9^2 + 2k_{28} n_{10}^2 + k_{29} n_9 n_2 + k_{30} n_{10} n_2 + \\ & 2k_{31} n_9 n_2 + 2k_{32} n_{10} n_2 + k_{34} n_7 n_1 + 2k_{35} n_{10} + 2k_{36} n_9\end{aligned} \tag{4.33}$$

$$\begin{aligned}\frac{dn_2}{dt} = & -k_5 n_2 n_{11} - k_{11} n_2 n_{11} - k_{19} n_2 n_1^2 - k_{20} n_2 n_1^2 - 2k_{26} n_2^2 - k_{29} n_9 n_2 - \\ & k_{30} n_{10} n_2 - k_{31} n_9 n_2 - k_{32} n_{10} n_2 + k_2 n_1 + k_8 n_3 n_{11}^2 + k_{12} n_5 n_{11} + \\ & k_{13} n_7 n_{11} + k_{14} n_6 n_{11} + k_{38} n_5\end{aligned} \tag{4.34}$$

$$\begin{aligned}\frac{dn_3}{dt} = & -k_4 n_3 - k_8 n_3 n_{11}^2 - k_{21} n_3 n_1^2 + k_1 n_1 + k_5 n_2 n_{11} + k_{14} n_6 n_{11} + \\ & 2k_{24} n_4 n_1^2 + k_{26} n_2^2 + k_{31} n_9 n_2 + k_{32} n_{10} n_2 + 2k_{33} n_4 n_1 + 2k_{37} n_6 +\end{aligned}$$

$$k_{38}n_5 + k_{39}n_8 \tag{4.35}$$

$$\frac{\mathrm{d}n_4}{\mathrm{d}t} = -k_{23}n_4n_1^2 - k_{24}n_4n_1^2 - k_{33}n_4n_1 + k_3n_1 + k_4n_3 \tag{4.36}$$

$$\frac{\mathrm{d}n_5}{\mathrm{d}t} = -k_9n_5n_{11}^2 - k_{10}n_5n_{11}^2 - k_{12}n_5n_{11} - k_{22}n_5n_1^2 - k_{38}n_5 + k_6n_9n_{11} + k_7n_{10}n_{11} + k_{21}n_3n_1^2 + k_{27}n_9^2 + k_{28}n_{10}^2 + k_{29}n_9n_2 + k_{30}n_{10}n_2 + k_{34}n_7n_1 + k_{39}n_8 \tag{4.37}$$

$$\frac{\mathrm{d}n_6}{\mathrm{d}t} = -k_{14}n_6n_{11} - k_{25}n_6n_1^2 - k_{37}n_6 + k_{23}n_4n_1^2 \tag{4.38}$$

$$\frac{\mathrm{d}n_7}{\mathrm{d}t} = -k_{13}n_7n_{11} - k_{34}n_7n_1 + k_{22}n_5n_1^2 \tag{4.39}$$

$$\frac{\mathrm{d}n_8}{\mathrm{d}t} = -k_{39}n_8 + k_{25}n_6n_1^2 \tag{4.40}$$

$$\frac{\mathrm{d}n_9}{\mathrm{d}t} = -k_6n_9n_{11} - k_{15}n_9n_{11} - k_{17}n_9n_1 - 2k_{27}n_9^2 - k_{29}n_9n_2 - k_{31}n_9n_2 - k_{36}n_9 + k_9n_5n_{11}^2 + k_{16}n_{10}n_{11} + k_{18}n_{10}n_1 + k_{19}n_2n_1^2 \tag{4.41}$$

$$\frac{\mathrm{d}n_{10}}{\mathrm{d}t} = -k_7n_{10}n_{11} - k_{16}n_{10}n_{11} - k_{18}n_{10}n_1 - 2k_{28}n_{10}^2 - k_{30}n_{10}n_2 - k_{32}n_{10}n_2 - k_{35}n_{10} + k_{10}n_5n_{11}^2 + k_{15}n_9n_{11} + k_{17}n_9n_1 + k_{20}n_2n_1^2 \tag{4.42}$$

$$\frac{\mathrm{d}n_{11}}{\mathrm{d}t} = \frac{I}{eV} - k_8n_3n_{11}^2 - k_9n_5n_{11}^2 - k_{10}n_5n_{11}^2 - k_{12}n_5n_{11} - k_{13}n_7n_{11} - k_{14}n_6n_{11} + k_1n_1 + 2k_3n_1 + k_4n_3 + k_5n_2n_{11} + k_6n_9n_{11} + k_7n_{10}n_{11} + k_{26}n_2^2 + k_{27}n_9^2 + k_{28}n_{10}^2 + k_{29}n_9n_2 + k_{30}n_{10}n_2 + k_{31}n_9n_2 + k_{32}n_{10}n_2 \tag{4.43}$$

表达式(4.43)中 $I$ 代表电子束泵浦的电流密度，$e$ 为电子所带的电量，$V$ 是气体腔的体积。所以式(4.43)中等号右边的第一项，代表单位时间内由泵浦电流向腔中注入的电子数密度。随着各种带正电的物质的产生，腔内的电子数密度也随之增加。在反应速率方程组中关于 $Ar_2^{2+}$，$Ar_3^+$ 和 $Ar_3^{2+}$ 这三种物质的生成项和猝灭项都比较少，这是由于对与这三种物质相关的反应研究比较少的缘故。特别是对二价氩离子和二价离子准分子参与的反应，是在1988年H. Langhoff提出稀有气体第三谱带来源于二价的离子准分子的跃迁以后才有一些研究报道的。相比之下，与一价氩离子、一价离子准分子、激发态氩原子和氩的中性准分子有关的反应，在对中性准分子研究中有大量的相关报道。特别是准分子激光得到广泛的应用之后，对氩中性准分子的研究更为深入了，因而有许多动力学方面的报道。

建立好各物质的速率方程组后，可以用四阶龙格 – 库塔法编程求其数值解。这样就可以得到各物质的粒子数密度随时间的变化情况。进而通过改变各种实验条件，观察离子准分子粒子数密度的变化情况，可以对产生离子准分子的最佳条件进行选择。

### 4.3.3 速率方程组的求解及增益的讨论[25,48]

对由 11 个微分方程组成的方程组求解，首先应根据具体的实验条件确定微分方程组中涉及的各种参数。然后确定腔中各物质在零时刻的粒子数密度，并用四阶龙格 – 库塔法对方程组进行求解。这里假设相对论电子束的电流波形可以近似为脉宽 36 ns 的方波，其峰值电流为 19.6 kA，气体腔内的体积为 2 520 $cm^3$。基态氩原子在零时刻的粒子数密度可由腔中的气压 $p$ 来决定，其表达式为

$$n_1(0)=\frac{pN_0}{RT} \tag{4.44}$$

式中，$N_0$ 为阿伏加德罗常数；$R$ 为气体常数；$T$ 为气体腔中的热力学温度。

腔中其他物质的粒子数密度在零时刻均等于零。

根据上述条件用数学软件 MathCAD 进行编程求解。图 4.14 中给出了基态氩原子的粒子数密度随时间的变化情况。该图对应腔中的气压为 0.3 MPa，电子束的电流为 19.6 kA，束电子的能量为 468 keV。该条件对应实验中选择的最佳参数，对该条件下的各物质粒子数密度的讨论可以与实验对比。当电子束开始工作以后，气体腔中的氩原子粒子数密度随时间的增加逐渐减少，此时腔中的其他物质开始逐渐形成。当电子束工作结束后，氩粒子数密度开始逐渐增加，此时腔中的其他物质开始逐渐猝灭。总的看来腔中氩的粒子数密度在 $7.5\times10^{19}\ cm^{-3}$ 附近变化很小，这使我们确信在前面求解高能电子分布时假设腔中氩原子粒子数密度为一常数，不会给计算带来大的误差。

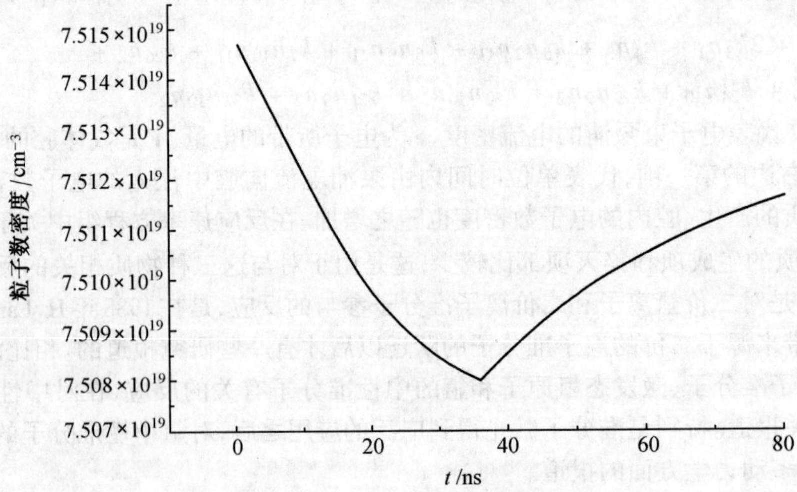


图 4.14 Ar 粒子数密度随时间的变化

图 4.15 中给出了 $Ar^+$ 粒子数密度随时间的变化情况，图中粒子数密度的峰值对应电子束工作的结束。从图中可以看出，当电子束工作停止后 $Ar^+$ 粒子数密度很快减小。腔中 $Ar^+$ 粒子数密度的最大值为 $1.89 \times 10^{15}\ cm^{-3}$。该值与氩的粒子数密度相比要小四个数量级以上，所以在求解玻耳兹曼方程时假设腔中是弱电离气体是正确的。由于我们更关心氩离子准分子的粒子数密度随时间的变化情况，所以下面我们主要对氩离子准分子作详细的介绍和讨论。

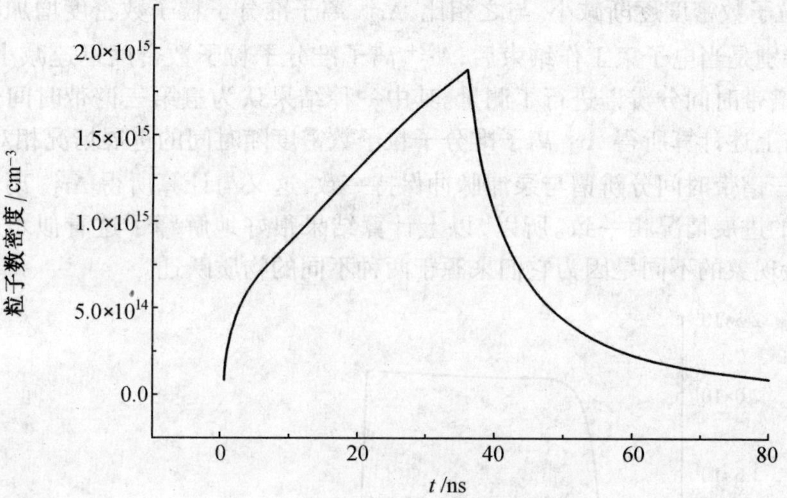


图 4.15　$Ar^+$ 粒子数密度随时间的变化

图 4.16 给出了 $Ar_2^+$ 离子准分子粒子数密度随时间的变化情况。这里主要讨论 $Ar_2^+$ 离子准分子粒子数密度的峰值，同时讨论粒子数密度随时间的进展情况。从图中可以看出 $Ar_2^+$ 离子准

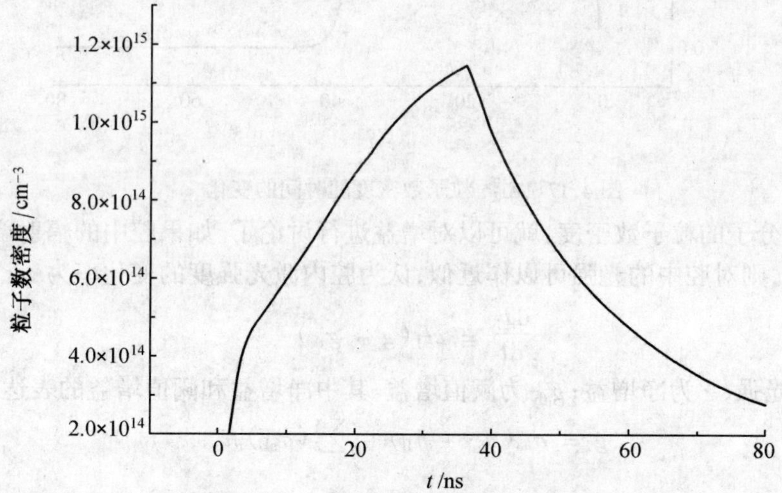


图 4.16　$Ar_2^+$ 粒子数密度随时间的变化

分子粒子数密度的最大值为 $1.142\times10^{15}\ \mathrm{cm}^{-3}$。与 $Ar_2^+$ 离子准分子相比，$Ar_2^{2+}$ 离子准分子粒子数密度随时间的变化明显不同，其粒子数密度随时间的变化情况如图 4.17 所示。从图中可以看出，$Ar_2^{2+}$ 离子准分子粒子数密度的最大值为 $2.138\times10^{13}\ \mathrm{cm}^{-3}$。这与 $Ar_2^+$ 离子准分子相比要小近两个数量级。我们再来对比两种离子准分子随时间的演变情况。从图 4.16 中可以看出在电子束工作期间，随着时间的增加 $Ar_2^+$ 离子准分子粒子数密度逐渐增加，当电子束停止工作时，$Ar_2^+$ 离子准分子粒子数密度逐渐减小。与之相比，$Ar_2^{2+}$ 离子准分子粒子数密度增加和减小的过程要迅速得多。特别是当电子束工作结束后，$Ar_2^{2+}$ 离子准分子粒子数密度迅速减小到零。一些研究者对氩第三谱带时间分辨谱进行了测量。其中一种结果认为氩第三谱带时间分辨谱远大于泵浦脉冲，这与上述计算所得 $Ar_2^+$ 离子准分子粒子数密度随时间的进展情况相对应。而另一种结果认为氩第三谱带时间分辨谱与泵浦脉冲保持一致，这又与计算所得 $Ar_2^{2+}$ 离子准分子粒子数密度随时间的进展情况相一致。所以，以上计算结果很好地解释了这看似矛盾的实验现象。其实两种实验现象的不同是因为它们来源于两种不同的物质跃迁。

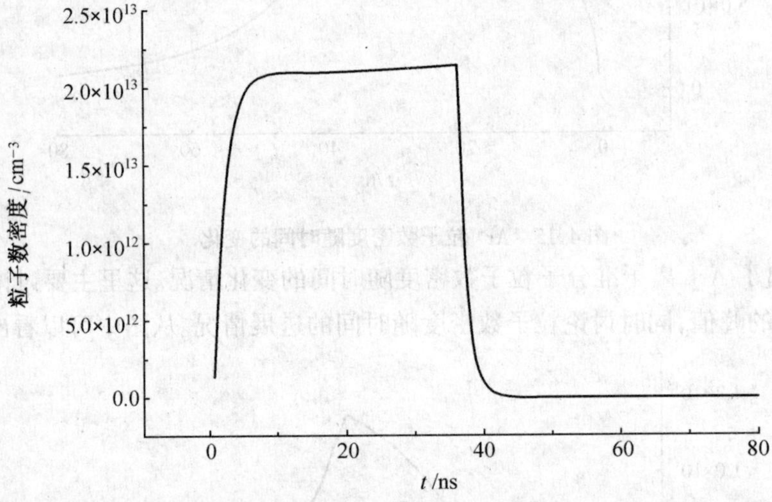


图 4.17　$Ar_2^{2+}$ 粒子数密度随时间的变化

已知离子准分子的粒子数密度，就可以对增益进行讨论了。如果腔中的辐射增益近似地认为是空间均匀的，则对腔中的光强可以作近似，认为腔内激光强度的变化率为

$$\frac{\mathrm{d}I_L}{\mathrm{d}t}=cI_L(g-g_{th}) \tag{4.45}$$

式中，$I_L$ 为腔内光强；$g$ 为净增益；$g_{th}$ 为阈值增益。其中净增益和阈值增益的表达式为

$$g=\sigma_{se}(n_{ul}-n_{ll})-\sum_i(\sigma_{ab})_i n_i \tag{4.46}$$

$$g_{th}=\frac{1}{2l_c}\ln(R_1R_2) \tag{4.47}$$

式中 $\sigma_{se}$ 为受激发射截面；$\sigma_{ab}$ 为其他物质吸收截面；$n_{ul}$ 为上能级粒子数密度；$n_{ll}$ 为下能级粒子数密度；$n_i$ 为其他物质粒子数密度；$l_c$ 为腔长；$R_1$、$R_2$ 为前后镜反射率。$\sigma_{se}(n_{ul}-n_{ll})$ 是小信号增益项，对该项的计算可以与实验上测量的小信号增益系数相比较。受激发射截面可以表示为

$$\sigma_{se}=\frac{\lambda^2}{8\pi\tau_s\Delta\nu} \tag{4.48}$$

式中，$\lambda$、$\nu$ 为中心波长和频率；$\tau_s$ 为激光上能级寿命；$\Delta\nu$ 为谱带半高宽。

下面根据上述的公式及理论计算所得的离子准分子粒子数密度，计算氩离子准分子的小信号增益系数。首先计算氩离子准分子的受激发射截面。对于 $Ar_2^+$ 离子准分子，认为其跃迁产生了氩第三谱带中中心位于 240 nm 的谱区，因此我们取谱带的中心波长为 240 nm，谱带的半高宽为 40 nm。根据 G. Klein 的报道取该离子准分子的寿命为 5.0 ns[47]，这样计算所得受激发射截面为 $2.186\times10^{-17}$ cm$^2$。根据该截面和前面计算所得的 $Ar_2^+$ 离子准分子的峰值粒子数密度可以计算出，$Ar_2^+$ 离子准分子可能产生最大的小信号增益为 0.025 cm$^{-1}$。实验上测得的小信号增益系数随波长的变化情况如图 4.18 所示[49]，在该图中中心位于 240 nm 的谱区小信号增益最大值为0.030 cm$^{-1}$。该实验结果与上述理论计算所得的 $Ar_2^+$ 离子准分子的小信号增益结果符合得相当好。因此，实验结果证明了理论模型的正确性。

我们再来讨论 $Ar_2^{2+}$ 离子准分子的小信号增益系数。对于 $Ar_2^{2+}$ 离子准分子，其跃迁产生了氩第三谱带中中心位于 190 nm 的谱区，因此我们取谱带的中心波长为 190 nm，谱带的半高宽为 10 nm。根据 M. Schumann 和 H. Langhoff 的报道取该离子准分子的寿命为5.7 ns[44]，这样计算所得受激发射截面为 $3.032\times10^{-17}$ cm$^2$。M. Schumann 和 H. Langhoff 对该截面的计算结果为 $2\times10^{-17}$ cm$^2$，与上述结果很相近。根据该截面和前面计算所得的 $Ar_2^{2+}$ 离子准分子的峰值粒子数密度可以计算出，$Ar_2^{2+}$ 离子准分子可能产生最大的小信号增益为 $6.48\times10^{-4}$ cm$^{-1}$。这一小信号增益的计算结果显然太小，实验中无法测到。这样小的增益显然不可能有实现激光振荡的可能，所以 M. Schumann 和 H. Langhoff 指出，利用 $Ar_2^{2+}$ 离子准分子机制不可能产生激光振荡的预言，与上述计算结果是一致的。由于对氩第三谱带中中心位于 240 nm 的谱区测到了小信号增益，所以它不可能来源于 $Ar_2^{2+}$ 离子准分子的跃迁，只能由 $Ar_2^+$ 离子准分子跃迁产生。

理论计算表明，利用 $Ar_2^{2+}$ 离子准分子的跃迁不可能实现激光振荡，而利用 $Ar_2^+$ 离子准分子的跃迁有实现激光振荡的可能。在文献[3] 中观察到了第三谱带中中心位于 240 nm 谱区的光腔效应。实验中采用平 – 平谐振腔，其输出镜的透过率如图 4.19 所示，由于理论和实验结果都表明 240 nm 谱区的增益较小，因此选取透过率较低的输出镜以减小腔镜的损耗，240 nm 处的透过率为9.1%。全反射镜采用 $HfO_2$ 和 $SiO_2$ 介质膜，其反射率曲线如图 4.20 所示。当 Ar 气的气压小于 0.1 MPa 时，没有观察到光腔效应，而在气压为 0.15 MPa，0.2 MPa，0.3 MPa，0.35 MPa 时，观察到了光强效应。其中当气压为 0.3 MPa 时光强增长最明显，如图 4.21 所示。从图中看出，当谐振腔形成以后，240 nm 附近的光强比只有输出镜时增长了 10 倍以上，这是明显的光腔效应。此外，在只有输出镜时，220 nm 处的光强较弱，而谐振腔形成以后，在 220 nm 附近出现了

明显的凸起,该现象也表明了光腔效应的存在。

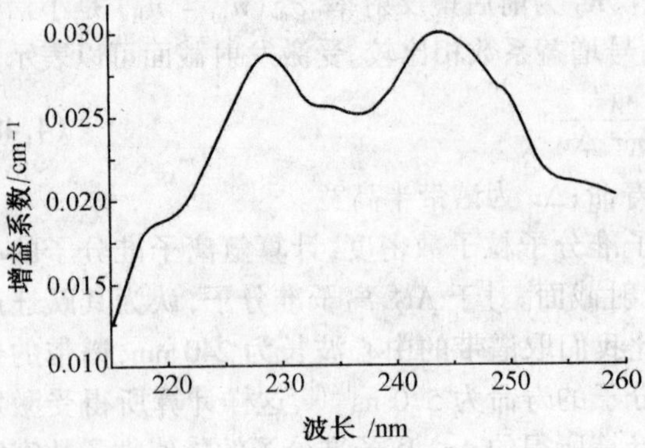


图 4.18　小信号增益随波长的变化

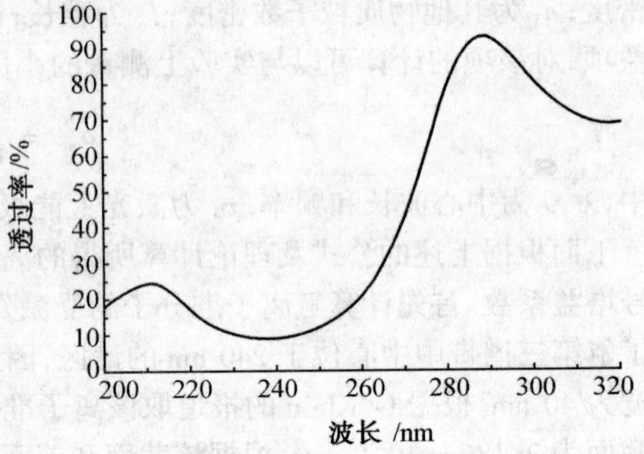


图 4.19　输出境的透过率曲线

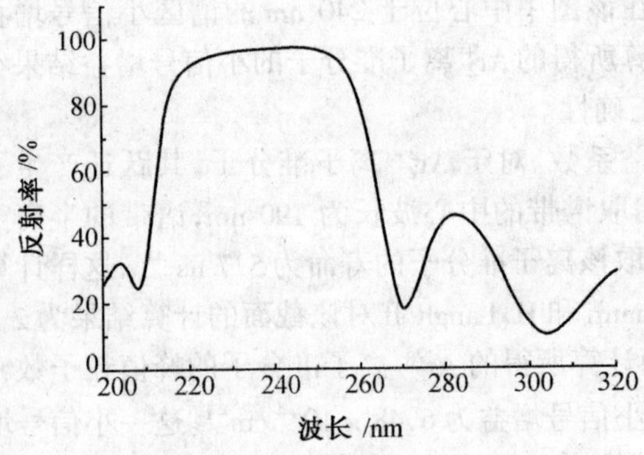


图 4.20　全反射镜反射率曲线

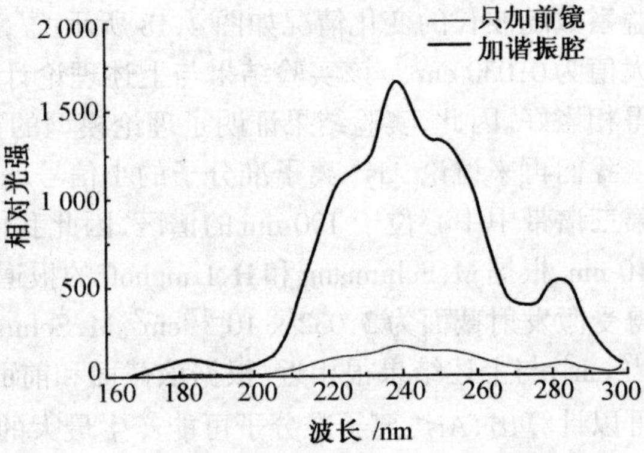


图 4.21　加腔前后光谱强度的变化情况

小信号增益和光腔效应的实验结果,充分证明了电子束泵浦 Ar 离子准分子动力学模型的正确性,也为深入研究氩第三谱带打下了基础。

## 参考文献


[1] 王莹．高功率脉冲电源[M]．北京：原子能出版社，1991．

[2] RYZHOV V V，TURCHANOVSKY I Y．Many-sided Electron Beam Pumping of High-power Lasers[C]．SPIE，1997，3092：667-670．

[3] ZHAO YONGPENG，WANG QI，LIU JINCHENG．Resonator Effects of $Ar_2^+$ Ionic Excimer Pumped by Electron Beam [J]．Optical and Quantum Electronics，2005，37(5)：457-468．

[4] 赵永蓬，杨大为，王骐，等．脉冲功率技术在短波长气体激光器中的应用[J]．强激光与粒子束，2007，19(6)：1011-1015．

[5] HYUM C C，WOOK C Y，HONGSIK L，et al．A Study on the Low-energy Large-aperture Electron Beam Generator

[J]. The Korean Institute of Electrical Engineers C (south Korea), 1999, 48(12): 785-790.

[6] ZNELTOV K A, TURUNDAEVSKAYA I G. Structure of a Picosecond Electron Beam Inside a Vacuum Diode[J]. Technical Physics Letters, 1999, 25(9): 734-736.

[7] 王乃彦. 强流非聚焦型相对论性电子束的产生及其特性的研究[J]. 强激光与粒子束, 1989, 1(1): 22-32.

[8] ZHAO YONGPENG, WANG QI, LIU JINCHENG. Study on the Optimum Conditions of the Third Continuum of Argon Pumped by Electron Beam[J]. IEEJ Transactions on Fundamentals and Materials, 2004, 124(6): 519-522.

[9] GARVEY R H, GREEN A E S. Energy-apportionment Techniques Based upon Detailed Atomic Cross Sections[J]. Physical Review A, 1976, 14(3): 946-953.

[10] BOEUF J P, MARODE E. A Monte Carlo Analysis of an Electron Swarm in a Non-uniform Field: the Cathode Region of a Glow Discharge in Helium[J]. Journal Physics D: Applied Physics, 1982, 15: 2169-2187.

[11] MANSBACH P, KECK J. Monte Carlo Trajectory Calculations of Atomic Excitation and Ionization by Thermal Electrons[J]. Physical Review, 1969, 181(1): 275-289.

[12] RAZDAN R, CAPJACK C E, SEGUIN H J J. Influence of a Magnetic Field on the Growth of Instabilities in a Helium Glow Discharge Using Monte Carlo Simulation of the Cathode Fall Region[J]. Journal of Applied Physics, 1985, 57(11): 4954-4961.

[13] KUSHNER M J. Response Times and Energy Partitioning in Electron-beam-excited Plasmas[J]. Journal of Applied Physics, 1989, 66(6): 2297-2306.

[14] MANDL A E, HYMAN H A. XeF Laser Performance for $F_2$ and $NF_3$ Fuels[J]. IEEE Journal of Quantum Electronics, 1986, QE-22(2): 349-359.

[15] LEVIN L A, MOODY S E, KLOSTERMAN E L, et al. Kinetic Model for Long-pulse XeCl Laser Performance[J]. IEEE Journal of Quantum Electronics, 1981, QE-17(12): 2282-2289.

[16] WERNER C W, GEORGE E V, HOFF P W, et al. Radiative and Kinetic Mechanisms in Bound-free Excimer Lasers[J]. IEEE Journal of Quantum Electronics, 1977, QE-13(9): 769-783.

[17] TRAINOR D W, JACOB J H. Electron Quenching of $KrF^*$ and $ArF^*$[J]. Applied Physics Letters, 1980, 37(8): 675-677.

[18] KANNARI F, SUDA A, OBARA M, et al. Theoretical Simulation of Electron-beam-excited Xenon-Chloride(XeCl) Lasers[J]. IEEE Journal of Quantum Electronics, 1983, QE-19(10): 1587-1600.

[19] MAKAROV V N. Automated System for Description of Kinetic Processes in a Gaseous Active Medium[J]. Quantum Electronics, 1997, 27(10): 870-874.

[20] SAYER B, JEANNET J C, LOZINGOT J, et al. Collisional and Radiative Processes in a Cesium Afterglow[J]. Physical Review A, 1973, 8(6): 3012-3020.

[21] KANNARI F, KIMURA W D. High-energy Electron Distribution in Electron Beam Excited Ar/Kr and Ne/Xe Mixtures[J]. Journal of Applied Physics, 1988, 63(9): 4377-4387.

[22] ELIOTT C J, GREENE A E. Electron Energy Distributions in E-beam Generated Xe and Ar Plasmas[J]. Journal of Applied Physics, 1976, 47(7): 2946-2953.

[23] BRETAGNE J, DELOUYA G, GODART J, et al. High-energy Electron Distribution in an Electron-beam-generated Argon Plasma[J]. Journal Physics D: Applied Physics, 1981, 14: 1225-1239.

[24] BRETAGNE J, GODART J, PUECH V. Low-energy Electron Distribution in an Electron-beam-generated Argon Plasma[J]. Journal Physics D: Applied Physics, 1982, 15: 2205-2225.

[25] 赵永蓬，王骐，刘金成. 电子束泵浦氩中高能电子分布的理论计算[J]. 强激光与粒子束，2003，15(2)：132-136.

[26] CHEN Z, MSEZANE A Z. Integral Cross Sections from Measured Electron-impact Differential Cross Sections[J]. Journal of Physics B: Atomic, Molecular and Optical Physics, 1998, 31(20): 4655-4661.

[27] DUBOIS R D. Differential Ionization Measurements for Electron and Positron Impact on Atoms[J]. Journal Physics IV France, 1999, 9(6): 195-198.

[28] ROUVELLOU B, RIOUAL S, POCHAT A. Triple Differential Cross Section of Rare Gas Atoms in Different Low Energy Kinematics[J]. Journal de Physics IV France, 1999, 9(6): 35-39.

[29] ZECCA A, KARWASZ G P, BRUSA R S. Electron Scattering by Ne, Ar and Kr at Intermediate and High Energies, 0.5 ~ 10 keV[J]. Journal of Physics B: Atomic, Molecular and Optical Physics, 2000, 33(4): 843-845.

[30] PETERSON L R, ALLEN J E. Electron Impact Cross Section for Argon[J]. Journal of Chemical Physics, 1972, 56 (12): 6068-6076.

[31] BRETAGNE J, CALLEDE G, LEGENTIL M, et al. Relativistic Electron-beam-produced Plasma. I: Collision Cross Section and Loss Function in Argon[J]. Journal Physics D: Applied Physics, 1986, 19: 761-778.

[32] BRETAGNE J, CALLEDE G, LEGENTIL M, et al. Relativistic Electron-beam-produced Plasma. II: Energy Apportionment and Plasma Formation[J]. Journal Physics D: Applied Physics, 1986, 19: 779-793.

[33] MANDL A, SALESKY E. Electron Beam Deposition Studies of the Rare Gases[J]. Journal of Applied Physics, 1986, 60(5): 1565-1568.

[34] LOTZ W. Electron Binding Energies in Free Atoms[J]. Journal of the Optical Society of America, 1970, 60(2): 206-210.

[35] BARTSCHAT K. Electron-impact Excitation from the ($3p^5 4s$) Metastable States of Argon[J]. Physical Review A, 1999, 59(4): 2552-2554.

[36] BOFFARD J B, PIECH G A, GEHRKE M F, et al. Measurement of Electron-impact Excitation Cross Sections out of Metastable Levels of Argon and Comparision with Ground-state Excitation[J]. Physical Review A, 1999, 59(4): 2749-2763.

[37] LAHMAM-BENNANI A, DUGUET A, GRISOGONO A M, et al. (e, 3e) Absolute Five-fold Differential Cross Sections for Double Ionization of Krypton[J]. Journal of Physics B: Atomic, Molecular and Optical Physics, 1992, 25: 2873-2884.

[38] MULLER A, GROH W, HEIL R, et al. Production of Multiply Charged Rare-gas Ions by Relativistic Electrons[J]. Journal of Physics B: Atomic, Molecular and Optical Physics, 1983, 16: 2039-2052.

[39] MCCALLION P, SHAH M B, GILBODY H B. A Crossed Beam Study of the Multiple Ionization of Argon by Electron Impact[J]. Journal of Physics B: Atomic, Molecular and Optical Physics, 1992, 25: 1061-1071.

[40] 刘学龙. 电子束泵浦 $Ar_2^{2+}$ 离子准分子激光振荡及理论研究[D]. 哈尔滨：哈尔滨工业大学，1995.

[41] LAWLESS J L, LO D. Comprehensive Kinetic Model for Electron-beam-excited $XeCs^+$ Ionic Excimers[J]. Applied Physics B: Lasers & Optics, 1995, B60: 391-403.

[42] BASOV N G, DANILYCHEV V A. Condensed and Compressed-gas Lasers[J]. Soviet Physics-uspekhi, 1986, 29(1): 31-56.
[43] TURNER D L, CONWAY D C. Study of the $2Ar + Ar_2^+ = Ar + Ar_3^+$ Reaction[J]. Journal of Chemical Physics, 1979, 71: 1899-1901.
[44] SCHUMANN M, LANGHOFF H. Kinetic Studies of Ionic Excimers[J]. Journal of Chemical Physics, 1994, 101(6): 4769-4777.
[45] ROBERT E, KHACEF A, CACHONCINLLE C, et al. Modeling of High-pressure Rare Gas Plasmas Excited by an Energetic Flash X-ray Source[J]. IEEE Journal of Quantum Electronics, 1997, 33(11): 2119-2127.
[46] KLEIN G, CARVALHO M J. Argon Luminescence Bands between 160 and 290 nm[J]. Journal of Physics B: Atomic, Molecular and Optical Physics, 1981, 14:1283-1290.
[47] 赵永蓬. $Ar_2^+$ 离子准分子辐射的光腔效应及动力学研究[D]. 哈尔滨：哈尔滨工业大学，2001.
[48] 赵永蓬，王骐，刘金成. 电子束抽运 $Ar_2^+$ 离子准分子的动力学过程[J]. 中国激光，2003，30(5)：391-394.
[49] 赵永蓬，王骐，高劭宏，等. 电子束抽运氩离子准分子跃迁小信号增益的测量[J]. 中国激光，2000，27(2)：123-126.

